国家自然科学基金项目（批准号：52178028，51478439，51108427）
北京未来城市设计高精尖创新中心项目（编号：UDC2021010121）

城市规划历史与理论丛书

北京城市规划

（1949—1960年）

URBAN PLANNING OF BEIJING (1949—1960)

李浩 著

中国建筑工业出版社

图书在版编目（CIP）数据

北京城市规划：1949—1960年=URBAN PLANNING
OF BEIJING（1949—1960）/李浩著. —北京：中国
建筑工业出版社，2022.12
（城市规划历史与理论丛书）
ISBN 978-7-112-28172-5

Ⅰ.①北… Ⅱ.①李… Ⅲ.①城市规划–研究–北京
–1949—1960 Ⅳ.①TU984.21

中国版本图书馆CIP数据核字（2022）第219221号

　　新中国成立之初的前十年是首都北京进行大规模城市建设活动、现代城市规划奠基的重要阶段，本书以此期间援华苏联规划专家的技术援助活动为切入点和考察视角，对1949—1960年北京城市规划工作进行了历史研究，系统梳理了1953年首版北京城市总体规划和1957年版、1958年版北京城市总体规划的制定背景、规划工作过程、主要内容以及其实施情况，揭示了首都城市规划建设活动的综合性、复杂性和矛盾性，展示了首都城市规划工作者一段激情燃烧的岁月。

　　本书可供城市史、建筑史、城市规划史和中华人民共和国史研究者参考，以及关心城市工作和北京城市建设发展史的广大读者阅读。

责任编辑：陈小娟　李　鸽
责任校对：姜小莲

城市规划历史与理论丛书
北京城市规划（1949—1960年）
URBAN PLANNING OF BEIJING（1949—1960）
李　浩　著

*

中国建筑工业出版社出版、发行（北京海淀三里河路9号）
各地新华书店、建筑书店经销
北京锋尚制版有限公司制版
北京富诚彩色印刷有限公司印刷

*

开本：880毫米×1230毫米　1/16　印张：29¾　字数：661千字
2022年12月第一版　2022年12月第一次印刷
定价：**118.00元**
ISBN 978-7-112-28172-5
（40299）

序 一

——学习历史，尊重历史，敬畏历史

　　李浩同志请我为他的专著《北京城市规划（1949—1960 年）》作序，读完全书后，我欣然同意。这本书不仅对首都北京的城市史研究具有重要意义，对于新中国城市发展和城市规划建设的历史研究亦具有重要价值。今天，这一研究对于国家在新时期提升城市工作水平、进一步加强城市规划工作也都是很有现实意义的。

　　新中国成立初期，苏联专家援助我国城市规划建设，是一段非常重要的历史。对于这一段历史，过去多年来有过不少记载和研究，在地方志中也有所反映。现在看起来，需要从总体上进一步加深这方面的系统研究。李浩同志在 2016 年撰写出版了《八大重点城市规划——新中国成立初期的城市规划历史研究》，2017 年以来又陆续编辑出版了《城·事·人——城市规划前辈访谈录》（共 9 辑）等著作，在这些著作中，对于苏联专家在 20 世纪 50 年代来华工作已经有了许多研究，现在又比较系统地对苏联专家在北京的工作专门进行了发掘、整理和研究，由于北京地位的重要性与特殊性，今天，我们对于那个时期苏联专家援助我国城市规划建设的总体情况，就有了一个比较全面系统认识的基础，尽管还是初步的。

　　历史唯物主义认为，研究历史，首先必须坚持史料的真实性和丰富性，如果没有大量真实的第一手史料，就失去了历史研究的基础。作者在这方面做了大量扎实而艰苦细致的工作，是下了苦功夫的。他不仅走访了中央档案馆、住房和城乡建设部办公厅档案处、国家发展改革委员会办公厅档案处、北京市档案馆、北京市城市建设档案馆和中国城市规划设计研究院档案室等机构，得到了他们的大力支持，获得了大量原始资料，而且还访问了许多老同志，特别是北京市有关城市规划建设方面的老专家和老领导，包括北京市老领导郑天翔同志的家属等，搜集了大量珍贵史料。因此，该项研究具有了比较坚实的基础。本书中的不少史料是十分珍贵而过去我们未曾看到过的，比如我国国家领导人关于北京市城市发展方面的重要指示。至于苏联专家的讲话记录等，就更为丰富。许多人物的活动，加上大量珍贵的图纸和照片，图文并茂，不仅真实而生动地反映了当时苏联专家们的工作情景，也反映了中苏两国工作人员的亲密无间和深厚友谊，这些内容有力提升了本书的可读性。

在占有丰富、翔实史料的基础上，作者对有关历史情况进行了系统梳理，以专家在北京的技术援助工作为线索，逐步展开了那个时期北京城市规划工作的宏伟场景，进行了分析、研究和讨论，并提出了他的一些看法。重点首先集中在专家的技术援助活动上。由于苏联城市规划建设专家来北京人数多，时间长，工作内容也比较复杂，对此，过去不少老同志的印象比较模糊。这一次，作者按照专家来华的时间和任务，将其划分为四批来进行记录和分析，眉目就比较清晰了，也能更准确地了解专家们工作的阶段性特征。对于第一批来华的巴兰尼克夫，第二批来华的穆欣、巴拉金和克拉夫秋克等人，他们作为苏联专家中的代表性人物，作者更是进行了比较深入的介绍，具体而真实地反映了他们对北京城市规划工作的贡献，这也是许多同志过去所没有系统看到的。

就史书来讲，大体上可分为正史和非正史两大类。正史过去又称官史，代表官方（政府）的观点，现在也是由政府组织编纂的，比如地方志，就应当属于正史。非正史著作的种类比较多，在真实史料的基础上，其思路、角度、结构和分析都允许有一定的灵活性，并呈现出一定的特色。李浩同志的这部书，应该不属于正史，而是他对北京 20 世纪 50 年代城市规划历史进行挖掘的一份研究成果。

从 1949 年至 1960 年，以正史来讲，一般划分为国民经济恢复时期、第一个"五年计划"时期和第二个"五年计划"的部分时期。本书从 1949 年第一批专家来华直至 1956 年第四批专家来华，横跨了以上三个时期，专家们最后回国的时间是在 1959 年。作者正确处理了这两种阶段划分的关系。虽然本书是以苏联专家对北京的援助工作为线索而展开的，但在内容上则力求全面展现 20 世纪 50 年代北京城市规划历史发展的总貌，比如在介绍北京市 1953 年和 1957 年两个版本的城市总体规划编制工作时，就和苏联专家的援助密切结合起来。其中，还生动介绍了巴拉金在 1953 年北京规划中将中轴线向北延伸的神来之笔。

通过大量史料，本书深入反映了北京的城市规划工作是在党中央、国务院的直接领导和关怀下，由中共北京市委和市人民政府具体组织推进的。这也正是七十年多来北京城市规划建设工作的独有特征。透过这些工作场面的展开，我们看到了北京市城市工作任务的异常艰巨和宏伟。我们还可以看到当年有关同志在领导北京城市规划建设工作中体现出来的高超政策水平和领导艺术。中共北京市委秘书长郑天翔同志的胆识和智慧，也给我们以深刻印象。这些史料都是非常珍贵的。

时间过去了六十多年，现在来回顾分析，应当更加客观。总体上看，20 世纪 50 年代初，由于国际大环境的影响，尤其是抗美援朝战争的发生，我国实行了向以苏联为首的社会主义阵营"一边倒"的政策，国家明确要求对苏联专家的意见和建议必须十分尊重，一度甚至要求中方人员应当服从苏联专家，如有违反，"有理三扁担，无理扁担三"。由于当时我国非常缺乏城市规划建设方面的专业人才，苏联专家的来到确实是很重要的外援，他们在技术方面确实发挥了十分重要的作用。应当说，苏联专家对我国北京和若干重点城市等在城市规划建设方面的主要指导意见和建议多是积极和非常重要的，对这些城市的建设和长远发展发挥了十分重要的积极作用，有力地保障了 156 项重点工程的建设，为我国工业化奠基作出了重大贡献。苏联专家更帮助我国建立起了现代城市规划的基本制度；为我们培养了一批城市规划骨干人才；还在一些大城市的干部中传播了城市规划知识等，对于这些历史性成就，应当充分肯定。

但也不可否认，随着早期规划工作的开展，在一些城市也出现了一些问题。我国城市规划界的老领导王文克同志①在20世纪90年代，曾深刻指出："第一个'五年计划'期间，对于城市规划，我国毫无经验，都是在苏联专家指导之下进行的。所据以规划的大型工业企业及城市建设的各项定额指标，也都是沿用苏联的，虽略有改动，基本上仍照苏联的模式规划建设……我国的底子薄，又百废待兴，不能照搬苏联，而且苏联的标准也学不起。1956年，周恩来总理说，苏联专家只是顾问，不能专政。根据领导的指示，开始转变做法，向苏联专家介绍中国的国情。"王文克同志认为，上述有关情况是我国城市建设中那个时期出现"四过"（即"规模过大、占地过多、求新过急和标准过高"）的客观原因之一。②

我国著名建筑与城市规划专家华揽洪先生在他所著《重建中国——城市规划三十年（1949—1979）》一书中，谈到"一五"时期苏联专家时曾指出："各领域的专家顾问的水平也很不平均。至少在建筑和城市规划领域的顾问都很难摆脱50年代在苏联占统治地位的刻板和形式主义的潮流。"③

说到这里，不能不谈穆欣，本书也给予他不少篇幅。穆欣是苏联专家中十分突出的一位代表性人物。他是1952年3月底来华，1953年9月底返回苏联的，先后受聘于中财委和建工部。虽然他在华时间不长，才一年半，但他的成就不凡，影响颇深。他对于中国现代城市规划的启蒙和初创、对北京和不少城市的规划工作的指导，都得到了我们的充分肯定，他的理论修养和工作水平更是得到了我国第一代城市规划工作者的高度认可甚至崇敬。但是，正如许多老同志都知道的，穆欣也有他的不足。他在上海提出"用社会主义重新规划的方法对城市进行彻底革命的改造"，其规划方案又过于注重形式上的建筑艺术构图，为上海城市规划道路系统构思了许多放射线，比如以人民广场为中心向四周放射出的干道可直达黄浦江边等，他的方案由于明显脱离实际，没有得到我国专家和政府的认可。1956年，城市建设部部长万里同志到上海视察工作时明确指出：没有彻底革命的规划④。后来，上海的城市规划也达到了很高水平。

"梁陈方案"，是新中国成立初期北京城市规划方面的一件重要事情，本书对此有所表述，因作者同期另有专著，本书未展开讨论。

总体而论，党和国家对于发挥我国城市规划专家的积极性是非常重视的。对于苏联专家的意见和建议，我国政府有关方面在决策时也都是慎重而有分析的。对于这一时期我国政府和领导、中方专家和工作人员以及苏联专家等这几个方面，在复杂而不断变化的形势下开展城市规划工作所呈现出来的极其生动而又多姿多彩的历史进程，作者是力求以辩证唯物主义的观点来认识和分析的，这确实是十分艰巨的任务，作者为此作出了很大努力，也取得了积极成效。

---

① 王文克（1918—2006），1952—1961年历任华北财委党组成员、城市建设处处长，建工部城建总局副局长，城市建设部规划设计局副局长等职。

② 王文克. 关于城市建设"四过"和"三年不搞城市规划"的问题［M］//中国城市规划学会. 五十年回眸：新中国的城市规划，北京：商务印书馆，1999：44-45.

③ 华揽洪：重建中国：城市规划三十年（1949—1979）［M］. 李颖，译. 北京：生活·读书·新知三联书店，2006：43.

④ 关于这件事情，可参见张绍樑先生和柴锡贤先生的谈话，详见：曲长虹，李兆汝. 听大师讲规划［M］. 北京：中国建筑工业出版社，2017：207；中国城市规划学会. 五十年回眸：新中国的城市规划［M］. 北京：商务印书馆，1999：199-202.

城市规划是一项综合性很强的工作，其管理体制呈现出与一般专业工作很不同的特征。看完这本书，不由得联想到我国城市规划的行政管理体制，可以认为，这是七十多年来我国城市工作中一个非常重要但至今仍然没有得到完善解决的问题。本书中关于畅观楼规划小组的一段内容，给大家展现了一个重要的历史过程。以郑天翔同志为首的这个规划小组的建立及其工作，体现了北京市领导对于城市规划工作综合性、战略性的认识以及在体制上的有益探索。在城市层面，将城市规划工作从建设规划提升到关系城市发展全局的综合性规划，北京市在这方面为国家做出了重要的探索，取得了宝贵经验。

就国家行政管理体制而言，我们可以看到，北京市上报中央审批的许多规划报告和方案，中央大都是首先要求国家计委和国家建委研究并提出意见。这个体制一直延续了几十年。历史表明，当国家建委存在的时期（1982 年以前），这方面的工作处理得还是相对更好一些。这方面的改革涉及国家现代化治理体系建设，其有关历史经验也是很需要认真总结的。

此外，本书中谈及苏联专家介绍他们在城市规划建设工作中实施总建筑师制度的内容，对于我国今天探索建立城市总建筑师制度，仍然具有现实的参考价值。

李浩同志和我相识多年，他是一位努力认真工作的科研人员。规划历史研究长期以来属于"冷板凳"，在市场经济的大潮下，没有多少人愿意为之努力，但他却长期坚持下来。这里，我们应当特别感谢北京市有关专家和老同志、老领导，这本书得到了他们的热情指导、具体帮助和充分肯定。当然，相对于浩瀚的历史（哪怕只是本书所讨论的十年的历史），李浩同志还是相当年轻，这本书也必然存在一些不足和问题，希望大家特别是北京市的有关同志能够给以批评和帮助。

一项事业的发展，需要理论的指导，而正确、科学理论的建立，则离不开对有关历史的深入研究和系统总结。新中国城市规划发展已经走过七十多年的历程了，现在又面临着更深刻的改革形势，确实需要进行历史的回顾与深入研究。比如说，本书写到最后，中苏关系剧变，苏联专家全部撤回，到了 1960 年末，在当年的全国计划会议上，有关领导宣布了"三年不搞城市规划"，我们刚刚建立起来的城市规划工作，就受到了一次严酷的打击，元气大伤，不久之后又是"文革"十年，北京的城市规划也一度被要求暂停执行。城市规划长期缺位，让我国城市发展和管理受到全局性、长期性的巨大损失，直至改革开放后，城市规划方得重生。但是，后来我们是否对于"三年不搞城市规划"的事情仍然缺乏必要的认真总结、深刻反思并吸取了教训呢？！

现在，我们国家和城市的情况与六十多年前已不可同日而语，形势发生了巨大而深刻的变化，但城市发展的基本规律，仍然是客观存在的。以习近平同志为核心的党中央明确要求我们："必须认识、尊重、顺应城市发展规律，端正城市发展指导思想，切实做好城市工作。"[1] 我们应当学习历史，尊重历史，敬畏历史。党的二十大已为我们展现了建设社会主义现代化强国的宏伟蓝图。现代化的中国离不开现代化的城市，现代化城市的更新建设和发展也离不开现代城市规划，这个规律我们应当认识、尊重和顺应。

---

[1] 引自 2015 年 12 月 20—21 日中央城市工作会议精神。资料来源：新华社. 中央城市工作会议在北京举行，习近平、李克强作重要讲话 [E/OL]. 中央政府门户网站，2015-12-22[2022-10-18]. http://www.gov.cn/xinwen/2015/12/22/content_5026592.htm.

新中国城市规划历史研究的任务依然十分艰巨，期望国家大力加强这方面的工作，期望有更多的同志特别是年轻同志积极投身到这个领域里来，共同努力，多出成果，出好成果。

　　最后，希望大家都来读一读这本书，不仅是北京的同志们，各个城市的同志们，特别是有关领导同志们，都能够抽出时间来读一读这本书。

陈为帮

2022 年 10 月 29 日下午，于北京

陈为帮，原建设部总规划师，中国城市规划学会原副理事长，中国城市科学研究会原副理事长

序 二

自 1949 年北平和平解放并成为中华人民共和国首都以来，北京的城市建设与发展已走过七十三年的历程。北京的城市人口从一百多万增长到两千多万，城市面貌和城市功能发生了历史性巨变。在党的二十大胜利召开、中国迈向新征程的今天，回顾首都北京城市建设与发展的历史进程，总结经验，探求规律，是非常有意义的事情。

早在中华人民共和国成立伊始，北平市就在党中央的关怀下于 1949 年 5 月 22 日成立了北平市都市计划委员会，迅速启动首都规划工作。中华人民共和国成立前夕，赴苏联访问的中共中央代表团展望到新中国首都建设的需要，特别邀请苏联市政专家团来京，为北京市规划提出若干重要建议。根据国家"三年恢复、五年计划"的总体安排，为了迎接"一五"时期的大规模城市建设，中共北京市委于 1953 年成立了其直接领导的畅观楼规划小组，召集一批专家学者共同研究，并通过翻译国外资料了解国际动态，在苏联专家巴拉金的大力指导下，完成第一版《改建与扩建北京市规划草案》并于 1953 年 12 月呈报中央，这是全国范围内第一份正式向中央呈报的城市总体规划成果，1954 年又补充完成近期建设规划——《北京市第一期城市建设计划要点（1954—1957 年）》并呈报中央。在 1954 年国家计委对该版规划成果提出审查意见后，考虑到部分规划内容不尽成熟，经国家计委向中央提出建议，党中央决定邀请苏联派遣一个专门的城市总体规划专家组援京，当时苏联向中国大规模派遣苏联专家的行动已出现种种困难，苏方毅然选派出一个规模达 9 人、多专业构成的高规格规划专家团队，于 1955 年初迅速抵京，1956 年又派来一个地铁专家组开展与城市总体规划相配合的地铁规划研究。

当年多批次援京的苏联规划专家，不仅向我们讲解社会主义城市规划的理论思想，还传授城市规划设计的基本原理和技术方法，不仅对城市规划方案的制定发挥了核心作用，还对许多规划问题的决策提出许多宝贵的咨询意见，产生了重要影响，更是教育和培养了一大批城市规划人才。非常荣幸，我于 1955 年从北京市土木建筑工程学校（今北京建筑大学）毕业，分配到中共北京市委专家工作室（又称北京市都市规划委员会）总图组工作，我和其他许多同事一样，在苏联专家热情细致的指教和帮助下，从点滴工作开始接受城市规划训练，在规划实战中逐步成长，为首都规划事业悉力工作，出谋献策。回顾历史，那真是一段激情燃烧的岁月！

1955年苏联专家抵达后，北京市成立了都市规划委员会，立即从北京市以及有关部委抽调技术力量，大家共同参与，并成立经济资料、总体规划、绿地、道路、交通、热电、煤气和给排水等8个专题组，在整建制的苏联专家组分别对口指导与集体研究讨论相结合的技术援助下，以1953年版规划为基础，开展进一步的修订、完善和细化工作，在1956年党的八大前后还举办了多次规划展览，广泛向社会征求了意见，于1957年完成的《北京市总体规划初步方案》其规划质量和水平得到很大提升，规划成果趋于完善，规划方案近于成熟，成为有效指导首都各项建设活动的科学蓝图。

1955年来华的苏联城市总体规划专家组最后离华的时间是1957年12月，此时北京整体层面的城市规划编制任务终于基本结束，首都规划工作的重点开始转向规划实施和管理工作，1958年为迎接十年国庆，在城市总体规划的指导下开展了十大建筑的设计和建设。此外，在苏联规划专家先后回国以后，北京和莫斯科这两个城市的规划工作者还保持了连续多年的互访和交流机制，结下了兄弟般的深厚友谊。这真是一段难以忘怀的、不可磨灭的珍贵记忆，也是值得认真总结的精神财富。

李浩同志的专著《北京城市规划（1949—1960年）》正是描写这一段中苏两国规划工作者携手推进新中国首都规划事业奠基史的一部最新的力作。读罢全书，我的突出感受有以下几点。

聚焦重点，切中关键是这本书的独特贡献。作为共和国的首都，北京的城市规划是中国城市规划史研究的一个重大问题，自然也是难题。由于新中国成立初期北京城市规划的突出因素和鲜明特点即苏联专家的技术援助，那么，能否把苏联专家援助北京城市规划的有关史实厘清、情况摸透、问题搞准，就成为北京城市规划史研究的一个要害问题。多年以来，关于北京现代城市规划史的研究已经有大量成果，但由于种种原因，不少研究普遍缺少对苏联专家援助活动作系统深入梳理，致使关于首都规划的历史叙事或平铺直叙，或语焉不详，或有失偏颇。《北京城市规划（1949—1960年）》一书以当年多批次来华的苏联规划专家的技术援助活动为考察视角，找到了首都规划工作的关键要素，由此而展开的相关学术研究和讨论，使我们对新中国成立初期北京城市规划的历史发展有了更加清晰的认识。

尊重史料，以事实立言是专著难能可贵之处。作者对于苏联专家援助北京城市规划活动的历史考察，立足于大量规划档案、手稿、日记和照片等第一手原始资料，这些史料本来是以相当零散和碎片化的方式掩藏在中央与北京市的各类档案机构以及老同志们的家中，经由李浩同志连续多年、持之以恒的不懈努力，终将它们以史学的手法和艺术巧妙编织起来，绘制出一幅首都规划史的精彩画面。作者在史料的搜集、分析和论证等方面确实下了大功夫、苦功夫，有许多史料为首次发现，特别是发掘出郑天翔日记等珍贵史料，并将各种不同类型的史料综合运用，互为印证，彼此支撑，从而形成了相当完整的证据链条。由于这样一种独特的研究方式，使全书呈现出极高的历史时代感与可信度，客观而真实地再现了50年代首都规划工作的宏伟场景。

融会贯通，提炼精华是专著价值所在。本书不仅展示了北京城市规划的许多历史事实，还开展了大量历史解释和学术研究工作，向我们全方位呈现了1949—1960年北京城市规划发展的复杂历史过程，深刻剖析了制约首都规划的一些突出矛盾和症结问题，如城市人口规模和工业建设问题等，进而揭示了首都城市建设与发展的特殊个性及若干规律。阅读本书，读者可以更加清楚地理解20世纪50年代的北京为何会是那种面貌，因何会走上那样一条规划道路，这就有利于纠正此前社会公众关于北京城市规划的种种误解，特别是首都工业发展、行政机关房屋选址、城墙存废和历史文化遗产保护问题等。不但如此，全书还对自1949年开始，特别是1953年、1957年和1958年历版北京城市总体规划方案以及参与其中的中苏两国的专家、领导和专业技术人员其各不相同的重要贡献等进行了客观而中肯的评价。

概而言之，这是国内关于苏联专家援助中国城市规划建设工作的第一部学术专著，选题独特，史料丰富，论述严谨，成果具有一定的开创性，填补了中国城市规划史和北京城市规划史研究的一项空白，具有重要的学术价值和历史意义。

回顾这段历史，不禁使我又想起当年组织我们投身首都城市规划事业的许多老领导、老专家以及规划战线上的许多战友，其中有不少人现在已经离开了我们。北京的城市规划事业是一代又一代的首都规划工作者前仆后继艰苦开创的，今天北京城市发展各方面成就的取得离不开老一辈的付出和贡献。对此，我们应当永远铭记。需要指出的是，李浩同志在本书研究工作中还集中访问了一大批北京城市规划界的老同志，访谈录已公开出版；北京市老领导郑天翔同志是新中国成立后北京城市规划事业发展的领路人和奠基人，为首都规划呕心沥血，作出了巨大贡献，我们永远怀念他！通过我的介绍，李浩同志在郑天翔同志家属的大力支持下，对郑天翔同志1952—1958年主管北京城市规划建设期间的日记和工作笔记进行了专门整理，有关成果正在编辑出版的过程中。感兴趣的读者可以将这些成果结合起来阅读。

多年来，北京规划系统的不少同志都陷于日常的工作事务之中，一直没有人具体来研究北京城市规划的历史，我感到很遗憾。这本著作是李浩同志关于北京城市规划史研究的系列成果之一，这一研究形成的结果，实现了我长期以来的一个心愿，让我感到非常欣慰。他通过认真、严肃的历史研究，把北京城市规划的历史准确、生动地记录下来，为北京的城市规划事业作出了重要的贡献，这是很不容易的。城市规划历史与理论研究是很有价值的工作，期望李浩同志能长期坚持下去，多出优秀成果。

是为序。

赵知敬

2022年10月27日

赵知敬，首都规划建设委员会原办公室主任兼北京市城乡规划委员会主任，1994—2014年任北京城市规划学会理事长

序 三

　　研究中国城市和建筑的现代化必须讨论外来影响。如果说 1840 年鸦片战争之后这一影响最主要的来源是英、美、日三国，那么 1949 年之后的十余年里，苏联则是中国师法的样板。如果说前者影响主要体现在现代建筑学和建筑产业，以及自由建筑师培养制度和城市管理制度的建立，后者则主要体现在建筑业的国有化，国营建筑和规划设计院制度的建立，"社会主义内容、民族形式"建筑原则的倡导，建筑标准化的探索，以及为服务于新中国的工业化目标所进行的大规模城市规划工作。

　　中华人民共和国成立之初，从 1949 年到 1960 年，先后四批苏联规划专家来华，对中国多座城市的规划进行技术指导，产生重要而深远的影响，不仅在当时对中国城市规划的原则、策略和技术手段给予了具体帮助（如城市总体规划和地铁规划），协助制定了若干重要规划草案，而且带动了中国城市规划机构、学科体系的建立和人才的培养。在这些苏联专家回国之后，中国城市规划工作者开始独立工作，从此开始探索中国的城市规划道路。

　　这些城市当中最为重要者无疑是首都北京。事实上，新中国成立第一个十年里北京的城市规划和建设早已成为中华人民共和国建筑史的开篇和最为核心的内容之一。其中重要议题包括围绕新的行政中心的选址与旧城保护的冲突、天安门广场和长安街扩建与首都新形象的展示、国庆 10 周年"十大工程"建设与对"社会主义内容、民族形式"的探索，以及新的政府办公大楼与职工住宅区规划建设等。而所有这些议题都或多或少与苏联的影响，甚至苏联规划专家的直接参与有着密切关联。正因为如此，有关这段历史的研究就成为透视这一时期中国建筑史的一个重要管径。

　　毫无疑问，李浩教授的新作《北京城市规划（1949—1960 年）》是目前笔者所见有关苏联规划专家研究中最为全面和翔实的一部。他查阅了大量第一手的原始档案、当事人的笔记，并对健在的相关当事人进行了广泛的访谈。在此基础上梳理了苏联四批专家来华援助的历史过程以及各批的工作内容和特点。其中涉及的相关但却较少为中国建筑界所深入了解的苏中人物包括巴兰尼克夫、穆欣、巴拉金、克拉夫秋克、勃德列夫、兹米耶夫斯基、阿谢也夫、郑天翔、曹言行、赵鹏飞、佟铮、王文克、梁凡初、李准、沈其、陈干和郑祖武等。较为重要的相关重要事件则包括北京都委会和"畅观楼小组"等规划机构建立的过程、影响北京城市空间发展的长安街道路宽度和北京地铁建设等。除此之外，作者还披露了《改建与扩建北京市规划草案》（1953 年）和《北京市总体规划初步方案》（1957 年）等影响北京现代发展的重要规划文件的制定过程。

在这个背景下，作者重新审视若干历史遗案。如书中指出中国"适用、经济、在可能条件下注意美观"这一建设方针与苏联影响的关系。又如梁思成关于首都行政区规划最基本的思想观念，即世人所称"梁陈方案"最核心的主旨要义，早在 1949 年首批苏联市政专家团到达北平之前，更在陈占祥首次来到北平并初次见到梁思成和林徽因之前即已形成。再如北京城墙存废之争，作者从实际操作者的角度，对他们在实际工作中遇到的现实问题有更多介绍，对他们的考量与决策也因此给予了更多理解。

透过有关北京城市规划的制定和审批过程的讨论，作者还揭示了中华人民共和国成立初期，中国城市规划的制定与实施建设过程中，地方（北京市）与中央（建工部、国家计委、国家建委）、和平建设与国防安全、工业化与社会综合发展之间的矛盾。这些矛盾对于进一步理解中国现代城市和建筑的发展及其特点具有重要意义。

李浩教授是中国现代城市规划史研究的一位权威学者。他的工作以选题重要、调查细致、考证严谨和结论扎实著称。他已出版的《八大重点城市规划——新中国成立初期的城市规划历史研究》（2016 年初版，2019 年第二版），《中国规划机构 70 年演变——兼论国家空间规划体系》（2019 年）都已是这一领域的经典之作。除此之外，他还是中国建筑口述史研究的倡导者、实践者和示范者。他的采访记录《城·事·人——新中国第一代城市规划工作者访谈录》（第一至九辑）（2017—2022 年），以及他在访谈的同时整理完成的《张友良日记选编——1956 年城市规划工作实录》（2019 年）为所有从事中国建筑口述史工作的学人树立了典范。而他自己则早已把口述史工作与研究相结合，为以实物和文献史料"二重"参证的建筑和城市史研究方法增加了第三重——"口述记忆史料"。他的新作《北京城市规划（1949—1960年）》就是这三重证法的又一实践。

按照中国"隔代修史"和"实录"编纂的传统，每一代史家都承担有两项使命，一是根据前人留下的史料去进行历史研究，总结前人的功过得失，为前代存史；二是记录、整理和保存本代史料，以为后人修史铺垫基础。李浩教授诚为"良史"，他的工作就兼含这两方面的意义。在这部新作即将面世之际，我谨向他表示祝贺，并代所有已经或即将裨益于他的工作的学者们向他致敬！

赖德霖

2022 年 11 月 2 日

赖德霖，美国路易维尔大学美术系摩根讲席教授

序　四

　　桌上放着李浩同志送来的《北京城市规划（1949—1960年）》，这本书稿我已经翻看了几遍，他把我的思绪带回到1969年前我刚走出校门、加入城市规划战线的那个火红的年代，不禁令人感慨万千，心情久久难以平静。

　　我是1953年6月从哈尔滨外国语专科学校俄语专业毕业，分配到建筑工程部城市建设局参加工作，才逐步接触城市规划专业的。参加工作后，经过半年的见习、训练和准备，我自1954年初开始担任建筑工程部苏联城市规划顾问巴拉金（Д.Д.Барагин）的专职翻译。1956年5月底巴拉金在华技术援助工作结束、返回苏联后，我又继续担任巴拉金的后继者——时为城市建设部苏联城市规划顾问萨里舍夫（Я.А.Салишев）的专职翻译，直至1959年5月底萨里舍夫也结束援华工作并返回苏联。此后，我又在建筑工程部从事技术情报和外事工作多年。1976年，在特殊的时代背景下，命运使然，我改调中国科学院地球物理研究所，后又转入中国地震局工作，自然也就离开了城市规划战线。

　　屈指算来，我与新中国第一代城市规划工作者共事了20多年时间。可以说，我工作生涯的前半段与城市规划结下了不解之缘，特别是从1953年到1959年的这八年，既是我国城市规划事业的第一个高潮时期和重要的奠基阶段，于我个人而言，更是人生中十分宝贵的青年时代，我和许多城市规划工作者一样，把我们的青春和热血献给了祖国的城市规划事业！

　　老实说，对于城市规划专业而言，我是一脚门里，一脚门外，毕竟我不是城市规划学或建筑学出身，只是从事翻译工作的过程中边译边学。即便有一些认识，也是感性多于理性，比较肤浅。但在另一方面，对于翻译工作而言，仅仅掌握大量专业术语或翻译技巧是远远不够的，还必须对各种城市规划理论、规划业务中的各种技术方法和各类实际规划问题等具有相当深入的认识、理解和领会，这样才能活学活用，做出最恰当、最合适的翻译。我主要从事现场口译工作，所服务的对象又是城市规划领域最重要、最权威的苏联专家（部长的顾问），这对我们的规划专业素养的要求就更为苛刻，否则根本不能胜任本职工作。由于这样的原因，我们在翻译工作中也一直投入相当多的时间和精力，不断加强城市规划理论与实践的学习，努力提升自己的专业素养。而所谓日久生情，几十年工作下来，我也逐渐热爱上了城市规划工作，她早已成为我生命中的一分子。

正因如此，当 2015 年 9 月 28 日李浩同志首次来到我家，送上他的《八大重点城市规划》[①] 书稿时，我内心是那么的激动！感谢李浩同志给我提供了这样一个机会，让我能够在参与八大重点城市规划工作 60 多年之后，又能回到那段工作环境之中，因时隔过久，本来已经有些淡漠了的。阅读该书，1950 年代城市规划活动的许多往事不断涌上心头，历历在目。此后，李浩同志又多次来访，我们聊了许多学术或非学术的话题，简直成了忘年交。而他于 2017 年整理出版的"城·事·人"系列访谈录[②]，更是让我们这些老同志倍感温馨、爱不释手。

现在的这本《北京城市规划（1949—1960 年）》，比《八大重点城市规划》更使我倍感兴趣。因为该书考察 1949—1960 年北京城市规划的历史发展，故而来华苏联规划专家的内容占据了相当大的篇幅，甚至可以说是全书真正的主角。翻阅全书，不仅使我看到了许多熟悉的人、熟悉的事、熟悉的照片（包括我的一些照片在内），更使我了解和学习到许多颇为新鲜的内容，这是因为在早年的城市规划活动中，我们作为翻译人员所了解和掌握的信息是相当局限的，关于苏联城市规划专家的不少情况，我是第一次从李浩同志的这本书稿中才获得了较为系统和全面的了解。更加可贵的是，从书中我也学习到了北京城市规划方案制订过程中的一些问题、争论、规划决策以及后续发展的情况，这使我加深了对早年城市规划工作性质和共和国首都历史变迁的理解，我感到非常高兴。有时间我还要再翻看，我很有兴趣。

毫不夸张地说，这是中国第一部以原始档案资料挖掘、整理和系统化分析的研究方式，对 1949—1960 年来华苏联专家技术援助活动进行专门的、严肃的历史回顾和学术考察的重大研究成果，填补了中国城市规划史的一项空白。我认为其重要学术价值至少体现在如下三个方面：

其一，全书对新中国成立初期先后多批次来华的苏联城市规划专家的技术援助工作进行了全景化的、立体式的研究与呈现，为中苏两国在 20 世纪 50 年代的城市规划国际文化交流活动留下了鲜活、生动的历史记忆，必将成为中苏两国文明交往史的重要内容，因而具有重要历史意义、独特文化价值和国际交流意义。

其二，全书以苏联专家在华援助活动为切入点和观察视角，对新中国首都北京在城市规划起步阶段和奠基时期的规划工作历程、规划思想演变、规划方案的逐步修订与完善等科学技术史进行了细致入微的解剖、分析和讨论，深入回答了今天首都北京的城市空间结构和布局从哪里来、如何发展演变、为何呈现如此面貌等一系列重大问题，深入揭示了包括首都人口规模确定、城市发展方向选择（性质定位）和城市用

① 详见：李浩. 八大重点城市规划：新中国成立初期的城市规划历史研究 [M]. 北京：中国建筑工业出版社，2016.
② 详见：李浩. 城·事·人：新中国第一代城市规划工作者访谈录（第一至三辑）[M]. 北京：中国建筑工业出版社，2017.

地布局等在内的首都城市规划建设的若干内在规律，因而具有重要的科学理论价值。

其三，全书首次展现了一大批极为珍贵的原始档案资料，包括许多极为稀缺的、历史场景感极强的、对传递早年时代信息具有鲜活表现力的老照片在内，因而具有相当重要的文献价值。

关于苏联专家对中国城市规划的贡献，我想以担任苏联专家专职翻译的切身体会谈些看法。

我国的城市营建历史非常悠久，但在新中国成立之初，对于现代城市规划的思想理论，却几乎是一片空白。中国近代虽然有少数留学欧美的建筑学者具有一些规划经验，但他们在50年代的特殊时代背景下未能担当规划工作的重任。当年的规划队伍中，绝大多数是刚毕业的学建筑、园林或市政等专业的一些年轻人，苏联规划专家从讲解城市规划基本知识、基本原则和基本原理开始，向他们传授城市规划工作的基本程序、技术方法（包括作为核心技术文件的城市规划图纸的绘制方法和表现形式等），指导这批年轻人边学边做。实际规划工作中遇到各种疑难问题和困惑时，苏联专家则结合苏联规划理论和典型的规划设计案例，具体分析指导，破疑解惑，有时还亲自绘图示范，使这批年轻人逐渐掌握现代城市规划的理念和规划技术方法，逐渐能够独立完成规划工作任务。我们常常用"苏联专家带儿童团"来戏称当时的状况，实际上也确实如此。而当时的这批年轻人也相当了不起，他们在后续几十年的城市规划实践中，成为中国城市规划队伍的骨干力量，推动我国当代城市规划科学理论与实践技术不断发展，探索和创造出具有中国社会主义特色的城市规划范式。而溯本求源，在我国当代城市规划学科肇始和规划人才培养奠基的过程中，早年那些来华的苏联规划专家们，尤其是发挥关键性作用的穆欣、巴拉金和克拉夫秋克三位顾问专家，是我们的恩师，他们应当在中国当代城市规划史中留名，永志他们的功绩和友谊。

必然，在早年的城市规划活动中，也存在这样那样的缺点或不足，来华苏联专家们也都有自己的个性和局限性所在，这是难免的。50年代，我国城市建设与规划工作刚刚起步，再加上我们国家又穷，又缺乏技术力量，许多省市连城建机构都不健全，在这种情况下做工作，求全责备是不客观的，也是不公平的。对于学术界曾一度兴起的所谓批判"照搬苏联模式"的风潮，应当注意到，那是中苏关系恶化以后的特殊时代背景下才出现的。联想到苏联专家的工作，要回过头来说，在新中国成立之初，假若没有苏联专家的指导和帮助，我们的城市规划工作又会是一个什么状况呢？那很可能就是另一番景象，就像盲人摸象了。

值得称道的是，作者在写作本书过程中所体现出的辩证唯物主义的历史观念。写历史，不外乎纪事和论事。若纪之不实，何以论事？故查证史实是第一位的。本书作者既广泛搜集各种史料，又注重对多渠道、多类型史料详加分析，反复研考，务真求实，这是尊重历史、敬畏历史的科学态度。在此基础上，对史实进行多视角、多层面的解释和论证，明辨是非，阐发思想，引人深思。如此严谨认真的写作观念和态度，在本书第5章畅观楼规划小组的成立、第8章国家计委和北京市的不同意见以及结语等章节体现得尤为突出。对此，我高度赞赏。作者在结语中概括提出的四个方面的议论及其观点，我完全赞同。

在我国社会主义建设事业进入新时代的重要历史节点，出版发行这部专题研讨苏联规划专家在华技术援助活动的专著，不仅有利于弥补、丰富和完善中国当代城市规划史，而且有利于消除社会各方面对于早年苏联专家活动和北京城市规划建设因存在不少误识和误解而造成的不良影响，具有积极而深远的社会意义。期待本书早日问世。

靳君达

2022 年 10 月 1 日

靳君达，1954—1959 年任苏联专家巴拉金和萨里舍夫的专职翻译，中国地震局退休干部

1949 年中华人民共和国的成立，开启了中国现代城市规划发展的序幕，作为新中国的首都，北京也开始从一个传统的封建帝都逐步转向一个现代化的国际大都市。回顾 70 多年来北京的城市建设与发展，中华人民共和国成立初期的前 10 年是一个十分重要的奠基阶段，北京作为一个现代化的特大城市的空间框架和用地布局结构等正是在这一时期通过城市规划工作逐步定形的。而在当时的城市规划工作中，相当关键的一个因素即来华苏联专家的技术援助活动。

1949—1960 年，曾经有数十位苏联规划专家分批次来华，对城市规划建设工作进行技术援助，这是新中国成立初期城市规划活动的鲜明特点，也是国际城市规划发展的一个独特现象。苏联专家不仅向中国传输苏联城市规划理论与实践经验，还身体力行地帮助开展了许多重点城市的初步规划设计，在城市规划方面的一些重大问题上为中国政府决策提供技术性的参考意见，并且为中国城市规划制度的建立献计献策，还培养了一大批城市规划工作者，从而塑造了中国现代城市规划的文化。

近年来，在中国城市规划历史与理论学术组织酝酿和建立 ① 的过程中，与苏联规划专家的有关议题逐渐受到关注。如李百浩等对 1950 年代苏联援助中国的 156 项重点工程的选址、布局和规划进行了历史考察，对苏联专家技术援助工作多有涉及 ②；赵晨等对苏联城市规划在中国的整体情况进行了历史回溯 ③；李扬分析了 1950 年代北京城市规划实践中的苏联因素 ④；侯丽对北京和上海两个城市 1950 年代城市规划编

---

① 2009 年 12 月，中国城市规划学会与东南大学联合举办首届城市规划历史与理论高级研讨会，此后研讨会每年举办一次，经过连续多年的努力，于 2011 年 11 月正式成立了中国城市规划学会城市规划历史与理论委员会。学委会于 2018 年 10 月换届，2019 年 11 月举办了首届国际规划历史与理论论坛。该学委会的成员是目前中国城市规划历史研究的主体力量。

② 李百浩，等. 中国现代新兴工业城市规划的历史研究：以苏联援助的 156 项重点工程为中心 [J]. 城市规划学刊，2006（4）：84–92.

③ 赵晨，等. "苏联规划"在中国：历史回溯与启示 [J]. 城市规划学刊，2013（2）：109–118.

④ 李扬. 20 世纪 50 年代北京城市规划中的苏联因素 [J]. 当代中国史研究，2018（3）：97–105，127–128.

制工作中的苏联影响进行了比较[1]；许皓、李百浩对 1949—1952 年"苏联模式"与"欧美经验"之间理论对立与实践博弈情况进行了考察[2]；李文墨选择 1952—1961 年中国城市规划专业教育的历史切片，分析了其受苏联教育体制影响下的本土化演进过程[3]。笔者在对"一五"时期八大重点城市[4]规划进行历史研究的过程中，也曾对苏联专家技术援助西安、包头、武汉、太原和成都等市规划工作的有关情况进行过一些探讨。尽管如此，该方面的历史研究仍然相当薄弱，难以满足中国现代城市规划科学认知的内在需要，亟待作进一步的开拓与深化。

有鉴于此，继《八大重点城市规划：新中国成立初期的城市规划历史研究》公开出版[5]之后，笔者接续开展新中国成立初期北京城市规划的历史研究，并以苏联专家的技术援助活动作为一个重要的研究和观察视角。笔者的考虑主要是：一方面，八大重点城市作为一批新兴的重工业城市，城市规划工作重点主要聚焦在新建的工业区及工人住宅区，规划内容相对比较单一，而北京早在 1949 年就已经是一个近两百万人口的特大城市，其城市建设属于改建与扩建相结合的方式，城市规划工作的问题和矛盾要更为复杂，是与八大重点城市截然不同的另一种城市类型，具有重要的科学研究意义。另一方面，对先后多批次来华的苏联规划专家而言，北京一直是他们最为重要的工作对象——1949 年来华的首批专家的援助对象只有北京和上海，1955 年来华的规划专家组及 1956 年来华的地铁专家组更是专门对口援助北京，北京的案例研究，可以在一定程度上反映出苏联专家技术援助中国城市规划的整体历史进程及其阶段化特征，以一城而窥全貌。另外，关于北京城市规划史的既有研究，迄今尚缺少基于苏联专家技术援助视角的观察和解读，故而也有必要作重点讨论。

1949—1960 年援助北京城市规划工作的苏联专家，前后共有 4 批，本书内容遵循历史演进的时间逻辑予以编排，首先对苏联规划专家来华的整体情况作概略性的回顾，然后将全书划分为 4 大板块，对 4 批规划专家的技术援助活动分别进行相应的解析与讨论，最后进行简要的总结。由于北京城市规划及苏联专家技术援助的内容相当广泛，本书的讨论主要限于城市总体规划层面。

需要说明的是，就本书研究内容而言，1949 年来华的首批苏联专家涉及广为人知的"梁陈方案"事件，但这又是另外一个相对独立的话题，拟另行专门讨论，本书仅作简略解读。本书中涉及大量苏联专家的中文译名，它们在各类档案资料中的表述各不相同，为避免产生不必要的混淆，特采用较为正式或流传较广的译名予以统一，对档案资料进行一些必要的加工处理，并在注释中予以说明。

本书的研究工作立足于第一手的原始档案资料，这得益于各级档案部门的大力支持以及诸多规划前辈鼎力相助，笔者深为感激的同时也倾全力投入研究工作。尽管如此，它依然只是一份阶段性研究成果而

---

① 侯丽. 国家模式建构与地方差异：京沪两地 1950 年代规划编制的苏联影响之比较［J］. 城市规划学刊，2017（2）：113–120.
② 许皓，李百浩. 从欧美到苏联的范式转换：关于中国现代城市规划源头的考察与启示［J］. 国际城市规划，2019（5）：1–8.
③ 李文墨. 苏联模式影响下我国规划专业教育的"本土化"发展（1952—1961 年）［J］. 城市规划学刊，2020（1）：111–118.
④ 指中华人民共和国成立初期国家重点投资建设的一批新兴的重工业城市，包括西安、洛阳、包头、兰州、太原、武汉、成都和大同.
⑤ 李浩. 八大重点城市规划：新中国成立初期的城市规划历史研究［M］. 北京：中国建筑工业出版社，2016 年第一版，2019 年第二版.

已，书中可能还会存在这样或那样的问题乃至错误。期望广大读者提出批评意见或建议 ①，日后择机作进一步的修订和完善。

2022 年 7 月 12 日于北京

---

① 对本书的有关意见和建议敬请反馈至：jianzu50@163.com

目录

绪论　来华规划专家概况

第一篇　首批市政专家团
（1949—1950 年）

第 1 章　首批市政专家团援京情况

第三篇　北京城市总体规划专家组
（1955—1957 年）

第四篇　地铁专家组和规划专家组
（1956—1959 年）

来华规划专家概况

中苏的人民是永久弟兄，两大民族的友谊团结紧，

纯朴的人民并肩站起来，纯朴的人民欢唱向前进。

……

从没有这样牢固友情，咱们的行列充满欢腾，

行进的大队苏维埃联盟，坚强的大队苏维埃联盟。

并肩前进的是新中国！新中国！新中国！

莫斯科北京！莫斯科北京！人民在前进，前进，前进！

为光辉劳动，为持久和平，在自由旗帜下前进！

为光辉劳动，为持久和平，在自由旗帜下前进！

这首《莫斯科—北京》（*МОСКВА—ПЕКИН*，中苏友好歌），对于现在的中青年一代而言或许是相当陌生的，但对于经历过 1950 年代的老一辈而言，却是一首耳熟能详甚至人人会唱的著名歌曲。在中华人民共和国成立初期中苏两国的一些友好交往活动中，这甚至是一首必唱的歌曲。这首歌曲反映了中苏两个民族友好、团结的思想和情感，也是 1950 年代中苏两国亲密关系的生动写照。

正是在这样的时代背景下，一大批苏联规划专家先后来到中国，为新生的中国人民政权的城市规划工作提供技术援助，谱写了中苏两国城市规划文化交流的友谊之乐章。

一、社会主义阵营战略方针的确立

在经历了 1840 年鸦片战争后近百年的半殖民地和半封建的亡国屈辱史之后，中华民族终于在 1949 年迎来了解放的曙光。1949 年上半年，我国政府先后提出三条基本外交方针，并形象地概括为："另起炉灶""打扫干净屋子再请客"和"一边倒"。所谓"一边倒"，就是明确宣布新中国站在社会主义和世界和平民主阵营一边；在第二次世界大战后世界形成两大阵营对峙的国际环境下，新中国要解决当时的外交关系、安全

和经济恢复等问题，外交政策只能"倒向社会主义一边"，争取苏联和其他人民民主国家的帮助[①]。

大量的事实表明，"一边倒"战略方针对 1949 年 10 月 1 日中华人民共和国的成立起到了有利的促进作用。新中国成立后，"一边倒"的战略方针还获得更进一步的强化，不仅在政治、军事、外交方面，在经济、社会和文化等方方面面都要全面向苏联学习。甚至在日常的衣着服饰方面，具有苏联风格的女子列宁装、"布拉吉"（连衣裙）和背带工装裤以及男子大花方格衬衣等也一度成为人们最时髦的打扮。就城市规划而言，自然也不能例外，学习苏联经验成为当时规划工作明确的指导思想。新中国成立初期，借鉴苏联经验而建立起计划经济体制，实行大规模的工业化建设，并在各领域全面推行向苏联学习，这样的社会环境，决定了城市规划领域对苏联规划理论的借鉴具有其历史必然性。

二、专家来华的整体情况

"一边倒"战略方针如何得以落实呢？最重要的一个途径即邀请经验丰富的苏联专家来中国，对各方面的工作进行指导和帮助。1949—1960 年，在中国各级政府和有关单位工作的苏联专家达上万人之多，蔚为奇观。但如果回顾历史，苏联专家在中国的活动可谓由来已久。早在 1920 年代"大革命"时期，苏联的政治顾问鲍罗廷和军事顾问加伦在中国就已经名声显赫，他们对中国共产党和国民党的建设和发展以及北伐战争等都起到了重大作用。在抗日战争前期，苏联为了牵制日本、保障东线安全而派遣大批苏联专家来华支援中国对日作战 1945 年 8 月抗日战争结束后又有大量苏联专家在中国工作，其中不乏针对中国共产党的援助活动。[②]

然而，1949 年以后苏联向中国派出的专家，与之前以军事援助为主的情况已大不相同，他们的工作内容更多地出于新中国社会主义经济建设的特殊需要，并呈现出大规模、全方位和成系统的特点。当然，由于中国社会发展的历史进程以及中苏两国关系在前进过程中的一些微妙变化，1949—1960 年来华的苏联专家数量也有一些起伏和波动。

据沈志华基于多种数据来源的综合分析，来华工作的苏联专家，1949—1953 年有 5 000 多人，1954—1958 年达 11 000 余人，1959—1960 年接近 2 000 人[③]。图 0-1 展示了苏联有关档案中的一些统计数据，其计算方法和统计口径与中国有所不同，但历年来苏联专家数量变化的基本趋势则是一致的。

就"苏联专家"这一术语而言，在相关档案资料中，我们可以看到"苏联顾问"和"技术援助专家"等不同的称谓，它们是内涵相近但又存在差别的两个概念。广义而言，顾问也可称作专家，但技术专家则不能称为顾问；具体而论，顾问一般都是苏联的高级干部，如副部长、总局局长、司局长等，他们的职务和工作水平一般都比较高，来华后分配在各个政府主管部门，负责机构设置、规章制度、管理体制等方面

---

① 中共中央党史研究室. 中国共产党的九十年［M］. 北京：中共党史出版社，党建读物出版社，2016：365.

② 沈志华. 苏联专家在中国（1948—1960）［M］. 3 版. 北京：社会科学文献出版社，2015：17-31.

③ 沈志华. 苏联专家在中国（1948—1960）［M］. 3 版. 北京：社会科学文献出版社，2015：340.

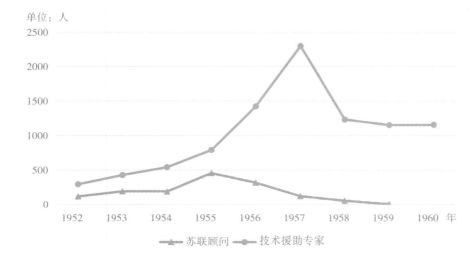

单位：人

图 0-1　在华苏联专家人数统计表
（截至每年 1 月 1 日，苏联档案数据）
注：根据《苏联专家在中国（1948—1960）》一书中的数据绘制。
资料来源：沈志华．苏联专家在中国（1948—1960）［M］．3 版．北京：社会科学文献出版社，2015：158，248.

的工作，并协助解决一些重大问题；而技术专家大都是专业技术人员，他们大多是根据援助项目的合同要求聘请的，一般都在企业和经济主管部门工作，解决具体的技术问题（图 0-2）。[1] 就具体聘请工作而言，尽管苏联顾问和专家的工作均由外国专家局统一负责[2]，但也有所不同——顾问（包括文教系统的专家）的聘请一般由外交部出面，按照政府之间的协议办理，而技术援助专家的聘请则一般由外贸部（通过驻苏商贸参赞处）出面，按照企业之间的合同办理。[3]

这样的一些差别情况，一般人员自然是难以分辨的，人们通常只知道顾问要比专家地位高一些而已，因而也造成一些称呼上的混乱，一直延续到 1957 年底，国务院于 12 月 5 日发出通知，将顾问和专家统称为"专家"。[4]

三、援助城市规划工作的四批专家

本书是关于城市规划工作的专题研究，因此主要关注对城市规划工作进行技术援助的苏联专家，简称"苏联规划专家"，这是对来华援助城市规划工作的苏联顾问及技术援助专家的统称。

值得注意的是，与其他领域的苏联专家相比，规划专家在华工作的一些情况有着显著的独特性，这主要是由城市规划工作的内在属性决定的。一方面，城市规划具有突出的政策属性，当年苏联规划专家对城

---

[1]　沈志华．苏联专家在中国（1948—1960）［M］．3 版．北京：社会科学文献出版社，2015：75-76.
[2]　军队、安全和情报系统的顾问系从各兵种、总部提出申请，由中央军委统一办理。
[3]　沈志华．苏联专家在中国（1948—1960）［M］．3 版．北京：社会科学文献出版社，2015：75-76.
[4]　1957 年 12 月 5 日国务院通知，鉴于苏共中央提出"取消向我国派遣顾问的建议"，除过去按顾问名义聘请来的苏联专家仍称顾问外，其余统称为苏联专家。资料来源：辽宁省档案馆，全宗 ZE1，目录 2，卷宗 239，第 45 页。转引自：沈志华．对在华苏联专家问题的历史考察：基本状况及政策变化［J］．当代中国史研究，2002（1）：24-37．另据靳君达回忆（2015 年 10 月 12 日与笔者的谈话），"当时，在华管理'156 项工程'及援华苏联专家的机构，是苏联经济联络总局（ГУЭС）的在华代表处"。

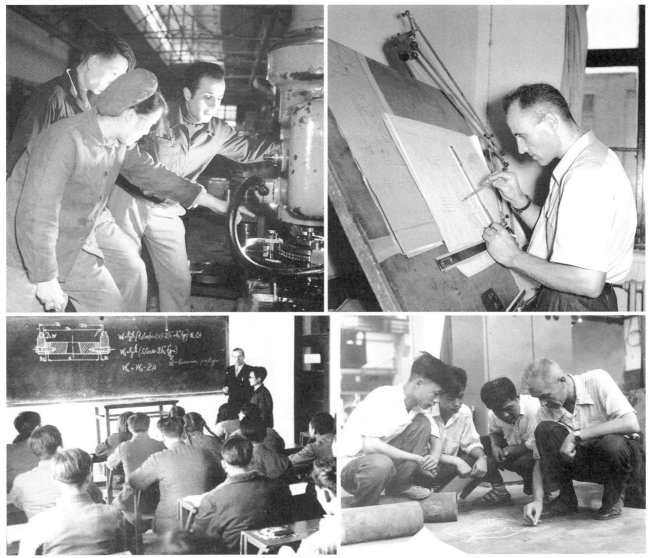

图 0-2　在洛阳第一拖拉机制造厂援助工业建设的苏联专家（1950 年代）

注：上左为米那米诺正在讲授机械原理，上右为奥特柯连柯正在设计绘图，下左为正在授课的专家，下右为正在现场教学的专家。据不完全统计，早年在"一拖"工作的苏联专家共计 38 人。

资料来源：洛阳"一拖"东方红农耕博物馆提供。

市规划工作的援助对象都是像首都规划建设或"156 项工程"等这样的一些重大战略项目，因而体现出较高的工作层次①。另一方面，城市规划工作具有鲜明的综合性，城市的规划、设计与总体布局必须全面考

---

① 早年给苏联专家巴拉金担任专职翻译的靳君达 2016 年 1 月 7 日与笔者谈话时回忆："跟巴拉金专家出差时，领导对巴拉金的重视，也给我们翻译工作增加了压力。巴拉金出差，都是司局级领导率队，有时还是部长、副部长领队，地方出面接待者相应的级别也高。我们工作起来，生怕出问题"，"比如，巴拉金去福州指导规划工作，完成任务后，受广东省邀请，又要去茂名，配合落实页岩炼油，做茂名的城市规划。福建省级领导亲自陪送到广州。广东省的省级领导也亲自出面接待，并陪同赴现场工作。可见当时我方对巴拉金专家的器重，为他创造出很有利的工作条件"。

虑当地的自然、社会、经济、城市历史和建设基础等方方面面，作出综合性的考量与谋划，在"156项工程"等联合选厂工作组中，城市规划小组也都从事综合性质的工作。除此之外，城市规划工作还具有一定的技术性和艺术性，以规划总图设计为核心，讲究空间处理手法与建筑艺术，若非具有一定专业技术阅历的行家里手，难以有高超的造诣，进而促使城市规划达到较理想的地步。

城市规划工作的这些情况，使得苏联规划专家在华的技术援助活动面临着重重挑战，从根本上讲，这也是当时我国城市规划工作中存在某些争议或分歧的固有症结所在。

正是由于城市规划工作的综合性与复杂性，从而需要各具专长的多种专门人才共同协作和联合攻关。而来华援助城市规划的苏联专家，其实际身份与专长也是各不相同的，具体又可细分为规划专家、经济专家、建筑专家、工程专家、交通专家、电力专家、水利专家、燃气专家和施工专家等，本课题所称苏联规划专家是对他们的统称。在这些专家中，规划专家、经济专家和建筑专家往往起着相对更为显著的主导作用。

据不完全统计，1949—1960年来华对我国城市规划工作进行技术援助的苏联专家有40多位（限于与城市规划工作密切相关的范畴）。各位专家在华工作的时间长短不一，短则半年，长达3年。根据来华的先后及受聘工作机构的不同，大致可以划分为4个批次（图0-3）。

第一批专家是由中共中央于1949年4、5月前后向苏联提出派遣请求的，重点对北京和上海这两个新解放的大城市进行技术援助。这批专家共17名成员，于1949年8月底到达中国，1950年5月中旬返回苏联，在华工作时间共约8个月。

第二批专家是在"一五"计划筹备和启动的时代背景下应邀派遣来华的，主要包括穆欣（А.С.Мухин）、巴拉金（Д.Д.Барагин）和克拉夫秋克（Я.Т.Кравчук）三位专家，他们分别于1952年、1953年和1954年先后来华，在国家城市规划主管部门工作，对中国各地区的城市规划工作进行广泛的技术援助，在华工作时间从1年半到3年不等。

第三批专家是以"规划专家组"的方式来华，受聘于北京市，专门帮助制定北京城市总体规划方案。专家组共9位专家，自1955年4月起先后来华，1957年先后返苏，在华工作时间两年左右。

第四批专家主要是以专家组的方式来华，包括"地铁专家组"和"规划专家组"两个部分。地铁专家组受聘于铁道部和北京市，共5名成员，于1956年10月来华，1957年3月底回苏，在华工作近半年时间，他们主要对北京地下铁道规划建设进行技术援助，在华工作时间相对较短，并与第三批专家的时间部分重叠。第四批苏联规划专家组受聘于国家城市规划主管部门，对中国各地区的城市规划工作进行广泛的技术援助，该批专家共6名成员，自1955年下半年先后来华，于1957—1959年先后回苏，在华工作时间2~3年不等。

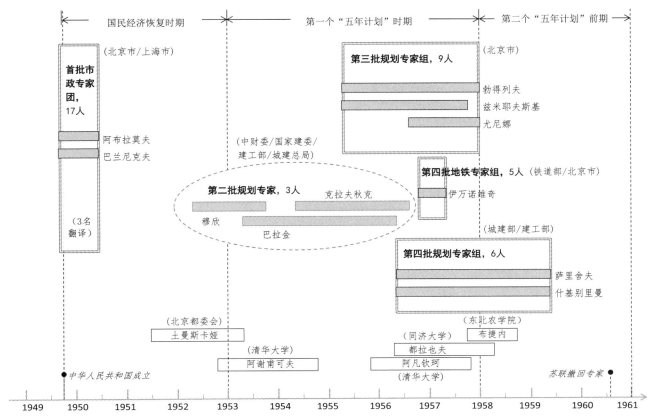

图 0-3　四批规划专家在华工作时间示意图

注：以线框表示各批专家，其高度代表专家数量，最核心的专家以色块表示。第二批的 3 位专家以个别方式来华，故而图示方式有所区别。受聘于有关高校等的其他一些苏联专家列于下方。

资料来源：作者自绘。

四、相关的一些配合措施

新中国对苏联规划经验的学习和借鉴，来华苏联专家的技术援助活动是一个最主要的途径，其具体方式包括参加重要会议并作主旨发言、赴重点城市调研并对其规划建设发表意见、听取规划小组各阶段的工作汇报并发表指导意见、在中国高校或各类规划训练班授课，以及应中方的要求配合开展各项工作等。1953 年 9 月 9 日，中共中央曾专门下发《中共中央关于加强发挥苏联专家作用的几项规定》，从制度上明确和保障了苏联专家技术援助活动的有效开展。

除了来华苏联专家的技术援助活动之外，当年对苏联规划经验的学习还有其他一些重要方式，它们与苏联专家的技术援助活动形成了良好的配合与支撑关系，主要包括如下 4 个方面。

（一）苏联规划著作的翻译和引进

在 1949—1960 年，中国城市规划建设方面的有关机构和人员，投入大量时间和精力，翻译了一大批苏联著作。其中，对城市规划工作影响较大的，大致如表 0-1 所作统计。

1950 年代中国翻译引入的苏联规划著作（不完全统计）　　　　　表 0-1

序号	书名	原作者	编译者	出版社	出版年份	备注
1	苏联卫国战争被毁地区之重建	窝罗宁	林徽因、梁思成	龙门联合书局（上海）	1951	英文原著 1944 年版
2	公共卫生学	马尔捷夫等	霍儒学等	东北医学图书出版社（沈阳）	1953	—
3	城市规划：技术经济指标及计算	雅·普·列甫琴柯	刘宗唐	时代出版社（北京）	1953	俄文原著 1947 年版
4	城市规划：技术经济指标及计算	雅·普·列甫琴柯	岂文彬	建筑工程出版社（北京）	1954	俄文原著 1952 年版
5	城市	维塞洛夫斯基等	霍松年	人民出版社（北京）	1954	苏联大百科全书选译
6	苏联城市建设问题	卡冈诺维奇等	程应铨	龙门联合书局（上海）	1954	多份俄文文献的摘译汇编
7	苏联城市规划中几项定额汇集	—	建筑工程部城市建设局	建筑工程出版社（北京）	1954	—
8	城市规划：工程经济基础（上册）	В.Г.大维多维奇	程应铨	高等教育出版社（北京）	1955	俄文原著 1947 年版
9	城市建设	苏联中央执行委员会附设共产主义研究院	建筑工程部城市建设总局	建筑工程出版社（北京）	1955	马克思列宁主义参考资料
10	城市规划问题	恩·贝林金等	建筑工程出版社编辑部	建筑工程出版社（北京）	1955	城市建设文集，多份俄文文献的摘译汇编
11	关于莫斯科的规划设计	苻·安德烈耶夫等	北京市人民政府都市计划委员会资料研究组	建筑工程出版社（北京）	1955	城市规划设计参考资料
12	建筑艺术	Б.П.米哈依洛夫	陈志华	建筑工程出版社（北京）	1955	苏联大百科全书选译，俄文原著 1950 年版
13	城市规划中的铁路运输问题	В.П.霍达塔也夫	殷彭龄	建筑工程出版社（北京）	1955	—
14	工业建筑的规划设计问题	苏联建筑师联盟会议等	建筑工程出版社编辑部	建筑工程出版社（北京）	1955	城市建设文集
15	城市街道设计	К.И.斯特拉霍夫	上海市市政工程局俄文学习委员会道路编译组	人民交通出版社（北京）	1955	—
16	城市规划：工程经济基础（下册）	В.Г.大维多维奇	程应铨	高等教育出版社（北京）	1956	俄文原著 1947 年版
17	城市规划与修建法规	苏联建筑科学院城市建设研究所	中华人民共和国城市建设部	城市建设出版社（北京）	1956	—
18	城市规划中的工程问题	А.Е.斯特拉明托夫	城市建设总局	建筑工程出版社（北京）	1956	俄文原著 1951 年版

序号	书名	原作者	编译者	出版社	出版年份	备注
19	城市及村镇公用设施	Н. А. 盖拉西莫夫	建筑工程部学校教育局	高等教育出版社（北京）	1956	—
20	村镇规划技术经济基础	Я. П. 列甫琴柯	城市建设总局	建筑工程出版社（北京）	1956	—
21	关于使用标准设计来修建城市的一些问题	А. 格拉考济诺夫	城市建设部办公室专家工作科	城市建设出版社（北京）	1956	苏联第二次建筑师代表大会文件集
22	区域规划问题	В. 阿胡廷	城市建设部办公室专家工作科	城市建设出版社（北京）	1956	苏联第二次建筑师代表大会文件集
23	苏联城市建设中的城市交通问题	А. 斯特拉明托夫	城市建设部办公厅专家工作科	城市建设出版社（北京）	1956	苏联第二次建筑师代表大会文件集
24	苏联城市建设中的经济问题	В. Г. 达维道维奇	常连贵	城市建设出版社（北京）	1956	—
25	苏联城市建设原理讲义（上册）	А. А. 阿凡钦柯	刘景鹤	高等教育出版社（北京）	1957	—
26	城市规划与公用设施	А. Е. 斯特拉缅托夫、В. А. 布嘉庚	同济大学城市建设系	建筑工程出版社（北京）	1959	俄文原著 1956 年版
27	城市规划与修建	В. В. 巴布洛夫等著；译	北京市都市规划委员会翻译组	建筑工程出版社（北京）	1959	苏联教材，俄文原著 1956 年版
28	城市交通和街道规划	А. А. 波良可夫	张汝良、城市建设总局编译科	建筑工程出版社（北京）	1959	俄文原著 1953 年版
29	城市用地的竖向规划	В. М. 斯坦凯也夫、А. Е. 斯脱拉明夫	同济大学城市建设与经营教研组	建筑工程出版社（北京）	1959	俄文原著 1947 年版
30	列宁格勒建筑和规划的几个问题	О. А. 伊凡诺娃等	张汝良、林茂盛	建筑工程出版社（北京）	1959	俄文原著 1955 年版
31	苏联城市建设原理讲义（下册）	А. А. 阿凡钦柯	刘景鹤	人民教育出版社（北京）	1959	—

资料来源：作者整理。

与苏联专家的现场指导活动相比，对苏联规划著作的学习具有系统性更强、更具科学理性，以及学习时间便于灵活掌握等优点。同时，也存在着具体工作针对性不足、无法互动交流等不足。尽管如此，它仍然是与苏联专家技术援助活动密切配合的一种重要方式。

（二）规划建设类期刊的创办

1950 年代，为了及时跟踪苏联城市规划活动及理论发展的最新情况与动态，中国方面在翻译苏联规划著作的同时，也翻译了大量的期刊论文以及一些重要会议的报告和重要讲话等。这些译件早期以较零散的方式存在，自 1954 年起我国分别创办了《建筑学报》《建筑》《城市建设》和《城市建设译丛》等期刊，开辟了传播此类文献的学术平台。其中《城市建设译丛》是专门刊载城市规划建设有关译文的重要阵地，该杂志于 1955 年 6 月创刊，系月刊（图 0-4）。

图 0-4 《城市建设译丛》创刊号封面
（左）及目录（右）
资料来源：李浩收藏。

表 0-2 是对《城市建设译丛》杂志 1955 年度所刊论文的统计（该年度共出版 7 期），由此也可对当时苏联城市规划工作的技术动态有所管窥。

《城市建设译丛》1955 年重要文章目录（第 1~7 期） 表 0-2

期号	文章标题	原作者	译者	备注
	前言	《城市建设译丛》编辑部	—	发刊词
第 1 期	苏联城市建设的迫切任务	Б.斯维特利奇内	常连贵	译自《苏联建筑》1954 年第 11 期
	论结合城市建设要求考虑标准住宅设计问题	А.加拉克契奥诺夫、Д.索波列夫、И.康托罗维奇	常连贵	译自《苏联建筑》1954 年第 12 期
	修建居住区的一些先进方法	М.沙罗诺夫	费世祺、臧凤祥	译自《苏联建筑》1955 年第 1 期
	在设计中降低建筑造价的途径	В.基列也夫、В.麦列尔	李树杰	译自《住宅公用事业》1954 年第 8 期
	论体积数 K_2 和平面布置的其他经济指标（提供讨论）	Л.斯特烈梁诺夫	李树杰	译自《苏联建筑》1955 年第 3 期
	关于城市建设中竖向布置工作的原则和程序的意见	Я.Н.索洛诺维奇	钟继光	在华苏联专家新作
	高负荷曝气滤池工作的研究	С.В.雅科夫列夫、П.И.加拉宁、А.Н.杜博娃	林连魁	译自《莫斯科市政》1955 年第 1 期
	城市绿化系统中的林荫大道	Т.Н.杜尔钦斯卡娅	沈大纶、齐绍堂	译自《莫斯科市政》1952 年第 7 期
第 2 期	4~5 层居住街坊规划、建筑和公共设施参考条例	Я.П.列甫琴柯	尚真	译自《苏联城市规划问题》第四集
	4~5 层居住街坊建筑的经济问题	Я.П.列甫琴柯	张汝良	译自《苏联城市规划问题》第四集
	关于成套中等层数标准住宅的设计经验	М.巴鲁斯尼科夫、Л.裘别克	谢志彬	译自《苏联建筑》1955 年第 2 期

期号	文章标题	原作者	译者	备注
第2期	安装地下管道的两个经验	不详	不详	摘自中国赴波兰城市建设考察团所整理的材料
	给水水源的选择及其质量的评定	Я. Н. 索洛诺维奇	常连贵、董殿臣	在华苏联专家新作
	以砾石层代替进水室中的筛网	М. 达连斯基赫	金润武	译自《住宅公用事业》1955年第1期
	关于减少莫斯科街道噪音和生活噪音的重要措施	Я. П. 什马特科夫、Б. Н. 拉巴佐夫	臧凤祥	译自《莫斯科市政》1954年第12期
第3期	城市建设	苏联百科全书出版社	臧凤祥	译自《苏联大百科全书》12卷第396–404页
	城市双层居住建筑的基本问题	Д. М. 索波列夫	不详	译自《苏联城市建设问题》第三集
	有关设计和施工的一些经济问题	В. 乌思宾斯基	李树杰	译自《莫斯科建筑与建设》1955年第4期
	给水及排水方案的技术经济比较	А. М. 康纽什科夫	林连魁、金润武	译自《重工业企业的给水设备》第十三章
	波兰给水设备设计经验	不详	不详	赴波城市建设考察团公用事业组整理
第4期	必须重视综合修建街坊的原则	К. 阿拉宾	钱辉焴	译自《莫斯科建筑与建设》1955年第4期
	城市双层居住建筑的基本问题	Д. М. 索波列夫	不详	译自《苏联城市建设问题》第三集
	街道网的规划	А. А. 勃略科夫	张汝良	译自《城市交通和街道规划》第二章第一节
	城市道路改建设计中的若干问题	А. 斯特拉明托夫	不详	译自《住宅与公用事业》1953年第3期
	城市测量工作概述	Н. Н. 斯杰潘诺夫	曾广良、沈祖礽	译自《城市建设测量》第一卷绪论
	采用接触澄清池净化饮用水	鲁布列夫、В. И. 马尔基佐夫、А. М. 明茨	阎振甲	译自《莫斯科市政》1955年第4期
第5期	反对城市规划中的盲目摹仿现象——迎接全苏建筑师代表大会	В. 拉弗罗夫	高殿珠	译自1955年7月22日苏联《建筑报》
	住宅建筑	Ю. 莎斯	钱辉焴	译自《住宅建筑》第7–17页
	关于居住区建筑的某些错误	В. 扎瓦德斯基	不详	译自《苏联建筑》1954年第4期
	1933—1940年间苏联城市测量工作状况	Н. Н. 斯杰潘诺夫	曾广良、沈祖礽	译自《城市建设测量》第一卷绪论
	苏联城市测量及城市地质勘查的管理机构与任务	Н. Н. 斯杰潘诺夫	曾广良、沈祖礽	译自《城市建设测量》第一卷绪论
	新的取水方法	不详	不详	赴波城市建设考察团公用事业组整理
	采用真空振动法无壕沟敷设地下管线	И. А. 菲兹杰利	常连贵	译自《莫斯科市政》1955年第1期
	莫斯科绿化的总结及展望	В. Я. 斯米尔诺夫、Л. Б. 卢恩茨	齐绍堂	译自《莫斯科市政》1952年第7期

期号	文章标题	原作者	译者	备注
第 6 期	苏联共产党中央委员会和苏联部长会议关于消除设计和建设中的浪费现象的决议	尼·赫鲁晓夫、尼·布尔加宁	钱辉焴、金志军、赵和才	译自 1955 年 11 月 10 日苏联《真理报》，陈永宁校
	根除设计和建设中的浪费现象	苏联《真理报》社论	陈义章	译自 1955 年 11 月 11 日苏联《真理报》
	苏联共产党中央委员会和苏联部长会议关于消除设计和建设中的浪费现象的决议（摘要）	不详	不详	摘自 1955 年 11 月 11 日《中苏友好报》
	理论应该照亮实践的道路——迎接第二次全苏建筑师代表大会	不详	陈义章	译自苏联《建筑报》1955 年 9 月 16 日评论，刘达容校
	平房设计范例	Д.Д.巴拉金	不详	巴拉金于 1955 年春在太原设计，由城市建设总局规划设计局建筑处整理
	住宅建筑（1918—1941 年）（续）	Ю.莎斯	钱辉焴	译自《住宅建筑》第 17–31 页，陈永宁校
	德意志民主共和国土坯建筑的经验	Б.鲁津	臧凤祥	译自《苏联建筑》1955 年第 6 期，钱辉焴校
	干道交叉口设计	В.徹烈帕诺夫	不详	译自《莫斯科建筑与建设》1954 年第 3 期
	争取降低导线测量标志的造价	А.莎尔达诺夫	张勉文	译自《住宅公用事业》1955 年第 4 期，赵和才校
	城市基本测量工作的意义与组织	Н.Н.斯杰潘诺夫	曾广良、沈祖礽	译自《城市建设测量》第一篇第一章
	关于给水企业的储备问题	А.科干	黄炎	译自《住宅公用事业》1955 年第 3 期，谢志彬校
第 7 期	苏联共产党中央委员会和苏联部长会议致第二次全苏建筑师代表大会的贺词	苏联共产党中央委员会苏联部长会议	卞汝诚	译自 1955 年 11 月 27 日苏联《真理报》
	苏联建筑的现状和任务	П.В.阿勃拉西莫夫	陈义章	译自 1955 年 11 月 29 日《建设报》
	就现代要求来谈建筑科学的基本任务	А.В.弗拉索夫	赵和才	译自 1955 年 11 月 29 日《建设报》，陈永宁校
	居住和文化福利建筑的标准设计和大量建造的问题	Г.А.格拉道夫	钱辉焴	译自 1955 年 11 月 29 日《建设报》，陈永宁校
	住宅建筑（1941—1945 年）（续）	Ю.莎斯	钱辉焴	译自《住宅建筑》第 33–38 页，陈永宁校
	争取降低道路桥梁的工程造价	М.Г.巴斯	张勉文	译自《莫斯科市政》1953 年第 8 期，赵和才校
	高尔基城水厂快滤池的上冲洗	П.叶国兴	张中和	译自《住宅公用事业》1955 年第 2 期，谢锡爵校
	新建城市中敷设地下管网的技术经济因素	С.柴采夫	黄炎	译自《住宅公用事业》1955 年第 4 期，邢福贵校
	关于围堤的渗透计算	С.Ф.阿维里亚诺夫	金志军	译自《水工建设》1954 年第 8 期，赵和才校

期号	文章标题	原作者	译者	备注
第 7 期	按圆滑面计算水工建筑物的稳定性	Ю.И.索洛维也夫	金志军	译自《水工建设》1954 年第 8 期，赵和才校
	测量资料的组成、整理和送交	Н.Н.斯杰潘诺夫	曾广良、沈祖礽	译自《城市建设测量》第一篇第十二章
	绿化建设中资金和木材的节省	В.Я.斯米尔诺夫	齐绍堂	译自《莫斯科市政》1955 年第 2 期

资料来源：根据 1955 年第 1~7 期《城市建设译丛》整理。

（三）派中国同志赴苏联学习深造

除了翻译引介苏联规划著作与论文之外，1950 年代中国还采取了"走出去"战略——选派一批技术人员赴苏联学习深造或进修。苏联方面接收中国学生的一个主要机构即莫斯科建筑学院，1952 年入校的朱畅中 [①] 是第一位进入该校的中国学生，也是第一个在该校获得城市规划副博士学位的中国人。朱畅中的论文题目是《苏联大城市公共中心区改建的规划经验——以莫斯科、列宁格勒、基辅、明斯克、斯大林格勒为例》，指导教师为苏联著名建筑学者 А.什维德科夫斯基院士。朱畅中 1957 年回国后长期在清华大学任教。

表 0-3 为 1950 年代在莫斯科建筑学院留学过的部分中国学生的有关情况，其中 1954 年和 1955 年是留学生派出的两个高潮年份。这些留学生的身份和留学时间不尽相同，以 1954 年赴苏的留学生为例，赵冠谦、金大勤、汪孝慷和叶谋方为研究生，在苏留学时间为 4 年，毕业时被授予科学副博士学位 [②]；杨葆亭、汪骝、解崇莹、姜明河和詹可生为大学生，在苏留学时间为 6 年；与这 9 人同年赴苏留学的还有李采（研究生）和陈诚（大学生），他们两人因故提前回国而未能完成学业，故而不在表 0-3 名单之中 [③]（图 0-5 ~ 图 0-11）。

---

① 朱畅中（1921.06.19—1998.03.08），浙江杭州人。1941—1945 年，在中央大学（重庆）建筑系学习。1945—1947 年初，在武汉区域规划委员会工作，任技术员；后在南京都市计划委员会工作，任建筑师。1947 年 9 月受聘到清华大学建筑系任教，曾参与中华人民共和国国徽设计。1950 年 10 月至 1952 年 4 月，在哈尔滨工业大学研究生班学习。"作为新中国建筑界首批留苏学生，他于 1952 年至 1956 年在莫斯科建筑学院城市规划系学习，获副博士学位。"学习回国后在清华大学任教，1959 年起任城市规划教研组主任，1982 年起兼任中国城市规划学会风景环境规划学术委员会主要负责人，1985 年受清华大学委派兼任烟台大学建筑系第一届系主任。引自清华大学建筑学院《朱畅中先生生平》（1998 年 3 月 10 日），赴苏留学时间经赵冠谦修正。

② 苏联的副博士是科学副博士（кандидат наук）的简称，"从 1934 年起授予具有高等教育学历、通过副博士最低限度考试并通过副博士学位论文答辩者的学位"（Кандидат наук [EB/OL]．[2021-06-30]．https://dic.academic.ru/dic.nsf/ruwiki/180367），"在国际学位认证体系中，俄罗斯的科学副博士学位分别对应于欧洲的一级博士学位和我国的博士学位"，参见：王森．近二十年俄罗斯副博士学位研究生培养情况透视 [J]．外国教育研究，2012（3）：115；李鹏．中国副博士研究生培养制度的历史考察 [J]．当代中国史研究，2013（3）：36-40.

③ 赵冠谦 2020 年 11 月 3 日与笔者的谈话。

序号	姓名	学习时间	专业方向	莫斯科建筑学院保存的学习资料		
				资料名称	类型	导师
1	朱畅中	1952—1956 年	城市规划	苏联大城市公共中心区改建的规划经验——以莫斯科、列宁格勒、基辅、明斯克、斯大林格勒为例	副博士论文	O．A．什维德科夫院士
2	赵冠谦	1954—1958 年	工业建筑	工业建筑设计类型的研究——以汽车、拖拉机厂的标准化建筑设计为例	副博士论文	A．C．菲辛科教授
3	金大勤	1954—1958 年	城市规划	居住小区的生活、福利设施	副博士论文	H．X．巴利雅科夫教授
4	汪孝慷	1954—1958 年	居住与公共建筑学	中国工人俱乐部建设规划问题	副博士论文	M．H．辛雅夫斯基院士
5	叶谋方	1954—1958 年	居住与公共建筑学	3~5 层住宅建筑标准设计的经验及对中国的启示	副博士论文	M．O．巴尔什教授
6	杨葆亭	1954—1960 年	工业建筑	醋酯丝绸厂	不详	不详
7	汪骝	1954—1960 年	工业建筑	建筑工业联合企业	毕业设计	B．A．梅斯林
8	解崇莹	1954—1960 年	工业建筑	纺织联合企业	不详	不详
9	姜明河	1954—1960 年	民用建筑	醋酯丝绸厂	不详	不详
10	詹可生	1954—1960 年	工业建筑	居民综合楼	三年级设计	不详
11	童林旭	1955—1959 年	工业建筑	大型水利枢纽的区域规划问题	副博士论文	И．С．尼格莱耶夫教授
12	王仲谷	1955—1961 年	城市规划	低层居民楼方案	二年级设计	3．C．车尔尼雪娃
				展览厅		
				未来城市	毕业设计	H．B．帕拉诺夫
13	范际福	1955—1961 年	城市规划	低层居民楼方案	二年级设计	3．C．车尔尼雪娃
14	黄海华	1955—1961 年	城市规划	公共汽车站	二年级设计	不详
				低层居民楼方案		
15	杜真茹	1955—1961 年	民用建筑	居民小区	不详	不详
16	徐世勤	1955—1961 年	工业建筑	公共汽车站	二年级设计	不详
17	李景德	1956—1960 年	工业建筑	苏联肉类加工企业的规划经验及对中国的启示	副博士论文	И．С．尼格莱耶夫教授
18	杨光峻	1957—1961 年	建筑光学	机械制造企业一层厂房的人工照明设计	副博士论文	H．M．古舍夫教授
19	张绍刚	1957—1961 年	建筑光学	不详	副博士论文	H．M．古舍夫教授
20	章扬杰	1957—1961 年	建筑声学	苏联南部疗养建筑的设计经验及其对中国疗养建筑的启示	副博士论文	M．П．巴鲁斯尼科夫教授

序号	姓名	学习时间	专业方向	莫斯科建筑学院保存的学习资料		
				资料名称	类型	导师
21	蒋孟厚	1957—1961年	工业建筑	苏联高层工业建筑经验对中国的借鉴	副博士论文	В.В.布拉格曼院士
22	唐峻昆	1958—1962年	不详	中型城市居住区中心规划设计的几个问题	副博士论文	А.А.巴甫洛夫院士
23	张岫云	1958—1962年	不详	纺织工厂的先进类型	副博士论文	Г.М.图波列夫教授
24	蔡镇钰	1959—1963年	不详	居住小区中心公共建筑的新类型	副博士论文	Г.Б.巴勒欣教授
25	张耀曾	1959—1963年	不详	具有部分与全部服务功能的新型住宅	副博士论文	М.О.巴尔什教授

注：本表以《莫斯科建筑学院（МАРХИ）的中国学生》为基础整理（根据专家意见，将原文中"博士论文"的提法修正为更严谨的"副博士论文"），后经赵冠谦补充和修正，系不完全统计。据赵冠谦先生回忆，上表中蒋孟厚（编号为21）的培养单位可能是苏联建筑科学研究院而非莫斯科建筑学院。中国人赴莫斯科建筑学院留学活动在1960—1970年代因故中断，1980年代末得以恢复，又有多位中国留学生在莫斯科建筑学院深造，如吕富珣（1989—1992年，论文题目为《"考工记"暨中国传统城市建筑艺术的发展》）、孙明（1989—1992年，论文题目为《17—18世纪中国及欧洲的园林艺术》）和韩林飞（1994—1998年，论文题目为《传统与现代：近20年中俄城市设计的比较》）等。

资料来源：雷萨娃，韩林飞.莫斯科建筑学院（МАРХИ）的中国学生［M］// 韩林飞，普利什肯，霍小平.建筑师创造力的培养：从苏联高等艺术与技术创造工作室（ВХУТЕМАС）到莫斯科建筑学院（МАРХИ）.北京：中国建筑工业出版社，2007：294-295.

　　当年选派赴莫斯科建筑学院留学的人员，除了研究生和大学生之外，还有一些进修人员，在苏学习时间长短不一。譬如，1955年由清华大学选派的汪国瑜，进修一年后回国；1956年分别由清华大学和哈尔滨工业大学选派的刘鸿滨（图0-11）和张之凡，进修两年后回国。[①]

　　除了莫斯科建筑学院之外，苏联其他一些机构也接收过一些中国留学生，比如1956年从同济大学毕业的史玉雪（女），考取留苏班后被选派到苏联列宁格勒建筑工程学院学习（城市交通专业）[②]。另外，曾任中央城市设计院副院长的易锋（女）早年也曾被选派苏联进修。

---

① 赵冠谦2020年11月3日与笔者的谈话。
② 史玉雪，1935年8月生，女，浙江鄞县人。1963年4月从苏联列宁格勒建筑工程学院毕业并获得苏联科学副博士学位，回国后先后在北京市城市规划管理局、建筑工程部建筑科学研究院、国家建委建筑科学研究院城市建设研究所（中国城市规划设计研究院的前身）和上海市城市规划设计研究院工作，曾任上海市规划局局长。

图 0-5　中国赴苏联留学生在莫斯科的一张留影（1956 年）
左起：汪孝慷、赵冠谦、叶谋方、苏联同学、童林旭、金大勤。其中
童林旭为 1955 年赴苏联，其余 4 名中国留学生为 1954 年赴苏联。
资料来源：赵冠谦提供。

图 0-6　中国留学生在莫斯科火车站的一张留影（1957 年 8 月）
注：送陈诚提前回国。
左起：汪骝、解崇莹（女）、姜明河（女）、陈诚、杨葆亭。
资料来源：罗存美提供。

图 0-7　中国赴苏联留学生到部队参观时的一张留影（1956 年）
注：照片中共 3 名中国留学生，分别为赵冠谦（前排左 1）、金大勤（前排左 3，手臂上揽衣服者）、叶谋方（右 7，手臂上揽衣服者）。
资料来源：赵冠谦提供。

图 0-8　中国留学生在莫斯科建筑学院学习的毕业证书（赵冠谦，1959 年）
注：上图左为封面，右为扉页（俄文内容为：苏联高等教育部最高鉴定委员会）。下图中上部为毕业证书的正文页，下部为其中文翻译（活页，中国驻苏联大使馆提供）。
资料来源：赵冠谦提供，李浩拍摄。

图 0-9　中国留学生在莫斯科建筑学院学习的成绩单（杨葆亭，1960年7月）

资料来源：罗存美提供。

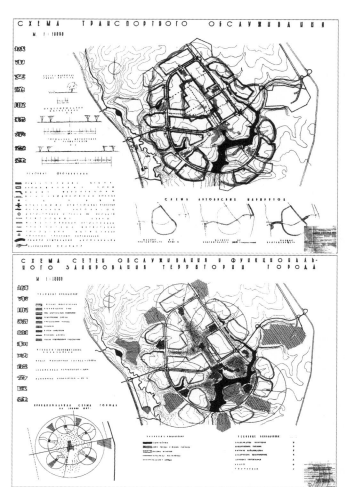

图 0-10　未来的城市：中国留学生王仲谷在莫斯科建筑学院的毕业设计（1961年，导师帕拉诺夫）

资料来源：韩林飞，B. A 普利什肯，霍小平. 建筑师创造力的培养：从苏联高等艺术与技术创造工作室（BXYTEMAC）到莫斯科建筑学院（MAPXИ）[M]. 北京：中国建筑工业出版社，2007：296.

图 0-11　中国赴苏联留学生在莫斯科红场上的一张合影（1956年）

左起：赵冠谦、李德耀（女）、刘鸿滨（赴苏联进修两年时间）、李景德（女）、朱畅中。

资料来源：赵冠谦提供。

图 0-12　中国赴苏联考察团留影（1955 年 10 月）
左起：林克明（左 1）、刘达容（左 2）、蓝田（左 3）、何瑞华（女，左 5）、安永瑜（左 7，后排）、冯纪忠（右 2）。
资料来源：王大弨提供。

（四）中苏两国的访问交流

如果说赴苏联留学的派遣对象主要是一些专业技术人员，那么在中苏两国之间的访问交流活动中，其成员则有较多的行政干部和各级官员。据《中国建筑学会六十年》一书的不完全统计，1949—1960 年中苏两国的一些访问交流活动主要包括：

1955 年 10 月 14 日至 11 月 18 日，应苏联建筑师协会的邀请，中国派出林克明、李干臣、蓝田、王文克、花怡庚、冯纪忠、陈登鳌、安永瑜和何瑞华等赴苏访问，考察了苏联的城市建设、住宅和文化福利公共建筑，并对苏联建筑师协会和科学研究院的工作进行了解（图 0-12）；1955 年 11 月 25 日至 12 月 6 日，应苏联建筑师协会的邀请，中国派出焦善民、蓝田和王文克 3 人赴苏联出席了全苏建筑师第二次代表大会；1956 年 8 月 29 日至 10 月 7 日，应中国建筑学会的邀请，苏联建筑师代表团一行 10 人来华访问和学术交流；1958 年 7 月 20—27 日，中国派出以杨春茂为团长的 19 人代表团，赴莫斯科参加第五届国际建筑师大会，这次大会的主题是"世界各国的城市建设问题——1945 年至 1957 年城市的新建和改建"，参加大会的有 50 多个国家的 1 400 多名代表，梁思成在会上作了题为"关于东亚各国 1945 年至 1957 年城市的建设和改建"的报告。①

就中苏两国的互访交流活动而言，由于有一些重要领导人参与，各方面对交流活动相当重视。以1955 年 8—11 月赴苏联访问的中国建筑工作考察团为例，有关人员曾对为期 3 个月的考察活动进行了详细的记录，并于 1956 年 3 月由重工业出版社正式出版了精装的《建筑工作考察团访苏谈话记录》一书，足见当时对访问交流活动的高度重视。而该书中关于当年中苏双方有关领导谈话的一些记录，也颇值得玩味。

以 1955 年 8 月 27 日建筑工程部部长刘秀峰与苏联国家建委副主任克鲁包夫的谈话为例，两人刚开始的交谈内容如下：

> 刘：我们建筑工作考察团来苏之后，蒙苏方给予许多帮助，谨表示感谢。在苏逗留期间，我们将努力学习苏联一切成就与经验。
>
> 克：尽我们所知，尽我们所能，进行帮助。
>
> 刘：我们是来上学，当小学生的。
>
> 克：中国同样也有许多东西，值得我们学习。我们拟的计划草案已经提出，不知是否看过？
>
> 刘：已经看过。
>
> 克：在未着手研究具体的计划之前，我想先将计划的大体轮廓谈一下。整个计划，依其内容分为三类：
>
> 第一类：设计方面，其中包括（1）研究全国设计机构的组织；（2）设计的质量特别是标准设计；（3）设计文件的审批程序。
>
> 这一类问题包括有关设计的各部分，比如，工业、运输、农业、城市规划、住宅建筑、建筑艺术等。
>
> 第二类：建筑方面：
>
> （1）基本建设的计划；（2）建筑单位的组织机构及分布情况；（3）施工的组织包括机械化及新技术的推广；（4）定额及工资；（5）建筑设计的定额、规范……（6）建筑的经济问题。
>
> 第三类：建筑工业、建筑材料工业方面：
>
> （1）各类工业企业；（2）建筑的生产基地。
>
> 怎么样来研究这些问题呢？关系全国性的一些问题，由建委负责讲解；涉及部的一些问题如设计机构、建筑机构则由建造部、冶金化学工业企业建造部、建筑材料工业部负责；关于城市规划及修建问题由建筑艺术局及有关部门负责，工地、工厂、建筑基地、展览会等则由基层单位负责。
>
> 根据这样的情况，我们也希望考察团在谈计划提纲的时候，研究一下组织的划分，依问题性质，

---

① 中国建筑学会，《建筑学报》杂志社. 中国建筑学会六十年［M］. 北京：中国建筑工业出版社，2013：22-31.

图 0-13　波兰专家萨伦巴在杭州考察时小憩（1957 年 9 月）
前排（坐姿者）左起：城建局某同志（左1，女）、萨伦巴（左2，波兰专家）。
后排左起：周干峙、郑孝燮、高殿珠（翻译）、警卫。
资料来源：高殿珠提供。

划分小组。最近几天内，可以和各单位负责同志谈谈话，库切连科同志[①]近日即可接见刘部长和王副主任，并谈谈一些原则性的问题，近日有些部长可能出差，为了不耽误工作，在部长不在期间可和第一副部长先谈谈，部长回来后再谈一次。[②]

由上不难体会到，苏联方面对于到访的中国代表团的考察活动也是极为重视的，并作出了周密的安排。

当然，对于"苏联规划专家在中国"这一话题而言，还有另一个背景值得加以说明：在中华人民共和国成立初期，除了苏联专家之外，还有波兰（图 0-13）、捷克等其他一些国家的专家也曾来华开展过技术援助活动或访问交流，这些国家主要是社会主义阵营的，即所谓社会主义国家之间的互相援助。而中国作为社会主义阵营中一个快速成长的大国，除了接受较发达的一些社会主义国家的技术援助之外，也对其他的一些社会主义国家（如朝鲜和越南等）开展过技术援助活动。这是一个相对独立的话题，且待日后另外作专门讨论。

① 时任苏联部长会议副主席兼国家建委主任。
② 重工业部建筑局. 建筑工作考察团访苏谈话记录［M］. 北京：重工业出版社，1956：30-31.

第一篇

首批市政专家团
（1949—1950 年）

第 1 章 ————————————————————————

首批市政专家团援京情况

对北京的城市规划进行过技术援助的苏联专家，最早一批是在 1949 年赴苏联访问的中共中央代表团离开莫斯科回国时随同来华的。代表团于 1949 年 6 月 21 日离开北平，6 月 26 日到达莫斯科，在结束工作任务后，于 8 月 14 日离莫斯科回国，在苏访问时间约 50 天[①]。

　　在中共中央代表团与苏联商谈的事项中，向中国派遣专家是一个十分重要的内容，但早期商谈时援助对象只有上海这座中国人口最多的城市[②]。代表团访苏期间，实地考察了苏联首都莫斯科的城市规划建设，留下了深刻印象，正是有感于苏联首都规划建设取得的巨大成绩和积累的宝贵经验，对比和联想到即将成为中华人民共和国首都的北平市的有关情况，代表团在与苏联方面进行交流的过程中，萌生了邀请专家顺便一并对北平市的建设与发展进行指导和帮助的想法。

1.1　专家团概况

　　1949 年 8 月 14 日中共中央代表团离开莫斯科回国时，携 200 多位苏联专家一道来华。大家经过在哈尔滨和长春的逗留后，于 8 月 25 日到达沈阳[③]。当时来华的苏联专家大部分被安排在东北地区，帮助开展工业生产的恢复及国民经济建设工作，其中一少部分苏联专家则继续前往北平的行程。

　　史料表明，1949 年 9 月到达北平的苏联专家共计 38 人，首批市政专家团只是他们中的一部分成员而已[④]。1949 年 9 月 16 日，中共北平市委和北平市人民政府的多位重要领导前往火车站，迎接苏联专家的到来[⑤]。

① 中共中央文献研究室. 刘少奇年谱（1898—1969）（下卷）[M]. 北京：中央文献出版社，1996：217.
② 沈志华. 俄罗斯解密档案选编：中苏关系（第二卷，1949.3—1950.7）[M]. 上海：东方出版中心，2014：71-74.
③ 刘少奇. 为准备迎接苏联专家到北平给中央的电报 [M] // 中共中央文献研究室，中央档案馆. 建国以来刘少奇文稿. 北京：中央文献出版社，2005：58.
④ 刘少奇. 为给苏联专家配备办公及生活设施给周恩来的电报 [M] // 中共中央文献研究室，中央档案馆. 建国以来刘少奇文稿. 北京：中央文献出版社，2005：59-60.
⑤ 中共北京市委. 关于苏联专家莅平后接触情形向中央、华北局的报告 [R] // 中共北京市委政策研究室. 中国共产党北京市委员会重要文件汇编（一九四九年·一九五〇年）. 1955：197-198.

首批苏联市政专家团中，"一行共十七人，包括莫斯科市苏维埃副主席及电气专家二人，瓦斯、公共交通专家三人，水道、自来水专家二人，房屋管理一人，公共卫生专家二人，财政税收专家一人，银行一人，贸易一人，翻译三人"[①]（表1-1）。

首批苏联市政专家团人员名单　　　　　　　　　　　　　　　　表1-1

编号	专家姓名及其俄文本名	专长	备注
1	波·伏·阿布拉莫夫（П.В.Абрамов）	市政专家，专家团团长	莫斯科市苏维埃副主席（副市长）
2	伏·伊·赫马科夫（В.И.Химаков）	公共交通专家	
3	格·莫·司米尔诺夫（Г.М.Смернов）	电车（公共交通）专家	又译司米也尔诺夫
4	恩·伊·马特维耶夫（Н.И.Матвеев）	卫生工程专家	又译麻特维耶夫
5	莫·格·巴兰尼克夫（М.Г.Баранников）	建筑（房屋管理）专家	又译巴拉尼可夫、巴兰尼可夫
6	阿·格·咯列金（А.Г.Гарелкин）	贸易（合作社）专家	
7	耶·伊·马罗司金（Е.И.Морошкин）	汽车（公共交通）专家	又译马留西金
8	耶·恩·阿尔捷米耶夫（Е.Н.Артемеев）	公共卫生专家	又译阿尔却木耶夫、阿尔却木也夫
9	莫·阿·凯列托夫（М.А.Каретов）	下水道专家	又译高来格夫
10	莫·恩·协尔质叶夫（М.Н.Сергеев）	自来水专家	又译协尔质业夫、谢尔格耶夫
11	德·格·漆柔夫（Д.Г.Чижов）	电气专家	
12	伏·伊·札依嗟夫（В.И.Зайцев）	电气专家	
13	司·伊·克拉喜尼阔夫（С.И.Красильников）	财政专家	
14	恩·恩·沙马尔金（Н.Н.Шамардин）	瓦斯专家	
15	巴拉勺夫	翻译	俄文本名不详
16	菲聊夫	翻译	俄文本名不详
17	赫里尼	翻译	俄文本名不详

资料来源：中共北京市委.关于赠送苏联专家阿布拉莫夫等人毛泽东选集的文件、工商联、北京市粮食公司庆祝中共诞生三十一周年给彭真同志的贺信［Z］.北京市档案馆，档号：001-006-00688.1951：16-17.

值得注意的是，上述名单中包括3名翻译在内。这种"自带翻译"的情况，属于首批苏联市政专家团的特例，此后来华的几批苏联专家都是由中国方面安排中国人开展翻译工作的。这一点，也造成苏联专家与中国方面进行沟通和交流时的一些语言障碍。对比中国当时的一些城市规划工作者，俄语能力的差别对

① 这里的表述不完全准确，当时来华的苏联市政专家中，瓦斯专家一人，公共交通专家三人，银行专家和贸易专家实际同一人。资料来源：中共北京市委.彭真同志关于苏联专家莅平后接触情形向中央、华北局的报告［R］//中共北京市委政策研究室.中国共产党北京市委员会重要文件汇编（一九四九年·一九五〇年）.1955：197-198.

他们与苏联专家的沟通效果及相互关系也有显著影响[①]。

1.2　在北京的主要行程

首批市政专家团于 1949 年 9 月 16 日到达北平之后,其技术援助工作大致经历了 4 个阶段。

第一阶段是初步接触和熟悉情况(1949 年 9 月 16—19 日)。专家团与北平市领导商定了工作计划,北平市人民政府有关部门负责同志与相对口的苏联专家建立了直接工作关系,商议了具体工作计划,准备先行调研,了解北平市的有关情况。由于首次接触,中国同志与苏联专家在沟通方面存在一些困难,特别是"翻译太少,翻译程度太差,对意见的交换影响甚大,有的问题很难说明白。"[②]

第二阶段是调查研究和实地踏勘(1949 年 9 月 20 日至 10 月初)。自 9 月 20 日开始,苏联专家开始分头开展工作,"分别至建设、企业、商业、卫生、财政、公安、清管等局及其附属机构,如电车公司、粮食公司、医院、清洁队等处了解情况,并曾实地视察马路、明暗沟、晒粪厂、秽水池、垃圾消纳场、公共厕所等。"[③]

第三阶段是专题座谈和研究讨论(1949 年 10 月初至 11 月 19 日)。在调研并了解有关情况的基础上,苏联专家即从自身专业出发开展专门研究工作。"专家们研究完毕后,即陆续作报告,在每次报告后,我们均召集了包括苏联专家、政府各主管部门负责同志、工厂行政人员及中国技术专家的会议,进行了讨论,对于大部分建议案都求得了一致的结论。"[④]在这一阶段,北京市(北平自 1949 年 9 月 27 日起改称北京)"曾先后组织了七次座谈会,由苏联市政专家分别按业务作报告,并在报告后展开了热烈的讨论。除有关各部门的负责同志外,并邀请在京中国专家参加。"[⑤]

第四阶段是书面总结并辞别赴沪(1949 年 11 月 20—28 日)。自 1949 年 11 月 20 日起,苏联专家团

---

① 中华人民共和国成立初期在北京市都市计划委员会兼职的梁思成,因不擅长俄语,无法与苏联专家直接沟通,这或许影响到他与苏联专家沟通交流的效果。而时任兰州市建设局局长的任震英,早年曾在东北工作,能够熟练运用俄语,可以直接用俄语与苏联专家进行对话,他与苏联专家一直保持相当友好的关系,甚至于当苏联专家作一些重要报告时,还经常对他加以表扬。譬如,苏联专家巴拉金 1954 年 6 月在全国第一次城市建设会议上讲话时,即曾指出:"兰州城市的自然条件以及布置工业和住宅的条件,都是非常困难的。虽然是这样,这个城市的建筑工程师任震英同志,却以其特殊的工作能力,以及对自己事业的热爱,作出了生动而有内容的城市规划设计。当我们看到这个规划时,就会发现:城市艺术组织首先是依据自然条件,规划上的布局处理是与自然条件相吻合的。因而就使规划设计既能生动优美,又能够得到实现。全市中心,各区域中心,以及绿化系统,也处理得很好。"引自任震英关于中华人民共和国设计大师的申报材料,材料中注明"录自全国第一次城市建设会议专刊'建筑'刊物第十页"。资料来源:任震英. 中华人民共和国设计大师申报材料[Z]. 周干峙保存的文件资料,中国城市规划设计研究院收藏,1989.
② 中共北京市委. 关于苏联专家莅平后接触情形向中央、华北局的报告[R]//中共北京市委政策研究室. 中国共产党北京市委员会重要文件汇编(一九四九年·一九五〇年). 1955:197-198.
③ 中共北京市委. 市委关于苏联专家来京工作的情况向中央、华北局的报告[R]//中共北京市委政策研究室. 中国共产党北京市委员会重要文件汇编(一九四九年·一九五〇年). 1955:198-203. 这份报告另见:北京市档案馆,中共北京市委党史研究室. 北京市重要文献选编(1948.12—1949)[M]. 北京:中国档案出版社,2001:877-883.
④ 中共北京市委. 市委关于苏联专家来京工作的情况向中央、华北局的报告[R]//中共北京市委政策研究室. 中国共产党北京市委员会重要文件汇编(一九四九年·一九五〇年). 1955:198-203.
⑤ 聂荣臻,张友渔. 关于苏联市政专家最后半个月工作和生活情况的报告[Z]. 中央档案馆,档号:J08-4-1068-12. 1949.

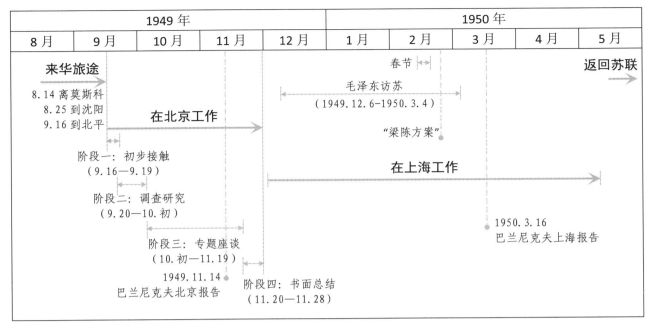

图 1-1 首批苏联市政专家团来华技术援助工作行程示意图
资料来源：作者自绘。

的各项技术援助工作进入收尾阶段，工作的重点是形成书面总结报告，有关活动安排也开始相对放松，期间曾于 11 月 24—25 日赴天津市区和塘沽新港参观考察。11 月 26 日晚，北京市举行了欢送苏联市政专家的会餐。11 月 28 日午后，北京"市委委员及市府各局处长均到解放饭店送行，全体拍照以留纪念"，后由市人民政府交际处领导率翻译及相关人员护送赴沪。①

苏联专家团离京赴沪时，有 2 人留在北京市继续工作②。"阿布拉③莫夫同志等离京后，留下了下水道专家凯列托夫及交通专家司米尔诺夫④同志帮助我们拟订一九五〇年工作计划，并改进各项业务。他们仍住在解放饭店，每日到市府办公（布置有专家的办公室），并分别帮助各有关部门的工作。"⑤

自 1949 年 11 月 30 日抵沪起，首批苏联市政专家团在上海工作了 5 个月左右，于 1950 年 5 月中旬返回苏联⑥，在华工作时间共约 8 个月（图 1-1）。

① 聂荣臻，张友渔. 关于苏联市政专家最后半个月工作和生活情况的报告［Z］. 中央档案馆，档号：J08-4-1068-12. 1949.
② 1949 年 12 月 12 日，彭真在向中共中央和华北局的报告《关于与苏联专家合作的经验》中指出："苏联市政专家 17 人，于提出各项工作建议后，已于 11 月 28 日离京去沪（仍留 2 人在北京市继续工作）。"资料来源：彭真. 关于与苏联专家合作的经验［M］// 北京市档案馆，中共北京市委党史研究室. 北京市重要文献选编（1948.12—1949）. 北京：中国档案出版社，2001：894-895.
③ 原稿为"洛"。
④ 原稿为"司米也尔诺夫"。
⑤ 聂荣臻，张友渔. 关于苏联市政专家最后半个月工作和生活情况的报告［Z］. 中央档案馆，档号：J08-4-1068-12. 1949.
⑥ "苏联市政建设专家阿布拉莫夫等一行十九人，于去年九月应聘来到中国，协助我们进行首都及其他大城市的市政建设工程，本年五月中旬才联袂回苏联去。"资料来源：杨重野. 苏联市政专家给了我们些什么帮助？［N］. 人民日报，1950-06-09（3）.

1.3　技术援助工作之管窥

首批苏联市政专家团在北京工作的两个多月时间，第三阶段是其技术援助活动的中心环节，期间召开的一些重要会议如表1-2所示。图1-2为10月12日关于交通事业的报告和讨论会记录的档案记录。

首批苏联市政专家团在北京工作第三阶段召开的一些重要会议（不完全统计）　　　　表1-2

序号	日期	会议内容	备注
1	10月6日	中共北京市委领导与苏联专家座谈会	座谈城市建设问题，阿布拉莫夫、巴兰尼克夫和凯列托夫参加
2	10月12日	苏联专家赫马科夫、司米尔诺夫和马罗司金的报告会	关于北京交通事业问题
3	10月13日	苏联专家团团长阿布拉莫夫的报告会	莫斯科城市工作概况介绍
4	10月17日	苏联专家协尔质叶夫的报告会	关于自来水问题
5	10月25日	苏联专家阿尔捷米耶夫的报告会	关于北京市卫生情况和保健工作
6	11月9日	苏联专家凯列托夫和马特维耶夫的报告会	关于城市用水和下水道问题、公共卫生问题
7	11月14日	苏联专家巴兰尼克夫的报告会	关于北京城市建设问题

以1949年10月17日的报告会为例，苏联专家M.H.协尔质叶夫作了关于自来水发展问题的报告，报告结束后与会人员进行了讨论。这次会议的参加人员包括中共北京市委领导、北京市人民政府各职能局的负责同志、天津市代表、苏联市政专家团成员，以及自来水公司的技术人员和主要行政干部等，共40多人。会议谈话记录档案文件中记载，这次会议先后共31人次发言，其中既有会议开始讨论时的引导、会议结束时的总结，也有苏联专家和中国同志的互动，还有不同的参会人员针对某些具体问题所发表的不同意见[1]。

关于这次苏联专家报告会，值得关注的是中苏双方的两位核心人物——中共北京市委主要领导和苏联市政专家团团长阿布拉莫夫的发言。在座谈会之初，中共北京市委主要领导指出："今天主要讨论协尔质叶夫[2]同志的报告。第一是对他的报告有什么疑问，提出来；第二，对于所提的［建议］，方针上有什么意见；第三，一些具体的方案上有何意见，再就人力、物力、设备上考虑有何问题。只要有问题都提出来，不要以为苏联专家提了就不好意思再提出相反的意见，他提的只是建议性的，经大家讨论后再作决定，一经决定，我们就照做。"而阿布拉莫夫则回应说："北京市领导同志所提的完全正确。我再补充一点，因为协尔质叶夫同志在北京才四个礼拜，对北京的情况还很不熟悉，大家千万别把他当成怪物，当成皇帝，一

---

① 譬如，北京市卫生局技正孟昭鄂在发言中谈道："我对苏联专家提的有一疑问。关于减低水价的问题，在原则上我们是应该减低的，但是今天若马上要求减低水价，则是一个经济问题……"资料来源：中共北京市委. 苏联专家对交通事业、自来水问题报告后讨论的记录［Z］. 北京市档案馆，档号：001-009-00054. 1949：17-25.

② 原稿为"协尔质业夫"。本档案中以下还有此类情况，不再逐一注释。

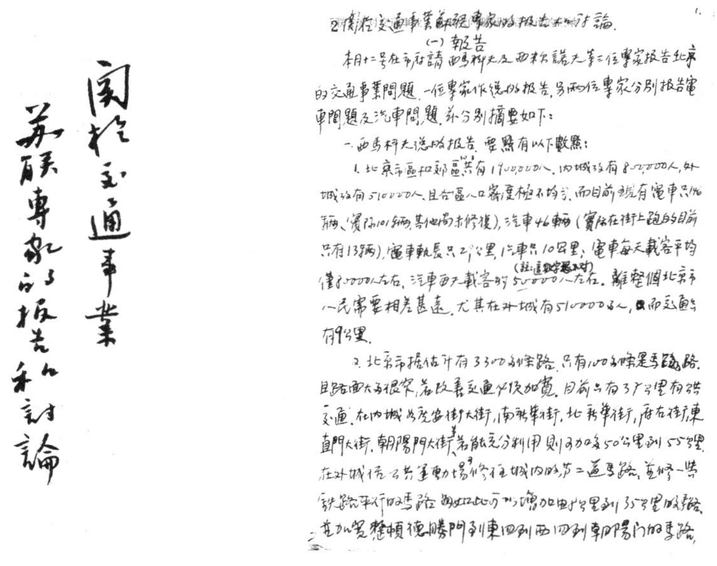

图 1-2 苏联专家 1949 年 10 月 12 日关于交通事业的报告和讨论会记录档案

注：左图为封面，右图为正文首页。

资料来源：中共北京市委. 苏联专家对交通事业、自来水问题报告后讨论的记录［Z］. 北京市档案馆，档号：001-009-00054. 1949：1-3.

说了就要听，希望大家能尽量讨论，不然，不久以后他去上海了，责任就都要你们大家负了。"① 这些言论为会议交流营造了自由探讨的良好氛围。

在与会同志就有关问题陆续发言后，中共北京市委主要领导再次发言，对会议讨论进行引导："我们的讨论是否给分一分次序？我们市政方面有一个目标：第一是要把水搞好，把城里一百三十万人全用自来水的问题解决，不管他用多少钱。天津、上海也都是一样的。我们总的是要使市民吃到廉价而清洁的水，我们政府是有这责任的。下面先讨论他提的方针是否适当；第二，有许多具体建筑改造计划是否妥当；第三，考虑我们现在的经济的力量，分几期来完成。他提的有些计划是很容易完成的，例如修铸场的车床；有些是［不论］花②多少钱也要搞的，如修改水道网上一些很不合理的现象；有些水井周围有居民及厕所，妨碍市民卫生。因为不要［很］多［人］，［即便］有一万市民有了病就不知要花多少钱。我们先来讨论这些，协尔质叶夫同志已经讲到的和没有讲到的都可以提出来讨论。今天我们在座虽然有中国人、有苏联人，有共产党员，有非共产党员，不过有一目标是相同的，就是如何花最少的钱使市民吃到便宜而干净的水。"③

在与会者就经济问题（水价）发表意见后，北京市委领导表示："有两个问题得做。一是自来水还得减价，把建设费不要放在成本内，因为我们并不一定需要以自来水自己的收入来发展自己，我们想还是另提一笔［投］资或贷款来建设。在技术条件未改进时，水价可以减到 33%，如果把漏水等情况再一次改进

---

① 中共北京市委. 苏联专家对交通事业、自来水问题报告后讨论的记录［Z］. 北京市档案馆，档号：001-009-00054. 1949：17-25.

② 原稿为"化"。

③ 中共北京市委. 苏联专家对交通事业、自来水问题报告后讨论的记录［Z］. 北京市档案馆，档号：001-009-00054. 1949：17-25.

的话，会更好些。刚才有些同志估计到政府财政的困难，这种精神是好的，因为我们现在是穷光景。减价是可以确定的，问题在减多少？鼓励有下水道而给以优待亦是对的。现在的问题是如何保证水质，停一些井而把我们的供水量增多。水管子必须要修和建设新的。总共一千三百多万斤小米的数字也不算太大（环形管线［的价钱］才四百多万斤［小米］）。"对此，苏联专家协尔质叶夫回应："我们不要光从收入来考虑问题，还要从整个国家利益来着想。"苏联市政专家团团长阿布拉莫夫则指出"让喝生水不能着急，必须水质、水管和龙头都搞好了才行"，"杯子脏有很多原因，水用得太少就是其中原因之一。"①

在本次会议讨论结束前，阿布拉莫夫又说："对协尔质叶夫同志的意见有两点补充。所有的同志都同意水量的供给应增加，为增加管理自来水方面的兴趣，［建议］从十一月起公司规定每月增加售水的比例，拟一计划，同时设一笔奖金来奖励工作人员，奖励在推进增加售水量［方面有突出贡献］的人，这样可以增加［对］他们的关怀，比如十一月［规］定售水 22 000 立方米，若超出了就可得到奖金。这样才能根据计划的标准来审查他们工作的好坏，而给予奖励或惩罚。政治经济学告诉我们，任何的企业都要往扩大再生产的路上去走，现在自来水公司的业务是在缩小再生产。当然时间还很短，人民政府成立才六个月，搞清基［础］就已经不容易。至于公司本身已经好几十年了，应该了解，人民的企业应为人民服务。"②

中共北京市委主要领导在会议总结时指出："我们苏联同志在四个礼拜中了解了许多情况，这是很大的成绩。自来水公司的专家和我们派去的工作同志也是有成绩的，但是成绩还很不够。这并不是说工作不努力，而是说北京只卖这么一点水。这种情况是不能继续下去的，我们要有干净的、廉价的、足够的水来供给市民，现在是确定了原则，然后［需要］定具体的计划。"随后就水质、水管、水价和增加售水量等问题作了指示。③

会议记录中还记载了以旁听身份参加这次报告会的天津市建设局局长的发言："完全同意以上意见，而且很羡慕，天津的条件没有北京好，若能更努力做下去，则水价比现在可以更低（现在比北京低）。对经营自来水的观点是很重要的，天津的自来水［既］要对人民负责又要对资本家负责，但是水是垄断性的，水价是由它的成本决定的，而成本的计算是不合理的。"④

从上述有关发言来看，对于一些具体问题，与会人员的认识也并不是抽象或僵化的。以自来水供应所涉及的经济问题为例，北京市委领导在指出要"考虑我们现在的经济的力量"的同时，特别强调"有些是［不论］花多少钱也要搞的，如修改水道网上一些很不合理的现象；有些水井周围有居民及厕所，妨碍市民卫生"，"我们总的是要使市民吃到廉价而清洁的水，我们政府是有这责任的"。这表明，在自来水供应这个问题上，当时的领导者并不是完全受困于经济因素的制约而表现出一种相对局限或短视的思维。

① 中共北京市委. 苏联专家对交通事业、自来水问题报告后讨论的记录［Z］. 北京市档案馆，档号：001-009-00054. 1949：17-25.
② 同上.
③ 同上.
④ 同上.

总的来看，当时的一些专业性较强的会议讨论，是客观、严谨而深入的，而苏联专家和中国同志的对话，也体现出了平等和互相尊重的基本精神。

1.4　主要工作成果

1949 年 12 月 3 日，中共北京市委向中共中央和华北局报告首批苏联市政专家团技术援助工作的有关情况，对苏联专家的工作成果有如下简要概述：

……专家们建议的主要内容如下：

（一）关于电力供应的建议：

（1）保证发电厂和电力网能按照现有的发电能力水平，可靠地工作（已拟妥计划）。

（2）制定计划，使发电厂实际发电能力提高到标准数字，并使电力全部输送到电力网，此项计划于一九五〇年实行。

（3）于一九五三年开始建立新发电厂。

（4）对石景山发电厂，则提出减低水的硬度，肃清热力系统中漏气和漏水情况等十三项建议。

（二）关于水的供应的建议：

（1）为了增加自来水的用水量，并改善市民卫生状况，应减低售水价格。有下水道的住户，用水减价百分之五十，以鼓励修建下水道；街上龙头也减价百分之五十，以照顾贫苦市民；其余住户用水减价百分之三十。在减价后，因用户增加，并不影响收入（对于有下水道和贫民用水户究竟减价若干，我们尚未确定）。

（2）用必要的办法减少水的损失量。

（3）街上增加向居民低价售水的水龙头，以逐渐使个别不卫生和水质不好的水井停止售水。

（4）对使用自来水的公共澡堂低价售水，同时责成澡堂按水价减低的标准减低洗澡价。

（5）各企业和大机关装设淋浴，以便工作人员得免费或廉价淋浴。

（三）关于城市河湖用水的建议：

（1）清除全部水道系统的淤泥。其工作分三期进行，首先清除经过城市中心的湖河系统，[其]次清除三海等（图 1-3），最后清除昆明湖等。这种分期施工办法，可使我们由城市中心开始来逐步分段改善河道系统的状况。

（2）为了完成清除河湖淤泥的工作，应设一专管机构，并备有卸土卡车一百五十辆，掘土机五至七架，以及浚泥机、抽水机和其他的各种设备。

（3）为了使水道保持一定水量，建筑五至六个深水井，并按照需要装置立式电动抽水机。

（4）组织一个管理水道系统的专设机构，监督修建工作，并调整水道系统的水量。

图 1-3　北京北海公园淤泥清理现场（1950 年）
资料来源：北京市城市规划管理局. 北京在建设中［M］.
北京：北京出版社，1958：121.

图 1-4　北京下水道修复和施工现场（1950 年代初）
注：左图为德胜门下水道施工，右图为西长安街旧下水道修复。
资料来源：北京市城市规划管理局. 北京在建设中［M］. 北京：北京出版社，1958：116、119.

（四）关于下水道和城市清洁的建议：

（1）分期将政府工厂和公用房屋的下水道连接起来，并协助私人房屋的下水道也连接起来。市内明土沟必须按［安］装水管。

（2）在一九五○年清除全部下水道（并应每年清除一次），修改凹槽和坡度，使下水道畅通，以免污水流入市内的河湖里（图 1-4）。

（3）城内应以汲取或抽取的清洁汽车输送粪便。移开城墙附近和住人区域的粪便厂，减少粪便厂的数量。增加输送垃圾的汽车，并设立垃圾箱。

（4）主要街道的两旁便道铺盖沥青，但便道不应高于住房的地基。另外购置冲洗喷水汽车十五辆，以便冲洗喷洒沥青街道。

（5）专设一局管理下水道、河渠及环境卫生。

（五）关于保健事业的建议：

（1）卫生局所属卫生稽查队，应由医生来领导，稽查员的人数应该增加。

（2）在全国性的卫生法规未颁布前，由［北京］市人民政府制定各种临时卫生法规，保障水源、食物、公共机关、企业、学校、住宅、剧院等的卫生。

（3）建立卫生教育机构，进行卫生宣传。

（4）采取强制的预防天花注射，加强伤寒、赤痢及其他传染病的预防注射工作。对急性传染病患者实行强制住院医疗，并予以减费或免费。

（5）有计划地发展医疗机关，每区至少有一个医院，一个各科诊疗所，一个妇婴保健所和一个产科医院。在工人多的企业中或对工人健康有特别危害的企业中建立医务所。

（6）在本市各区开办国营药房，保证居民获得廉价的药品。

（六）关于城市交通的建议：

（1）对一些不要花很多钱就可以修理好的交通要道先加以修理（图1-5、图1-6）。制定加宽和整顿外城街道的计划，并在城内修建一条沥青的环城马路。

（2）于一九五〇年内，增加公共汽车一百辆和无轨电车五六十辆。迅速修复被烧坏了的电车车辆，保证每天至少出车九十五辆到一百辆。

（3）为了发展电车、公共汽车、无轨电车和出租汽车等，在市人民政府下设立市交通局。

（七）关于首都建筑问题的建议：

（1）新的行政机关房屋应建筑在现有的城市内，这样才能经济地、迅速地解决政府机关的房屋问题和美化市内的建筑。行政机关的新房屋应先在市中心的空地建筑，东单到府右街的全部大街及天安门广场等地，建筑四至五层、可容三万工作人员的房屋，使政府机关全部相连地分布在城内。

（2）北京市的工业区应布置在城东南的区域，因为：甲、已有很好的铁路、土路、石路的交通线；乙、风的方向是由西北向东南，可保市中心区不受煤烟、瓦斯、炉灰的影响；丙、可以利用通惠河，泄出工厂的污水。

所有上述专家报告全文的译文，已先后送中央，请参考。①

在结束技术援助活动之前，苏联专家团对各位专家所作专题报告进行了汇总和整理，形成了更为正式

---

① 中共北京市委. 市委关于苏联专家来京工作的情况向中央、华北局的报告［R］// 中共北京市委政策研究室. 中国共产党北京市委员会重要文件汇编（一九四九年·一九五〇年）. 1955：198–203.

图 1-5　建设工人正在北京铺装道路
（1950 年代初）
资料来源：北京市城市规划管理局. 北京在建
设中 [M]. 北京：北京出版社，1958：105.

图 1-6　阜成门外大街 1953 年旧貌（左）及 1957 年新街景（右）
资料来源：北京市城市规划管理局. 北京在建设中 [M]. 北京：北京出版社，1958：53.

的"总报告"，即《苏联专家团关于改善北京市政的建议》。这份报告从"总情况""北京市的电力供应""水的供应""下水道和城市清洁""保健事业""城市交通"和"建筑城市问题的摘要"等 7 个方面，较为系统地阐述了对于改善北京市市政的主要意见和建议①。

---

① 苏联市政专家团. 苏联专家团改善北京市政的建议 [Z]. 中央档案馆，档号：J08-4-1069-1. 1949.

第 2 章

巴兰尼克夫对北京城市规划问题的建议

在首批苏联市政专家团中，对北京城市规划问题提出建议的是建筑专家巴兰尼克夫。М.Г.巴兰尼克夫（Михаил Григорьевич Баранников，1903—1958）[①]，苏联建筑工程师（инженер-строитель），曾任莫斯科苏维埃城市委员会执行委员会住房管理局总工（Главный инженер по Жил. упр. исполкома Моссовета）[②]及苏共中央委员会工作人员（работник ап-та ЦК КПСС），1949年来华时为46岁。巴兰尼克夫于1950年5月中旬返回苏联后，曾于1956年主持出版过一本《国外建筑经验：西欧——基于苏联建筑专家代表团报告资料的研究》[*Опыт строительства за рубежом: В странах Западной Европы（По материалам отчетов делегаций советских специалистов-строителей）*][③]。

在北京的技术援助工作中，巴兰尼克夫首先参加了对北京城的实地调研，然后与北京市建设局、北京市公逆产清管局以及北京市地政局对口联系，进而于1949年11月14日举行了一次专题报告会，对北京城市规划问题发表了一系列建议。

2.1 前期调研工作情况

2.1.1 对北京城规划建设的称赞

苏联专家团刚到北京时，曾对北京城进行了仔细的实地考察，"在内城、外城、郊区，特别是在故宫、什刹海、香山、西山、颐和园、圆明园旧址，都看了，看得非常仔细，北京主要的街道、胡同都走到了"[④]。

---

① 巴兰尼克夫的墓地位置为：Москва，Новодевичье. кл-ще，1-уч。资料来源：https://rosgenea. ru/familiya/barannikov/page_2.

② М.Г.巴兰尼克夫. 关于维修和建筑工程的机械化会议报告：1946年4月9日莫斯科市人民代表苏维埃住房管理局技术代表会议 [M]. 莫斯科：莫斯科工人出版社，1946：27. 资料来源：https://search.rsl.ru/ru/record/01005755177.

③ М.Г.巴兰尼克夫为第一作者，现存于俄罗斯国家图书馆，莫斯科，卷宗号 ҒВБ 166/274 ҒВБ 166/275 FB Арх ҒВБ 269/201。资料来源：https://search. rsl. ru/ru/record/01005899409.

④ 马旬2012年9月7日在北京市规划委员会和北京城市规划学会组织召开的专家座谈会的回忆。资料来源：北京城市规划学会. 马旬同志谈新中国成立初期一些规划事（2012年9月7日座谈会记录）[Z]. 北京市城市建设档案馆，2013.

在调研活动中，苏联专家对北京城的规划建设赞不绝口："来之前知道北京是一个古老的名城，规模大，城墙大，建筑美观，这是听说的，到北京一看果然名不虚传，实际看到的比听到的好得多，北京确实是一个规模宏大、庄严美丽，设计和建设非常科学，是一个卓越的世界上少有的历史名城。"①

时任中共北京市委政策研究室秘书组副组长，并参与当时苏联专家接待和调研活动的马句曾回忆早年的工作情形：

苏联专家说：你们城市建设是按规划进行的，是从故宫、皇城、内城、外城逐步向四周开展的。难得的一点，你们先修下水道、修河湖水系。这个很了不起，那么早建城的时候，就先从河湖水系和下水道做起。故宫和天安门的下水道的确很好，下雨时候，在故宫和天安门流出的水非常通畅。请你们把建设规划的图纸找出来，各个主要建筑的图纸也都找出来给我们。

当时接待他们的人说：不行，没有。专家不信，说：这么好的城市，这么多庄严、美丽的建筑，你们没有图纸？真不可思议。元大都是谁建的？

我们接待的同志来北京才半年多，说不上来。专家很生气，说：这么美丽的城市，谁是主要的设计人员、主要的建筑家？你们怎么说不上来呢？去查，一定要查到。

市政府同志查了以后，对他们说：元朝忽必烈请刘秉忠，主要是他设计的。苏联［专家］当时就称赞，说刘秉忠是了不起的建筑家。［又说：］听说刘秉忠是一个大官，他能设计吗？请你们再查是谁设计的。市政府的人查了，告［诉］苏联专家，查出有两个石匠帮助他设计的。

苏联专家说：太了不起了，这么几个石匠就把元大都建设出来了，设计得这样科学，建设得这样庄严美丽。你们没有设计图纸，真不可思议！城市规划交不出设计图纸，故宫的建筑和王府的建筑、寺庙的建筑②也交不出设计图纸。苏联专家说北京是有设计思想而没有设计图纸的伟大城市。

苏联专家称赞北京有一条从鼓楼到永定门笔直的中轴线。专家称赞北京的道路是棋盘式的，南北九条、东西九条，有很宽的大道，有辅助小道，条条道路通胡同（当时也有少部分是死胡同），大部分胡同和道路相通。从西单到东单，从天桥到西直门、到东直门，有这么宽阔、笔直的大道。这几条大道都有有轨电车相通，大道和多数胡同相连，非常畅通。北京街道存在的缺点是，内城北部缺乏东西大道，缺乏放射性的道路，主要的马路都［是］到了城门楼就完了，对外不畅通，道路质量差，大多是黄土，晴天有泥沙，下雨泥泞很难走。③

① 北京城市规划学会. 马句同志谈新中国成立初期一些规划事（2012年9月7日座谈会记录）［Z］. 北京市城市建设档案馆，2013.
② 原稿中此处有"业"，系冗余。
③ 为便于阅读，作了一些分段处理，内容有所删减。资料来源：北京城市规划学会. 马句同志谈新中国成立初期一些规划事（2012年9月7日座谈会记录）［Z］. 北京市城市建设档案馆，2013.

2.1.2 与有关部门及领导的沟通

在实地调研的基础上，苏联专家巴兰尼克夫与北京市都市计划委员会等部门的有关领导和技术人员进行了一些座谈，沟通和了解情况。

据梁思成、林徽因和陈占祥于 1950 年 2 月撰写的一篇评论文章，"我们在同巴先生第一次见面时，就告诉他我们当时工作的方向，正在努力取得资料，了解北京的情况方面，并将典型调查资料给他看，告诉他那是北京人口及房屋实况，第一次有可靠的数字，用科学的图解分析表现了出来供给参考"。"记得我们同巴先生第二次见面的时候，巴先生曾问我们，北京今后的人口数目大约要多少，我们告诉他尚在调查情形及研究中，希望不要太多。但是有一些人曾发表过要北京成为进步的城市，'将来要有一千万的人口'。这些人士以为人口愈多就是愈进步的表征！他很惊讶这种错误的见解。应在当时，他告诉我们莫斯科的人口是限制在五百万人的范围内的。我们很感谢他给了我们一个标准，作为北京将来的参考"。①

除此之外，1949 年 10 月 6 日，苏联市政专家团团长阿布拉莫夫偕同巴兰尼克夫、凯列托夫，在考察了玉泉山、颐和园等地的水源之后，与北京市领导晤谈。谈话的主要内容是了解北京市在城市建设、市政管理、组织机构等问题上的想法②。在与北京市领导的交谈中，苏联专家提出过一些问题："一是我们希望建设一个什么样的北京？是否要工业化？北京附近工业化的条件如何？二是政府机关的房子问题如何解决？"对此，北京市委主要领导作了答复，大意为："我们希望能建立一个工业的北京，我们要求全国工业化，首都当然不能例外。所谓首都，应该是政治、文化、工业的中心，三者缺一不可"，"关于房子问题，北京房子很缺。政府机关所用房子，本打算新建一批，限于时间和财政上的困难，一时还不能完全实现。将来非大量新建房子不可"。③

2.2　1949 年 11 月 14 日的巴兰尼克夫报告会

经过前期调查研究和情况了解，苏联专家巴兰尼克夫于 1949 年 11 月 14 日上午作了一次专题报告，会议由"张［友渔］副市长（图 2-1）主持，后聂［荣臻］市长亦列席，到［会］有清管局、地政局、建设局［等有关人员］，梁思成、钟森、朱兆雪等建筑师"④（图 2-2）。

巴兰尼克夫报告的内容，共包括 4 个方面："1. 建设局业务及将来发展。2. 清管局业务及将来发展。3. 地政局业务及将来发展。4. 北京市都市计画。"⑤ 其中第 1 个方面的部分内容如下：

---

① 梁思成，林徽因，陈占祥. 对于巴兰尼克夫先生所建议的北京市将来发展计划的几个问题［Z］. 中央档案馆，档号：Z1-001-000286-000001. 1950.
② 申予荣. 前苏联专家援京工作情况［R］// 北京市规划委员会，北京城市规划学会. 岁月回响：首都城市规划事业 60 年纪事（下）. 2009：1144-1149.
③ 同上.
④ 北京市建设局. 苏联专家巴兰尼可［克］夫对北京市中心区及市政建设方面的意见［Z］. 北京市城市建设档案馆，档号：C3-85-1.1949.
⑤ 同上.

图 2-1　张友渔副市长与苏联专家在一起的留影

注：1957 年 12 月 19 日，北京市举行送别第三批苏联专家勃得列夫和尤尼娜的座谈会及宴会，照片为嘉宾们正在步入宴会厅的情形。

前排左起：萨沙（勃得列夫之子）、勃得列夫夫人、宋汀。

中排左起：张友渔、勃得列夫。

后排：冯佩之（左 1，时任北京市城市规划管理局局长）。

资料来源：郑天翔家属提供。

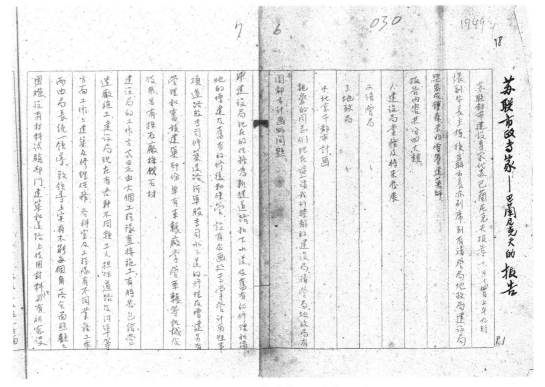

图 2-2　苏联专家巴兰尼克夫 1949 年 11 月 14 日报告会记录（前两页）

资料来源：北京市建设局. 苏联专家巴兰尼可［克］夫对北京市中心区及市政建设方面的意见［Z］. 北京市城市建设档案馆，档号：C3-85-1. 1949.

建设局现在的任务为新建道路和下水道及旧有的修理，和绿地的增建及旧有的修复和保管。[下]设有企画处专[门]掌管计画性事项，道路股专司修筑道路，河渠股专司下水道的修理及增建，另有管理和审核建筑，部分单有车辗厂掌管车辗等机械及使用，另有采石厂[负责]采伐石材。

建设局的工作方式是由六个工程队直接施工，有时发包给营造厂施工。建设局现在有各种不同类工人，担任道路及河渠等方面工作，作建筑及修理任务，各科室及工程队有不同业务工作，而由局长统一领导，致领导上实有不能每个角落全面照顾之困难。设有材料试验部门，建筑和道路上使用材料，须与有研究设备之学校搓[磋]商，有时没有经过化验和检查，致设计和施工方面都很有不合科学之处。

以最近建设局的建设成绩，与实际耗用材料相比较，很有进步。

为建设首都新任务，需要把现有科室等组织加以扩大和整理。对组织之改革，应成立道路工程处、下水道工程处、房屋建筑科、设计科、监督稽核科、计画科、供给科、会计科和管理普通事物之总务科等科室，另设总工程师一人，以指挥技术单位。按此新组织之统一领导，对道路、河渠、园陵等，均能有很好领导，对现在各种工作任务及领导分[别]由各主管部分负责制度有统一领导之改正效用。新组织应视发展实际状况，经一年或经两年[运行后]，可将道路或河渠等处视其实际需要成立独立之局或处，但现在尚不可能使其单独成立。

现在都市计画尚未完成，无建设依据，但现有干线，如东单至西单、新街口至宣武门、东柳树井至广安门、天安门至永定门、北新桥至崇文门等，应尽量展宽，加以整理，或把电线按[安]装于地下，现在工作即可从此点开始，应尽速提先拨款开始建设。

对各种已有建筑，如道路、下水道、绿地等，[如果]有很好的保管、修理，可延长其使用年月，换言之，对新计画可延缓执行，而不急迫。保管工作很简单，如道路之经常扫除，小破坏之及时修复，下水道之使其通畅，绿地之加意[以]保护。现城内便道损坏甚严重，成了无人管理状况。

关于城内外公园管理，尚佳，但对广场、绿地、道树等保管欠佳。如绿地常任人践踏，应加意[以]保护；绿地、树木等可刨松，以利其生长。

建设局人事方面：按新工作任务，技术人员、技工，如木工、石工等，尚不足应用，还没有充分补充起来，应尽量加以吸收和训练，设法使有关处、科、室有组织、有系统的[地]指挥有关工作人员，以发挥其工作效能……①

在巴兰尼克夫的报告中，前3部分内容与上述文字的性质大致类似。不难理解，巴兰尼克夫报告的主体内容，其实主要是对北京市人民政府几个组成部门实际业务工作的指导。

巴兰尼克夫于1949年11月4日所作的报告中，只有最后第4部分才是关于北京城市规划问题的建议，

---

① 北京市建设局. 苏联专家巴兰尼可[克]夫对北京市中心区及市政建设方面的意见[Z]. 北京市城市建设档案馆，档号：C3-85-1. 1949.

档案记录中的文字不足 3 000 字，其开头部分的内容如下：

[丁、北京市都市计画]

北京定为首都，人口将自然增加，首先工作人员即增加，应设法增加公用房屋，制定 10 年至 15 年计画，应用多量技术人员，首先开始了解北京及全国经济及生活状况。

莫斯科都市计画在大革命后 16 年开始。

应看城市经济技术等情况而定科学合理化的大计画，根据马、恩、列、斯的学理，找出社会自然发展的情态而定出适应都市发展之大计画。

社会主义政策应避免人口大量集中大都市。

1941 年联共党大会提出讨论，应赶上并超过资本主义社会经济状况，拟定使人口不集中都市，准许并限制自然的人口增加，限制不超过 500 万人口集中在莫斯科，此数字系在考虑人口自然增加而定者，预计为 10 年过程。

北京无大工业建设，亦非美术都市，工人占全 [市] 人口 4%，应变为生产都市，增加工人至 25%（莫斯科已达此数字）。北京人口大部 [分] 为商人或无职闲人，而非生产者，应增加工厂及工人人数，引导着使成为生产都市，故北京应及时建立各种工业，对失业人口走入生产而得职业，同时人口之自然增加者亦应照顾到。

莫斯科有自然研究院，对各种企业有很大指导和帮助，北京可设法学习之。

北京工业条件很够：如原料、燃料、人工的供给等，应使大学等能有研究性机关配合[①]计画之，如何领导 10 年内可能增加一倍人口之都市走上生产的工作 [轨道]。

自然增加之人口无法精确统计，估按现在人口（十二区）130 万增加一倍，增至 260 万人口，而计画此都市，应按居民职业范围而分别计画之。

……[②]

在此，我们不禁要问的是：既然首批苏联专家团的任务主要是对市政建设提供帮助，巴兰尼克夫为什么要对北京的城市规划问题提出建议呢？

其中的缘由，实际上也不难推想：市政建设主要着眼于一个城市的近期建设和短期利益，在 1949 年的时代条件下甚至具有应急的性质，而为了城市更长远的健康发展，必须要考虑更长远的战略和发展方向问题，对于一个大国的首都而言更是如此，而首都的战略和发展方向问题，实际上正是城市规划。建筑师的专业身份，以及曾经参加过苏联首都莫斯科改建规划的实践经历，促使巴兰尼克夫以职业的敏感和负责

① 原稿为"和"。
② 北京市建设局. 苏联专家巴兰尼可 [克] 夫对北京市中心区及市政建设方面的意见 [Z]. 北京市城市建设档案馆，档号：C3-85-1. 1949.

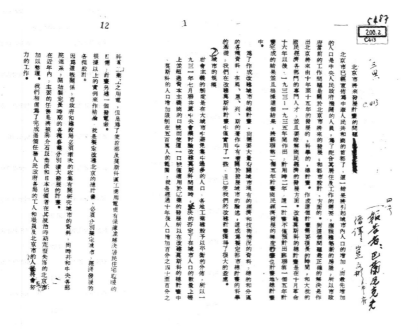

图 2-3　巴兰尼克夫书面建议
《北京市将来发展计画的问题》
中译稿（首尾页）
资料来源：巴兰尼克夫. 苏联专家
［巴］兰呢［尼］克夫关于北京市
将来发展计划的报告［Z］. 岂文彬，
译. 北京市档案馆，档号：001-
009-00056. 1949.

任的态度，对北京城市规划问题提出一些可供参考的建议。

可以讲，巴兰尼克夫对北京城市规划问题所提出的建议，只不过是首批苏联市政专家团对北京技术援助活动的一个"副产品"而已。

2.3 《巴兰建议》的主要内容

在 1949 年 11 月 14 日苏联专家巴兰尼克夫的报告会上，中国专家梁思成和陈占祥曾对巴兰尼克夫的有关建议发表了不同意见，引发了一些争论（容第 3 章专门讨论）。为了更准确地表述自己的观点，在这次报告会结束以后，巴兰尼克夫将原来报告中第 4 版块"北京市都市计画"的内容作了进一步整理，形成了相对正式的书面建议。

这份书面建议的中文译稿即《北京市将来发展计画的问题》（图 2-3），全文共 6 000 多字，内容包括"城市的规模""北京市的地区""城市区域的分配""关于建筑行政机关的房屋"和"设计新的行政和居住的房屋需要"等 5 个部分。①

---

① 巴兰尼克夫. 苏联专家［巴］兰呢［尼］克夫关于北京市将来发展计划的报告［Z］. 岂文彬，译. 北京市档案馆，档号：001-009-00056.
　　1949：1-12.

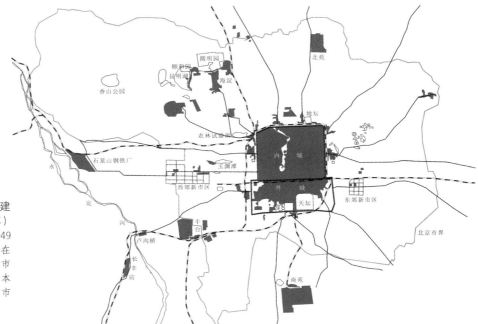

图 2-4 新中国成立时北京城乡建
设用地发展现状示意图（1949 年）
注：根据各方面资料综合绘制。1949
年时，北京城市建设用地主要集中在
老城以内，城墙外围环城铁路对城市
用地拓展具有显著的限制作用，日本
侵略时期建设的西郊和东郊两个新市
区留下一定的烙印。
资料来源：作者自绘。

1949 年 10 月中华人民共和国刚成立时，北京市的行政区域还比较狭小（总面积约 1 225 平方公里）[①]，城市人口共 130 万左右。这一百多万城市人口，绝大部分聚居在以城墙为显著边界的北京老城（内城和外城）以内（图 2-4）。

针对这样的城市发展现状，苏联专家巴兰尼克夫所提出的关于北京城市规划问题的建议，概括起来主要是如下 5 个方面。

（1）城市性质：进行工业建设，变消费城市为生产城市

巴兰尼克夫提出，"北京没有大的工业，但是一个首都，应不仅为文化的、科学的、艺术的城市，同时也应该是一个大工业的城市"[②]。

巴兰尼克夫提出这一建议，主要依据苏联的经验，并且与"共产党"政权的性质密切有关："现在北京市工人阶级占全市人口的百分之四，而莫斯科的工人阶级则占全市人口总数的百分之二十五，所以北京是消费城市，大多数人口不是生产劳动者，而是商人，由此可以联想[③]到北京需要进行工业的建设。"[④]

---

① 通州、大兴、顺义、昌平和房山等当时尚不在北京市范围。
② 巴兰尼克夫. 苏联专家［巴］兰呢［尼］克夫关于北京市将来发展计划的报告［Z］. 岂文彬，译. 北京市档案馆，档号：001-009-00056. 1949：2.
③ 原文为"理想"。
④ 巴兰尼克夫. 苏联专家［巴］兰呢［尼］克夫关于北京市将来发展计划的报告［Z］. 岂文彬，译. 北京市档案馆，档号：001-009-00056. 1949：2.

（2）人口规模：避免人口过分集中，暂按 260 万人考虑

巴兰尼克夫认为，在北京成为新中国的首都以后，面临着人口快速增长的局面。"北京市已经宣布为中华人民共和国的首都了，这一结果将引起城市内人口的增加，而最先增加的人口是中央人民政府机关的人员。""现有的专科学校的学生要增加，而且还要有新的高等学校增设起来，因此学生和教员的人数都要增加的，这些考虑可以预想到北京市人口的增加。""不仅是由于人口生殖增加自然长成的人口，而且还有各城市各省份迁来的人口。"①

对于北京市人口增长的情景，巴兰尼克夫预测"在一五至二十年的期间，人口可能增加一倍"。"除郊区人口暂不计算外，北京市的人口现有一、三〇〇、〇〇〇［130 万］人，按上面考虑的各种情形，我们估计在一五至二十年间人口可能增加到二、六〇〇、〇〇〇［260 万］人"。②

当然，这样的人口规模预测并非精确计算的结果，更偏重于经验主义的判断："这些考虑是很有道理的，虽然我们对于城市内由于自然长成和由于事业发展由各处迁来所增加的人口还不能有什么数字的计算。"③

（3）用地面积：扩大为 400 平方公里，降低人口密度

在人口规模预测的基础上，巴兰尼克夫提出了北京市用地面积的规划需求。就此而言，主要体现出两个方面的指导思想：其一，"北京市区的规模，要以居民职业的性质来确定"④；其二，"社会主义的制度是在大城市中避免集中过多的人口，各地工业建设予以平衡的分布"⑤。由此，巴兰尼克夫从居民职业分析的角度对其相应的城市用地使用需求进行了估算，具体的计算方法则是按照基本人口、服务人口和被抚养人口等分类的"劳动平衡法"。

经过计算，巴兰尼克夫对北京规划用地面积的基本结论是："预计的城市地区，总共三九二平方公里，平均每人将占用一四七平方公尺⑥的面积，比较莫斯科的改建总计画，以每人一二〇平方公尺的计算尚超出很多。""北京市人口的密度，经过调节后，比较莫斯科人口中的密度尚小些。因为增加：自来水下水道、煤气管、电话、电灯等的设备的需要，可以由三九二平方公里扩大为四〇〇平方公里。"⑦

巴兰尼克夫认为，"作为准备土地的用途，超出预定三九二——四〇〇平方公里的土地是不适宜的"⑧。

---

① 巴兰尼克夫. 苏联专家［巴］兰呢［尼］克夫关于北京市将来发展计划的报告［Z］. 岂文彬，译. 北京市档案馆，档号：001-009-00056. 1949：1-2.

② 同上：3.

③ 同上：2-3.

④ 同上：3.

⑤ 同上：1.

⑥ 公尺为米的旧称，1 公尺 =1 米，1 平方公尺 =1 平方米。

⑦ 巴兰尼克夫. 苏联专家［巴］兰呢［尼］克夫关于北京市将来发展计划的报告［Z］. 岂文彬，译. 北京市档案馆，档号：001-009-00056. 1949：5-6.

⑧ 同上：6.

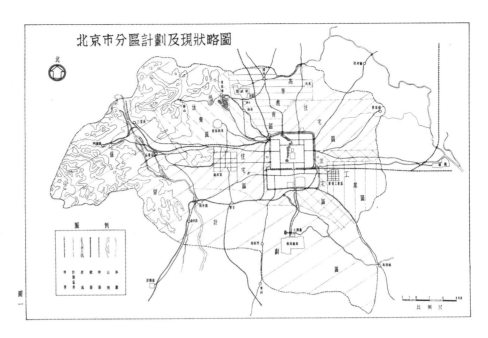

图 2-5　苏联专家巴兰尼克夫
"北京市分区计划及现状略图"
（1949 年 11 月）

资料来源：北京市建设局 . 北京市
将来发展计划的问题（单行本）
"图一"［Z］. 北京市建设局编印 .
1949.

（4）功能分区：设置工业、住宅、学校、休养等功能区，并以天安门广场为中心建设城市中心区

巴兰尼克夫提出了对北京市区的土地进行用途划分，设置工业、住宅、学校、休养等不同类型用地主导的功能区，并进行城市中心区建设的建议。

对于工业区，巴兰尼克夫认为"要建设在城市的东南方最为适宜，但要在以前日本侵占期间所设计的工业区（见图 2-5 中所标'东郊工业区'），略向南移"。巴兰尼克夫指出在这一地区选择工业区的条件为："（1）工业区的位置，要按照北京市的风向（北京市西北风向二十二度至三〇度），避免烟灰瓦斯等刮到市中心区为宜。（2）现有的通惠河（可将工厂使用过的水引到河内）。（3）现有的交通如铁道、砂土道等都很发达，运输很便利。"①

对于住宅区，巴兰尼克夫提出"可分别布置在两个区域内"。"第一个区域是西郊新市区，这个区域对在市中心机关的职员，很是便利。""第二个区域是在城的东北部，这个区域主要的是居住工业区的工人和职员，且接近市中心区，地势高，不潮湿，又不受风向的影响，并且可以移居城内居民。"②

对于学校区（又称文教区），巴兰尼克夫建议选择在"业经配布有清华、燕京等大学"的一带，"可占用土地面积四五平方公里，建设高等专门学校、工业学校和党政学校"。选择这一地区的依据主要是："位置是在行政区和休养区的中间，可给这个区域建立便利的交通，地势高而清净，有面积很大足够应用的绿

---

① 巴兰尼克夫 . 苏联专家［巴］兰呢［尼］克夫关于北京市将来发展计划的报告［Z］. 岂文彬，译 . 北京市档案馆，档号：001-009-00056.
1949：6.

② 同上 .

地，在条件上来讲是适宜建立学校的一个区域。"①

对于休养区，巴兰尼克夫提出"最适宜在城的西北方"。"可将香山、玉泉山、颐和园、万牲园和其他同样性质的处所划入休养区，可设立休养院、避暑村，适应这个地区的发展，要以增植绿地和修筑道路的成就而确定。"②

除了以上4个方面的5大功能区（其中住宅区有两大区域）之外，巴兰尼克夫在城市功能分区方面所提出的最重要的一项建议便是城市的中心区建设。"市政府工作人员当前简单的几项问题：选择首先建筑行政机关房屋的位置和什么样的房屋。为了将来城市外貌不受损坏，最好先解决改建城市中的一条干线或一处广场，譬如具有历史性的市中心区的天安门广场，近来曾于该处举行阅兵式，及中华人民共和国成立的光荣典礼和人民的游行，更增加了他的重要性，所以这个广场成了首都的中心区，由此，主要街道的方向便可断定，这是任何计画家没有理由来变更也不能变更的。"③

对于"改建市中心区的基本办法"，巴兰尼克夫强调主要是："建筑新的房屋，修建展宽的标准街道，疏通已干枯的河流，沟渠灌水，增植绿地，迁出一部分居民及铁路支线。"④

（5）行政房屋的建设：分三批推进，精心规划设计长安街

对于中华人民共和国中央人民政府的行政办公建筑，巴兰尼克夫建议以天安门广场为中心，分三批推进："第一批行政的房屋：建筑在东长安街、南边由东单到公安街未有建筑物的一段最合理。第二批行政的房屋：最适宜建筑在天安门、广场（顺着公安街）的外右边，那里大部分是公安部占用的价值不大的平房。第三批行政的房屋：可建筑在天安门、广场的外左边，西皮市、并经西长安街延长到府右街。建筑第三批房屋要购买私人所有价值不大的房屋和土地。"⑤

在对行政房屋建设提出建议的同时，巴兰尼克夫特别强调了长安街规划建设的特别意义。"由东单、到府右街的一段，能成为长三公里宽三〇公尺的很美丽的大街，两旁栽植由一三公尺到二〇公尺宽的树林，树林旁边是行人便道，为我们图（图2-6）上所画的情形。同时在公安街和西皮市的街道上也栽植树林和建筑宽的行人便道。"⑥

巴兰尼克夫对于长安街设计中的一些细节，如房屋层数等，也有所强调。"对这条大街必须作成很好的设计，不仅注明行人道和树林，[还]要将建筑房屋的层数注明。我们苏联在设计大街道时，就这样做的。"⑦

除了上面所谈的3批房屋建设用地外，"增加建筑房屋的区域，还可利用崇文门、东长安街的空地及

① 巴兰尼克夫. 苏联专家［巴］兰呢［尼］克夫关于北京市将来发展计划的报告［Z］. 岂文彬，译. 北京市档案馆，档号：001-009-00056. 1949：6.
② 同上：7.
③ 同上.
④ 同上.
⑤ 同上.
⑥ 同上：7-8.
⑦ 同上：8.

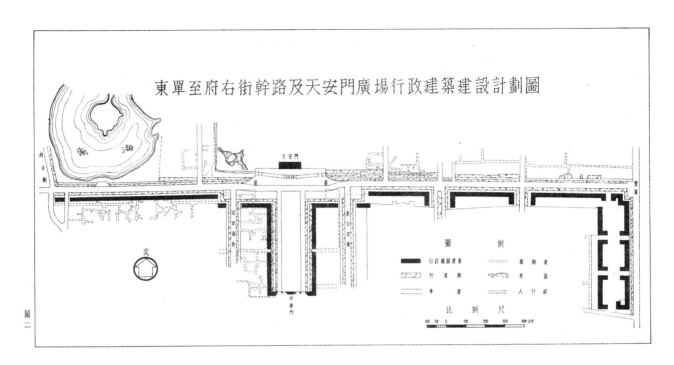

图 2-6　东单至府右街干路及天安门广场行政建筑建设计划图（1949 年 11 月）
资料来源：北京市建设局. 北京市将来发展计划的问题（单行本）"图二"［Z］. 北京市建设局编印. 1949.

广安门大街路北的空地"[1]。

　　对于这些区域可以容纳的行政人员数量，巴兰尼克夫的估计是："第一批建筑的区域内，建筑五层的房屋，可容纳五、三〇〇名工作人员的机关房屋。""第二批建筑区域内，如建筑四层房屋，可作为容纳二、二〇〇名工作人员的机关房屋，由东单到府右街的大街和天安门广场前面的街道上，建筑四层和五层的行政机关用的房屋，可容纳机关职员一五、〇〇〇人。""由崇文门到东单的空地上，建筑这类的房屋，可增多八〇〇〇名职员机关用的房屋。"[2] 这几个数据合计共 3.05 万人。

2.4 《巴兰建议》对北京城市规划发展的影响

　　1949 年来华的首批苏联专家团共有 17 人之多，但他们大多是市政方面的专家，对城市规划问题发表意见的主要是巴兰尼克夫，而城市规划问题又并非巴兰尼克夫技术援助工作的主体内容。同时，该批苏联专家在北京的工作时间只有 2 个月左右，十分短促，正如巴兰尼克夫 1949 年 11 月 14 日作报告时所特别

① 巴兰尼克夫. 苏联专家［巴］兰呢［尼］克夫关于北京市将来发展计划的报告［Z］. 岂文彬，译. 北京市档案馆，档号：001-009-00056. 1949：8.
② 同上.

强调的："以上均因时间短、参考书少，而只为原则性而无具体性说明。"① 由此，我们不能从正规化的开展城市规划工作或接受城市规划委托任务的角度，对巴兰尼克夫所提出的关于北京城市规划问题的建议妄加评判或苛求。

应该说，在当年相当局促的时间内，以及相当有限的时代条件下，苏联专家巴兰尼克夫提出的关于北京城市规划工作的一系列建议，如城市性质和发展方向、城市功能分区、中心区规划及行政机关房屋建设等，抓住了首都北京当时建设发展的一些要害问题，就技术内容来看，基本上达到了今天常说的规划纲要的深度。就首都行政机关选址这一具体问题而言，巴兰尼克夫所提出的以天安门广场地区为起步区的相关建议，是尊重中国有关高层领导的政策指示②，考虑业已形成的现状条件，并结合苏联首都规划建设的实践经验而提出的，是客观而务实的。

回顾 70 多年来首都北京城市规划建设与发展历程，1949 年苏联专家巴兰尼克夫所提的建议产生了相当重要的影响，主要体现在：

首先，巴兰尼克夫所提建议，是比较早的从全域规划的视角对北京未来发展提出的规划设想。历史上的北京，城市建设活动长期限于城墙之内。1938 年日本侵略者主导编制的《北京都市计画大纲》首次突破了城墙的限制，但城外的规划内容只不过是西郊和东郊两个新街市而已，并且基于其险恶的、不可告人的侵略意图。与之显著不同，巴兰尼克夫所提建议着眼于北京市域范围作整体考量，对北京城区以外东、西、南、北各个方向均有不同程度的规划部署，更重要的是，巴兰尼克夫有关建议完全是站在中国的立场上，基于新中国首都建设与发展的实际需要而提出的。

其次，巴兰尼克夫提出的在北京进行有针对性的工业建设等建议，深刻影响了此后数十年间首都北京城市发展的基本性质。对此，值得特别注意的是巴兰尼克夫所主张的在北京进行工业建设的主要依据："（1）以便将非生产劳动者及失业工人给予工作。（2）由于人口生殖所增加的自然长成的人口也得到工作。（3）为了工业部一切企业的保障。"巴兰尼克夫强调："莫斯科工业部设有科学研究院，科学研究院设有实验工厂，进行各种实验研究，这种实验工厂在很多地方对于企业是有力的帮助。在北京建设工厂，除要考虑到最适当的经济条件外（如原料、燃料、运输等），并且可以考虑充分利用科学机关及高等学校来协助，这种协助对企业是一个很有利的条件。"③

由此来看，巴兰尼克夫所主张的在北京进行的工业建设，实际上也考虑到了首都城市的一些固有特点。工业发展是一个相当宽泛的概念，并非都是那些对自然环境有显著影响和破坏的重工业而已。在共和

① 北京市建设局. 苏联专家巴兰尼可［克］夫对北京市中心区及市政建设方面的意见［Z］. 北京市城市建设档案馆，档号：C3-85-1. 1949.
② 1949 年 11 月 14 日报告会上，苏联市政专家团团长阿布拉莫夫在发言中谈道："市委书记彭真同志曾告诉我们，关于这个问题曾同毛主席谈过，毛主席也曾对他讲过，政府机关在城内，政府次要的机关是设在新市区。"资料来源：阿布拉莫夫. 附［件］二：市政专家组领导者波·阿布拉莫夫同志在讨论会上的讲词［R］// 北京市建设局. 北京市将来发展计划的问题（单行本），北京市建设局编印，1949：15-19. 另见：中共中央党史研究室，中央档案馆. 中共党史资料（第 76 辑）［M］. 北京：中共党史出版社，2000：1-22.
③ 巴兰尼克夫. 苏联专家［巴］兰呢［尼］克夫关于北京市将来发展计划的报告［Z］. 岂文彬，译. 北京市档案馆，档号：001-009-00056. 1949：2.

国成立后 30 年左右的时间内，尽管社会各方面对于首都工业发展问题仍存在一定的争议，但北京的工业建设在实际上却得到了较长期的发展。直到 1982 年，《北京城市建设总体规划方案》明确北京的城市性质为"全国的政治中心和文化中心"，不再提"经济中心"和"现代化工业基地"。[1]

再次，巴兰尼克夫提出的有关城市功能分区的建议，为首都北京的城市空间结构布局奠定了重要的基础。70 多年来，首都北京各方面的建设活动，大致是按照巴兰尼克夫所建议的关于文教区、休养区、工业区、住宅区及城市中心区等功能分区和空间布局设想进行的。直到今天，通过北京的城市空间结构和现状分析，依然能够看到早年规划设想深刻影响的烙印。

最后，巴兰尼克夫提出的关于天安门广场及长安街改建规划的设想，为新中国成立初期首都北京城市规划建设工作指明了重点的方向。正是以巴兰尼克夫的建议为基础，在共和国成立后的数年间，首都北京先后多次对天安门广场进行改扩建，并投入大量人力、物力和财力兴建了长安街，从而使天安门广场和长安街成为新中国首都最具标志性的城市空间和规划遗产。

在这个意义上可以讲，1949 年首批苏联规划专家的技术援助，奠定了首都北京城市规划建设工作指导思想的基础。在首批苏联市政专家团之后，1952—1959 年又有 3 批苏联规划专家以各不相同的方式先后来京开展技术援助活动，推动首都北京的城市规划走向深入和完善，但他们的技术援助工作，仍然是建立在首批苏联规划专家技术援助成果的基础之上。

---

① 中共北京市委宣传部，首都规划建设委员会办公室. 建设好人民首都：首都规划建设文件汇编（第一辑）[M]. 北京：北京出版社，1984：9-10.

"梁陈方案"

就 1949 年来华的首批苏联市政专家团而言，在他们对北京开展技术援助工作的过程中，曾经发生过一个广为人知的"梁陈方案"事件——1949 年 11 月 14 日，在苏联专家巴兰尼克夫的报告会上，中国专家梁思成和陈占祥发表了一些不同意见，引发了争论，此后梁思成和陈占祥于 1950 年 2 月联名提出《关于中央人民政府行政中心区位置的建议》（图 3-1，下文以《梁陈建议》代称）。

关于"梁陈方案"，自 1986 年 9 月《梁思成文集》第四卷首次公开披露《梁陈建议》以来，学术界及社会各方面已经展开了大量讨论，提出了诸多富有启发性的观点。同时，相关研究也存在着一些有待深入之处，特别是缺少对苏联专家技术援助活动的必要梳理，致使对"梁陈方案"的讨论尚局限于梁思成和陈占祥的单一视角与立场，对于双方的共识和分歧等缺乏整体审视，有关分析及结论难免存在一些偏颇之处。本章尝试做简要的讨论。

3.1 梁思成、林徽因和陈占祥合著的一篇评论文章

在本书的写作过程中，笔者在中央档案馆偶然发现了一篇署名为"梁思成、林徽因、陈占祥"（自右至左）的评论文章《对于巴兰尼克夫先生所建议的北京市将来发展计划的几个问题》[①]（图 3-2，下文以《梁林陈评论》代称），它是一份标题为《关于中央人民政府行政中心区位置的建议》档案的"附件 2"[②]，其"受文者"为中央领导。《梁林陈评论》是作为《梁陈建议》的附件一并呈报的，完成时间应当同为 1950 年 2 月。

经多方考证，《梁林陈评论》一文，当属学术界首次发现。这篇文章表明，林徽因也是参与"梁陈方案"讨论并有重要贡献的合作者，该文章中她的排名甚至在陈占祥之前。该文表明的另一个重要史实在于：关于"梁陈方案"，梁思成曾经直接向共和国的最高领导者呈递过报告。这一史实之所以相当重要，

---

① 梁思成，林徽因，陈占祥. 对于巴兰尼克夫先生所建议的北京市将来发展计划的几个问题 [Z]. 中央档案馆，档号：Z1-001-000286-000001. 1950. 关于这份档案的相关情况，参见：李浩. 还原"梁陈方案"的历史本色：以梁思成、林徽因和陈占祥合著的一篇评论为中心 [J]. 城市规划学刊，2019（5）：110-117.
② "附件 1"的题名为《苏联的建设计划》。

（這本沒有附圖）

關於中央人民政府行政中心區位置的建議

梁思成
陳占祥

建議：早日決定首都行政中心區所在地，並請考慮按實際的要求，和在發展上有利條件，展拓西郊舊城與新市區之間地區建立新中心，並配合目前財政狀況逐步建造。

爲解決目前一方面因土地面積被城牆所限制的城內極端缺乏可使用的空地情況，和另一方面西郊敵僞時代所謂的『新市區』又離城過遠，脫離實際上所必需的聯接，不適用於建立行政中心的困難，建議展拓城外西面郊區公主墳以東，月壇以西的適中地點，有計劃的爲政府行政工作開闢政府行政機關所必需足用的地址，定爲首都的行政中心區域。（見附圖一）

西面接連現在已有基礎的新市區，便利即刻建造各級行政人員住宅，及其附屬建設。亦便於日後發展。

東面以四條主要東西幹道，經西直門、阜成門、復興門、廣安門同舊城聯絡。入復興門之幹道則直通舊城內長安街幹道上各重點：如市人民政府，新華門中央人民政府，天安門廣場等。

新中心同城內文化風景區，博物館區，慶典集會大廣場，商業繁榮區，市行政區的供應設備，以及北城，西城原有住宅區，都密切聯繫着，有合理的短距離。新中心的中軸線距復興門不到二公里。

這整個新行政區南面向着將來的鐵路總站，南北展開，建立一新南北中軸線，以便發展的要求，解決舊城區內擁擠的問題。北端解決政府各部機關的工作地址，南端解決即將發生的全國性工商企業業務辦公需要的地區面積。

目的在不費周折的平衡發展大北京市；合理地解決行政區所需要的地址面積和合適的位置；便利它的交通和立刻逐步建造的工程程序。這樣可以解決政府辦公，也逐漸疏散城中密度已過高的人口，並便利其他區域，因工業的推進，與行政區在合理

—— 1 ——

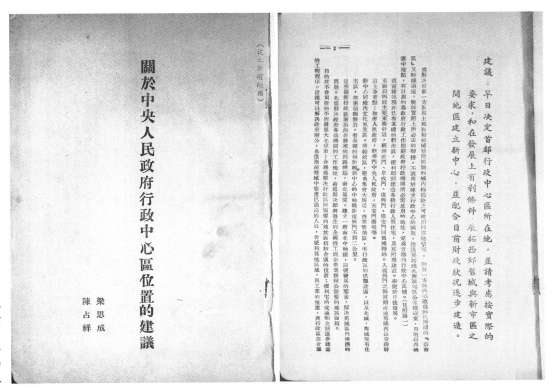

图 3-1 《关于中央人民政府行政中心区位置的建议》的封面及正文首页（国家图书馆藏本）

资料来源：梁思成，陈占祥．关于中央人民政府行政中心区位置的建议［R］．国家图书馆，1950：1．

附件 2

對于巴蘭尼克夫先生所建議的北京市將來發展計劃的幾個問題

梁思成
林徽因
陳占祥

關於巴蘭尼克夫先生所提的原則，大部分都與我們所主張的相同，且是我們同他多次談話所論到的。但在他的發展北京計畫的幾個問題一文中，有一小部分我們有一些問題，覺得有提出討論的必要。現在先將我們贊同之點列舉在下面：

（一）都市設計要有科學的總計畫

巴先生說：『……將引起城市人口的增加，而最先增加的是中央人民政府機關人員。為了配合其居住及工作的需要，應該建築新的房屋。所以，市政府當前的工作問題是關於北京市將來的發展和都市設計的方面的，對於這個問題，最正確的解決是作出北京將來十年至十五年的發展的，科學的總計畫。作成這個計畫需要很長的時間，大批國民經濟各部門的專門人才，並且要瞭解國民經濟發展的方向』。這個看法完全同我們的意見相同，我們在一九四九年的五月底提議組織都市計畫委員會的宗旨就是要作全面性的發展，北京市的科學的總計畫，而不贊成時時刻刻都以臨時措施的性質來解決眼前的局部的工程問題，為目的之辦法來處理北京市的建設。

在我們都市計畫委員會成立之始，曾建議市劃會當然委員必須包括市府各部門領導及負責人，並曾努力組織資料研究，實地調查工作，就是同巴先生所提的『作成這個計畫需要很長時間和大批國民經濟各部門的專門人才，並且要瞭解國民經濟的發展方向』一樣的意思。

—— 1 ——

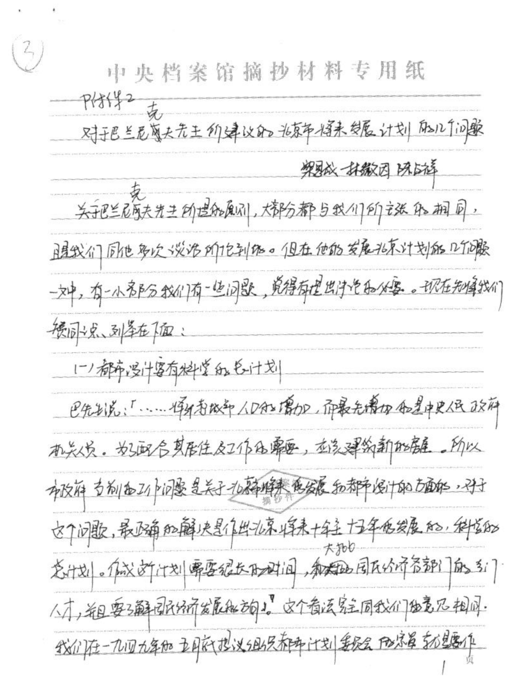

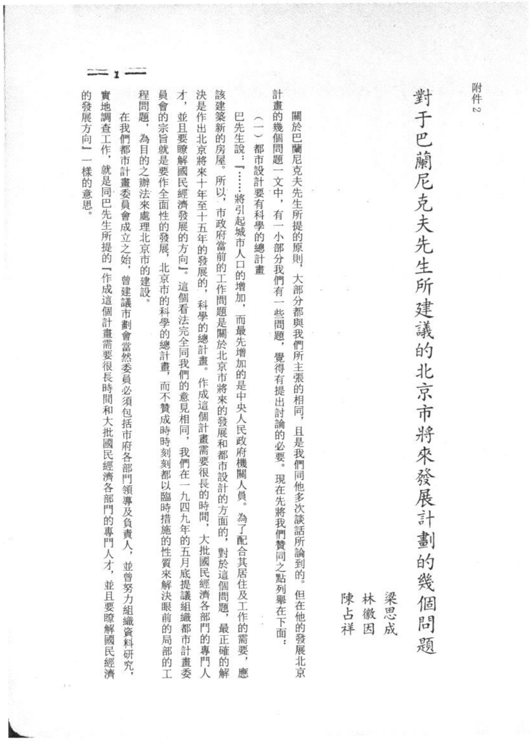

图 3-2　梁思成、林徽因和陈占祥合著《对于巴兰尼克夫先生所建议的北京市将来发展计划的几个问题》手抄件首页（左）及根据查档记忆复原版式（右）

注：右图系笔者使用左图手抄件的文字内容，根据查档工作的记忆，参照《关于中央人民政府行政中心区位置的建议》原件（图 3-1）的排版格式所编排，仅供参阅。

因为在《梁思成全集》和《梁陈方案与北京》等文献中，收录有梁思成致政务院领导的书信（1950年4月10日），但却并没有给国家最高领导人的书信；而在1949年11月14日报告会上，苏联市政专家团团长阿布拉莫夫在发言中谈道，北京市委领导曾向其转达过最高领导人的有关意见①，由此，学术界一般认为，在"梁陈方案"这一问题上，由于涉及最高领导人的重要指示，梁思成不便于直接向其陈述意见，《梁林陈评论》则表明实际情况并非如此。

另外，从笔者在中央档案馆查档的有关情况来判断②，梁思成呈报的《梁陈建议》曾被作出过重要批示。经中共中央批准编写、中央文献出版社出版的《彭真传》中的有关内容，也可对此有所佐证③。这表明，尽管"梁陈方案"相当敏感，甚至已有重要批示，但梁思成依然向最高领导人报告和陈述了个人见解，这不能不说是梁思成巨大的勇气和魄力所在。

3.1.1 "梁巴共识"：若干历史误会

《梁林陈评论》更重要的价值在于澄清了若干历史误会，使我们获得了对"梁陈方案"事件进一步深入认识的可能，并对梁思成、陈占祥与苏联专家争论的焦点所在，真正有所了解。长期以来，梁思成和陈占祥在1949年11月14日巴兰尼克夫报告会上发言的有关档案一直无法查阅，但《梁林陈评论》的发现正好弥补了这一缺憾。而且，相较于报告会上的即兴发言及其时间局限，《梁林陈评论》一文是在时间更为充裕、思考更为充分的情况下所完成的一份表述更为严谨、更加正式，也必然更为成熟的书面报告，自然要比报告会的发言记录更为可靠。

《梁林陈评论》全文共计8 800余字，主要内容是对《巴兰建议》所作的评论。如果说《梁陈建议》是梁思成和陈占祥从正面论述自己的见解和主张的"立论"文章，那么《梁林陈评论》则具有对苏联专家的有关建议进行反驳的"驳论"性质。对此，《梁林陈评论》从赞同苏联专家巴兰尼克夫的要点，以及所持不同意见等两个方面，分两个部分进行了详细的阐述。

《梁林陈评论》的前一部分内容主要阐述了梁思成等赞同《巴兰建议》的一些要点，具体包括9个方面：（一）都市设计要有科学的总计划；（二）需要有关城市情况资料；（三）城市的规模要有限制的人口；（四）需要计划工业建设；（五）人口分配的计算法；（六）各种区域的分配；（七）先定行政机关的位置与建筑；（八）考虑附近其他区域的发展；（九）参考书籍。从篇章结构来看，《梁林陈评论》对《巴兰建议》持赞同意见的方面要明显偏多，这也正如其开篇所点明的："关于巴兰尼克夫先生所提的原则，大部分都

---

① 阿布拉莫夫在发言中谈道："市委书记彭真同志曾告诉我们，关于这个问题曾同毛主席谈过，毛主席也曾对他讲过，政府机关在城内，政府次要的机关是设在新市区。"资料来源：阿布拉莫夫. 附［件］二：市政专家组领导者波·阿布拉莫夫同志在讨论会上的讲词［R］// 北京市建设局. 北京市将来发展计划的问题（单行本），北京市建设局编印，1949：15-19. 另见：中共中央党史研究室，中央档案馆. 中共党史资料（第76辑）［M］. 北京：中共党史出版社，2000：1-22.

② 因为根据中央档案馆查档的有关规定，"没有下文"（即没有上级批示或回文）的一些档案通常不提供查阅，而笔者查档时中央档案馆则允许将《梁林陈评论》全文抄录。

③ 《彭真传》中指出："一九五〇年二月，毛泽东、党中央批准了北京市以北京旧城为中心逐步扩建的方针。"参见：《彭真传》编写组. 彭真传（第二卷：1949—1956）［M］. 北京：中央文献出版社，2012：808-809.

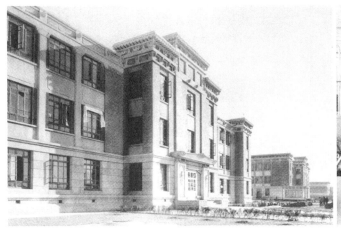

图 3-3　北京电子管厂正门（上）及生产车间（下）（1950 年代）
资料来源：北京市城市规划管理局．北京在建设中［M］．北京：北京出版社，1958：28．

与我们所主张的相同，且是我们同他多次谈话所论到的。"①

以北京工业发展问题为例，《梁林陈评论》表明梁思成等与苏联专家的观点是相当一致的："我们很早也就了解政府的政策是要将消费城改成生产城的。所以也准备将东郊一带划为发展大规模工业的区域……这一切的目的都是在准备北京的工业建设，同巴先生的原则一致。"不但如此，梁思成等的一些思想主张甚至要比苏联专家更为激进："但巴先生估计北京人口只增至二百六十万，建议工人数且为四十万，只占北京人口百分之十五·四，不知何故？""巴先生告诉我们莫斯科工人为全市人口的百分之二十五。他未说北京的百分率，但他们预计的北京工人数目仅为四十万，为二百六十万人的百分之十五·四，实只是四百万人口的百之十，似乎低得太多；尤其是工业落后的工厂，所需人工可能比较发达的工业国多许多的。"②

《梁林陈评论》提出："按工人人口为全人口百分之二十（比莫斯科少百分之五）计算，将来北京市工人就是可能到达八十万人的。在一个以工人为领导的制度之下，我们估计工人的百分比应在百分之三十五至四十之间。"评论文章中还强调指出："我们须注意这些工人人口数目，不但是东郊工业区内的，它也包括石景山及门头沟、丰台货运区等在内，数目不算很大，在上海单是纺织业工人就到了一百万人。"③

这一点共识是相当重要的，因为是否推进工业建设（图 3-3）的问题，事关一个城市的基本性质与发展方向，是城市规划工作中最为核心的命题之一，而《梁林陈评论》则表明，就苏联专家所提出的北京

① 梁思成，林徽因，陈占祥．对于巴兰尼克夫先生所建议的北京市将来发展计划的几个问题［Z］．中央档案馆，档号：Z1-001-000286-000001．1950．
② 同上．
③ 同上．

"也应该是一个大工业的城市"这一建议而言，梁思成等是极表赞同的。换言之，对于共和国成立初期国家确立的"变消费城市为生产城市"的方针政策，梁思成等表现出了确定无疑的拥护立场。

之所以强调这一点，因为在与"梁陈方案"相关的一些既有研究中，较多引用梁思成的一些言论，譬如："当我听说要'将消费的城市改变成生产的城市'，还说'从天安门上望出去，要看到到处都是烟囱'时，思想上抵触情绪极重。我想，那么大一个中国，为什么一定要在北京这一点点城框框里搞工业呢？"[①]这样的一段引文，客观上给读者传递出一个基本的认识倾向：在发展工业这个问题上，梁思成等与苏联专家持有不同意见。实际上，这段引文摘取自1969年1月的一份"交代材料"，当时的梁思成已重病在身，加之特殊时代背景，该材料并不能或不宜用以表征1949—1950年时梁思成的规划思想。

反观《梁陈建议》，文本内容中对于工业发展问题的表述，也是一种十分明确的赞同态度[②]。

与这一问题类似，通过对《梁林陈评论》的深入研读，还可以得到如下结论：（1）在对北京的城市人口发展应有所限制这个问题上，梁思成等与苏联专家巴兰尼克夫的意见也是一致的，只不过具体的规划应对措施有所差异[③]；（2）对于巴兰尼克夫所提关于北京城市功能分区的总体设想，梁思成等是表示赞同的；（3）《梁林陈评论》对巴兰尼克夫所提建议中有关郊区人口计算问题、工业人口规模及工业用地计算问题、住宅区远近问题以及建筑的民族形式问题等提出了一些质疑，但具体分析，大部分意见较多属于技术性的细节问题，并非城市规划工作中十分重大的一些原则性问题[④]。

3.1.2 关于城墙存废问题

除了上述几个问题之外，还有城墙存废问题也值得略加讨论，这是"梁陈方案"相关研究中频繁提及的一个重要话题，很多人都对梁思成讲过的一句话印象深刻："拆掉一座城楼像挖去我一块肉；剥去了外城的城砖像剥去我一层皮。"[⑤]在一些专家学者谈论"梁陈方案"时，也常常将其与城墙存废问题相提并论[⑥]。就广为传播的《城记》一书而言，不仅在第4章有专门一节是"城墙存废问题的讨论"，在其他章节中也有很大的篇幅是在议论城墙存废问题，并且与"梁陈方案"的叙事频繁互动。

那么，《梁林陈评论》对此问题的意见具体是什么呢？仔细阅读《梁林陈评论》，反复查找，却根本

---

① 王军. 城记［M］. 北京：生活·读书·新知三联书店，2003：68.
② 《梁陈建议》中指出："北京不止是一个普通的工商业城市，而是全国神经中枢的首都。我们不但计划它成为生产城市，合理依据北京地理条件，在东郊建设工业，同旧城的东北东南联络，我们同时是作都的设计"，"现在这首都建设中两项主要的巨大工作——发展工业和领导全国行政——都是前所未有的"，"北京显然的情势是需要各面新地区的展拓。尤其是最先需要的两方面，都是新的方面：一个是足够工业发展及足够的工人住宿的地方，一个是政府行政足够办公，和公务人员足够住宿的地方……"。这些文字清楚地表明了主张北京发展工业的态度。资料来源：梁思成，陈占祥. 关于中央人民政府行政中心区位置的建议［R］. 国家图书馆收藏，1950：2，8，13.
③ 对此，"梁陈方案"建议的方式是在西郊建设新的中央行政区，而《巴兰建议》的主张则是对城区内的部分居民在全市域范围内加以疏散。两者只是规划措施上有所不同而已，但根本的指导思想则是一致的。
④ 详见拙文：李浩. 还原"梁陈方案"的历史本色：以梁思成、林徽因和陈占祥合著的一篇评论为中心［J］. 城市规划学刊，2019（5）：110-117.
⑤ 这段话出自梁思成在《人民日报》上发表的一篇文章。参见：梁思成. 整风一个月的体会［N］. 人民日报，1957-06-08（2）.
⑥ 赵士修2015年10月8日接受笔者访谈时曾指出："我觉得'梁陈方案'有点绝对化。但是，'梁陈方案'的思路是要保护好古城，思路是对的"，"梁思成主张在西郊另建一个新城，把老城保护起来。北京是古都，应当对历史遗迹加以保护。北京拆城墙是错误的"。详见：李浩. 城·事·人：新中国第一代城市规划工作者访谈录（第二辑）［M］. 北京：中国建筑工业出版社，2017：117-119.

连"城墙"这个词也找不到——在《梁林陈评论》一文中,根本没有出现"城墙"一词。换言之,《梁林陈评论》根本没有谈论到城墙问题。

1949 年 11 月 14 日巴兰尼克夫所作的报告以及此后形成的书面建议,又是如何阐述的呢?仔细阅读 11 月 14 日的会议记录,同样根本没有出现"城墙"一词。再来阅读巴兰尼克夫的书面建议,文中只有 1 处出现了"城墙"一词:"市区中心部分,预计配置政府机关、文化机关、商店、和一部分居民,尚有一部分居民需要疏散,就是城墙以内的一、三○○、○○○人口……"① 这里的"城墙"一词,显然只是一个表示地理界线的名词而已,本身并无明确的规划思想指向。

另就《梁陈建议》而言,尽管其中出现"城墙"一词达 13 处之多,但它们大都是在剖析城墙在人们心理上所造成的障碍(图 3-4)时所谈到②,主要是为了论证作者关于"需要发展西面城郊建立行政中心区的理由"而提出的,并未就城墙存废问题阐述有关学术性意见。

由此可见,城墙存废问题并非梁思成等与苏联专家建议的分歧或争论所在,在对"梁陈方案"加以评论时,根本不应将城墙存废问题作为立论或驳论的依据之一。

图 3-4 北京哈德门(崇文门)(左)及东直门门洞(右)(1923 年前后)
资料来源:[瑞典]喜龙仁. 北京的城墙和城门[M]. 林稚晖,译. 北京:新星出版社,2018:文后照片.

---

① 巴兰尼克夫. 苏联专家[巴]兰呢[尼]克夫关于北京市将来发展计划的报告[Z]. 岂文彬,译. 北京市档案馆,档号:001-009-00056. 1949.
② 《梁陈建议》中指出:"第二个认识是北京的城墙是适应当时防御的需要而产生的,无形中它便约束了市区的面积。事实上近年的情况,人口已增至两倍,建造的面积早已猛烈地增大,空址稀少,园林愈小……但因为城墙在心理上的约束,新的兴建仍然在城区以内拥挤着进行,而不像其他没有城墙的城市那样向郊外发展。多开辟新城门,城乡交通本是不成问题的;在新时代的市区内,城墙的约束事实上并不存在……今天的计划,当然应该适合于今后首都的发展,不应再被心理上一道城墙所限制,所迷惑。"资料来源:梁思成,陈占祥. 关于中央人民政府行政中心区位置的建议[R]. 国家图书馆收藏,1950:8.

一些相关研究之所以将北京城墙存废问题与"梁陈方案"相提并论,主要是为了强化"梁陈方案"的历史文化保护思想,更进一步的潜在含义则是批判苏联专家关于北京城市规划的建议缺乏历史文化保护观念。实际上,巴兰尼克夫同样有明确的历史文化保护观念:"拒绝采用民族性的传统的宝贵的建筑艺术是不对的。如果走那样的道路,很容易使建筑物流于形式主义的错误,建筑物的外表如果不能表现出民族风格,更恰当的说法只好称之为箱子。按照我们的意见就不能给北京介绍这种的式样。"①

3.1.3 真正分歧所在

通过对《梁林陈评论》的系统研究可以发现,梁思成等对苏联专家巴兰尼克夫有关北京城市规划所提建议的意见,主要集中在中央行政区的规划及其位置选择上。对此,《梁林陈评论》明确指出:

> 行政工作性质特殊重要,政府机关必须比较集中,处在一个自己的区域里的。巴先生却没有这样分配。他没有为这个庞大的工作机构开辟一处合适的地区,而使它勉强,委曲地加入旧市区中,我们感到非常惶恐。他们的建议使政府机关的各建筑单位长长地排列在交通干道旁边,是很不方便的,因为这会将全城最壮美的中心区未来的艺术外貌破坏了。全城中部的优良秩序也破坏了,而变成工作繁杂,高建筑物密集,车辆交错的市心。这不是行政中心所应有的质素,与他所说'不损害北京城市外貌'的原则也抵触。②

就这一问题而言,其指导思想与《梁陈建议》的核心观点——"建议展拓城外西面郊区公主坟以东、月坛以西的适中地点,有计划地为政府行政工作开辟政府行政机关所必需足用的地址,定为首都的行政中心区域"③,是完全一致的。

在这个意义上,与其说《梁林陈评论》是梁思成、林徽因和陈占祥在对苏联专家巴兰尼克夫所提建议进行评论,倒不如说是梁思成等再次就"梁陈方案"阐明自己的立场和态度。

3.2 巴兰尼克夫与"梁陈方案"的相互关系

对梁思成等对苏联专家巴兰尼克夫建议的真正分歧一旦有了清晰的认识,那么,1949年5月8日的一次都市计划座谈会就显得特别重要了,因为梁思成关于在北京西郊规划建设中央行政区的思想主张,早

---

① 巴兰尼克夫. 苏联专家[巴]兰呢[尼]克夫关于北京市将来发展计划的报告[Z]. 岂文彬,译. 北京市档案馆,档号:001-009-00056. 1949.

② 梁思成,林徽因,陈占祥. 对于巴兰尼克夫先生所建议的北京市将来发展计划的几个问题[Z]. 中央档案馆,档号:Z1-001-000286-000001. 1950.

③ 梁思成,陈占祥. 关于中央人民政府行政中心区位置的建议[R]. 国家图书馆收藏,1950:1.

在这次座谈会上就已形成，并且被相当系统地明确阐述了。

1949 年 1 月 31 日北平和平解放后，中共七届二中全会上宣布了 "成立联合政府，并定都北平" 的重大决策 [1]，中共中央驻地于 3 月底迁至北平西郊的香山一带。由此，首都规划问题被提到议事日程。

1949 年 5 月 8 日，刚成立 1 个月的北平市建设局组织召开了一次都市计划座谈会。这次座谈会的会期为 1 天，共 35 人参会，梁思成是这次会议上发言次数最多、发言内容最多的专家。在会议刚开始的第一次发言中，梁思成就比较系统地阐述了关于 "新北京计划" 的早期设想。对于西郊新市区，梁思成认为应当 "首先讨论性质" "先确定西郊新市区的用途"，并明确主张 "将来性质应为行政中心，联合政府所在地" "应定为首都行政区"，详细规划时 "应先将行政区划出，住宅区围绕行政区"。在 "附带说北平分区问题" 时，梁思成又明确建议 "现在市政府与中海的一部 [分] 为行政区"。[2] 这两个方面的内容要点，正是日后梁思成与陈占祥联名提出《梁陈建议》最核心的思想，是 "梁陈方案" 与苏联专家巴兰尼克夫建议最核心的分歧所在。

不仅如此，在 1949 年 5 月 8 日的座谈会上，梁思成关于西郊新市区首都行政区规划的设想已经相当深入，对于新市区的性质、区域划分、用地组织模式（以邻里单位为基础）、道路交通系统、环境改善措施（铁路迁移、防护林建设）和公园游憩系统建设等，均有系统阐述。

换言之，梁思成关于首都行政区规划最基本的思想观念，"梁陈方案" 最核心的主旨要义，早在 1949 年 5 月 8 日以前即已形成。而 1949 年 5 月 8 日这样一个时间节点，既在 1949 年 9 月 16 日首批苏联市政专家团到达北平之前，更在 1949 年 10 月底陈占祥首次来到北平并首次见到梁思成和林徽因之前。

这就是说，就 "梁陈方案" 最核心的建议内容而言，本来是与苏联专家无关的。

在临近 1949 年 5 月 8 日的时刻，支撑梁思成形成在北平西郊建设中央行政区这一规划构想的，既有当时的西郊新市区已经经历的以 1937—1945 年日本侵占北京时于 1938 年前后制定的北京都市计画（图 3-5）及西郊新街市计画（图 3-6）为主导的 10 余年规划建设经营所形成的现状条件（图 3-7），也有抗战胜利后国民政府曾经考虑将其作为首都建设备选地的历史因缘 [3]，更有中共中央领导机关自 1949 年 3 月底起在西郊 "安营扎寨" 这一明确信号。而这样的一个规划思路在 5 月 8 日座谈会上提出后，也曾得到与会领导的明确肯定回应 [4]。此后，梁思成又获得明确的规划授权 [5]，并为《人民日报》等权威媒体所广而告

---

① 毛泽东. 在中国共产党第七届中央委员会第二次全体会议上的报告 [M] // 毛泽东选集（第四卷）. 北京：人民出版社，1991：1436.
② 北平市建设局. 北平市都市计划座谈会记录 [Z]. 北京市档案馆，档号：150-001-00003. 1949：13-28.
③ 1945 年 12 月，《中央日报》和《申报》等主流媒体曾报道时任北京市市长的熊斌 "非正式语记者，北平有十分之七希望成为中国未来国都"。资料来源：[1] 佚名. 故都转向新生，有希望成为未来国都，决续建西郊 "新北京" [N]. （南京）中央日报，1945-12-24（2）.［2］佚名. 熊市长非正式声称，奠都北平有可能，大北平计划决继续完成 [N]. 申报，1945-12-23（1）.
④ 详见拙文：李浩. "梁陈方案" 原点考论：以 1949 年 5 月 8 日北平市都市计划座谈会为中心 [J]. 建筑师，2022（4）：85-94.
⑤ 1949 年 5 月 22 日，北平市都市计划委员会成立大会在北平市北海公园画舫斋召开，大会最终形成的决议中明确 "正式授权梁思成先生及清华建筑系师生起草西郊新市区设计"。资料来源：北平市都委会. 北平市都委会筹备会成立大会记录及组织规程 [Z]. 北京市档案馆，档号：150-001-00001. 1949：13-20.

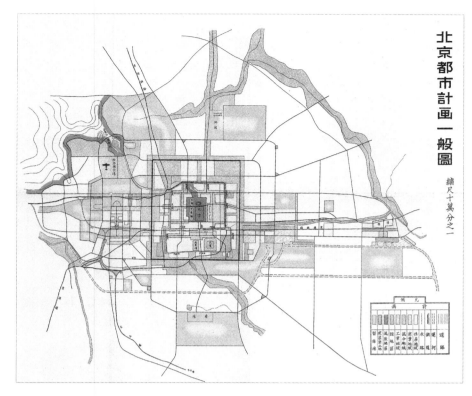

图3-5 北京都市计画一般图
（1939年）

资料来源：［日］越泽明. 1895—1945
年长春城市规划史图集［M］. 欧硕，译.
长春：吉林出版集团，2017：176.

之 [①]，随后也取得一些阶段性研究成果 [②]。

　　然而，历史的不幸在于，在 1949 年这样一个十分特殊的年份，社会各方面的形势是不断发展和迅速变化的。到 1949 年 9 月时，一方面，中共中央驻地从西郊迁入城区，这使原有在西郊建设中央行政区的规划设想面临巨大挑战；另一方面，苏联专家来到北京并逐渐涉入城市规划工作，这就自然与梁思成团队原本已获得正式授权的规划设计工作形成一种微妙的竞争关系。不仅如此，开国大典前后一大批中央行政机关急于寻找办公地址而在城区四处占地，北平古都风貌和优美秩序面临严峻威胁等，又使对北平城和古建筑无限热爱的梁思成感到心烦意乱，乃至异常地愤慨。

　　正是在这样的时代背景下，在这样的一种心境下，梁思成与陈占祥一道，在 1949 年 11 月 14 日苏联专家巴兰尼克夫的报告会上，重点针对首都行政机关位置问题发表了明确的反对意见，后来又进一步提出

---

① 在北平市都市计划委员会成立大会的次日（1949 年 5 月 23 日），《人民日报》刊发了都委会成立及梁思成获规划授权的消息："北平市人民政府为建设新的北平市，特设立'北平市都市计划委员会'……经过两周的筹备，已于昨（二十二）日假北海公园画舫斋召开成立大会"，"决定由下周起开始展开工作。由建设局负责实地测量西郊新市区。同时授权清华大学梁思成先生暨建筑［营建］系全体师生设计西郊新市区草图"。资料来源：超祺. 建设人民的新北平！——［北］平人民政府邀集专家成立都市计划委员会［N］. 人民日报，1949-05-23（2）.

② 譬如，1949 年 6 月 11 日，梁思成在《人民日报》上发表的《城市的体形及其计划》一文。在这篇 4000 多字的长文中，梁思成从城市四大功能谈起，在对欧美城市问题"前车之鉴"进行剖析的基础上，明确提出了"建立城市体形的十五个目标"，进而建议"应当用四种不同的体形基础：（1）分区；（2）邻里单位；（3）环形辐射道路网；（4）人口面积有限度的自给自足市区"，以此作为城市规划工作的重要原则。资料来源：梁思成. 城市的体形及其计划［N］. 人民日报，1949-06-11（4）.

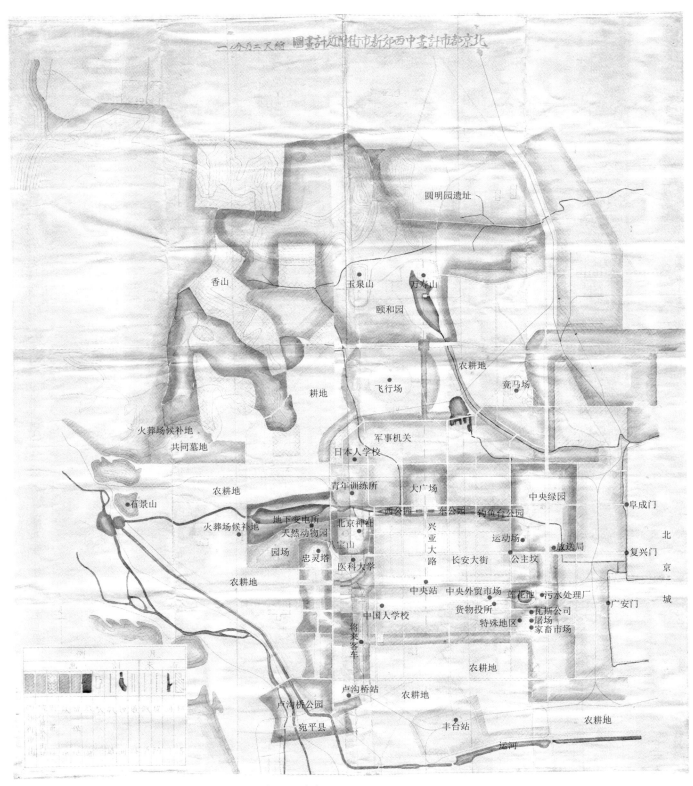

图3-6　北京都市计画中西郊新街市附近计划图（约1938年）

注：原图中文字不易辨识，特予重新录入，并增补了个别地名及图示，中轴线系本书作者所加。

资料来源：伪华北建设总署．北京都市计画要图［Z］．建筑工程部档案，中国城市规划设计研究院档案室，档号：0204．

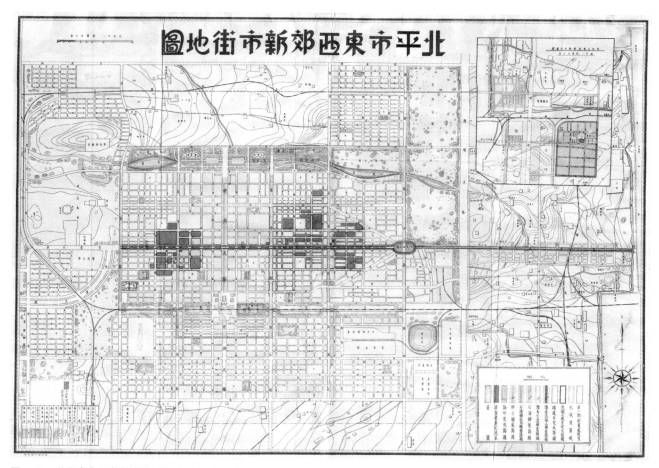

图 3-7　北平市东西郊新市街地图（1946 年现状图）

注：该图是在原"北平市东西郊新市街地图"基础上改绘的，图名中"北京"改为"北平"，图中深色地块系"三十四年度末建筑完成区"，右下角增加了图例。图中右上角区域为东郊工业区的现状。

资料来源：北平市工务局. 北平市东西郊新市街地图［Z］. 建筑工程部档案，中国城市规划设计研究院档案室，档号：0200.

了正式的《梁陈建议》（图 3-8、图 3-9）。

　　其实，首批苏联市政专家团刚到北京时，很早就注意到了由梁思成领衔的"新北京计划"工作。1949年 10 月 6 日，专家团团长阿布拉莫夫与北京市领导座谈时，就对"梁思成博士计划的新北京的根据和都市计划委员会的任务与组织问题"提出了疑问，中共北京市委主要领导答复："北京市政府有一个都市计划委员会，由市长兼主任，建设局局长任副主任，梁思成博士等为常务委员。这个委员会成立的目的，在于团结全市的建设和工程人才，从事建设北京市的设计。新北京的建设计划，是从前日本人搞的。梁博士的新北京计划也还是学术上研究，没有成为政府的计划。"①

　　考察这样一个历史过程可以发现，面对当时社会形势的纷繁变化，对于在西郊建设中央行政区的学术主张，梁思成却并没有因之而产生动摇。梁思成和陈占祥的确是与苏联专家持有不同见解，但这样的不同

① 申予荣. 前苏联专家援京工作情况［R］// 北京市规划委员会，北京城市规划学会. 岁月回响：首都城市规划事业 60 年纪事（下）. 2009：1144-1149.

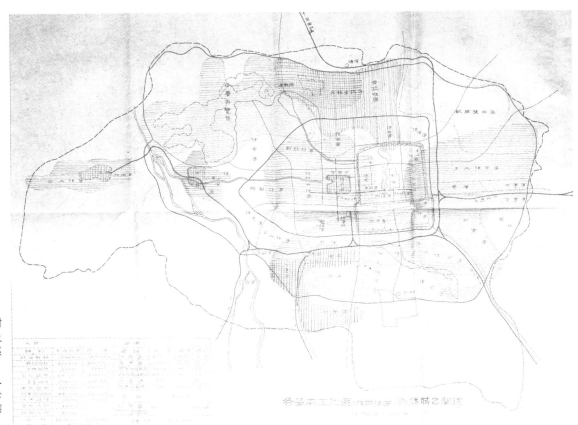

图 3-8 《梁陈建议》附
图二：各基本工作区（及
其住区）与旧城之关系
（1950 年 2 月）
资料来源：梁思成，陈占祥.
关于中央人民政府行政中心
区位置的建议［R］. 国家图
书馆收藏，1950：30.

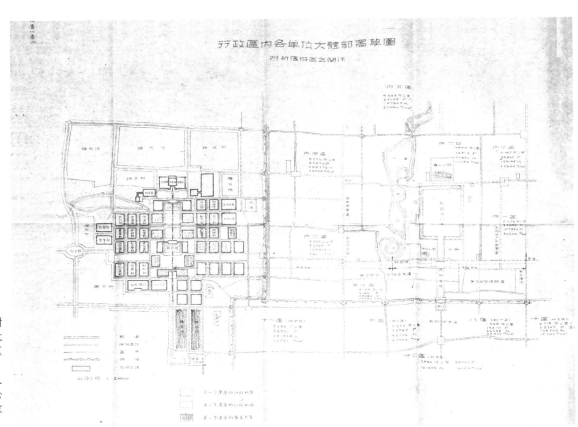

图 3-9 《梁陈建议》附
图一：行政区内各单位大
体部署草图（附与旧城区
之关系）（1950 年 2 月）
资料来源：梁思成，陈占祥.
关于中央人民政府行政中心
区位置的建议［R］. 国家
图书馆收藏，1950：30.

见解却又并非产生自与苏联专家的争论，而只是在坚持梁思成早已有之的学术主张。换言之，梁、陈对苏联专家的意见，更准确地说其实并不在学术方面——梁、陈将他们当时对社会各方面的一些意见和愤慨，通过一种看似学术的方式表达了出来。而进行这样一个表达的一个十分重要的载体和媒介，即苏联专家。

也就是说，对于"梁陈方案"这一事件而言，苏联专家在某种意义上实际扮演了有关技术责任的承担者的角色。

3.3　中外专家规划思想的首次交锋

讨论至此，我们不禁要追问的是，在首批苏联市政专家团技术援助的过程中，对于"梁陈方案"事件而言，苏联专家为什么会扮演了有关技术责任的承担者的角色？这就必须要重新回到当年的时代背景。

在 1949 年这个特殊年份，中苏两国之间的关系尚未达到"一五"时期那种亲密无间的状态，而是处在一种相当微妙的舆论氛围之中。1949 年 12 月 3 日，中共北京市委向中共中央和华北局呈交"关于苏联专家来京工作的情况的报告"中，对当时中国一些人士对苏联专家有所抵触的实际思想状况也有所反映[1]。

反观《梁林陈评论》，该文前一部分中第二项和第八项要点分别是"需要有关城市情况资料"和"考虑附近其他区域的发展"，两者都是城市规划中需要重视的问题或规划工作方法，但它们却并非具有实质性规划思想指向的重大原则问题，在对苏联专家的建议进行评论时，为何要专门将其列为赞同要点之一？作为一篇评论文章，似乎应该是以"驳"为主的，但《梁林陈评论》中却列出很多赞同项，这是为何？从内容来看，评论对象原本是苏联专家建议，但其中有些内容实际上却是在介绍评论者所开展的一些工作[2]，其用意何在？

---

[1]　报告中指出，苏联专家刚到北京时，北京市曾于 9 月 19 日召开干部大会，由中共北京市委主要领导"反复说明了中苏两国人民的关系，强调说明一切干部与苏联专家要采取老实的学习的合作的态度"。在苏联专家援京的两个多月工作中，"干部与苏联专家间关系很好，绝大多数都是以老实虚心的态度，告给他们各种情况，并共同商定了工作计划，我们的干部向他们学了很多东西，最后彼此都很满意。只有个别干部……对苏联专家采取虚伪的应付和傲慢态度。只有一小部分旧技术专家和他们不很融洽。"这份报告中还指出："工人和职员中的进步分子，对苏联派遣专家来中国帮助我们进行建设，甚为兴奋。中间分子，特别是技术人员，开始认为苏联的技术水平未见得比英美高明，不大服气。落后分子则认为苏联专家来中国的目的和过去日、美专家来中国的目的是一样的，抱着不欢迎的态度，有些技术人员在思想上存在着敌对态度，企图以苏联专家不了解中国国情来对付专家的建议。但因二月来苏联专家全心全意为中国人民服务的精神，高度认真负责的工作热情，扫除了一些中间和落后分子的怀疑，使他们逐渐改变了态度。有些员工说：德国人来了说我们机器不好，日本人、美国人来了也说不好，他们都是想做生意。苏联人来了看到什么都好，要我们好好保存、修理、使用机器，可见苏联是真心帮助我们的。"资料来源：中共北京市委. 市委关于苏联专家来京工作的情况向中央、华北局的报告（1949 年 12 月 3 日）[R]// 中共北京市委政策研究室. 中国共产党北京市委员会重要文件汇编（一九四九年·一九五〇年）. 1955：198–203.

[2]　以"需要有关城市情况资料"为例，其内容如下："巴先生说：'发展城市的论述可以在马恩列斯的著作中找到。为了做成改进城市的总计划，需要大量有关城市现有的经济和技术情况的资料；总的和分区的各种资料。'更使我们对这一原则增加信心。因为我们已在一九四九年暑假中，利用大学学生的假期发动北京市典型调查和普查数种，参加的有清华大学营建学系和地理系师生，北大教授及唐山交大建筑系师生，并由各区政府取得户口资料，由地政局得到房产基线地图等。我们的目的是全北京市人口分配的准确数字，北京市人口各种职业的百分率和北京土地使用的实况。我们在同巴先生第一次见面时，就告诉他我们当时工作的方向正在努力取得资料，了解北京的情况方面，并将典型调查资料给他看，告诉他那是北京人口及房屋实况，第一次有可靠的数字，用科学的图解分析表现了出来供给参考的。在巴先生来京以前，我们曾介绍许多优秀的青年建筑师加入建设局工作，巴先生来后不久，他们就不断地将巴先生所要了解的资料赶制各种设色大图，供他参考过。"

由此我们可以体会到，在《梁林陈评论》一文中，隐藏着一种情绪。

1949 年苏联专家团对北京城市规划问题发表意见，是苏联城市规划理论向中国的首次输入，当时中国的知识分子，特别是建筑和规划界的专家学者，乃至政府系统的一些专业技术人员，对苏联城市规划理论与实践情况必然都是缺乏了解的。在未能开展较充分的沟通、交流和研讨之前，对苏联城市规划建设的一些做法，必然也是难以理解、难以认同的。比如，在 1949 年 11 月 14 日的报告会上，苏联专家巴兰尼克夫曾按照基本人口、服务人口和被抚养人口分类——即"劳动平衡法"——来分析和预测北京未来人口发展，依苏联专家来讲，这似乎早已习以为常，但对于当时参会的中国同志而言，恐怕只能是一头雾水，不知所云。

同时，正是由于苏联规划理论的首次引入，也为中国一些知识分子提供了大胆质疑及自由讨论的可能性。在这样的一种情况下，梁思成和陈占祥等作为中国知识分子中的杰出代表，作为具有欧美留学背景的国际知名的建筑和规划专家，面对"初来乍到"的苏联专家，提出不同意见，直抒个人见解，不仅不应当被看作是具有对立思想的行为，与之相反，则更加代表着中国建筑规划师的责任与担当，体现着中国知识分子勇于向权威挑战的精神和魄力。

让我们再来看《梁林陈评论》前一部分的最后一项要点：

（九）参考书籍

巴先生曾提到建设城市的工作需要适当参考书籍的问题。我们非常希望得到苏联建筑学院出版的书籍。现时我们的参考书大部分是英美出版的，但关于近三十年来的都市计划的趋向及技术是包括世界所有国家的资料的——苏联的建设情形也在内。在参考时，各方面工程技术及所定标准的比较是极有价值的。各国进行的步骤，采用的方法，当然因各国的不同情形，气候，地理，民族方面，政治，经济制度方面，而有许多不同；但有一大部分为社会人民大众解决居住、工作、交通及健康的方面，在技术、工程及理论上，原则很相同。有许多苏联的计划原则也是欧美所提倡，却因为资本主义的制度，所以不能够彻底实现，所以他们只能部分地，小规模地尝试。这些尝试工程资料还是有技术上的价值的。我们常常参考北欧及荷兰，瑞士，英国诸国资料，是根据马列的社会主义学说，以批判的眼光，选择我们可以应用于自己国家的参考资料的。

现时中国优秀的建筑师们大多是由英文的书籍里得到世界各种现代建筑技术的智慧。他们都了解自己新民主主义趋向社会主义的主场，且对自己的民族文化有很深的认识。他们在建设时采用的技术方面都是以批判的态度估价他们所曾学过外国的一切。

他们都是要用自己的技术基础向苏联学习社会主义国家建设的经验的。近来我们也得到了苏联的许多建筑书籍和杂志。我们希望巴先生再多多介绍一些苏联书籍。[①]

---

① 梁思成，林徽因，陈占祥. 对于巴兰尼克夫先生所建议的北京市将来发展计划的几个问题［Z］. 中央档案馆，档号：Z1-001-000286-000001．1950．

由上面的这些内容不难理解，梁思成等一方面介绍其正在学习苏联的规划理论和资料，并希望多了解和得到一些苏联方面的书籍；另一方面，也在阐明世界各国的规划理论"在技术、工程及理论上"的一致性，并强调在国外学习过的"中国优秀的建筑师们"是"以批判的态度估价他们所曾学过外国的一切"。这是一种相当微妙的立场和态度。更直接地说，梁思成等对当时国家所倡导的学习苏联规划理论表示赞同，但是，却并非"唯苏联规划理论'马首是瞻'"。

然而，也正是由于当时中苏两国正在缔结战略同盟这种特殊的时代背景，中国政府对苏联专家相关问题的处理秉持一种"有理扁担三，无理三扁担"①的基本原则，对于梁思成和陈占祥的不同观点，几乎不可能予以支持，这也就在根本上决定了"梁陈方案"的命运。

3.4 首都行政机关位置之规划决策

1949 年 11 月 14 日报告会以后，苏联专家巴兰尼克夫进一步整理出书面建议《北京市将来发展计画的问题》。北京市市长看到这份报告后，指示当时北京市城市规划方面的主管部门——北京市建设局"召集北京市主要的建筑人员、市政负责同志共 30 人召开座谈会"。"会上，大家一致表示赞成［苏联］专家的意见。"与此同时，北京市地政局和中共北京市委研究室等的有关同志也就城区建筑情况及西郊建设环境等问题进行了调查研究。②

在专门调查和会议研讨的基础上，1949 年 12 月 19 日，北京市建设局局长曹言行（兼北京市都市计划委员会副主任）和副局长赵鹏飞联名提出《对于北京市将来发展计划的意见》（图 3-10），明确提出："我们认为苏联专家所提出的方案，是在北京市已有的基础上，考虑到整个国民经济的情况，及现实的需要与可能的条件，以达到建设新首都的合理的意见，而于郊外另建新的行政中心的方案则偏重于主观的愿望，对实际可能的条件估计不足，是不能采取的。"③

"聂市长看了他们的报告之后，［于 1950 年］1 月初召开了北京市市政府委员会［会议］"，"会上，一致同意［苏联］专家的意见"。④

"一九五〇年二月，毛泽东、党中央批准了北京市以北京旧城为中心逐步扩建的方针。"⑤

同样是在 1950 年 2 月，梁思成和陈占祥联名提出《关于中央人民政府行政中心区位置的建议》，并

① 1949 年 8 月 27 日，在中共中央东北局欢迎苏联专家的干部大会上，中央领导讲话时强调："我们的同志在工作中与苏联专家的关系只能搞好，不能搞坏，如果出现搞不好的局面，我们的同志要负责任。这就要'有理扁担三，无理三扁担'，我们必须严格要求自己。"资料来源：李越然. 外交舞台上的新中国领袖［M］. 北京：外语教学与研究出版社，1994：4-10.
② 北京城市规划学会. 马句同志谈新中国成立初期一些规划事（2012 年 9 月 7 日座谈会记录）［Z］. 北京市城市建设档案馆，2013.
③ 曹言行，赵鹏飞. 对于北京市将来发展计画的意见［Z］// 北京市建设局. 北京市将来发展计划的问题（单行本），北京市建设局编印，1949：1-2. 另见：中共中央党史研究室，中央档案馆. 中共党史资料（第 76 辑）［M］. 北京：中共党史出版社，2000：1-22.
④ 北京城市规划学会. 马句同志谈新中国成立初期一些规划事（2012 年 9 月 7 日座谈会记录）［Z］. 北京市城市建设档案馆，2013.
⑤ 引自《彭真传》。该书系由中央权威部门组织编写、中央文献出版社正式出版，书中的这段表述具有相当的权威性。资料来源：《彭真传》编写组. 彭真传（第二卷：1949—1956）［M］. 北京：中央文献出版社，2012：808-809.

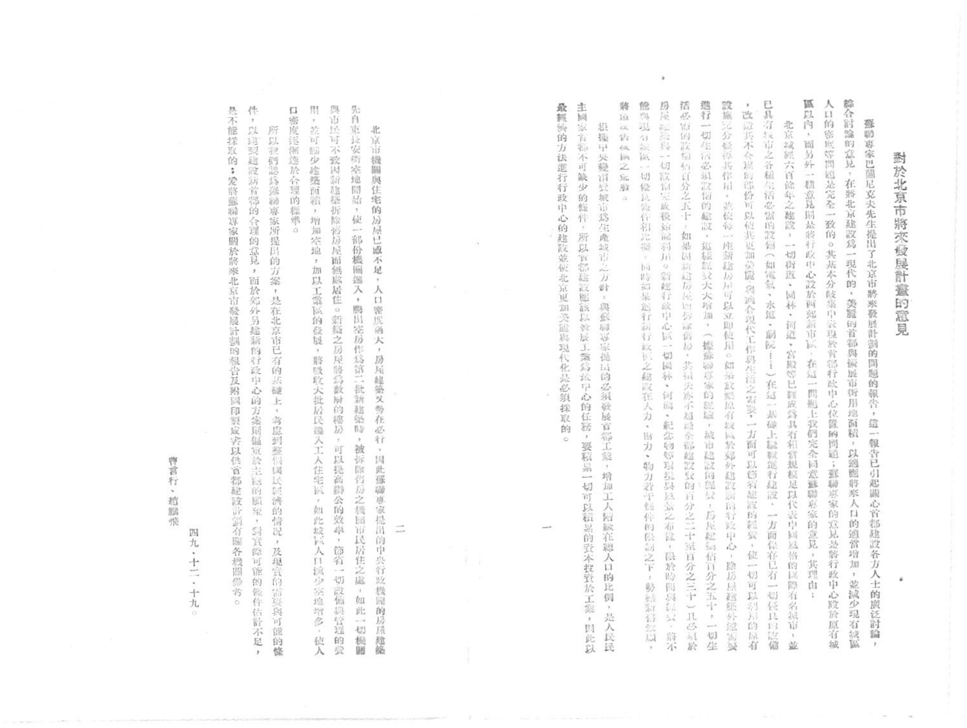

對於北京市將來發展計畫的意見

蘇聯專家巴蘭尼克夫先生提出了北京市將來發展計劃的問題的報告，這一報告已引起關心首都建設各方人士的廣泛討論，綜合討論的意見，在將北京建設爲一現代的，美麗的首都與擴展市街用地面積，以適應將來人口的適當增加，並減少現有城區人口的密度等問題是完全一致的。其基本分岐集中表現於首都行政中心位置的問題；蘇聯專家的意見是將行政中心設於原有城區以內，而另外一種意見則是將行政中心設於西郊新市區，在這一問題上我們完全同意蘇聯專家的意見，其理由：

北京城經六百餘年之建設，一切街道、園林、河道、宮殿等已經成爲具有相當規模足以代表中國風格的國際有名城市，並已具有城市之各種生活必需的設備（如電氣、水道、劇院……）在這一基礎上繼續進行建設，一方面保存已有一切優良的設備，改造其不合理的部份可以使其更加美麗與適合現代工作與生活之需要，一方面可以節省建設的經費，使一切可以利用的原有設施完分發揮其作用，並使每一座新建房屋可以立即使用。如果放棄原有城區於郊外建設新的行政中心，除房屋建築外還需要進行一切生活必須設備的建設，這樣經費大大增加，（據蘇聯專家的經驗，城市建設的經費，房屋建築佔百分之五十，一切生活必需的設備佔百分之五十，如果因新建房屋而拆除舊房，其損失亦不超過全部建設費的百分之二十至百分之三十）且必須於房屋建築與一切設備完成後始能利用。新建行政中心區一切園林、河湖、紀念物等環境與風景之布置，限於時間與經費，將不能與現有城區一切優良條件相比擬，同時如果進行新行政區之建設在人力、財力、物力若干條件的限制之下，勢必新舊兼顧，將造成舊城區之荒廢。

根據中央變消費城市爲生產城市之方針，與蘇聯專家提出的必須發展首都工業，增加工人階級在總人口的比例，是人民民主國家首都不可缺少的條件，所以首都建設應該以發展工業爲其中心的任務，要積累一切可以積累的資本投資於工業，因此以最經濟的方法進行行政中心的建設並使北京更加美麗與現代化是必須採取的。

一

北京市機關與住宅的房屋已感不足，人口密度過大，房屋建築又勢在必行，因此蘇聯專家提出的中央行政機關的房屋建築先自東長安街空地開始，使一部份機關遷入，騰出空房作爲第二批新建築時，被拆除舊房之機關市民居住之處，如此一切機關與市民可不致因新建築拆除舊房屋而無處居住。新築之房屋將爲數層的樓房，可以提高辦公的效率，節省一切設備與管理的費用，並可縮少建築面積，增加空地，加以工業區的發展，將吸收大批居民遷入工人住宅區，如此城區人口減少空地增多，使人口密度逐漸達於合理的標準。

所以我們認爲蘇聯專家所提出的方案，是在北京市已有的基礎上，考慮到整個國民經濟的情況，及現實的需要與可能的條件，以達到建設新首都的合理的意見，而於郊外另建新的行政中心的方案則偏重於主觀的願望，對實際可能的條件估計不足，是不能採取的；爰將蘇聯專家關於將來北京市發展計劃的報告及附圖印製成書以供首都建設計劃有關各機關參考。

二

曹言行、趙鵬飛

四九、十二、十九。

图 3-10 曹言行和赵鹏飞联名所写《对于北京市将来发展计画的意见》（1949 年 12 月 19 日）
资料来源：曹言行，赵鹏飞．对于北京市将来发展计画的意见［Z］// 北京市建设局．北京市将来发展计划的问题（单行本）．北京市建设局编印，1949：1-2.

于 1950 年 3 月中旬[①]经由北京市人民政府转呈给中央有关领导。从时间上来看，《梁陈建议》的提出晚了一步。

《梁陈建议》呈报给有关领导后，关于首都行政区规划问题又引起了进一步的争论，另有一些专家也发表了各种意见和建议。譬如，朱兆雪和赵冬日于 1950 年 4 月 20 日联名提出《对首都建设计划的意见》。与此同时，北京都委会还进行了首都行政区规划的专题研究[②]。

到 1951 年底，在抗美援朝等特殊时代背景下，以梁思成于 1951 年 12 月 28 日在北京市第三届第三次各界人民代表会议上代表北京都委会所作《关于首都建设计划的初步意见》报告为主要标志[③]，梁思成最终“接受”了首都主要行政机关在城内、次要机关在西郊的规划布局思路，“梁陈方案”的争论宣告终结。

① 梁思成于 1950 年 4 月 10 日致政务院领导的书信中谈道：“在您由苏联回国后不久的时候，我曾经由北京市人民政府转上我和陈占祥两人对于中央人民政府行政中心区位置的建议书一件。”信中谈到政务院领导出访苏联一事，准确的时间为 1950 年 1 月 10 日离京赴苏，3 月 4 日返抵北京。资料来源：［1］梁思成．梁思成致周恩来信［M］// 梁思成，陈占祥等．梁陈方案与北京．沈阳：辽宁教育出版社，2005：71-74.［2］中共中央文献研究室．周恩来年谱（1949—1976）［M］．北京：中央文献出版社，1997：21，27.

② 北京都委会．政治中心区计划说明［Z］．北京市城市建设档案馆，档号：C3-85-1．1950.

③ 梁思成在报告中谈道：“这样一个伟大的首都计划，是以对全国人民，乃至全世界和平民主阵营有重大政治作用和重大历史意义的天安门广场为中心而设计的。广场的附近是主要的中央行政区；次要的行政部门在西郊和新市区”，“我们将使天安门广场，在政治上，在地点上，在历史上，都成为首都的中心”。资料来源：北京市人大．北京市第三届第二、三次各界人民代表会议汇刊［Z］．北京市档案馆，档号：002-020-01616．1951：39-45.

第二篇

穆欣、巴拉金和克拉夫秋克
（1952—1956 年）

穆欣对首都规划的指导

经过 1949—1951 年国民经济的逐步恢复和调整，中国自 1952 年起开始筹备第一个"五年计划"及大规模工业化建设，由此，北京的城市规划进入第二批苏联专家技术援助的一个新阶段。与 1949 年来华的首批苏联市政专家团有所不同，第二批支援城市规划工作的苏联专家是以个人方式先后来华的，具体包括穆欣、巴拉金和克拉夫秋克 3 人，来华时间分别是 1952 年 3 月底、1953 年 5 月底和 1954 年 6 月。第二批苏联规划专家主要受聘于中央国家机关，技术援助工作着眼于全国层面，但对北京的城市规划工作却有着特别的关注。

4.1 穆欣来华的时代背景

A. C. 穆欣（Александр Сергеевич Мухин，1900—1982[①]，中文译名包括莫欣和莫辛等），早年"是登山运动员，苏联卫国战争时曾参加保卫莫斯科的战斗，在前沿阵地的战壕中作过战"，"性格非常顽强"[②]（图 4-1）。穆欣"在苏联建筑界地位不算高，名望也不算高，但是实际工作经验比较丰富"，曾为苏联头号建筑大师 A. B. 舒舍夫担任助手，合作过苏联南部城市索契的规划设计，因而给中国带来的也是当时苏联最有代表性的规划思想和方法。[③]

穆欣 1952 年 3 月底来到中国，1953 年 9 月底返回苏联，在华工作时间共一年半，其中前 9 个月主要受聘在中财委（中央人民政府政务院财政经济委员会），1952 年 12 月转聘至建筑工程部（以下简称建工部）。穆欣刚到中国之时，我国第一个"五年计划"正在酝酿之中，大规模工业化建设尚未启动。就城市规划工作而言，尽管上海和北京等地已成立有都市计划委员会，但国家层面尚未建立专门的规划主管机

---

① 关于穆欣的简介，参见：http://tramvaiiskusstv. ru/grafika/spisok–khudozhnikov/item/3408–mukhin–aleksandr–sergeevich–1900–1982. html?nsukey=g24IeILpSCSaimZfbaJPKYOFKZJJAkxjAsufxRjoBziplDk7C6fX%2F6gWThIIj%2BsFAIYHbF9ljjVTE%2BwPs8Kq%2Bau%2BTwp5F3XlQXvENNOkGD7lc%2FS1460JBwF2vtueiL%2FSmvoWwm23%2BJ%2BIlwQiFlsXUO%2F%2F78mr8OL%2F9hOTkLgeIN6ciwlzKOO7ETzTFkReD1hfKueHsQazLu1KLdtj404nDw%3D%3D.

② 陶宗震. 对贾震同志负责城建工作创始阶段的回忆［R］. 陶宗震手稿. 吕林提供. 1995.

③ 同上.

图 4-1　苏联专家穆欣（左）与中国
专家刘敦桢（右）的合影
注：中为翻译（女），拍摄时间不详，
据相关史料推测在 1959 年初。
资料来源：刘叙杰（刘敦桢之子）提供。

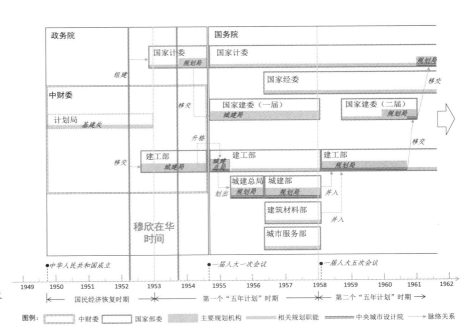

图 4-2　中国规划机构建立过程及
苏联专家穆欣在华工作时间示意图
资料来源：作者自绘。

构，而只是由中财委计划局下属基本建设计划处的城市建设组负责一些政策性引导，各地为数不多的一些城市规划活动也呈现出自发开展并延续近代规划传统的特点。自 1952 年 9 月起，新成立的建工部开始筹建城市建设局（图 4-2），穆欣以中财委苏联顾问的身份参与了城建局筹建期间的一些重要规划活动。1953 年"一五"计划开始后，为配合重点工业项目建设，一大批重点城市的规划工作开始加速推进。

　　由此可见，穆欣（图 4-3）在华工作的一年半时间，是新中国的国家规划机构从无到有、城市规划工作从盲目无序到有组织开展、规划管理干部和专业技术人员从极度缺乏到逐步汇集的一个特殊的历史时

图 4-3 穆欣与赴苏联考察的中国代表团部分成员在莫斯科克里姆林宫教堂广场上的合影（1955 年 10 月）
注：照片背景的两栋建筑分别是圣母升天大教堂（Успенский собор）和伊凡大帝大钟楼（колокольня Ивана Великого）。
左起：穆欣（左 3）、王文克（左 5）、冯纪忠（左 6）、郑孝燮（右 1）。
资料来源：王大矞提供。

期。如果说"一五"时期是新中国城市规划事业的初创时期，那么穆欣在华的一年半时间则是这一初创时期的重要奠基阶段。

在新中国"一五"计划酝酿启动、城市规划事业初创奠基这样一个十分关键的历史时期，在华援助城市规划工作的苏联专家却几乎只有穆欣一人而已①。这一点，与 1949 年来华的首批苏联市政专家团以及 1955 年以后来华的几个苏联专家组相比，是十分特殊的。穆欣的特殊性，更突出地体现在技术援助工作上。

①　严格来讲，当时在华与城市规划工作有关的苏联专家还有受聘于北京市都市计划委员会的建筑专家土曼斯卡娅（女），但她并非受正式聘请，而是随她的丈夫到华工作，其对我国城市规划工作的影响尚不能与穆欣相提并论。

4.2 穆欣对北京城市规划的技术援助

4.2.1 1952年北京城市规划工作情况

穆欣来华的1952年，是北京市都市计划委员会（下文简称"北京都委会"）经过1950年1—2月的改组及领导调整（市长任主任，张友渔、梁思成任副主任）、1951年5月的机构调整①以及同年12月的领导调整（市委书记兼任主任）之后，各项业务工作逐渐步入正轨的一年。

作为当时首都规划建设工作的一个主管部门，北京都委会的业务工作主要包括城市规划、用地划拨及市政管理等3个方面，都委会1952年度工作总结中有如下说明：

> 我们的工作主要是规划、拨地和市政工程的联②系配合。
>
> 首先，在规划方面，这一年已经给总体设计创造了条件：如三年来一直就在争论着的铁路问题、行政中心问题等……都提出了一些初步方案；同时，在城区、文教区、工业区，亦都作了一些初步的规划。……
>
> 其次，这一年拨出了两万七千余亩的建筑用地，在种种困难条件下，掌握、坚持，使首都建设得到比较合理的安排，同时在工作当中，还拟定了申请建筑用地的办法和建筑用地的标准，这对工作的推进，起了相当的作用，而且某些城市也抄了去，作为各该城市的借鉴③。我们原先在拨用土地时仅不过是讨价还价，多要少给，但今年则进了一步，不仅有了用地的标准，而且初步掌握到总平面布置和立面的审查了……
>
> 再其次，在市政建设的联系配合上面，举行了十三次的联席会议，对市政建设各单位在工程上的联系配合，多少起了一些作用，特别是秋季组织的关于一九五三年计划工作的集体办公。因此，各单位对相互配合的要求提高了，而且更深切地感觉到都市规划的重要。④

尽管北京都委会的工作已经转入正轨，但城市总体规划制定工作的进展却并不理想："一年来，虽然我们也做了不少工作，但是由于我们经验少，人力差，工作总是被动。"⑤穆欣对北京城市规划工作的技术援助，正是在这样的情况下展开的。

---

① 1951年5月21日，北京都委会召开第21次联合汇报会，宣布组织机构级领导干部的配备：办公室主任王栋岑，技术室主任梁思成（兼）、副主任华揽洪，企划处处长陈占祥，资料组组长华揽洪（兼）、副组长陈干，市政组组长华南圭（兼）、副组长张海泉。资料来源：北京市城市建设档案馆，北京城市建设规划篇征集编辑办公室. 北京城市建设规划篇"第一卷：规划建设大事记"（上册）[R]. 北京市城市建设档案馆编印，1998：14.
② 原稿为"连"。
③ 原稿为"镜"。
④ 北京市都委会. 北京市都委会1952年工作总结［Z］. 北京市档案馆，档号：150-001-00056. 1953：13-14.
⑤ 同上。

图 4-4　穆欣与梁思成等的合影（1958 年
7 月）

注：赴苏联访问期间摄于莫斯科，照片系穆欣赠送
给王文克。

左起：梁思成、汪季琦、穆欣、王文克。

资料来源：王大矞提供。

4.2.2　穆欣的工作作风

对于穆欣，早年与他一起共事过的中国规划工作者大都有深刻的印象。"在苏联专家里面，穆欣是很重要的一位""他讲城市规划的思想性、政治性""穆欣到处讲城市规划，宣传城市规划的一些指导思想、理论方法，是一个能力很强的规划专家。"[①]"穆欣讲得很清楚：我作报告，你把市委书记请来。他就是要积极宣传城市规划是怎么回事。"[②]穆欣"非常忠实于工作，把中国的工作当作自己的工作，而且对中国的建筑及文化传统非常称赞，对中国的建设事业非常认真。"[③]

穆欣比较注重城市规划的思想性、理论性的特点及其独特的工作魄力，恰好适应了当时的规划工作形势——在规划事业初创的奠基阶段，首先需要解决的无疑正是思想认识等最基本的观念问题。

穆欣刚来中国时，北京是他技术援助工作最重要的一个对象，时任北京都委会副主任的梁思成与他有过相当频繁的接触。梁思成（图 4-4）在《人民日报》发表的《苏联专家帮助我们端正了建筑设计的思想》一文中曾回忆：

穆欣同志在若干次报告和谈话中，不厌其烦地重复提到，无论在设计一座房屋或整个城市时，建筑师首先就要具有"对人的关怀"的思想，就是说，他在建筑上要时时刻刻表现出对于使用房屋的人的关怀。北京市在过去三年中曾建造了大量的工人住宅，但是穆欣同志认为有许多住宅并不能令人满

---

① 万列风 2014 年 9 月 11 日和 18 日与笔者的谈话。详见：李浩. 城·事·人：新中国第一代城市规划工作者访谈录（第一辑）[M]. 北京：中国建筑工业出版社，2017：11，17–18.

② 赵瑾 2014 年 9 月 18 日与笔者的谈话。详见：李浩. 城·事·人：新中国第一代城市规划工作者访谈录（第二辑）[M]. 北京：中国建筑工业出版社，2017：43.

③ 陶宗震. 对贾震同志负责城建工作创始阶段的回忆 [R]. 陶宗震手稿，吕林提供. 1995：21.

意，因为工厂的领导人和建筑设计师都没有更好地关怀到工人的生活。比如说，住宅区里既没有文化娱乐设备，也没有小学校、托儿所。而在苏联，这一切都被看成工人住宅区中绝不可少的构成单位，这就是"对人的关怀"的表现。穆欣同志有一次参观了我国某处铁路工人住宅区，他看见工人们正在筑花台，种花草，在墙上做黑板，并用图案把它装饰起来。他立即指出，这一切都是工人所爱好、所要求的，建筑师应该替他们预先设计好的；然而我们没有替他们做，他们就自己动手来弥补建筑师工作中的缺点。

在以往，某建筑单位曾把"适用、坚固、经济"作为建筑的三个要素。穆欣同志不止一次地告诉我们，这样的观点是片面的、狭隘的。他引用苏联建筑科学院院长莫尔德维诺夫同志的话说："建筑作品必须同时完成两个任务，即实用的和美丽的。"穆欣同志告诉我们："社会主义的城市建筑不仅要便利、经济，而且必须美观。"他引述了一九三五年七月十日联共中央批准莫斯科改建五年计划时所写的一段话："党中央和部长会议认为城市建设工作应全部达成艺术形态，不论是住宅、公园、广场、公共建筑都如此。"

建筑既然是一种艺术，设计师的思想问题是值得我们注意的。穆欣同志看了我们百十种建筑设计图和都市规划图，每看过一张他都要问："它表现的是什么思想？"拿北京的文教区来说吧，我们最初的计划虽以中国科学院为中心，但在道路系统上未能充分表现科学院的领导地位。这就是设计者思想不明确的表现。经过他的帮助，我们把它修正了。又如某单位的总平面图上，建筑物的大小和位置都没有秩序，也不分主从，内部道路也没有能将行人合理地引导到各座建筑物，而且又拐了几个弯，在某处做了一个"转盘"，面临"转盘"的——这一般被认为是全布局中最重要的位置——是一个医务所。穆欣同志在看到这张图以后，幽默地问道："把医务所放在这样一个位置上，是不是因为这单位的工作特别危险呢？"

穆欣同志以北京城作为一个例子，说明那条伟大的南北中轴，以皇宫为中心的整个城市格式，辉煌壮丽的故宫建筑群体，集中地表现了封建时代的建筑特色（图4-5）。他要求新中国的建筑师要在建筑设计上表现新民主主义社会的特色。

关于建筑设计的思想性，穆欣同志特别提到两个要点，就是城市建筑的整体性和建筑的民族性。他指出我们这里现在有许多建筑还保持着半封建半殖民地的色彩：每一个单位都用围墙把自己围起来，自成一个小天下。而在建筑形式上，英国式、法国式、美国方匣子式……都有，而自己的民族形式，却不为建筑师所乐于采用。穆欣同志在谈到建筑艺术的统一性的问题时，说道：如果要保证劳动人民工作和生活上的需要，建筑师首先必须注意到建筑的整体性，就是说，建筑设计必须满足人民生活全面的需要。其次，建筑师还要注意到建筑在艺术上的群体性，就是说，这些建筑群体，在艺术形态上，要表现出人民的社会思想生活。在苏联，社会主义制度就保证了达到这种整体性的可能。

关于群体性，穆欣同志告诉我们，这就是要求达到艺术思想上的统一性和布局上的和谐性。他说：在苏联，建筑艺术的群体性表现在城市结构上，就是使城市结构成为一个统一体，犹如社会成员

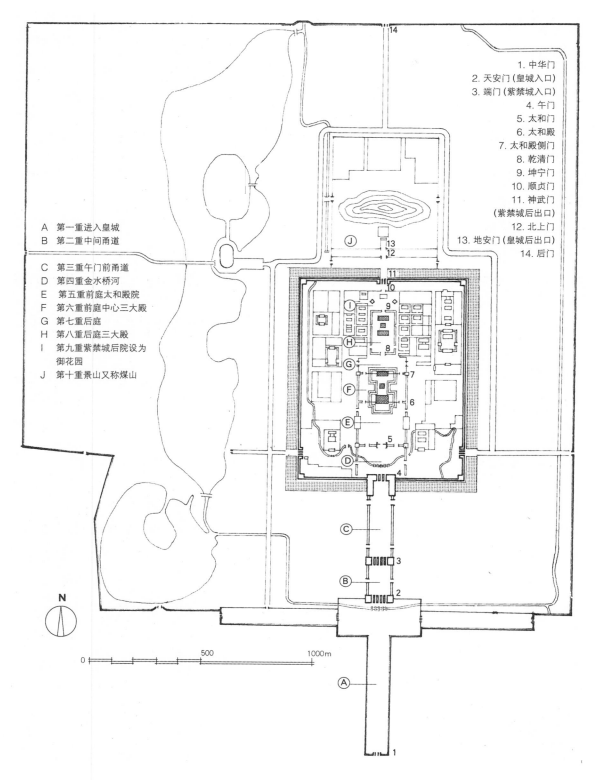

1. 中华门
2. 天安门(皇城入口)
3. 端门(紫禁城入口)
4. 午门
5. 太和门
6. 太和殿
7. 太和殿侧门
8. 乾清门
9. 坤宁门
10. 顺贞门
11. 神武门
　(紫禁城后出口)
12. 北上门
13. 地安门(皇城后出口)
14. 后门

A　第一重进入皇城
B　第二重中间甬道
C　第三重午门前甬道
D　第四重金水桥河
E　第五重前庭太和殿院
F　第六重前庭中心三大殿
G　第七重后庭
H　第八重后庭三大殿
I　第九重紫禁城后院设为
　　御花园
J　第十重景山又称煤山

N

0　　　　　500　　　　1000m

图4-5　穆欣作报告时频繁讲到的北京城中轴线空间艺术
注：图中外圈粗线为皇城的围墙。
资料来源：华揽洪.重建中国：城市规划三十年(1949—1979)[M].李颖,译.北京：生活·读书·新知三联书店,2006:19.

在政治上是统一的一样。强调建筑艺术的统一性，就是为了要使建筑反映社会主义的伟大和美丽。有些人称建筑为"凝固了的音乐"。那样，一个城市就是一个大交响乐，建筑师就是音乐家。假使每位"音乐家"都各行其是地吹吹打打，请问这个城市将成为什么样的一种"音乐"！因此，他指出一个城市的"乐队"必须有一个"指挥"，那就是都市计划委员会。而"指挥"必须先有"乐谱"，那就是都市计划总图。因此他认为每一个要大规模兴建的城市必须立刻找一个"作曲家"，以达到城市建筑的统一和和谐。[①]

4.2.3　穆欣对北京城市总体规划的意见

根据梁思成的上述回忆，穆欣把都市计划总图比作北京都委会这个"指挥"的"乐谱"，足见他对北京城市总体规划的高度重视。而在技术援助工作中，穆欣对城市总体规划工作的要求则体现出十分严格乃至苛刻的一面。

譬如，1952年6月13日，北京市人民政府组织召开过一次专门研究北京城市规划工作的座谈会，来自中财委、交通部、水利部、铁道部和重工业部等多个中央部委的领导及所聘苏联专家，北京市人民政府相关部门代表，以及都委会的一些专家如梁思成、华南圭和陈占祥等参加了会议。

这次座谈会由梁思成主持，他首先作报告，主要"介绍北京市［规划］总图"[②]，"报告北京市面积、人口及工业区、文教区、住宅区、铁路、运河等工作布置情况"[③]。报告结束后，与会领导及专家先后发言，最后环节是参会人员的一些自由讨论。

图4-6是绘制于1952年11月的一张"北京市总图草稿"，该图绘制时间迟于6月13日座谈会5个月左右，图上所绘内容应当已有修改或变化，但仍可以对6月座谈会上梁思成介绍的北京市规划总图的情况有所管窥。

谈话记录表明，在6月13日座谈会上发言最多的，正是穆欣，他对北京城市总体规划工作的意见，可以概括为以下4个方面。

（1）高度重视各类资料的搜集和整理，使规划工作建立在比较可靠的现实根据的基础之上。

听了北京规划总图的汇报后，穆欣表示："对于总图有些总的意见：这个计划和两个月前的没有什么区别。"穆欣提问："两个月前关于工业区计划的资料很不足，现在是否好一些？"[④] 穆欣明确指出："工业区按性能来分区，以现有高等学校做基础发展文教区，南面有干部学校，东面有军校区，市中心有政府机关，加上一个联成整体的绿地河湖系统，这些基本要点，是都委会考虑的基本资料，但离我们所需的资料

① 梁思成. 苏联专家帮助我们端正了建筑设计的思想［N］. 人民日报，1952-12-22（3）.
② 北京都委会. 都市计划座谈会会议记录［Z］. 北京市档案馆，档号：150-001-00003. 1952：29-34.
③ 北京市财经委. 关于市府邀请苏联专家研究首都建设计划总图情况报告［Z］. 北京市档案馆，档号：004-010-00729. 1952：1-5.
④ 北京都委会. 都市计划座谈会会议记录［Z］. 北京市档案馆，档号：150-001-00003. 1952：29-34.

图 4-6　北京市总图草稿（1952 年 11 月）

资料来源：北京市城市规划管理局．北京总体规划历史照片（1949—1957）[Z]．北京市城市建设档案馆，档号：C3-141-5．1952：5．

还很远，仅有这些是不能够制这个图的。"①

（2）高度重视经济问题，提高规划工作的科学性。

在这次座谈会上，穆欣对北京规划总图方案中划定的一些功能分区提出了一些质疑，主要原因在于经济方面的依据不够充分。穆欣提问："现在都委会在计划总图时，有没有经济方面的专家？还是仅有建筑师？""和中财委及市财委联系的是什么人？"②当问到有无经济专家参与时，"梁思成先生说：'没有'。"③

穆欣在谈话中指出："这个图里还没有经济指标。工业和对外运输是一个城市的基本问题，但这个图上还很缺乏。现在定的几个区还是有怀疑余地。交通和工业问题没有决定，这些区是否能肯定，值得再考虑。"④针对运河建设问题，穆欣谈道："运河是 500 年前修的，将来是恢复还是新修呢？运河在工厂区修个码头是好的，但还须与经济学家研究，运输上须与各城市联系，供水问题如何解决，如何消除垃圾与城市卫生问题也应考虑。"⑤

（3）避免建筑师单打独斗，强化规划工作的多部门参与和协作。

在 6 月 13 日的谈话中，穆欣针对多个问题，反复强调了多部门专家学者共同参与规划制定工作的必要性。关于规划总图方案涉及的铁路问题，穆欣提问："这张图上的铁路线的制定是哪些人参加的？""现

---

① 北京都委会．都市计划座谈会会议记录 [Z]．北京市档案馆，档号：150-001-00003．1952：29-34．
② 同上．
③ 北京市财经委．关于市府邀请苏联专家研究首都建设计划总图情况报告 [Z]．北京市档案馆，档号：004-010-00729．1952：1-5．
④ 北京都委会．都市计划座谈会会议记录 [Z]．北京市档案馆，档号：150-001-00003．1952：29-34．
⑤ 北京市财经委．关于市府邀请苏联专家研究首都建设计划总图情况报告 [Z]．北京市档案馆，档号：004-010-00729．1952：1-5．

在摆的这张草图的制定是否有铁路专家参加？还是仅仅是建筑师设计的？"穆欣评价："在城市计划里，铁路是重要的对外交通。现在的铁路网必须重新布置，这个图上是有了一个新的铁路系统，但还不能解决问题，只可以说明建筑家们的愿望，把城市从拥挤状况下改善，使市容更好是从建筑家的愿望出发的。"①

穆欣认为："将来的铁路会有很多，但现有的从张家口来的铁路却没有画上。将来北京有很大的铁路网。"②"对外约有六条铁路的大城市，大的编组站等不是建筑师们所能考虑的。"③"至于搬［迁］铁路的一些技术问题的考虑，图上也看不出。"④

关于运河建设，穆欣指出："这样一个大城市，水源是一个大问题。水不仅是运输问题，而且还［有］清洁和卫生问题，应该修建下水道和暗沟。"⑤"梁思成先生的意见是开一条小河把永定河水引入昆明湖再通至运河，这个意见对，但不够，因为建筑家本身不能解决河水怎样流的问题。"⑥（图4-7、图4-8）穆欣强调："永定河的官厅水库，不仅解决灌溉问题，而且也能防洪，把永定河水引到城内，解决城内供水问题，这个意见很好。要真正解决问题，建筑家自己不可能决定运河怎样画，必须找这方面的专家来研究。"⑦

另外，"北京与周围各城市的公路交通问题，建筑师也不完全了解"⑧，"其他如自来水、下水道等问题也是重要的"⑨。

（4）充分认识规划工作的复杂性，积极推动城市规划工作方式的改进。

在这次谈话中，穆欣对北京都委会的工作明确提出了批评意见："都委会本身的组织是否还有缺点？""都委会这个计划机构是独立工作，和有关部门没有联系。""如果没有经济学家参加，什么计划都是做不出来的。"⑩

穆欣指出："我了解今天的会的意义，是组织大家一起研究，提出问题，从今天会议可以看出，城市计划不是简单的问题，应该对城市计划的复杂性有些概念，以后的工作不能从孤立的、死的观点来看，必须从其复杂性来进行工作。"⑪对于城市规划工作方式，穆欣建议："当然现在中国的干部很缺乏，今天搞北京计划，把各方面的专家都找来是有困难的，现在应该吸收已在中央各部的［苏联］专家来参加工作的，例如交通、水利、铁路、工业等。"⑫

① 北京都委会. 都市计划座谈会会议记录［Z］. 北京市档案馆，档号：150-001-00003. 1952：29-34.
② 同上.
③ 北京市财经委. 关于市府邀请苏联专家研究首都建设计划总图情况报告［Z］. 北京市档案馆，档号：004-010-00729. 1952：1-5.
④ 北京都委会. 都市计划座谈会会议记录［Z］. 北京市档案馆，档号：150-001-00003. 1952：29-34.
⑤ 同上.
⑥ 北京市财经委. 关于市府邀请苏联专家研究首都建设计划总图情况报告［Z］. 北京市档案馆，档号：004-010-00729. 1952：1-5.
⑦ 北京都委会. 都市计划座谈会会议记录［Z］. 北京市档案馆，档号：150-001-00003. 1952：29-34.
⑧ 北京市财经委. 关于市府邀请苏联专家研究首都建设计划总图情况报告［Z］. 北京市档案馆，档号：004-010-00729. 1952：1-5.
⑨ 北京市财经委. 关于市府邀请苏联专家研究首都建设计划总图情况报告［Z］. 北京市档案馆，档号：004-010-00729. 1952：1-5.
⑩ 北京都委会. 都市计划座谈会会议记录［Z］. 北京市档案馆，档号：150-001-00003. 1952：29-34.
⑪ 同上.
⑫ 同上.

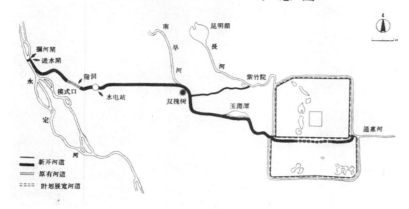

永定河引水工程示意图

图 4-7 北京永定河引水工程示意图
资料来源：北京市城市规划管理局. 北京在建设中［M］. 北京：北京出版社，1958：128.

图 4-8 北京永定河拦河闸工程鸟瞰（1957 年前后）
资料来源：北京市城市规划管理局. 北京在建设中［M］. 北京：北京出版社，1958：128.

穆欣强调："今天不一定能解决做什么的问题，但是怎样做今天可以解决，以便使这个计划更具体。"并进一步举例说明："如政府决定取消东站，则希望建立一个通过车站而不是尽头站，为了设计新的铁路系统，必须了解改建北京市计划的阶段，因为客货运输不能一日停止，所以也要定出分期计划来配合。""为了使改建北京铁道的计划能放到铁道部总的计划里去，必须要有经济资料，不一定要很详细，有一些基本数字就行了。"①

---

① 北京都委会. 都市计划座谈会会议记录［Z］. 北京市档案馆，档号：150-001-00003. 1952：29-34.

穆欣在这次座谈会上所提出的规划工作原则和建议，也赢得了与会者的普遍赞同：交通部"季方副部长希望以后有准备的多开这种会，并且希望增加城市中供游息的小绿地的面积"；"水利部孙润甫同志提出通州以下运河可以考虑利用潮白河水，并建议组成一些专门委员会来进行工作"；"铁道部居滋福同志建议都委会成立专门小组来研究经济资料"；北京市建设局"王明之局长认为以前联系还不够，以后多组织专门委员会，并且在经常工作中，具体合作，希望各部有专人负责研究与① 首都有关的问题。"②

4.2.4 穆欣对北京西郊地区规划的指导意见

除了对城市总体规划发表意见之外，穆欣还对北京一些重点地段如西郊地区的规划工作进行过指导。譬如，1953 年 6 月 6 日上午，北京都委会的规划人员专门到中财委，请苏联专家穆欣"就修改后的复兴门关厢③ 计划提出意见"④。这次汇报时穆欣讲了 10 条意见，可以概括为如下 4 个方面。

（1）建立整体观念，遵循合理的规划程序，西郊关厢地区规划应在北京城市总体规划基本确定的前提下进行。

谈话记录表明，"这个修改后的计划，他〔穆欣〕还是不能提出意见，认为是合理或不合理"。穆欣指出："这种只做道路计划的方法，是不合理的，是资本主义国家的方法。而现在我们的计划道路，必须是出于总平面布置，计划中什么地方是高层建筑，什么地方是住宅，什么地方是店铺，什么地方是学校、托儿所、运动场等关系而确定出来的。"⑤ 故此，穆欣对北京城市总体规划制定工作提出要求："要赶紧将总平面布置图（最后的）设计好，一切建筑都要按那计划去做。就是〔即便〕目前不能按图建设，将来也一定要向这计划的目标走去。"⑥

（2）立足长远，正确处理规划目标与现状条件及经济因素的制约矛盾。

关于规划道路与现状建筑的矛盾，穆欣指出："对于正对天宁寺（图 4-9）的那条三十公尺大路，如果不影响建筑物是好的，但现在

图 4-9 天宁寺塔（1962 年）
资料来源：北京市城市规划设计研究院. 北京旧城［M］. 北京：北京燕山出版社，2003：81.

---

① 原稿为"于"。
② 北京都委会. 都市计划座谈会会议记录［Z］. 北京市档案馆，档号：150-001-00003. 1952：29-34.
③ 关者，城门也；厢者，侧也。西厢是指城门外的大街和附近的地盘，往往地处交通要道，人流密集。《西郊关厢改建规划工作计划》曾明确其规划范围是："东界东护城河，西界科学院大路（环路），北界西直门外大街，南界广安门外大街。"资料来源：西郊工作组. 西郊关厢改建规划工作计划［Z］// 北京市都委会西郊组工作总结及西郊关厢改建规划，北京市档案馆，档号：150-001-00090. 1954：24.
④ 原稿中为苏联专家穆欣的译名为"莫辛"。资料来源：北京都委会. 报告（苏联专家谈话记录）［Z］. 北京市都市计划委员会档案，北京市档案馆，档号：150-001-0058. 1952：13-16.
⑤ 北京都委会. 报告（苏联专家谈话记录）［Z］. 北京市档案馆，档号：150-001-0058. 1952：13-16.
⑥ 同上.

对总工会的三幢房子有影响，在没有更充分的理由之前，就不应该拆房子，而应该变更路的方向。"① 关于建筑层数，穆欣强调："在这个［地方］和所有的靠近交通要道的好地方，不应该建筑一层楼的房子，这是要犯严重错误的。更不应该考虑目前先建筑临时性建筑、将来拆了再重建好的，因为当三五年后，觉得在这里应建筑好的房子时，而这临时性房子又未达到应拆的时候，就是浪费；如果不拆，好房子就必须建筑在很远的地方。"② 穆欣指出："沿路可以建筑三层以上的建筑，估计这个关厢可以住一万人以上。"③

穆欣提出："不能强调目前的建筑经费少④、不能建筑好的楼房。不能估价时，是由于过去营利观念将价钱提高，这是可以克服的。其次，经费少，也可以在营造的方法上改进，来补救。"⑤

（3）重视对人的关怀，改进住宅区的设计。

谈话记录表明，"对于关厢内两条东西和南北贯通的道路"，穆欣 "不同意在一个住宅区内"⑥。穆欣强调，"不应有贯通的道路，否则车辆穿行而过，影响住宅区的安宁"⑦。这一点，其实也就是苏联城市规划中所强调的对人的关怀这一重要指导思想。在这次谈话中，穆欣也关注到住宅区周边的绿化和休闲空间建设："护城河将来宽度［是多少］？沿河的林荫大道设计。"⑧

（4）明确提出对下一阶段规划工作的有关要求。

对于下一阶段的规划工作，穆欣指示如下："下一步要做的工作是关厢计划草图，内容包括居住人数、各种住宅布置、各种住宅面积、各种住宅的居住人数，学校、托儿所、运动场和商店等位置和布置图，以及道路。"⑨ 关于铁路问题，穆欣指出："环城铁路的搬移问题，是否已经得到批准？在未批准前，不能做［作］为已批准外移去做计划。"⑩

在这次谈话的最后，穆欣特别强调了规划设计工作的 3 个重要原则："（一）应从人民的生活方便和利益上打算；（二）应从全城出发，关厢是全城组成的一部分；（三）应长期打算，不能受目前［条件］的影响而草率设计。"⑪

另外，在穆欣这次谈话记录的最后，还记载了规划人员结合自身工作情况的一些思考，其中不乏一些

① 北京都委会. 报告（苏联专家谈话记录）［Z］. 北京市档案馆，档号：150-001-0058. 1952：13-16.
② 同上.
③ 同上.
④ 原稿中为"建筑经费不少".
⑤ 北京都委会. 报告（苏联专家谈话记录）［Z］. 北京市档案馆，档号：150-001-0058. 1952：13-16.
⑥ 同上.
⑦ 同上.
⑧ 同上.
⑨ 同上.
⑩ 同上.
⑪ 同上.

图 4-10 北京西郊三里河行政中心规划模型照片（张开济收藏）
资料来源：王军. 城记［M］. 北京：生活·读书·新知三联书店，2003：127.

困惑 ①。

穆欣上述谈话所涉及的"复兴门关厢"的范围，大致也就是早年"梁陈方案"建议规划为首都行政区的用地范围②，该地区规划包括一项重要内容，即三里河行政中心，这是"梁陈方案"建议的首都行政区在建设实施过程中进行压缩的一种结果。穆欣的谈话，折射出三里河行政中心规划在早期的一些工作状况。

另据北京都委会西郊组 1952 年度工作总结，当时的三里河行政中心规划存在 4 个方面的缺点："1. 勘察得不够彻底；2. 任务不够明确，也无具体材料，因此，在规划时只单凭个人的感情和幻想出发，和实际脱节；3. 工作无计划，很被动；4. 领导帮助不够，如成立了专门工作组，但无形中又解散，影响工作进度很大。"③

到 1953 年，三里河行政中心规划方案逐渐成熟，这就是众所周知的"四部一会"建筑群（图 4-10），而这一建筑群在其建设实施过程中也未能完全实现，而只建成了总规模的 1/4 左右。

4.3 穆欣对北京城市规划工作的贡献

4.3.1 梁思成的热情赞誉

1952 年 12 月 22 日，梁思成在《人民日报》上发表了《苏联专家帮助我们端正了建筑设计的思想》一文。在这篇近 5 000 字的长文中，梁思成指出："我在两个不同的工作岗位上接触过若干位苏联专家，其中两位曾给我以深刻的影响。一位是都市计划专家穆欣同志，他曾经随同苏联都市计划权威、建筑科学

---

① 档案中记载："由于以上专家的意见，在工作上有几个问题，必须立即解决的：一、按专家意见，重新做北关厢的总计划，包括一切平面布置。这是需要较长的时间，但目前卫［生］工［程］局和建设局都等待着施工。二、铁路局已开始按修改后的计划做平面布置，如果又要修改，需要立即通知对方，同时在什么时候能修改好？［如果］时间太久，是不是要影响他们今年的建筑［任务］？三、计划后的建筑，如苏联专家所说的不能建筑一层建筑，铁路局或其他单位是否能按我们的计划去做？如果不能，应如何解决？"详见：北京都委会. 报告（苏联专家谈话记录）［Z］. 北京市档案馆，档号：150-001-0058. 1952：13-16.
② 北京都委会. 报告（苏联专家谈话记录）［Z］. 北京市档案馆，档号：150-001-0058. 1952：13-16.
③ 西郊工作组. 西郊工作组总结［Z］// 北京市都委会西郊组工作总结及西郊关厢改建规划，北京市档案馆，档号：150-001-00090. 1953：2.

图 4-11　清华大学教师陪同阿谢甫可夫在明十三陵考察时野餐（1953 年前后）

左起：杨秋华（女，翻译）、赵炳时、阿谢甫可夫、吴良镛。

资料来源：清华大学建筑学院. 匠人营国：清华大学建筑学院 60 年［M］. 北京：清华大学出版社，2006：42.

院舒舍夫院士共同工作过多年，有丰富的智识和经验。另一位是清华大学建筑系的阿谢普可夫教授——苏联建筑科学院通讯院士（图 4-11）。他们来到中国的时间虽然不久，但对中国的城市建设和建筑已有了很大的贡献"①。

　　对于两位专家的帮助，梁思成概括为 5 个方面："首先而最重要的是建筑的任务要服务于伟大的斯大林同志所指出的'对人的关怀'的思想；其次是肯定建筑是一种艺术；因此，第三就要明确认识建筑和都市计划的思想性；其中包括第四，一个城市（乃至整个区域、整个国家）的建筑的整体性；和最后，同时也是极重要的，建筑的民族性。"②

　　《苏联专家帮助我们端正了建筑设计的思想》一文中充满了感动和感激之词，是梁思成真挚情感的一种自然流露。该文表明，在 1952 年底时，梁思成对苏联专家的态度，已经较 1949 年来华的首批市政专家团有了很大的变化。究其原因，一方面在于经过两三年的发展，"一边倒"战略方针已得到强化，社会各方面已形成与苏联专家十分友好的环境氛围。另一方面，穆欣对于城市规划工作的热情等，必然也令梁思成深受感动，而相同的建筑师专业出身，又使穆欣在许多问题上的学术观点和主张，与梁思成不谋而合。

　　在北京都委会的一份档案中，曾记载有穆欣对城墙存废和建筑形式等问题的基本态度：

①　梁思成. 苏联专家帮助我们端正了建筑设计的思想［N］. 人民日报，1952-12-22（3）.
②　同上.

城墙先不必拆，妨碍交通可以多开豁口。保存城墙有世界性的意义，全世界只有北京一座完整的古城。另外凸字形是人们所熟悉的北京的形状，因此应该不要毁去。今天的莫斯科还保存了老莫斯科的风格，人们还可以记起老莫斯科。因此北京也要人们一看就是北京。在文物方面，认为应该充分发挥文物的积极方面，使其能对城市的规划起积极作用。在格局上很强调对称，重视四合院的布局。①

除此之外，还有另外一项因素——穆欣曾为苏联建筑大师舒舍夫担任助手。穆欣与舒舍夫的这一特殊关系，不免要使梁思成对他刮目相看。

作为世界著名建筑大师之一，舒舍夫②的声誉是显而易见的，梁思成也相当熟知。1950年2月，在梁思成和陈占祥合著《关于中央人民政府行政中心区位置的建议》中，即曾谈到舒舍夫负责的诺夫哥洛城改建规划："我们应该学习苏联在这次战后重建中对他们的历史名城诺夫哥洛等之用心，由专家研讨保存旧观。"③ 建议书的附件《对于巴兰尼克夫先生所建议的北京市将来发展计划的几个问题》更是明确指出："被称为'俄罗斯的博物院'的诺夫哥洛城，'历史性的文物建筑比任何一个城都多'。这个城之重建'是交给熟谙并且爱好俄罗斯古建筑的建筑院院士舒舍夫负责的。他的计划将依照古代都市计划的制度重建——当然加上现代的改善……在最后优秀的历史文物建筑的四周，将留出空地，做成花园为衬托，以便观赏那些文物建筑'。"④

1951年8月，林徽因和梁思成在为译著《苏联卫国战争被毁地区之重建》所写"译竟赘言"中，曾发出向舒舍夫等著名建筑师学习的呼吁："我们要向鲁德涅夫、柯里、舒舍夫学习；并要'聆听'喻皓、李诫、也黑迭儿、阮安、蒯祥、雷发达以及无数无名匠师的'音叉'，为民族的、科学的、大众的建筑而奋斗！"⑤ 该书译就几个月之后，舒舍夫的一个助手居然来到了中国，并且他与梁思成几乎同岁（穆欣1900年生，梁思成1901年生），两人又都工作在城市规划战线，还志同道合，这或许大大出乎梁思成的意料。由此，梁思成对穆欣的评价，必然也包含有一种特殊的感情因素。

---

① 北京都委会. 关于古文物、城墙保存问题及建筑形式问题［Z］. 北京市城市建设档案馆，档号：C3-80-2. 1953：108-113.
② А. В. 舒舍夫（Щусев，Алексей Викторович，1873—1949），1897年毕业于彼得格勒艺术科学院，曾在苏联高等艺术与技术创造工作室（ВХУТЕМАС，莫斯科建筑学院的前身）任教，是著名的"俄罗斯民族风格"的建筑大师，被誉为苏联新古典主义建筑的著名领袖，其主要建筑设计作品包括：莫斯科喀山火车站（1911—1926年）、威尼斯国际展览会苏联馆（1913—1914年）、莫斯科红场上的列宁墓（1924—1930年）、中央邮电大厦（1925年）、列宁图书馆（1928年）、莫斯科饭店、第比利斯的马列学院（1933—1938年）、莫斯科瓦锐斯基大桥（1936—1938年）、塔什干歌剧芭蕾舞剧院（1938—1947年）、苏联科学院大楼（1935—1949年）等，并曾主持斯大林格勒、诺夫哥洛、伊斯特拉等一批重要城市的改建规划与设计. 资料来源：韩林飞，В.А普利什肯，霍小平. 建筑师创造力的培养：从苏联高等艺术与技术创造工作室（ВХУТЕМАС）到莫斯科建筑学院（МАРХИ）［M］. 北京：中国建筑工业出版社，2007：37.
③ 梁思成，陈占祥. 关于中央人民政府行政中心区位置的建议［M］. 国家图书馆收藏，1950：7.
④ 梁思成，林徽因，陈占祥. 对于巴兰尼克夫先生所建议的北京市将来发展计划的几个问题［Z］. 中央档案馆，档号：Z1-001-000286-000001. 1950.
⑤ 窝罗宁. 苏联卫国战争被毁地区之重建［M］. 林徽因，梁思成，译. 上海：龙门联合书局，1951：5.

4.3.2　北京都委会的高度评价

1953年初，北京都委会对1952年度的各项工作进行总结。在总结报告中，记载了1952年城市规划特别是规划总图拟定工作的困难局面：

> 工作中还存在着很多缺陷，并且这些缺陷是相当严重的。首先，总体规划一直搞不出来，这使工作很被动，在苏联专家未来之前，由于我们对这种新鲜的工作认识不够，旧的知识和经验不能适应新时代的要求，五月里拿到了一张总图给苏联专家看，六月、七月、八月做了好久，但拿给苏联专家看的还是那么一张总图，有的技术领导同志说"我不知道总图应当做到什么深度"。也有的技术领导同志一看总图就烦，不知道总图怎么做；另一方面，亦是受到客观条件的限制，经济资料、勘察测量这些科学的依据，都不具体。①

尽管如此，"总的来说，这一年的工作比一九五一年是有相当开展的，尤其是在九月以后，由于苏联专家的帮助，工作确实大大地推动了一步"②。这里所谈到的苏联专家，显然就是穆欣。

对于苏联专家穆欣的技术援助工作及贡献，《北京都委会1952年工作总结》归纳为3个方面："由于苏联专家的帮助：第一，我们明确了规划工作的思想性——规划要有一定政治思想内容；明确了首都的规划，应在民族优良传统下创造新的伟大的气魄，这使我们道路的布局有了新的改进。第二，我们懂得了规划与计划的联系，并懂得了规划工作的程序与步骤。第三，领会了过去着重拨地、逃避规划，这种舍本逐末的错误。"③"明确了这些问题以后，我们才把工作逐渐地推动起来，无论是总体规划或是局部地区，都提出了一些初步的意见，这就给今后的工作打下了基础。"④

4.4　穆欣对中国当代城市规划的影响

穆欣在中国工作的一年半时间内，除了对北京市规划工作进行过技术援助之外，还对其他地区特别是国家层面城市规划工作的启动进行了大力的指导和帮助，依时间为序主要包括如下方面。

（1）对新中国"适用、经济、在可能条件下注意美观"建设方针的研究发挥了重要影响。

1952年7月2—16日，中财委组织召开第一次全国建筑工程会议，会议对新中国的建设方针（又称建筑方针、设计方针）进行研究讨论时，有关人员对于"适用、坚固、经济"六字方针及"美观"问题的权衡产生分歧，穆欣支持"美观"原则并主张采用苏联的"适用、经济、美观"三原则。穆欣的观点被吸

---

① 北京市都委会. 北京市都委会1952年工作总结［Z］. 北京市档案馆，档号：150-001-00056. 1953：13-14.
② 同上：14.
③ 同上.
④ 同上.

纳入建工部党组于 1952 年 8 月向中央提交的报告中。后来我国最终确定的提法为"适用、经济、在可能条件下注意美观"。

（2）对新中国向苏联学习规划理论的思想认识起到了重要的统一作用。

1952 年 9 月 1—9 日，建工部以中财委名义[①]组织召开首次全国城市建设座谈会，穆欣于 9 月 6 日作重要报告，全面介绍了苏联城市规划理论与实践的经验，并对中国的城市规划建设提出了一系列建议。会后，在建工部党组的总结报告及中央的批复中，明确指出要加强对旧技术人员的思想改造并积极学习苏联的城市规划经验，标志着"一五"时期城市规划工作指导思想的基本统一。

（3）帮助拟定出新中国第一版《城市规划设计程序（初稿）》。

穆欣于 1952 年 8 月帮助我国拟定出《城市规划设计程序试行办法（草案）》，后改名为《城市规划设计程序（初稿）》并于 1952 年 9 月初在首次全国城市建设座谈会上进行了讨论。该文件将城市规划设计工作划分为城市总体设计、详细规划设计和修建设计共三个阶段，明确提出了各阶段规划设计工作的技术要求，为"一五"时期各有关城市的规划设计活动的开展提供了基本遵循，使新中国的城市规划工作在全面启动之初即得到了相对有效的规范。

（4）推动一批既有城市按照社会主义城市原则进行改建规划。

1952 年 10—11 月，穆欣在中财委及建工部城建局（筹建中）有关同志的陪同下，先后到天津、沈阳、鞍山、哈尔滨等市实地调研。穆欣在各个城市发表了一系列长篇讲话，特别强调了城市规划工作的重要性，并结合当地实际情况对城市规划建设工作发表咨询性意见，这对社会各方面特别是城市的一些重要领导干部提高对城市规划工作的认识，起到了思想动员的作用。

（5）引导我国城市规划设计工作走上规范化的轨道。

1952 年 12 月至 1953 年 2 月初，穆欣和有关部门领导一起听取了北京、上海、西安、郑州、包头、石家庄、邯郸等市的规划汇报，研究了沈阳、鞍山、天津、西安、兰州、富拉尔基、石家庄、郑州等市的初步规划方案。穆欣在对规划设计方案发表意见的同时，对规划设计成果（特别是最为关键的现状图和规划图）的表现方式等也明确提出了一些要求。建工部城建局的技术人员在穆欣的指导下制定出一份城市规划图例，作为规划设计工作的一个技术规范，同时也是规划审查时的参考依据[②]。正是在这一工作的基础上，我国有关部门后来又推出了一些更为正式的城市规划图例规范文件（图 4-12）。

（6）对"城市规划"专业术语的定名发挥了重要影响。

新中国城市规划工作是借鉴苏联经验而建立起来的，它与中国古代"规画"及近代"都市计划"（都市計畫）传统存在显著的差异，尤其是与国民经济的紧密关系——城市规划是国民经济计划的继续和具体化。穆欣在介绍苏联规划经验及指导具体规划工作的过程中，必然要对规划工作的实际内涵进行详细而

---

① 当时建工部受中财委领导。
② 陶宗震. "饮水思源"：我的老师侯仁之［R］. 陶宗震手稿，吕林提供. 2008：6-7.

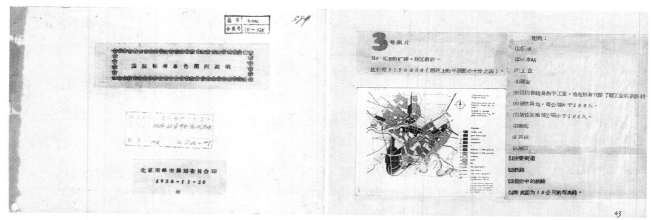

图 4-12 北京市都市规划委员会编印的《国际标准单色图例说明》(1956 年 11 月)
注：左图为封面，右图为第 3 页正文。
资料来源：北京都委会. 国际标准单色图例说明 [Z]. 杭州市城市建设档案馆，档号：18201．1956：43.

准确的解释和说明，由此涉及专业术语的定名问题。史料表明，采用"城市规划"这一术语名称，大致是
1952 年 9—12 月期间，由穆欣作技术讲解，刘达容等翻译人员配合协助，负责建工部城建局筹建的领导
贾震等作出主要决策，于 1953 年 3 月建工部城建局正式成立之前最终尘埃落定 ①。

（7）为八大重点新工业城市的联合选厂和初步规划作出了重要贡献。

1953 年 3 月初建工部城建局正式成立后，穆欣在孙敬文局长的陪同下，组织多个规划工作组，赴西
安、兰州和包头等地，参与重点工业项目的联合选厂，并指导各个城市的规划工作。工作中，穆欣一方面
针对各个城市的市委书记、市长等主要领导干部进行城市规划建设指导思想及方针政策的宣讲；另一方面
对城市规划设计工作者进行具体的技术指导，对一大批新兴工业城市的厂址确定及初步规划起到了重要推
动作用。

（8）亲手拟定出杭州和上海的初步规划方案。

1953 年 8 月中旬至 9 月底，穆欣把全部精力放在了杭州和上海这两个重要城市的规划工作上。由建
工部城建局贾震副局长带队，几位技术人员组成规划工作组，穆欣亲自动手，研究并拟定出两个城市的初
步规划方案。1953 年 9 月 1—2 日和 25 日，穆欣分别在杭州和上海发表长篇演讲，详细介绍初步规划方
案及有关建议。穆欣的规划方案一度在两市引起很大反响。

（9）对中国城市规划人才的教育和培养。

除了上述几个方面之外，穆欣的技术援助工作还有另一项重要贡献，这就是对规划人员潜移默化的
影响。"穆欣在工作中经常讲课。去包头选厂的时候，他就现场指导我们：我们来这儿干什么呢？看什么

---

① 参见拙著《中国规划机构 70 年演变》第 2 章的专门讨论。详见：李浩. 中国规划机构 70 年演变：兼论国家空间规划体系 [M]. 北京：中
国建筑工业出版社，2019：71-100.

呢？也就是踏勘现状，选择厂址，怎么样选厂，选厂的一些条件，他注意培养干部。"①

穆欣对城市规划工作的讲解、指导及其独特的人格魅力，吸引了一批相关专业毕业的技术人员，对城市规划工作产生极大兴趣并从此走了规划工作的道路。周干峙曾回忆："我大学里不是学规划的，学的是建筑专业""穆欣一来，他当时就强调了规划，要做规划""是这样来的。所以那个时候就成立了规划机构，能够转行的就转到这个行业上来"②。赵瑾指出："穆欣对我们中国的城市规划工作，起到了非常重要的启发和启蒙的作用""我不是科班出身，但我是行伍出身，在实践中，在专家的指导下去学习"③。

正是由于穆欣的重要影响和突出贡献，在1950年代的城市规划活动中，穆欣的有关言论还表现出相当突出的权威性。以1953年7月召开的全国各大城市市委书记座谈会为例，题为《关于城市规划问题》的简报中针对"城墙拆不拆的问题"曾指出：

> 北京、西安均为封建王朝的"历代帝王都"，有着高而厚的城墙，对城市交通妨碍很大，且割裂了城市的统一性，须要拆毁。但有一些人对此"历史遗迹"深为留恋，反对拆城；苏联专家穆欣亦以为西安城墙比北京还雄伟，主张保留，非至万不得已时不要拆。因此，拟再等待一下，如对目前建设影响不大，暂时可不拆。④

由此可见，穆欣关于对城墙存废问题的看法，甚至对当时的一些高层领导的思想认识和决策也产生了重要影响。

也正是由于穆欣的重要影响和贡献，在不少文献，特别是新中国第一代城市规划者如周干峙、柴锡贤和陶宗震等的回忆中，还经常提到穆欣作为苏联建筑科学院通讯院士的身份。称穆欣为院士，既强化了穆欣的权威性，也表现出新中国第一代城市规划者对穆欣的高度认可和崇敬之情。而笔者新近的研究则表明，所谓穆欣的院士身份，只是中国同志后来的一些誉加之词和误传而已⑤。

---

① 万列风2014年9月11日和18日与笔者的谈话。详见：李浩. 城·事·人：新中国第一代城市规划工作者访谈录（第一辑）[M]. 北京：中国建筑工业出版社，2017：1-26.
② 周干峙2010年11月7日与笔者的谈话。详见：李浩. 城·事·人：新中国第一代城市规划工作者访谈录（第一辑）[M]. 北京：中国建筑工业出版社，2017：100-101.
③ 赵瑾2014年9月18日与笔者的谈话。详见：李浩. 城·事·人：新中国第一代城市规划工作者访谈录（第二辑）[M]. 北京：中国建筑工业出版社，2017：43.
④ 中共北京市委. 彭真同志主持的各大城市市委负责同志座谈城市工作问题的简报及参考材料[Z]. 北京市档案馆，档号：001-009-00258. 1953：39.
⑤ 详见：李浩. 苏联专家穆欣对中国城市规划的技术援助及影响[J]. 城市规划学刊，2020（1）：102-110.

4.5　关于穆欣的延聘

在结束穆欣的话题之前，还有一事值得一提。按照 1952 年时聘请苏联专家的惯例，穆欣的原聘计划是在中国工作一年时间。1953 年 2 月 12 日，在关于北京市政工程的一次讨论会上，建筑工程部副部长周荣鑫即曾指出："专家三月份走"①，这里的"专家"即穆欣。实际上，穆欣在 1953 年 3 月底并未按期返回苏联，而是获得了延聘。

当时穆欣所在的受聘单位是建工部，延聘事宜理应由建工部提出。但实际上，由于首都城市规划工作极为落后和被动的局面，北京市也极希望穆欣改聘到北京市工作。1953 年 6 月 10 日，中共北京市委主要领导曾专门向政务院领导呈交过一份《关于留聘苏联城市规划专家穆欣同志的请示》，明确"提议留聘苏联城市规划专家穆欣同志在首都工作"。②

苏联专家穆欣是在 1953 年 9 月底的上海之行结束后返回苏联的，实际延聘时间只有半年时间。与他的接替者巴拉金"聘期 2 年、延聘 1 年"相比，穆欣的延聘时间是相当短暂的，甚至给人留下了他未获延聘的误识。

史料表明，穆欣之所以未能长期留聘在中国工作，与他的建筑思想理念与梁思成一致也有密切关系：

> 客观的说，中国当时建筑界风行的是一种市侩建筑［作风］，这种作风非常迎合某些具有实用主义思想的领导，这是梁思成、林徽因先生当时非常苦恼的原因之一。所以穆欣在建筑理论上的言论，对梁先生是一个极大的支持。但穆欣本人也因此受到不少非议。贾震同志对此是有所了解的，有一次他要刘达容对穆欣说：多讲些规划、少讲些建筑理论。因为他当时正在为延聘穆欣的事而努力，遇到一些阻力。最终穆欣还是未能延聘，按期回国了。周荣鑫、孙敬文、贾震、汪季琦及与他一起工作的刘达容（图 4-13）和我，都亲自到车站送行，穆欣也非常依依惜别。③

> 穆欣不止一次地在谈到建筑艺术问题时，都一再解释基础与上层建筑的关系。非常遗憾的是在林［徽因］先生去世前，我未能直接告诉她穆欣的解释，但是梁思成、陈占祥是听穆欣讲过的。因为梁、陈二位当时在这个问题上遇到的压力很大，穆欣的讲话客观上给予了他们很大的支持，但也许正因为如此，所以穆欣未能延聘。贾震曾为延聘穆欣努过力，但未成功。④

---

① 郑天翔. 1953 年工作笔记［R］. 郑天翔家属提供. 1953.

② 这份请示报告中指出："［北］京市建筑任务愈来愈大，首都建设的整体规划，亦急需拟定。过去，由于没有苏联专家的指导，我们在这方面工作的进展是很慢的，尤其是今年由于基本建设中盲目冒进的偏向和城市整体规划未定，造成了许多混乱和浪费现象，使工作十分被动。我们提议留聘苏联城市规划专家穆欣同志在首都工作。固然，首都的规划，需要许多苏联专家才能解决问题，但先有一个专家协助工作也可帮助解决若干重要问题，使我们的建设少发生些被动和混乱现象。"资料来源：北京市委. 关于留聘苏联城市规划专家穆欣同志的请示［Z］. 中共北京市委档案，北京市档案馆，档号：001-005-00090. 1953：81.

③ 原稿中穆欣的译名为"莫欣"。资料来源：陶宗震. 对贾震同志负责城建工作创始阶段的回忆［R］. 陶宗震手稿，吕林提供. 1995：38.

④ 原稿中穆欣的译名为"莫欣"。资料来源：陶宗震. "对建国初期城市规划工作的几点浅见"附记 2：关于建筑艺术和建筑形式问题的两件事［R］. 陶宗震手稿，吕林提供. 1994：10.

图 4-13　苏联专家穆欣与中国同志的留影
（1955 年 11 月 24 日）
注：本照片是中国代表团 1955 年 11 月 25 日
至 12 月 6 日出席全苏建筑师第二次代表大会
刚到莫斯科时所摄，系穆欣给王文克所赠（照
片背后有穆欣的签名）。
左起：刘达容（1952—1953 年为穆欣担任专
职翻译）、穆欣、蓝田（时任国家建委城市规
划局副局长）、王文克（时任国家城建总局城
市规划局副局长）。
资料来源：王大矞提供。

　　穆欣之所以未能获得长期延聘，还有另外一个更重要的现实因素：作为穆欣的接替者，苏联规划专家
巴拉金于 1953 年 5 月 31 日来到了中国，不久便加盟到中共北京市委直接领导的"畅观楼规划小组"。这样，
对北京市规划工作进行技术援助的接力棒，就转交到巴拉金的手中。

第 5 章

畅观楼规划小组的成立

作为穆欣的接替者，苏联专家巴拉金于 1953 年 5 月底抵达北京，开始了对中国长达 3 年的技术援助工作。就北京市而言，也正是在巴拉金的大力指导和帮助下，由中共北京市委直接领导的畅观楼规划小组于 1953 年 12 月初制订出第一版北京城市总体规划（《改建与扩建北京市规划草案》）并呈报中央。在对巴拉金的技术援助工作予以讨论之前，有一个相当重要的问题首先需要解答：在 1953 年的时候，为什么会成立一个畅观楼规划小组，并且由中共北京市委来直接领导呢？

一般而言，某个城市的规划设计工作通常是由政府系统来组织开展的，一些城市所成立的城市规划委员会（规委会），其主任委员也通常是由市长来兼任的，1949 年 5 月成立的北平（京）市都市计划委员会（以下简称北京都委会）同样如此。然而，1953 年夏畅观楼规划小组的成立，则改变了这种规划工作体制。

值得注意的是，由中共北京市委直接领导城市规划工作的体制，并非仅是 1953 年下半年而已。畅观楼规划小组最紧张的工作时间是 1953 年下半年，但到 1954 年时仍在继续运作[①]，工作重点是制订出《北京市第一期城市建设计划要点（1954—1957）》，并对 1953 年版《改建与扩建北京市规划草案》进行修订（于 1954 年 10 月底再次呈报中央）。而到 1955 年 2 月，为配合第三批来华的苏联规划专家组的工作，中共北京市委又专门成立了一个专家工作室，原畅观楼规划小组和北京市都委会的部分成员被吸收纳入（图 5-1），同时新成立了北京市城市规划管理局。中共北京市委专家工作室加挂"北京市都市规划委员会"（简称"北京规委会"）的牌子，并主要以该委员会的名义开展工作，它与原"北京市都市计划委员会"的机构名称只有一字之差，但两者的职能和性质却截然不同，特别是其分别隶属于城市党委和城市人民政府两个不同的系统。这种状况，一直延续到 1957 年 10 月北京规委会开始与北京市城市规划管理局合署办公（1958 年 1 月正式合并）[②]；1958 年 11 月，北京市都市规划委员会的建制被正式撤销[③]。

---

① 1954 年 5 月 12 日，在中共北京市委的一次座谈会上，市委主要领导总结发言中也曾明确指出："党内研究小组还存在。有什么缺点错误可在报上说。"这里所说的"党内研究小组"即畅观楼规划小组。资料来源：郑天翔. 1954 年工作笔记（5 月 12 日）[Z]. 郑天翔家属提供. 1954.

② 北京市城市建设档案馆，北京城市建设规划篇征集编辑办公室. 北京城市建设规划篇"第一卷：规划建设大事记"（上册）[R]. 北京市城市建设档案馆编印，1998：70-73.

③ 中共北京市委组织部，等. 中国共产党北京市组织史资料 [M]. 北京：人民出版社，1992：496.

图 5-1 北京市都市规划委员会
总体规划组早期人员名单：与畅
观楼规划小组的延续性
注：上述名单中孟繁铎、许翠芳、陈
干、沈永铭、钱铭和王英仙等多人系
"原畅观楼小组干部"。该名单系有关
人员抄录于郑天翔日记中，日记中部
分字体系郑天翔批注。
资料来源：郑天翔. 1955年工作笔
记 [Z]. 郑天翔家属提供. 1955.

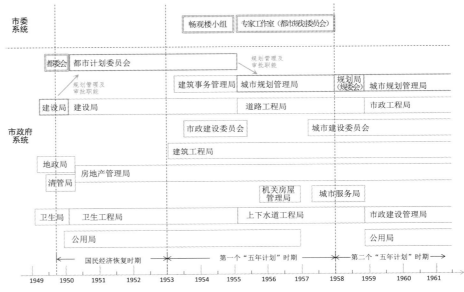

图 5-2 北京市规划机构及相
关机构的建立及发展过程示意图
（1949—1961 年）
资料来源：作者自绘。

　　不难理解，1955—1957 年存在的中共北京市委专家工作室暨北京市都市规划委员会，仍然延续了
1953—1954 年畅观楼规划小组这一机构的特殊性质（市委直接领导），只不过人员组织更加庞大、各项工
作的开展更加正规化而已。

　　这就是说，由中共北京市委来直接领导城市规划工作的这种特殊的体制机制，其实际存在和运行的时
间，从 1953 年夏季一直到 1957 年末，几乎涵盖了整个"一五"计划时期（图 5-2）。

那么，这样一种十分特殊的城市规划工作体制，究竟是如何形成的？特别是，1953 年夏畅观楼规划小组成立之初，北京市政府机构中还有一个都委会，并且北京市都委会经过 1950 年 1—2 月的改组以后，到 1953 年时其各项工作已经步入正轨，为什么还要在都委会之外另行成立一个规划工作小组呢？对此，当年担任北京市都委会副主任委员的梁思成也曾感到困惑[①]。就北京城市规划史研究而言，目前尚缺乏对此问题的专门讨论。本章尝试作一初步的探讨。

5.1 畅观楼规划小组成立的时代背景

5.1.1 首都迎来城市建设的高潮，迫切需要城市总体规划的引导与调控

进入 1953 年，随着我国"一五"计划的启动，首都北京也迎来一个城市建设的高潮时期。1953 年 5 月 9 日，中共北京市委（以下简称"北京市委"）关于建筑工程情况向中央的请示报告中称："本年全市建筑任务连同一九五二年跨年度工程在内的建筑面积（不包括私人的建筑），已达三百八十余万平方公尺。""其中，中央各部门的建筑三百二十余万平方公尺，约占百分之八十五；除华北直属工程公司和北京市建筑工程局以外，尚有中央各部门所属五十多个建筑工程单位，分别担负这个庞大的建筑任务。"对于首都的建设形势，请示报告中表现出相当吃惊的态度。[②]

由于建设任务繁重，加上时间紧迫，首都各类建筑工程的推进呈现出盲目无序的混乱状态。北京市委在报告中指出："现在，建筑工程进行的情况，可以用'各自为政、盲目冒进、被动混乱、互相瞒怨'十六个字来概括。"[③] "这样盲目地无政府地干下去，一方面今年必须完成的工程无法保证完成，一方面必然产生惊人的浪费和质量低下的恶果，而在基本建设上招致不可补救的损失。"[④]

首都建设活动盲目无序的混乱局面，提出了通过城市规划来进行引导与调控的现实诉求。时任北京市委秘书长的郑天翔在日记中写道："洒遍全城之坏处：都市规划，到处烂。盖起房子，犹如补丁。"[⑤] "工地分散，601 个。76 个［建设］单位。短期拨地，难免计划不周，妨害将来建设。市政工程难以配合。故必要从都市规划观点进行检查，缩短防线。"[⑥] 1953 年 1 月 6 日，在北京市委会议上，市委书记提出："都

---

① 梁思成. 整风一个月的体会［N］. 人民日报，1957-06-08（2）.
② 报告中指出："今年的建筑任务，从建筑面积上看，相当于北京市现有房屋的四分之一以上；从房屋现代化的程度上看，则高得不可比拟，仅北京建筑工程局二百零七万平方公尺的建筑任务中，钢筋混凝土结构的工程即占百分之二十五，其中多数为五层以上的建筑，最高的有达九层的。"资料来源：中共北京市委. 市委关于改进北京市今年建筑工程的意见向主席、中央并华北局的请示报告［R］. 中共北京市委政策研究室. 中国共产党北京市委员会重要文件汇编（一九五三年）. 1954：16.
③ 报告中指出："这样大的任务，一月份确定了的只有三十万平方公尺，二月份确定了一百二十万平方公尺，其余二百几十万平方公尺，都是在三四月份才确定的。许多单位和许多同事急于求成、急躁冒进，边购地、边设计、边施工，甚至技术设计根本无人加以审核即动工。"资料来源：中共北京市委. 市委关于改进北京市今年建筑工程的意见向主席、中央并华北局的请示报告［R］. 中共北京市委政策研究室. 中国共产党北京市委员会重要文件汇编（一九五三年）. 1954：17-18.
④ 中共北京市委. 市委关于改进北京市今年建筑工程的意见向主席、中央并华北局的请示报告［R］. 中共北京市委政策研究室. 中国共产党北京市委员会重要文件汇编（一九五三年）. 1954：17-18.
⑤ 郑天翔. 1953 年工作笔记［Z］. 郑天翔家属提供. 1953.
⑥ 同上.

市计划今年开始搞，但不可能搞完，急了会栽筋斗。但今年总要搞，确定大致部署，否则会被动，包括地区、位置、高楼。"①1953年5月9日，北京市委在向中央的请示报告中也明确指出："整个城市规划未定，计划不周，致部分农民一迁再迁，不胜其烦。"②

针对首都北京城市建设活动中的一些混乱现象，中央多次作出明确指示，要求加快城市规划工作，为城市建设管理提供基本的遵循。早在1952年3月25日，中财委即发出通知："北京市的都市建设，应结合三五年内的需要，就非办不可的工程，由北京市政府提出一个都市建设计划及预算。此项计划的编制，应经过实地勘察与设计，依据本委颁发之'基本建设工作暂行办法'编制设计文件，先由北京市政府提出审查意见书报送本委复审后转报政务院批准。"③1953年5月27日，中央对北京市委5月9日呈报的请示报告作出批示，明确指出："目前北京市的建筑工程，已在很多方面（各区域划分、道路系统、建筑形式、水电供应等）联系到都市规划问题，希望市委能提出一个城市规划的草案交中央讨论，即使是不成熟的，对今后首都建设上、建筑管理上都是很必要的。"④

1953年6月10日，政务院主要领导听取建筑工程部部长陈正人等工作汇报时，曾明确指示："北京市的规划，可请苏联新来的专家专门指导，并应建立专门的机构负责统一规划和工程实施，否则混乱现象难以克服。"总理办公室在转发这一指示的按语中指出："这些指示的原则，曾经中央批准过。"⑤

中央和政务院领导的指示，给北京市委以极大的压力，必须要加快推进城市总体规划工作。

5.1.2 北京都委会工作不堪重负，难以肩负制订城市总体规划的重要职责

对于城市总体规划的重要性，以及规划滞后的各种不利影响等，当时作为首都规划工作主管部门的北京都委会也是十分清楚的。该委在1952年度工作总结中明确指出："由于总体规划作不出，于是：一、影响了市政工程的计划；二、对建筑用地的划拨，以及建筑设计的体型（形），亦就缺乏掌握、领导的依据。特别是由此形成的拖拉现象——不能及时解决问题，在没有规划的土地上进行建设，须待勘察研究，加之人手不够，制度不良，所以费时较多，甚至有时朝令夕改，变来变去，这也就影响了建设单位的工作。"⑥

自1949年5月成立之初，北平（京）都委会就肩负着制订首都城市规划方案的重要使命，但城市总

---

① 中共市委政策研究室. 彭真同志在市委会上有关城市建设与建筑形式问题的发言摘要［Z］// 彭真同志在人大代表大会小组会上的发言提纲、农委办社会议上的报告记录及有关城市建设、建筑形式的讲话记录. 北京市档案馆，档号：001-009-00345. 1955：54.
② 中共北京市委. 市委关于改进北京市建筑占地办法向主席、中央并华北局的请示报告［R］. 中共北京市委政策研究室. 中国共产党北京市委员会重要文件汇编（一九五三年）. 1954：20.
③ 中财委. 北京市政府应提出都市建设计划及预算［Z］. 中央档案馆，档号：G128-3-52-1. 1952.
④ 中共北京市委. 中央批示：市委关于改进北京市今年建筑工程的意见向主席、中央并华北局的请示报告［R］. 中共北京市委政策研究室. 中国共产党北京市委员会重要文件汇编（一九五三年）. 1954：16.
⑤ 引自总理办公室于1955年3月14日印发的关于建筑事业和城市建设方面的若干指示性的记录，关于北京市规划的指示是在听取建筑工程部部长陈正人和建工部设计院副院长汪季琦所作关于中国代表参加波兰建筑师代表大会有关情况的汇报后，政务院领导特别指示的. 国家建委档案，中央档案馆，档号：114-20-33-175. 资料来源：魏士衡. 建国以来城市建设部分文件资料摘编（1952—1972）［R］. 魏士衡手抄档案，刘仁根提供.
⑥ 北京都委会. 北京市都委会1952年工作总结［Z］. 北京市档案馆，档号：150-001-00056. 1953：14.

体规划方案却迟迟不能出台。分析起来，这种局面主要受到以下几方面因素的影响：

首先，北京都委会的各个委员绝大多数属于兼职，对首都规划工作的实际贡献较为有限。以北京都委会于 1955 年 1 月前后召开的一次座谈会为例，侯仁之在发言中谈道："主人翁的态度不够，我是第二次参加这个会，头一次参加［是］开始，而这次参加［是］结束，我参加这个会是减去了精神负担"；张开济则说："刚才委员们讲都是滥竽①充数，我个人也是如此，我认为我起的作用，提到建设性的意见，这方面是不够的。我担任委员工作，关心是不够的，都委会与我的联系是很多的，但我是没有能够起到作用。"②

其次，自 1950 年初的改组以后，北京都委会接替原北京市建设局承担起首都城市规划行政管理与审批的重要职能。"当时的北京市都市计划委员会实际上是没有精力来编制北京的总体规划，因为他们兼有'规划局'的任务，要应付'门市'，已经疲于奔命。每个建设项目的建筑设计都要到那儿去当面审查，都要讨论、提意见、修改，然后才能批准修建。你想，他们整天忙于这些，哪有什么时间来做细致的城市总体规划研究和编制？"③

再次，自 1950 年初"梁陈方案"事件发生后，首都规划工作者在城市规划指导思想方面出现了一定程度的混乱局面，对城市总体规划制订工作的开展也形成一些不利的制约。

对于当时城市规划工作的困难局面，北京都委会有如下总结：

"三反"运动后，大家提出由于工作日益繁重，迫切需要加强领导，调整机构，并增添人力，但这个问题一直没有解决。在机构方面有过局部的调整：如取消了设计组，成立了总图组和审查组，这都是对的；但如由地政局并来土地科的一部分，则徒分散了领导上的精力（该科现已拨归房管局）；再如我们审查体形，建设局审查结构，似乎也不合理。

另外，各专门委员会，"三反"后陷于停顿，主要是委员们忙，抽不出时间来，因此根本没有发挥他们的作用。还有，［都委］会里需要一位高级的专职领导干部，可是一直没有调来，所以领导力量比较薄弱，不能具体地有力地推动全会的工作。这些问题都是急待解决的。

至于人力方面，深感不够，建筑师们兼做行政工作（如作统计、写总结），兼做绘图员的工作，这就浪费了技术力量。而苏联专家建议必须增加的经济统计干部，却始终没有办到。这都使工作遭受到相当损失。

我们在日常工作上，计划性很差，经常突击加班，十分忙乱。这也增加了工作上的被动：这里急，哪里忙，做了一件工作，下一步如何做也不清楚。干部也往往换手。而且对技术干部的培养提高与发挥技术干部的潜在力量，都做得不够。当然，因为没有计划性，审查工作也就很差了。

另一方面反映在技术领导上，则是彼此认识不能一致，不能在一起仔细研究、分析工作，领导涣

---

① 原稿为"烂鱼"。
② 北京都委会. 薛子正同志主持召开北京市都委会有关同志座谈会记录［Z］. 北京市档案馆，档号：150-001-00086. 1955：1-21.
③ 张其锟 2018 年 3 月 20 日与笔者的谈话。

散，各搞一套，使会内不能形成一致的领导核心。再加上一些同志自由散漫的思想作风，所以形成单打一的情况，并且这情况很严重：不请示报告，不按领导意见办事，每每自以为是，自作主张。①

针对上述情况，北京都委会也提出过一些工作改进的设想，其中包括："集中精力做好总体规划"；"在政治上、技术上，加强领导力量，建立领导核心"；"在苏联专家指导下，在实际工作中，加强学习，总结经验，以提高对这门工作的认识"等。②

5.2 北京规划机构问题的讨论和酝酿

5.2.1 北京市的有关讨论

1953 年上半年，面对首都规划工作日趋严峻的形势及要求，北京市的有关领导针对规划机构问题进行过多次研究和讨论。透过郑天翔日记，我们可以对当年北京市有关会议的讨论情况有所管窥。

1953 年 2 月 10 日，北京市公用局局长贾庭三在会议发言中指出："讨论迟了些，矛盾长期未解决。当前急需组织机构。莫斯科 1924 年开始研究，1931 提出［设想］，1935 确定［规划］。北京没三五年不行。"③

3 月 17 日，北京市委讨论规划机构问题时，有关人员曾"提议加强中央政务院办公室"④。

4 月 10 日，北京市一些部门的主要负责同志就规划机构问题进行了相对深入的专门讨论，部分人士的发言要点如下：

许［京骐］⑤：

首都规划委员会。

城市建设委员会：

• 设计规划处。

• 建筑管理处（内外科会诊）。集合一切建房权利，买地不在内，［避免］到处磕头。建筑管理科；园林［科］。

• 市政建设管理处。水、道［路］、电，统一计划。计划，各单位各方要求，避免各自为政。基本建设计划。审查设计，花钱。审查年度、五年计划。

---

① 为便于阅读，作了一些分段编排。资料来源：北京市都委会. 北京市都委会 1952 年工作总结［Z］. 北京市档案馆，档号：150-001-00056. 1953：15.

② 北京市都委会. 北京市都委会 1952 年工作总结［Z］. 北京市档案馆，档号：150-001-00056. 1953：16.

③ 郑天翔. 1953 年工作笔记［Z］. 郑天翔家属提供. 1953.

④ 同上.

⑤ 许京骐，1950 年 1 月至 1952 年 2 月任北京市建设局副局长，后任北京市市政工程设计研究院副院长、北京市道路工程局副局长等。

- 调查测量处。房管局力量，集中或分散。
- 造林。建设局，农林局，单成立一局或处。

各局事业单位、工程单位，订合同，企业化。

吴［思行］①：

建设、房管、卫工、都委，统一起来。

总体规划，交任务书。

佟［铮］②：

大搞，条件不成熟。小搞为宜。

通过一个委员会把市政各局、城市规划联［系］起来。

都委会、委员，作用不大。教授、工程师，挂名。重新考虑。包括：市政系统局长，中央各有关部计划部门负责人。

城市建设委员会，统一办公。给市政各局计划任务书。有力量指挥各局，统一管理，勿政出多门。

王［林］③：

营造厂，不管。

建筑审查委员会。

规划委员会，是否要？

研究室。

程［宏毅］④：

［应该成立］首都建设委员会，不要都委会，但今天困难。因需中央各部参加，需有专家。长远规划工作，目前条件不具备。

在此以前，搞城市建设委员会或市政委员会，先把市政管起来。比较简单。

规划机构，将来分开。现在用人的关系套起来。日常执行机构和计划机构套起来。⑤

上述记录表明，早在 1953 年初，北京市就曾提出过成立"首都规划委员会"的设想，但时机尚未成熟："大搞，条件不成熟。小搞为宜""［应该成立］首都建设委员会""但今天困难""长远规划工作，目前条件不具备"。尽管如此，对于加强城市规划建设的统一管理，与会人员的认识则是较为一致的，关于

① 吴思行，时任北京市建设局副局长。
② 佟铮，时任北京市公逆产清管局局长（1949 年 10 月至 1952 年 4 月）。1953 年 10 月至 1955 年 2 月任北京市市政建设委员会副主任。
③ 王林，时任北京市房地产管理局副局长。
④ 程宏毅，时任北京市财政经济委员会副主任。
⑤ 郑天翔. 1953 年工作笔记［Z］. 郑天翔家属提供. 1953.

规划机构建设，也有成立城市建设委员会以及"用人的关系套起来"等设想。

5 月 5 日，北京市有关领导再次就规划机构问题进行研究讨论，这次会议的参加者较 4 月 10 日要更高一个层次，部分领导发言的要点如下：

张 ［友渔］①：

市政建设委员会、都委会合署办公，财委，联系。

调整市政机构：园林管理处，建筑科改成委员会的组织，建、卫合一，工程局，其下之事业单位分开。卫工局只管下水道，垃圾、粪便分出来。成立环境卫生局。

程 ［宏毅］：

缺乏统一领导，各方感到困难，规划、土地、建筑管理。

和财委关系。财务，企业管理，材料。

薛 ［子正］②：

都委会和建委会关系。建筑工程局，不放进来。设计分院，双重领导。机构不要庞大。

建、卫二局不并。行政、事业分开。园林处成立，环卫局不成立。

刘 ［仁］③：

首都建设委员会，现在困难。成立市政建设委员会。都委会不能取消。

建、卫局，不合。公用局，不搞双重领导。建筑工程局，如现在这样，免不了建筑监督之责。

房管局，行政、事业分开。建、卫亦如此。④

在这次讨论中，有关领导再次强调了对"规划、土地、建筑管理"实行统一领导的必要性，关于机构调整，主张"成立市政建设委员会""都委会不能取消"，而对首都建设委员会的成立，仍然是认为"现在困难。"

5.2.2 建工部有关领导的建议

在北京市就规划机构问题进行研究和讨论的过程中，新中国第一个国家规划机构——建筑工程部城市建设局（简称建工部城建局）于 1953 年 3 月初正式成立⑤。郑天翔日记表明，关于首都规划机构问题，北京市与建工部及其城建局的有关领导也进行过多次的讨论。

---

① 张友渔，时任中共北京市委常委、北京市人民政府副市长。
② 薛子正，时任北京市人民政府秘书长。
③ 刘仁，时任中共北京市委副书记兼纪律检查委员会书记。
④ 郑天翔. 1953 年工作笔记 ［Z］. 郑天翔家属提供. 1953.
⑤ 李浩. 中国规划机构 70 年演变：兼论国家空间规划体系 ［M］. 北京：中国建筑工业出版社，2019：5–10.

图 5-3 周荣鑫和专家在一起的留影
（1956 年 8 月）
左起：周荣鑫（时任建工部副部长、中国建筑学会理事长）、沙拉诺夫（苏联专家）、王文克（时任城市建设部城市规划设计局副局长，同年创办中国建筑学会城市规划学术委员会［中国城市规划学会的前身］并任主任委员）。
资料来源：王大矞提供。

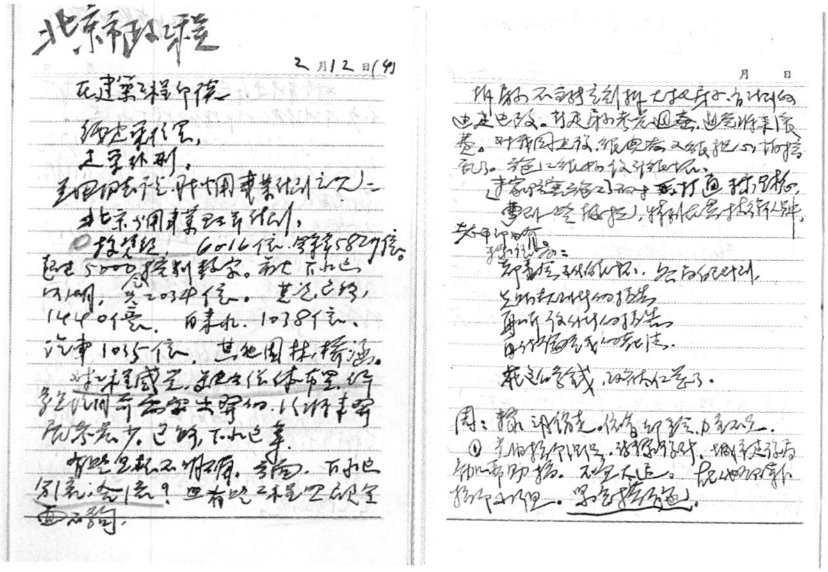

图 5-4 郑天翔 1953 年 2 月 12 日工作笔记的首页（左）及周荣鑫发言记录的首页（右）
资料来源：郑天翔. 1953 年工作笔［Z］. 郑天翔家属提供. 1953.

　　1953 年 2 月 12 日，北京市和国家计委等有关领导到建工部，"周荣鑫、孙敬文等召集［相关领导］对北京市区建设的若干问题交换了些意见。穆欣专家快走了，需要把北京市总体规划的若干重要问题做一研究"[①]。时任建工部副部长的周荣鑫（图 5-3）指出："专家［穆欣］三月份走。依靠都委会，力量不足。"为了在有限的时间内加快北京城市总体规划工作，周荣鑫明确提出了由党委牵头建立规划机构的建议："党内搞个组织，请专家［搞］设计，城市建设局参加，帮助搞。不要太迟。在他们领导下搞个小组。紧急措施。"[②]（图 5-4）

---

① 郑天翔. 1953 年日记［Z］. 郑天翔家属提供. 1953.
② 郑天翔. 1953 年工作笔记［Z］. 郑天翔家属提供. 1953.

郑天翔日记中的这些记录表明，由"党内搞个组织"来直接主抓首都规划工作的这一特殊方式，最早并非是由北京市提出的，而是建工部有关领导的一项建议，它是当时穆欣即将回国、北京城市总体规划工作要求十分紧迫的特殊情况下的一种"紧急措施"。而所谓"党内"，具体到北京市，即中共北京市委。

作为一种特殊的工作方式，由"党内搞个组织"来直接抓首都规划工作，其付诸实践也绝非易事。2月12日赴建工部的讨论结束后，北京市有关领导曾对周荣鑫副部长的建议进行过内部讨论，郑天翔日记中记载："都市计划小组，如何组织？党内搞，［要］有些懂行的人在内才行。人员，领导，计划（目的），地点。"①

2月22日，北京市及建工部的有关领导再次就北京市政建设及规划机构问题进行讨论。即将出任建工部城建局局长的孙敬文在发言中提出："都市建设，任务紧急，力量过少。城市建设局与北京市分工。"②

1953年初建工部城建局成立时，与一些重点城市联合推进城市规划工作，是该局工作的一个重要方式。当时，建工部城建局曾成立华北、西北、中南和西南等多个规划工作组，分别对口援助包头、大同和太原、西安和兰州、洛阳和武汉以及成都等八大重点城市的规划制订工作。因此，北京市与建工部联手推进北京城市规划的制订工作，当时也是完全正常的。

5.3　穆欣对北京都委会工作的批评

5.3.1　1953年上半年北京都委会规划工作进展

在北京市和建工部对北京规划机构问题展开研究与讨论的同时，北京都委会组织开展的城市总体规划制订工作也有一些新的进展。

1953年1月，北京都委会总工程师华南圭"对北京总体规划提出了建议，包括《关于北京市规划总图的建议》及其说明、《北京三十年远景之总体规划说明及对总图方案的意见》等。主要内容是：以旧城为中心，逐步向四周以方格形扩展"③（图5-5）。

2月2日，北京市有关领导研究讨论北京"城市建设报告"，内容涉及"现状""远景""问题""意见"等方面，当时急需解决的问题包括"区划；干线；形式，层次；机构，干部；国防"以及"下水道"和"五条干路"等。④次日的郑天翔日记中记录："昨天上午到市府谈都市计划报告提纲，没什么结果。下午到建筑工程⑤部找孙敬文和贾震同志，也因他们要开会，没什么多谈而返。今日九时又到市府再谈，比昨天

---

① 郑天翔. 1953年工作笔记［Z］. 郑天翔家属提供. 1953.
② 同上.
③ 北京市城市建设档案馆，北京城市建设规划篇征集编辑办公室. 北京城市建设规划篇"第一卷：规划建设大事记"（上册）［R］. 北京市城市建设档案馆编印，1998：21.
④ 郑天翔. 1953年工作笔记［Z］. 郑天翔家属提供. 1953.
⑤ 原稿为"业"。

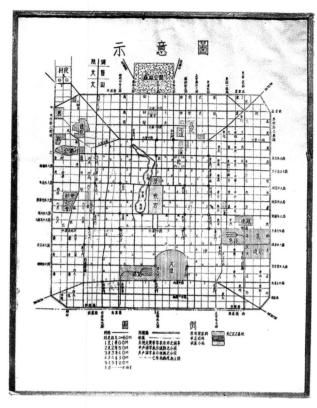

图 5-5 华南圭方案：关于北京城市规划的
示意图（照片）

资料来源：北京市城市规划管理局. 北京总体规
划历史照片（1949—1957）[Z]. 北京市城市建
设档案馆，档号：C3-141-5. 1953：3.

有点进步，还是没什么结果。"①

2月24日，北京市再次讨论规划问题："下午三时到夜一时半，开会讨论都市建设中若干问题。问题很多，还需继续讨论。"②

4月3日，在北京市委办公会上，有关领导提出了加快推进城市规划工作的要求。郑天翔日记中记载："总体规划，铁路、河湖问题。争取六月份拿出来。华揽洪、陈干、陈占③祥。简单草图——拿样子来看。"④

这次会议后，北京都委会抽调部分技术人员，组成两个规划工作小组。"由华揽洪（图5-6、图5-7）、陈干同志主持提出了甲方案；由陈占祥、黄世华同志主持提出了乙方案。"⑤ "两个方案的规划年限为20年，规划总人口为450万，发展地区东到高碑店，南到凉水河，西到永定河长辛店，北到清河镇，面积约

---

① 郑天翔. 1953年日记[Z]. 郑天翔家属提供. 1953.
② 同上.
③ 原稿为"干"。
④ 郑天翔. 1953年工作笔记[Z]. 郑天翔家属提供. 1953.
⑤ 北京市城市建设档案馆，北京城市建设规划篇征集编辑办公室. 北京城市建设规划篇"第一卷：规划建设大事记"（上册）[R]. 北京市城市建设档案馆编印，1998：22.

图 5-6 华揽洪（左 3）和陈占祥（左 4）与北京都委会的同事们
在一起（1954 年 3 月）
资料来源：华新民提供。

图 5-7 华揽洪（左）和陈占祥（右）正在讨论规划工作
（1954 年 3 月）
资料来源：华新民提供。

500 平方公里，平均人口密度为每公顷 90 人。"[1]

两个方案的共同之处是："工业区适当分散；住宅区与工作地区接近，围绕中心区均衡分布，使居民接近中心区并保证中心区的繁荣；道路系统采用棋盘式与放射路、环路相结合；城市绿化采取结合河湖和主干道进行充分绿化，楔入中心区，交错联系形成系统。"[2]

就甲、乙方案的差异而言，"甲方案对旧城的原有格局改变多一点，把东南、西南两条对外放射干道斜穿入外城与正阳门大街汇交于正阳门。东北、西北两条放射道路分别从内城东北、西北部插入交于新街口与北新桥。并引铁路干线从地下插入中心区，总站仍设在前门外"[3]，当时规划工作者"戏称这个方案给北京市增加了两条'眉毛'、两撇'胡子'"[4]。"乙方案完全保持旧城棋盘式道路格局，放射路均交于旧城环路上。铁路不插入旧城，把总站设在永定门外。"[5]（图 5-8、图 5-9）

另外，"对于城墙，两个方案作了全部保留、部分保留、只保留城门楼和全部拆除等多种设想"；"对于行政办公区，甲方案主张适当分散布置。乙方案主张集中在平安里、东四十条、菜市口、磁器口围合的

① 北京市城市建设档案馆，北京城市建设规划篇征集编辑办公室. 北京城市建设规划篇"第二卷：城市规划（1949—1995）"（上册）[R]. 北京市城市建设档案馆编印，1998：42-43.
② 同上：43.
③ 董光器. 北京规划战略思考 [M]. 北京：中国建筑工业出版社，1998：318.
④ 董光器 2018 年 3 月 19 日上午与笔者的谈话。
⑤ 董光器. 北京规划战略思考 [M]. 北京：中国建筑工业出版社，1998：318-321.

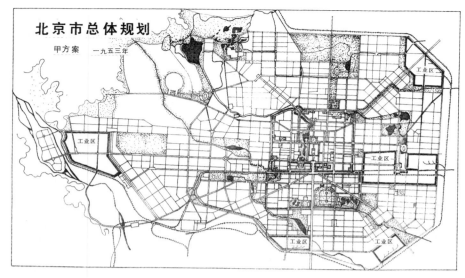

图 5-8 北京市总体规划：甲方案
（重绘版）
资料来源：董光器. 古都北京五十年
演变录［M］. 南京：东南大学出版社，
2006：25.

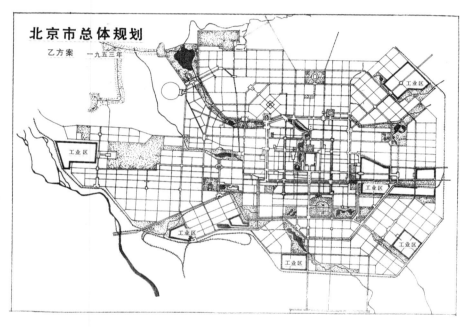

图 5-9 北京市总体规划：乙方案
（重绘版）
资料来源：董光器. 古都北京五十年
演变录［M］. 南京：东南大学出版社，
2006：25.

范围内形成行政中心"①。

　　甲、乙方案完成后，北京市组织有关方面的人士进行了研究和讨论。"星期五［6月19日］下午，召集建筑检查组及区委书记开会，研究北京总体规划的草图。首先，由设计者做了报告，回去研究，然后再召集会议讨论。"②

① 董光器. 北京规划战略思考［M］. 北京：中国建筑工业出版社，1998：318-321.
② 郑天翔. 1953年日记［Z］. 郑天翔家属提供. 1953.

甲、乙方案的提出，是首都城市规划工作的一个重要进展。然而，如果从严格意义上的城市总体规划的要求来看，两个方案的成果却不尽完善。当时在北京市委工作的张其锟回忆："北京市都市计划委员会在1953年春所完成的甲、乙方案，究竟做到了什么程度呢？老实讲，这两个方案实际上只是土地使用的草图……也就是一个蓝图，写着甲方案和乙方案，这两个方案的颜色渲染图，还是我们在畅观楼做的。""甲、乙方案没有说明书啊？！城市规划总得有一个说明书嘛，城市定性什么的，规模、人口、土地使用等，都应该有的。""那么一张草图，没有市政规划，没有其他任何的城市的性质观点和经济资料。""而后来由市委领导的畅观楼小组，既抓现状调查，又抓市政工程的规划，甚至于铁路的规划、水利的规划都在认真做。"[①]

赵知敬也曾指出："我查了档案，甲、乙方案的说明书也就是两页纸，说明两方案的共同点和不同点，其实没有多大的区别。"[②]

除了内容不尽完善之外，甲、乙方案由于是两个不同的方案，也难以取得统一的意见。"可是，这两个方案还是没法统一？怎么办呢？到底听谁的？那时候，在百废俱兴的首都建设形势下，大量建设活动要进行，没有一个统一的城市总体规划来指导各项建设是不行的。"[③]

郑天翔日记中记录："关于都市规划问题，星期三、四[7月8日、9日]晚上分别召集区委及各局负责同志，汇报他们讨论的意见，还提出了许多比较重要的意见。进一步如何办？提不出个办法来。"[④]

正是在这样的现实情况下，就产生了对甲、乙两个方案作进一步的整合，形成可以用来切实指导首都各项建设活动的规范性城市总体规划方案的迫切要求。

5.3.2　穆欣对都委会工作的批评与反思

前文第4章就穆欣1952年技术援助北京市规划的情况进行过一些解读，除此之外，在1953年，穆欣也曾多次对北京市规划工作发表意见。譬如，1953年2月7日，穆欣针对包括北京在内的一批重点城市，深入讲解了城市规划工作的内涵，对各个城市的规划设计工作提出了10个方面的具体建议[⑤]。2月12日，建工部与国家计委和北京市共同研究北京市政工程问题，有关领导转达了穆欣的有关意见："对北京很关心。认为应以北京为重点。认为北京问题很难解决，如住宅、中国建筑、文教三个问题，[应该]讨论一

---

① 张其锟2018年3月20日与笔者的谈话.
② 赵知敬2018年3月22日与笔者的谈话.
③ 董光器2018年3月19日与笔者的谈话.
④ 郑天翔. 1953年日记[Z]. 郑天翔家属提供. 1953.
⑤ 内容包括："①建筑区，[用]表格[分析]，占多大？②根据风[向]的材料，对现有工厂进行分析。③制定地区工程准备草图。④做出工厂、仓库所需地段具体数字。至少发展工业种类应明确。⑤把初步规划图进一步精确化。⑥分配土地注意风，尤其是季风。⑦铁路如何为工业服务。⑧把中心确定，根据中心把干路系统确定。⑨规划图应有限界。⑩[规]划一个1953年各种建设[的]草图。"资料来源：郑天翔. 1953年工作笔记[Z]. 郑天翔家属提供. 1953.

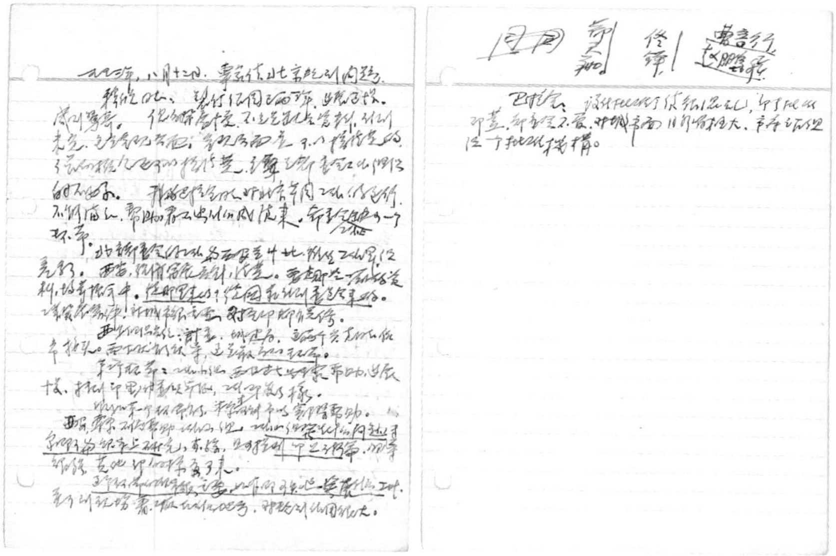

图 5-10　郑天翔日记中关于苏联专家穆欣和巴拉金 1953 年 8 月 12 日谈话的记录（首尾页）

注：本次座谈时巴拉金发言的内容较为简略。右图最上方所注 4 人即畅观楼小组中的领导小组成员。

资料来源：郑天翔. 1953 年工作笔记 [Z]. 郑天翔家属提供. 1953.

下，开一个建筑工程会议，解决 1953 年建筑问题。乱，没领导，没什么进步。"①

1953 年 8 月 12 日，北京市召开了一次规划问题座谈会，穆欣和巴拉金一起参加了这次会议。在这次座谈会上，穆欣发表了较长篇的谈话。谈话一开始，穆欣便沿袭他一贯的风格，对北京市规划工作提出了批评："制订总图已两三年，进展缓慢，感到惊奇。认为发展慢。"②究其原因，穆欣认为"不只是缺乏资料，计划未定，这是客观方面，客观方面是可以搞清楚的，总的概念还可以搞清楚，主要是都委会工作组织得不好"，"我与巴拉金同志对北京草图工作的进行，不能满意；[我们进行] 帮助，看不出什么成绩来"③（图 5-10）。

穆欣认为北京市规划工作之所以进展缓慢，主要是由于北京都委会在规划组织上"缺少一个环节"。在这次谈话中，穆欣结合当时建工部城建局的重点支援对象——西安市的规划工作情况④，与北京进行了对比：

> 北京都委会的工作与西安、兰州比，虽然工作早，但差多了。西安，经济发展方针，清楚。要建哪些工厂的资料，均掌握手中。从哪里来的？从国家计划委员会来的。工业发展条件对城市很重要，对全部 [问题] 都有关系。
>
> 西安组织关系：[国家] 计委、[建工部] 城建局，这两个 [部门的] 负责同志经常接头。西安就有了领导，这是最高的环节。第二个环节：工作小组。

---

① 转述人为建工部城建局筹建负责人贾震（1953 年 3 月任建工部城建局副局长）。资料来源：郑天翔. 1953 年工作笔记 [Z]. 郑天翔家属提供. 1953.

② 郑天翔. 1953 年工作笔记 [Z]. 郑天翔家属提供. 1953.

③ 同上.

④ 西安是八大重点城市规划工作中最早的一个试点城市，其城市总体规划在穆欣和巴拉金的大力援助下，于 1953 年 8 月基本完成。

西安过去是专家帮助，进展慢，转到［建工］部里、［国家］计委领导后，工作即变了样。假如第一个环节有了，专家才可能予以实际帮助。

西安，专家不仅帮助工作小组，工作小组发生什么问题，专家即可与领导上研究，李［廷弼］[1]、孙［敬文］[2]，且可提到［建工］部上讨论。领导［力量］很强，其他部的［苏联］专家亦可来。

这个环节的领导很重要，如有，即可知道发展什么工业[3]，并可到现场看，工厂在什么地方，对规划作用很大。

西安经验有三个环节保证：领导；小组，［具体］工作；专家帮助。

但北京都委会工作情况则不同。进行甚久，比西安，成绩不如，虽有专家帮助，成绩甚小。其原因，主要是三个环节没有保证，只在两个环节中打圈子，对第一个环节不注意，没保证。过去曾想主动帮助过，但只是跟梁思成、陈干、薛子正接头，还是第二个环节的。对草图工作［也］提出过意见，实际原封不动。有很多主要问题提过多次，尚无结论。如：

△社会经济发展方针，建议都委会设一个经济干部，结合计委计划，全部计划，但长期未解决。现，收集经济资料，并派一个青年，但他不能代替经济工作干部。提了几次，不认真［落实］。莫斯科是找全国最好的经济工作者。北京则找不到。

△铁路系统问题，都委会不重视，未与铁道部联系。莫斯科是由中央命令交通部制订莫斯科的铁路系统，优秀的工程师参加这项工作。

△河湖系统，也需画出图来。水源不足，应很好考虑。过去提过，表示重视，与陈明绍[4]也谈过。他做的方案，都委会也未采用或重视。

△市内交通，很重要，如何使交通与首都相称。但都委会没有交通专家。莫斯科有一个专门［的］市内交通委员会，专门研究。

这几个问题没有保证，其他亦无保证。建筑分区谈不上，摆得很乱。有许多平房，没有下水道。很不合理。

如何保证正确［的］城市建设政策？经济，适用，美观。但都委会没有制订政策。

如何适用、经济、美观？建筑艺术上未很好研究。如复兴门外大道及其两旁建筑，西直门通万寿山路，建筑艺术上未很好注意，旁边有许多小房子。正在建设的仍有平房，不明白［是什么原因］。很多同志认为北京不适于修高层房子，现［在］修平房，以后拆［掉］，不正确。

......[5]

---

① 李廷弼，时任西安市城建局局长。
② 孙敬文，时任建筑工程部城市建设局局长。
③ 原稿为"叶"。
④ 原稿为"韶"。陈明绍，1950年1月至1953年11月任北京市卫生工程局副局长。
⑤ 郑天翔. 1953年工作笔记［Z］. 郑天翔家属提供. 1953.

穆欣在这次谈话中所讲"三个环节"的保证，再次说明了对于北京这个特殊城市而言，由于首都规划问题的特殊性、复杂性乃至矛盾性，采取一种特殊规划体制的必要性。正如梁思成在《苏联专家帮助我们端正了建筑设计的思想》一文中所指出的，穆欣曾经特别强调："一个城市的'乐队'必须有一个'指挥'，那就是都市计划委员会。而'指挥'必须先有'乐谱'，那就是都市计划总图。""每一个要大规模兴建的城市必须立刻找一个'作曲家'，以达到城市建筑的统一和和谐。"[①]（详见第4章的有关讨论）不难理解，穆欣这里所强调的"作曲家"，即为首都北京制订城市总体规划方案的一个专门领导机构。

需要说明的是，穆欣的上述谈话，时间是在畅观楼小组业已成立之后，故而他的言论有"马后炮"之嫌，但是，这也足以表明穆欣对北京市规划工作的一种复杂感情。同时，由于今天档案查阅的局限，也并不排除穆欣在畅观楼小组成立之前曾发表近似言论的可能。

在8月12日谈话的最后，穆欣指出："希望能像帮助别的城市一样帮助北京。有意见跟谁谈？愿多与领导接触，多利用专家工作。"[②]他明确表示愿意"到现场去看，领导同志也去看。过去都委会不主动"[③]。

5.4 畅观楼规划小组的成立

5.4.1 郑天翔的态度和倾向

由中共北京市委直接领导的畅观楼规划小组，其最高负责人为时任中共北京市委秘书长的郑天翔。对于畅观楼小组的成立而言，郑天翔的态度和倾向也值得考察。

郑天翔（1914.11.28—2013.10.10），曾用名郑庭祥，内蒙古自治区（原绥远省）凉城县人。1935年考入清华大学外国文学系，后转入哲学系，曾参加"一二·九"运动。1936年12月加入中国共产党，1937年赴延安，入陕北公学学习。1938年起，在晋察冀边区和绥蒙地区工作，曾任晋察冀北岳区党委宣传部干事、科长，中共阜平县委副书记兼宣传部部长，聂荣臻同志秘书，凉城县县长、县委书记，华北局宣传部宣传科科长等。中华人民共和国成立后，1949—1952年任中共包头市委副书记（主持工作）、市长、市委书记（图5-11）。

1952年11月，郑天翔从包头调京工作，自1953年3月起任中共北京市委委员、秘书长（1952年12月到职）[④]，1955年2月起兼任北京市都市规划委员会主任，1955年6月任中共北京市委常委、书记处书记[⑤]，是"一五"时期主抓首都城市规划工作的一位重要领导。

---

① 梁思成. 苏联专家帮助我们端正了建筑设计的思想 [N]. 人民日报, 1952-12-22（3）.
② 郑天翔. 1953年工作笔记 [Z]. 郑天翔家属提供. 1953.
③ 同上.
④ 该任职时间依据《中国共产党北京市组织史资料》。资料来源：中共北京市委组织部，等. 中国共产党北京市组织史资料 [M]. 北京：人民出版社, 1992：250.
⑤ 1962年负责中共北京市委日常工作。"文化大革命"期间受到迫害。1975年8月，任北京市建委副主任。1977年7月，任中共北京市委书记（当时设有第一书记），同年11月兼任北京市革委会副主任。1978年5月，任第七机械工业部第一副部长、党组第一副书记，同年12月任部长、党组书记。1983年6月起，任最高人民法院院长、党组书记。

图 5-11　包头市委、市政府欢送郑天翔同志调京暨李质同志调来包头合影留念（1952 年 10 月 28 日）
注：第 3 排左 6 为郑天翔。
资料来源：郑天翔家属提供。

　　郑天翔日记表明，在北京市规划机构问题研究和讨论的过程中，他也曾发表过一些看法。1953 年 5 月 14 日，郑天翔给市委主要领导写信，关于工作问题提出几点意见，明确提出"城市建设机构，双轨制有缺点，须有一个统一的机关，以免分散力量，职责不清"①。这里所谈"双轨制"是指由市委、市政府两个系统来共同管理城市规划工作的体制。这表明，郑天翔对于他以中共北京市委秘书长的身份（图 5-12），来领导本来隶属于北京市人民政府的城市规划工作机构（北京都委会），感到困难和顾虑。

　　其实，郑天翔刚调京时，北京市委主要领导于 1952 年 12 月 25 日与他谈话时即告请他"搞选举法、劳动就业、都市计划等"领导工作②，但在早期的一段工作中，郑天翔的领导分工却并不十分明确，他本人也更想抓工业建设而非搞城

图 5-12　时任中共北京市委委员、秘书长的郑天翔（1954 年）
资料来源：郑天翔家属提供。

① 该信于 1953 年 5 月 15 日发出。据郑天翔 5 月 15 日日记。资料来源：郑天翔. 1953 年日记［Z］. 郑天翔家属提供. 1953.
② 郑天翔. 1952 年日记［Z］. 郑天翔家属提供. 1952.

市规划工作^①，这也是当时一些领导者的一种普遍倾向。在中共北京市委于1953年5月27日向中央呈报关于郑天翔领导分工的请示报告^②之后，北京市正式明确首都城市规划工作由郑天翔主抓。郑天翔日记中记载：

> 6月2日："昨天……上午、下午、晚上皆开会，主要是都市建设及建筑问题。"
>
> 6月19日："工作重心转到研究北京市总体规划上去。前夜讨论了研究的方法，昨天又和薛［子正］商谈一阵"，"现在急需解决城市建设的组织领导问题，和赵［鹏飞］、佟［铮］等同志研究数次，昨又与薛［子正］交换意见，基本上一致了，但还需继续商谈，才可以提出来"。
>
> 7月12日："关于城市建设的机构问题，七月二日下午座谈了一阵，向市委提出个方案。关于研究总体规划的办法，也提出个意见。星期二［7月7日］市委会上讨论了半天^③，都没有什么结果。"^④

上述记录表明，1953年6月下旬至7月上旬的这段时间，是郑天翔的领导分工问题正式明确之后，就规划机构问题展开多方面沟通与协商的一个关键时期。当时实际工作中的困难，可想而知。郑天翔7月12日的日记中有如下内容："现在工作中困难实在多，我很可能由于热心而栽跟头，拟找个机会把话说清楚。多少年来，以现在所处的局面为最难，进退不得，积极了不好，消极了不对，负责任吧，容易犯错误，不负责任吧，责任放在头上，实在难处。"^⑤

5.4.2 建工部领导的再次建议

在北京市就规划机构问题进行多方沟通的过程中，郑天翔与国家规划主管部门——建工部的有关领导也进行了积极的磋商。

上文业已指出，建工部副部长周荣鑫曾于1953年2月建议北京市"党内搞个组织"，在穆欣的直接帮助下搞规划设计。当时，穆欣正在对西安、兰州、包头和洛阳等一批重点新工业城市的规划工作进行广泛的指导和帮助，对北京市规划工作未能投入足够的时间和精力。

与此同时，作为穆欣的接替者，巴拉金于1953年5月底抵达北京。巴拉金抵京后，建工部转而提

---

① 郑天翔调京工作之初，原本希望参与工业建设方面的领导工作，对于受命分管城市规划工作的安排实际上并不大情愿，这在其日记中多有表露。1952年11月24日日记："二十一日，陈鹏同志找我谈话，说工作已决定到中央，是彭真同志指名要去，是在党中央新成立之政法部工作。这样，全国转向工业，我走到工业门上，又回到政法部门了。"11月27日日记："这个月又完了。来京后工作久延未决，在此听候命令。先决定到北京市，后要留华北，结果中央非调不可，这样，就不能参加工业建设了。走到工业门上，又退了回来，这该如何是好？"12月15日日记："十二日晚上［刘］澜涛同志找我谈话，让我到北京市工作。并说他向彭真、安子文同志谈此问题。看来，又有到工业之一线希望。"资料来源：郑天翔. 1952年日记［Z］. 郑天翔家属提供. 1952.

② 郑天翔1953年7月1日日记中记载："不高兴之至。我的工作［分工］，中央六月十七日正式通过，市委是五月廿七日报去的。这就不好办了。"资料来源：郑天翔. 1953年日记［Z］. 郑天翔家属提供. 1953.

③ 原稿为"下"。

④ 郑天翔. 1953年日记［Z］. 郑天翔家属提供. 1953.

⑤ 同上.

出由巴拉金来对北京城市规划进行技术援助的工作设想。6 月 25 日，郑天翔等领导"到建筑工程部，和周［荣鑫］、孙［敬文］、贾［震］同志商谈北京总体规划研究的办法"①。经过这次会议研究和讨论，"周［荣鑫］决定贾震同志参加，戴念慈参加。成立一组，在市委下。专家巴拉金［帮助］搞。先研究北京特点，逐年工作总结"②。由此可见，尽管苏联专家的人选已有变化，但对于北京市规划工作的体制，周荣鑫仍然坚持 1953 年 2 月曾经提出过的观点，即在北京市委的领导下成立一个规划工作小组。

5.4.3 中央城市工作问题座谈会的重要影响

在北京市和建工部的有关领导对北京市规划机构问题进行磋商的过程中，恰逢中央组织召开一次全国城市工作问题座谈会，这次会议的有关精神对畅观楼规划小组的成立产生了重要的影响。

1953 年"一五"计划开始后，我国各地区开始了大规模的工业化建设，由此对各个城市的建设与发展产生了巨大的影响，一些重点城市纷纷向中央报告"工厂建设有计划，城市建设无计划"等突出问题③。在此背景下，政务院领导批示，由中共北京市委主要领导具体牵头，于 1953 年 7 月 4 日至 8 月 7 日召开了中央城市工作问题座谈会。全国各地区、重点城市及有关部门的一些主要负责同志参加了这次座谈会，由于参会代表中很多人是一些规模较大的城市的市委书记（或副书记），这次会议又被称为"全国各大城市市委书记座谈会"。

全国城市工作问题座谈会期间，共召开了 13 次议题比较明确的讨论会议，座谈会的成果集中体现在最终形成的 5 份简报中，标题分别为《关于城市街道组织和居民委员会、经费问题的意见》《关于城市干部问题的意见》《关于市委对城市工作的领导问题的意见》《关于旧的大城市的改造和扩建中的一些问题》和《关于城市规划问题》。这次座谈会以后，中共中央于同年 9 月 4 日下发《中共中央关于城市建设中几个问题的指示》，对全国各地城市规划工作的开展起到了极大的推动作用。④

就座谈会的具体内容而言，"七月四日、九日、十日、十一日，八月三日和四日，各大城市市委负责同志座谈了市委对城市工作的领导问题。大家都感到：目前工作很繁重、很忙乱、很吃力。有的同志说：'现在是整天有开不完的会、看不完的文件、谈不完的话，脑筋没有转过来，就要考虑新问题，工作总是粗糙，不深，越搞越被动。''简直有点疲于奔命。'"⑤

① 郑天翔. 1953 年工作笔记［Z］. 郑天翔家属提供. 1953.

② 郑天翔. 1953 年日记［Z］. 郑天翔家属提供. 1953.

③ 譬如，1953 年 7 月 12 日，中共中央中南局就专门向中共中央报告《对城市建厂工作几项建议的请示》，明确反映："现在国家建设中存在着一个极大的矛盾，就是工厂建设有计划，城市建设无计划，工厂建设有人管，城市建设无人管"，"因为没有整体的城市建设计划，所以各工厂建设形成各自为政的割据局面……因而产生建设部署混乱，妨碍工厂发展，也影响城市整体发展"，"因无统一的城市规划，造成现在混乱状态，根本谈不到城市建设为工厂企业服务，为劳动人民服务"。资料来源：中国社会科学院，中央档案馆. 1953—1957 中华人民共和国经济档案资料选编（固定资产投资和建筑业卷）［M］. 北京：中国物价出版社，1998：764-765.

④ 中共中央在指示中明确指出："为适应国家工业建设的需要及便于城市建设工作的管理，重要工业城市规划工作必须加紧进行。"资料来源：中共中央. 中共中央关于城市建设中几个问题的指示［M］// 中共中央文献研究室. 建国以来重要文献选编（第四卷）. 北京：中央文献出版社，1993：338-340.

⑤ 会议秘书处. 关于市委对城市工作的领导问题的意见［Z］. 城市工作问题座谈会简报之三. 1953.

座谈会研究认为，"现在，城市党的组织机构和形式，已不能完全适应城市新的情况。对于任务如此繁重的贸易、金融、合作、私人工商业工作和都市规划、城市建设工作，党的组织一般都还没有设立专管的机构。因此，领导上就容易顾此失彼，不能对各方面的工作经常进行系统地研究和检查"①。

《关于市委对城市工作的领导问题的意见》的简报中提出："为了加强各大城市市委对于各方面工作的领导，逐步克服上述忙乱和被动的现象，大家认为首先必须健全市委的组织机构。""市委应按照工作情况、干部情况和需要的轻重缓急，在几年内逐步增设和健全掌管各主要方面工作的机构。""在目前干部十分缺乏的情况下，有些部门可以党政合一，即党内党外只成立一套机构。"②

对于城市规划建设问题，座谈会简报中提出："城市规划和城市建设的干部和技术人员都很缺乏，党政领导机关在这方面的经验还很少。统一的、有力的城市规划和城市建设的领导机关或者还没有建立，或虽已建立却极不健全。""大家认为：第一，各大城市应即调集一批干部，设立城市规划和城市建设的统一的领导机构，根据五年经济发展计划初步地确定城市发展的方向，并即开始勘察、测量，收集和研究基本资料，着手拟定改造和扩建城市的二十年或三十年的总计划，并绘制规划草图……"③

作为中共北京市委的重要领导人之一，郑天翔也参加了中央城市工作问题座谈会。"我参加了几次彭真同志召集的各大［城］市的座谈会，谈到一些城市建设的问题，但没谈出什么名堂来。我们担负的任务——建筑任务的安排和总体规划的研究，都悬而未决。忙、乱，但无成效。此间工作，颇为费力，原因是许多方面意见不一致，谈来谈去，犹如转圈子，转不出个结果来。"④

尽管中央城市工作问题座谈会对北京城市总体规划方案的制订并无直接的具体帮助，但座谈会上所提出的"首先必须健全市委的组织机构"以及"在目前干部十分缺乏的情况下，有些部门可以党政合一，即党内党外只成立一套机构"等相当明确的研究结论，显然为中共北京市委畅观楼规划小组的成立，提供了强有力的政策依据。

5.4.4　畅观楼规划小组的正式成立

经过前期的反复研究和讨论，北京市和建工部的充分酝酿，特别是1953年7—8月召开的中央城市工作问题座谈会所提出的政策要求，为了推动首都规划工作的有效展开，中共北京市委于1953年7月正式成立了"畅观楼规划工作小组"。

中共北京市委领导的这个规划工作小组之所以被称为畅观楼小组，主要在于小组的工作地点设在位于

① 会议秘书处. 关于市委对城市工作的领导问题的意见［Z］. 城市工作问题座谈会简报之三. 1953.
② 简报中指出："这些机构是市委的助手，主要任务是：负责对其主管工作进行系统研究，分别在其所负责的方面，检查和监督党的方针、政策和计划的执行，并了解与挑选干部"，"市委增设前述若干工作机构和对政府工作实行分工领导，目的是加强党的集体领导，而又切实做到分工负责，使能更有效地学习苏联先进经验，以改进工作质量和提高工作效率。"资料来源：会议秘书处. 关于市委对城市工作的领导问题的意见［Z］. 城市工作问题座谈会简报之三. 1953.
③ 会议秘书处. 关于旧的大城市的改造和扩建中的一些问题［Z］. 城市工作问题座谈会简报之四. 1953.
④ 郑天翔. 1953年日记［Z］. 郑天翔家属提供. 1953.

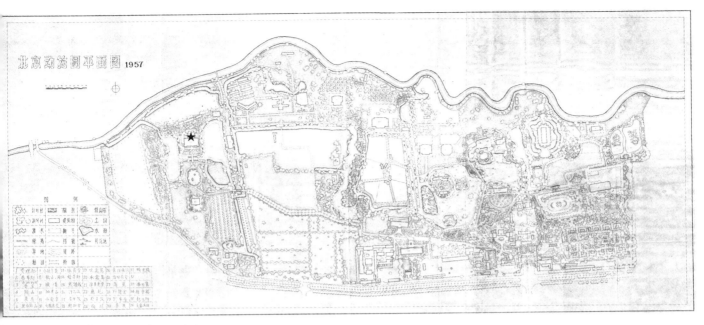

图5-13 北京动物园平面图（1957年）

注：畅观楼位于北京动物园西侧北部，图中标注"★"处。
资料来源：建工部城建局.北京市动物园平面图 [Z].建筑工程部档案，中国城市规划设计研究院档案室，档号：0265.1957.

北京动物园（图5-13）内的畅观楼。

　　畅观楼始建于1906年，早期是清朝政府的一座西式行宫①，建成后的百余年间接待过许多重要的历史人物②，也发生了"畅观楼事件"等，是一个相当著名的历史建筑。就建筑设计而言，畅观楼最大的特点是两边不对称，东边是圆柱形的三层楼，楼顶是可以登高的平台；西边则是八角形的二层楼，楼顶是盔型屋顶（图5-14、图5-15）。

　　畅观楼规划小组的最高领导者为郑天翔，领导小组成员包括曹言行、赵鹏飞、佟铮，他们又被称为"四人小组"（郑天翔日记）③。巴拉金为畅观楼规划小组的技术顾问，协助其开展专职翻译工作的是

① 北京动物园的前身为农事试验场，畅观楼是其中的重要建筑之一，主要是供慈禧来往颐和园中途休息的地方。1908年建成时，慈禧曾在畅观楼登平台观看农事试验场全貌，"因在畅观楼平台上可将西山景致尽收眼底，慈禧故为畅观楼题写匾额'畅观楼'"。资料来源：杨小燕.北京动物园畅观楼史话 [M]// 北京档案馆.北京档案史料（1999.4）.北京：新华出版社，1999：275.

② 譬如，1912年中华民国成立后，孙中山即曾多次来到畅观楼：1912年8月29日，广东公会、全国铁路协会、邮政协会在农事试验场及畅观楼内欢迎孙中山，孙中山发表了演说；8月31日，北京参议院在畅观楼欢迎孙中山，孙中山莅临并致答词；9月1日，军警界约两百人在畅观楼欢迎孙中山，孙中山莅临并致答词。1912年9月22日，国民党参议院在农事试验场欢迎黄兴和陈英士，黄、陈临走前在畅观楼前手植松树1株以作纪念。中华人民共和国成立后，1954年前后，第十世班禅喇嘛等人来京与中央人民政府商谈西藏和平解放问题时，在畅观楼住了近1年，毛泽东曾于1955年3月亲自到此看望十世班禅额尔德尼·确吉坚赞大师并同他作了长时间的亲切交谈；1955—1956年，畅观楼被中国佛教协会借用，作为接待外宾的临时宾馆，接待了来自缅甸、印度等国的僧侣代表团。资料来源：杨小燕.北京动物园畅观楼史话 [M]// 北京档案馆.北京档案史料（1999.4）.北京：新华出版社，1999：277-279.

③ 郑天翔1953年7月20日工作笔记中记载："上午：四人小组开会"，研究内容包括"（一）建筑安排，开会，准备个报告。（二）建工局干部对安排的意见。（三）总体规划，如何写。"当日日记中记载："今天上午，和赵 [鹏飞]、佟 [铮]、曹 [言行] 等同志开会，商谈当前工作如何进行的问题。"资料来源：郑天翔.1953年工作笔记 [Z].郑天翔家属提供.1953.

图 5-14 畅观楼旧貌
资料来源：北京动物园百年纪念（1906—2006）[R]．北京动物园印制，2006：32.

图 5-15 北京动物园畅观楼今貌（2018 年 7 月 9 日）
资料来源：李浩拍摄。

刘达容①。

　　除此之外，畅观楼规划工作小组的其他成员包括常驻工作人员和非常驻工作人员两种不同类型，其中既包括北京市人民政府各部门的一些人员，也有部分中央部委的有关人员。合计共 40 余人（表 5-1）。

---

① 巴拉金来华工作之初（1953 年 6 月至 1954 年 2 月），其专职翻译工作由刘达容担任。自 1954 年 3 月起至 1956 年 5 月 31 日回国时为止，靳君达为巴拉金的专职翻译。

人员类别	编号	姓名	工作单位及职务	负责内容
领导小组成员	1	郑天翔	中共北京市委秘书长	全面负责
	2	曹言行	北京市卫生工程局局长	组织协调
	3	赵鹏飞	北京市财政经济委员会副主任	组织协调
	4	佟铮	北京市房地产管理局副局长 （1953 年 10 月起任北京市市政建设委员会副主任）	组织协调
苏联顾问及翻译	5	巴拉金	受聘于建筑工程部	技术指导
	6	刘达容	建筑工程部	翻译
常驻工作人员	7	李准	北京市卫生工程局计划处处长	综合规划
	8	沈其	北京市企业公司设计室工程师	综合规划
	9	陈干	北京市都市计划委员会工程师	综合规划
	10	沈永铭	北京市都市计划委员会技术员	综合规划
	11	钱铭	北京市都市计划委员会技术员	综合规划
	12	储传亨	中共北京市委办公厅	综合规划
	13	张其锟	中共北京市委办公厅	综合规划
	14	王少安	北京市设计院技术员	天安门规划
	15	孟繁铎	北京市建设局	辅助规划
	16	许翠芳	北京市卫生工程局	辅助规划
	17	蒋静娴	北京市卫生工程局	辅助规划
	18	韩淑珍	北京市卫生工程局	辅助规划
	19	梁佩芝	北京市勘测处	辅助规划
非常驻工作人员	20	林岗	中共北京市委办公厅	研究、收集资料
	21	章庭笏	中共北京市委办公厅	研究、收集资料
	22	徐卓	中共北京市委办公厅	研究、收集资料
	23	高原	交通部航运局局长	运河及航运规划
	24	黎亮	铁道部设计局局长	北京铁路枢纽规划
	25	姬之基	铁道部第三设计院	北京铁路枢纽规划
	26	王栋岑	北京市都市计划委员会办公室主任	收集资料、研究
	27	范栋申	北京市园林处副处长	园林绿化规划
	28	李嘉乐	北京市园林处计划设计科科长	园林绿化规划
	29	徐德权	北京市园林处计划科科长	园林绿化规划
	30	刘作慧	北京市园林处计划设计科	园林绿化规划
	31	傅玉华	北京市园林处计划设计科	园林绿化规划
	32	钟国生	北京市卫生工程局设计处处长	河湖、给水排水、公共卫生规划
	33	徐继林	北京市卫生工程局设计处	河湖、给水排水、公共卫生规划
	34	庞尔鸿	北京市卫生工程局设计处	河湖、给水排水、公共卫生规划
	35	张敬淦	北京市卫生工程局设计处	河湖、给水排水、公共卫生规划
	36	陈鸿璋	北京市卫生工程局设计处	河湖、给水排水、公共卫生规划

人员类别	编号	姓名	工作单位及职务	负责内容
非常驻工作人员	37	许京麒	北京市建设局副局长	道路规划
	38	郑祖武	北京市建设局道路科副科长	道路规划
	39	崔玉璇	北京市建设局技术处技术员	道路规划
	40	王镇武	北京市公用局副局长	城市交通规划
	41	游士远	北京市公用局计划处处长	城市交通规划
	42	王自勉	北京市供电局局长	电力规划
	43	朱宝哲	北京市供电局计划科科长	电力规划
	44	周凤鸣	北京市农林局局长	农业规划
	45	郭曰绍	北京市农林局干部技术员	农业规划
	46	王世宁	北京市人防办公室工程师	人民防空规划

　　注：这份名单主要依据由张其锟整理的《关于畅观楼规划小组工作人员概况》（2004年2月4日，人员名单经张其锟与储传亨、李准、钟国生、李嘉乐、崔玉璇、韩淑珍和梁佩芝等校核），2018年3月20日张其锟与笔者谈话时，补充了苏联专家巴拉金及其翻译刘达容。后根据郑天翔日记等，增补了领导小组成员佟铮等。个别人员的信息略有修订。

　　就中共北京市委直接领导城市规划工作的体制而言，其独特优势是显而易见的。"市委来牵头，就可以调动各个局的力量来做规划，如果是都市计划委员会牵头，就很难号令各个局，也不便邀请中央部门参加。"①

　　畅观楼小组工作期间，采取了相对封闭的工作方式。"规划人员全部居住和工作在一起，遇到赶工画图、提出方案，以备翌日开会讨论时使用，往往加班到深夜。"②

　　当时，除郑天翔、曹言行、赵鹏飞和佟铮之外，还有其他一些领导同志也曾参与小组的研究和讨论工作。"刘仁同志和彭真同志经常到我们规划小组来参加讨论。此外，还有外地一些城市的领导，比如包头的市委书记、兰州市建设局局长任震英等，知道我们在做北京规划，也来畅观楼观摩过。"③ "1953年底总体规划草案完成以后，彭真、刘仁同志来到畅观楼，接见了部分参加规划方案研究、制图工作的同志们。"④

　　畅观楼规划小组的主要任务是制订北京城市总体规划，当时郑天翔曾"组织一些翻译人员，翻译国外的一些有关城市规划的资料（图5-16），根据北京情况以及一些苏联专家意见，进行综合研究"⑤。

　　除了制订北京城市总体规划之外，畅观楼小组还有另一项任务，即对首都的各项建筑任务进行分类排

---

① 张其锟2018年3月20日与笔者的谈话。

② 文爱平．李准：淡极始知花更艳［J］．北京规划建设，2008（2）：184-188．

③ 张其锟2018年3月20日与笔者的谈话。

④ 陈干．以最高标准，实事求是地规划和建设首都［R］．北京市城市规划管理局，北京市城市规划设计研究院党史征集办公室．规划春秋：规划局规划院老同志回忆录（1949—1992）．1995：14．

⑤ 赵知敬2018年3月22日与笔者的谈话。

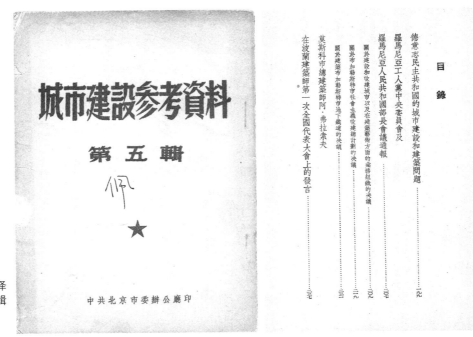

图5-16 中共北京市委组织翻译
的《城市建设参考资料》第五辑
封面及目录（1953年8月）
资料来源：李浩收藏。

队。① 而这项工作的开展，其重要依据也正是北京城市总体规划方案。因此，畅观楼小组的两个任务是相互联系的。

5.5 简要的小结

综上所述，1953年畅观楼规划小组的成立，经历了相当漫长和较为复杂的研究、讨论及酝酿的历史过程。从目前可资查考的史料来看，作为在中国共产党内成立的一个小组，或者说由城市市委来直接领导城市规划的特殊体制，最早并非由北京市所提出，而是当时国家城市规划主管部门（建工部）有关领导的一项建议。而建工部领导提出这一建议后，却并未获得北京市的立即采纳。这表明，当时对于规划机构问题改革的决策，有关方面还是相当慎重的。

作为工作小组的最高领导者，郑天翔个人的态度和倾向对于畅观楼规划小组的成立显然具有一定的影响。这种影响的背后，是郑天翔作为中共北京市委秘书长这一职务所处的"市委系统"，以及由他来主抓首都城市规划工作的领导分工，与当时城市规划各项行政和业务工作隶属于"政府系统"，所存在的制约

---

① "当时我国正处于第一个'五年计划'开始，北京面对大规模的、繁重的中央和地方的建设任务，施工力量与材料都严重不足，建设遇到困难。因此市委决定成立临时班子，根据项目的重要性、投资、材料、施工力量等因素，进行分期分批地排队。""一下子要开工二三百万平方米，根本没有施工力量，而且有好多建设项目都是中央部门的，必须区分轻重缓急。别人说话不灵了，就得由市委出面协调。先上哪个，后上哪个，要进行'建筑排队'。"资料来源：［1］张其锟. 关于畅观楼规划小组工作人员概况［R］. 2004-02-04.［2］张其锟2018年3月20日与笔者的谈话。

性矛盾和困难，正如郑天翔在致市委主要领导信中所指出的"双轨制有缺点"。这样的矛盾及开展规划工作的困难，也不难推想。但是，它却不足以构成成立畅观楼规划小组的主导性因素。

从多种史料综合分析来看，对畅观楼小组的成立产生最大影响及推动作用的，当属1953年7—8月的中央城市工作问题座谈会。这样一个由中央领导直接受命组织召开、许多大城市的市委书记等高级领导干部集体讨论的重要会议，有关研究结论或会议精神的权威性不容置疑。这一点，应当是建工部领导周荣鑫在时隔4个多月后再次提议在党内搞个小组后，北京市经反复协商而最终予以采纳的最为关键的影响因素。

由此可见，1953年畅观楼规划小组的成立，绝非某位领导异想天开之类的冲动之举或武断决策，而是受到多方面因素共同影响下事态不断发展的一种结果。借用一句流行的话来讲，此乃"时代的共谋"。

我们还要进一步追问的是，对于畅观楼规划小组的最终成立而言，其背后更为深刻的决定性力量究竟何在？笔者思考，这或许就是城市总体规划对城市建设发展的重要引领作用，或者称之为城市规划的战略属性。在"一五"计划启动之初，首都社会经济发展对城市总体规划的这种战略性服务功能有着空前强烈的现实需求，而北京市原有的规划组织机构却不能满足这种需求，在这一需求不断扩张、问题和矛盾急剧爆发的情形下，迫使有关方面不得不采取了一种较为极端的方式。由中共北京市委直接领导城市规划，既是特殊时代条件下的一种特殊工作机制，更是十分紧迫的社会发展形势下的一种紧急应对措施。

正如北京市委主要领导在1954年的一次讲话时曾经指出的，畅观楼规划小组是一个"党内研究小组"[1]，它的职责和使命主要是城市规划的科学研究及城市总体规划文件的拟订，并不负责具体的城市规划管理及项目审批事务。1955年2月成立的中共北京市委专家工作室暨北京市都市规划委员会，其性质也同样如此。透过畅观楼规划小组的成立过程及各方面的复杂情况，特别是由中共北京市委来直接领导城市规划工作这一特殊体制长达5年左右的存在和运行，充分表明了城市规划的科学研究及规划设计、制订工作对于城市规划事业健康推进的极端重要性。城市规划界流行一个"三分规划、七分管理"的说法，意在强调城市规划管理的重要性，但是，这一说法只能是在该城市已经制订出较为科学合理的城市总体规划方案这一重要前提下才能适用。在"一五"计划之初，大规模建设活动即将展开的时代条件下，首要的问题还谈不上严格及科学的规划管理，而必须要首先制订出科学合理的城市总体规划方案，才能为城市规划管理提供基本的遵循，当时的局面显然只能是"七分规划，三分管理"。

也正是充分认识到城市规划科学研究、规划设计及制订工作的极端重要性，在经历了畅观楼规划小组的实践工作之后，畅观楼小组的领导成员之一曹言行（图5-17）于1953年10月调到国家计委工作，他履职国家计委城市建设计划局局长之初的一个重要举动，即于1954年3月2日起草出《关于建议建筑工

---

① 郑天翔. 1954年工作笔记［Z］. 郑天翔家属提供. 1954.

图 5-17 曹言行与巴拉金等在一起的留影（1956
年 5 月 31 日）

注：欢送巴拉金回国时所摄，地点在巴拉金寓所前。
左起：蓝田（时任国家建委城市建设局副局长）、巴拉
金夫人（女）、巴拉金（苏联规划专家）、郭彤（女，王
文克夫人）、舒尔申（苏联公共事业专家）、王文克（时
任城市建设部城市规划局副局长）、高峰、曹言行（时
任国家建委委员、城市建设局局长）。

资料来源：王大矞提供。

程部城市建设局应成立城市规划设计院、上下水道设计院和城市勘察测量队的报告》[①]，该报告于当日便由
国家计委办公厅以通知形式批转给建工部[②]（图 5-18），它对 1954 年 10 月 18 日中央城市设计院（今中国
城市规划设计研究院的前身）的成立起到了相当关键的推动作用[③]。

　　在这个意义上也可以讲，1953 年成立的畅观楼规划小组，以及 1955 年成立的中共北京市委专家工作
室暨北京市都市规划委员会，其实也就是首都北京最早的"城市规划设计研究院"。

---

① 报告中指出："一四一个项目，近已陆续确定，城市规划和市政建设，感到特别落后，存在的问题很多，我们感到非常被动"，"这个问题如
　不解决，将大大地影响国家的工业建设"；"根据现在的情况来看，各个新工业城市的技术力量一时培养不起来，不如集中力量重点使用。因
　此，我们建议建筑工程部的城市建设局应当成立城市规划设计院、上下水道设计院和城市勘察测量队"，"城市规划设计院的任务是专门配合
　工业企业的建设作重点城市的规划"。"此外，应聘请一部分关于城市规划和上下水道设计的苏联专家指导建工部城市建设局两个院工作。"
　资料来源：国家计委办公厅. 关于如何建立规划设计院、上下水道设计院等问题给城建局的通知（［54］计基城王字第廿三号）[Z]. 城市建
　设部档案，中央档案馆，档案号 259-1-1: 20. 1954.
② 通知中还说明"此项报告已经［国家计委］李富春副主席批示同意，特送交你部筹划"。资料来源：国家计委办公厅. 关于如何建立规划
　设计院、上下水道设计院等问题给城建局的通知（［54］计基城王字第廿三号）[Z]. 城市建设部档案，中央档案馆，档案号 259-1-1: 20.
　1954.
③ 李浩. "一五"时期城市规划技术力量状况之管窥：60 年前国家"城市设计院"成立过程的历史考察 [J]. 城市发展研究，2014（10）：
　72-83.

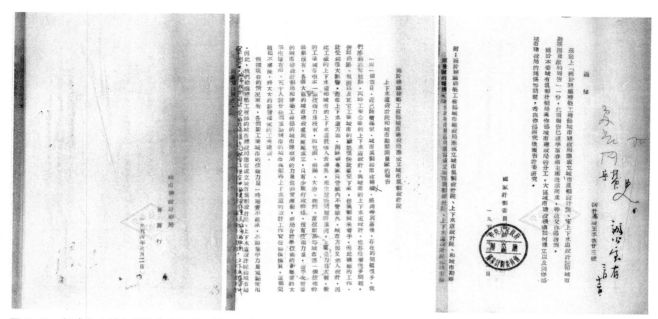

图 5-18　促成中央城市设计院建立的一份重要建议：曹言行《关于建议建筑工程部城市建设局应成立城市规划设计院、上下水道设计院和城市勘察测量队的报告》（1954 年 3 月 2 日）

注：左图为国家计委办公厅将该报告批转给建工部的通知，其中明确"此项报告已经李富春副主席批示同意，特送交你部筹划"。中图为报告首页。右图为报告尾页，署名为曹言行，时任国家计委城市建设计划局局长。经过一系列筹备工作，中央城市设计院（中国城市规划设计研究院的前身）于 1954 年 10 月 18 日正式成立。

资料来源：国家计委办公厅．关于如何建立规划设计院、上下水道设计院等问题给城建局的通知（［54］计基城王字第廿三号）［Z］．城市建设部档案，中央档案馆，档案号：259-1-1：20．1954．

第 6 章

巴拉金对畅观楼规划小组的技术援助

1953 年夏畅观楼规划小组的成立，使北京市规划工作在技术力量和组织动员能力等方面得以很大提升，然而，由于城市规划突出的专业技术特点及首都规划特殊的复杂性，在畅观楼小组成立之初，北京城市总体规划制订工作的进展并不顺利。正是在这样的一种困难局面下，苏联专家巴拉金受邀加盟到畅观楼小组之中。畅观楼小组成员李准曾回忆：

> 1953 年北京开始了大规模建设，作为建设依据的城市总体规划迫在眉睫。同年 7 月，我奉调到北京市委办公厅规划小组工作。我们查阅了历次城市规划资料和方案图纸，着重研究了 1953 年春由都市计划委员会提出的甲、乙两个方案，并在其基础上研究它们的特点和问题，虽然也探讨、试作了一些设想方案，但都没有突破性进展。其后市委领导同志决定，邀请在国家城市建设总局[①] 帮助我国工作的苏联专家巴拉金每周来畅观楼半天帮助规划小组工作。[②]

在畅观楼小组的工作中，苏联专家巴拉金担任了技术顾问的角色，他的技术援助，使北京城市总体规划制订工作及时解决了规划技术上的一些重大问题，从而步入快速推进的轨道。

6.1　巴拉金及其工作作风

Д.Д.巴拉金（Дмитрий Дмитриевиц Барагин），俄罗斯族人，1900 年前后出生于列宁格勒（今圣彼得堡），苏联卫国战争期间曾参加过列宁格勒的保卫战，在工兵团做过重要设施的伪装工作，来华前为列宁格勒城市设计院总工程师。[③]（图 6-1、图 6-2）

---

① 此处存在口误，1953 年时国家城建总局尚未成立，苏联专家巴拉金受聘于建工部。
② 李准. 旧事新议京城规划［R］// 紫禁城下写丹青：李准文存. 北京市城市建设档案馆，2008：83-84.
③ 巴拉金的妻子为一名护士，两人育有一儿一女（儿子年长）。据靳君达 2015 年 10 月 12 日与笔者的谈话。详见：李浩. 城·事·人：新中国第一代城市规划工作者访谈录（第一辑）［M］. 北京：中国建筑工业出版社，2017：56-63.

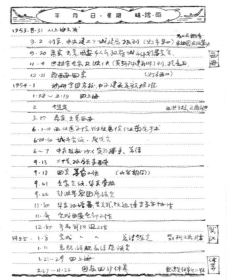

图 6-1 张友良素描"苏联专家巴拉金"（左）及其日记中关于素描当日活动的记录（右）

注：右图为张友良大事记要版日记，1953年度第4条记录内容为"11.4 巴拉金专家及波波夫（莫斯科建筑师）到，提意见"。左图为1953年11月4日巴拉金到西安指导规划工作的晚间，张友良当场所画巴拉金的素描，右下角注有"53.Ⅳ/11 于西安城建委速写"。张友良，1953年7月从同济大学毕业并分配到建筑工程部城市建设局工作。

资料来源：张友良提供。

图 6-2 巴拉金夫妇与王文克夫妇留影（1956年5月31日）

注：巴拉金回国前所摄。

左起：巴拉金（苏联专家）、巴拉金夫人、郭彤（王文克夫人）、王文克（时任城市建设部城市规划局副局长）。

资料来源：王大禹提供。

    巴拉金于1953年5月31日来华，受聘在建筑工程部（后于1955年4月和1956年5月转入新成立的国家城建总局和城市建设部），在华工作共3年时间（聘期2年、延聘1年），于1956年5月31日离开中国返回苏联。

    巴拉金是穆欣的接替者，但两人却有着截然不同的性格及工作作风。张镈曾回忆："1952年，由总建

筑处 ① 接待的城建方面的苏联专家穆欣是有代表性的人物。他不像建筑工程部的专家巴拉金那样诚恳、谦虚，又不像［北京］市都委会请来的女专家土曼斯卡娅 ② 那样以自己的教训来开导别人。土曼斯卡娅是友谊医院院长的夫人，在国内工作时，犯过浪费的错误而坐了班房，她要我一定不要重蹈她的覆辙。穆欣自认是马列主义专家，是爱国主义的英雄……" ③

1954 年 3 月至 1956 年 5 月给巴拉金做专职翻译的靳君达 ④ 也曾回忆："巴拉金，张口闭口都是业务，是业务挂帅的。" ⑤

与穆欣偏重于城市规划的思想性、理论性相比，巴拉金更加熟悉和擅长于实际的规划业务工作。两人作为前后任的这种承接关系，实在是一种幸运的组合：在具体规划业务有序开展之前，首先需要解决思想、理论层面的问题；而一旦规划思想和理论问题解决之后，也就迫切需要具体规划业务工作的扎实推进。

巴拉金在华工作的 3 年时间，正值我国第一个"五年计划"紧张推进最关键的阶段，加之他受聘于中央一级的规划主管部门（图 6-3），技术援助工作几乎涵盖了我国城市规划事业的各个领域，对中国一大批城市的规划工作都进行过技术援助（图 6-4）。

"在几个苏联专家中，巴拉金介绍规划工作的做法是最多的，巴拉金要多于穆欣。但是穆欣那一段时期是启蒙，是奠基的奠基，他指明了方向。巴拉金对规划工作的指导，不光是总图，连第一期详细规划等都有，像兰州、洛阳的一期设计，他都管了，他的指导是最全的。" ⑥

在巴拉金所指导过的一系列中国城市中，北京是他花费时间和精力最多的一个城市。

巴拉金对北京市规划工作进行过多个方面的技术援助，譬如西郊"四部一会"建筑群规划的审定及北海大桥的改建规划等。本书研究内容重点关注于城市总体规划层面，就此而言，巴拉金主要是对畅观楼规划小组进行了技术援助。

① 即中央总建筑处，建筑工程部的前身。1952 年 3 月 31 日，中财委副主任李富春给军委总后勤部的函件称："中央已决定以营房管理部为基础建立中央建筑（工程）部，在中央人民政府未通知前，暂以中央总建筑处的名义进行工作"；中央总建筑处于 4 月 8 日正式开始办公。8 月 7 日，中央人民政府委员会第十七次会议决定成立中央人民政府建筑工程部。资料来源：《住房和城乡建设部历史沿革及大事记》编委会. 住房和城乡建设部历史沿革及大事记［M］. 北京：中国城市出版社，2012：3-4.

② 该文献中原文的译名为"图敏斯卡娅".

③ 杨永生．张镈：我的建筑创作道路［M］. 天津：天津大学出版社，2011：92.

④ 巴拉金来华之初，其专职翻译由刘达容担任，自 1954 年 3 月起，靳君达接替刘达容成为巴拉金的专职翻译。靳君达，1930 年 4 月生，辽宁铁岭人，1950—1953 年在哈尔滨外国语专科学校学习俄语，1953 年 6 月毕业分配到建筑工程部城市建设局工作.

⑤ 靳君达 2015 年 10 月 12 日与笔者的谈话。详见：李浩. 城·事·人：新中国第一代城市规划工作者访谈录（第一辑）［M］. 北京：中国建筑工业出版社，2017：44，52.

⑥ 同上.

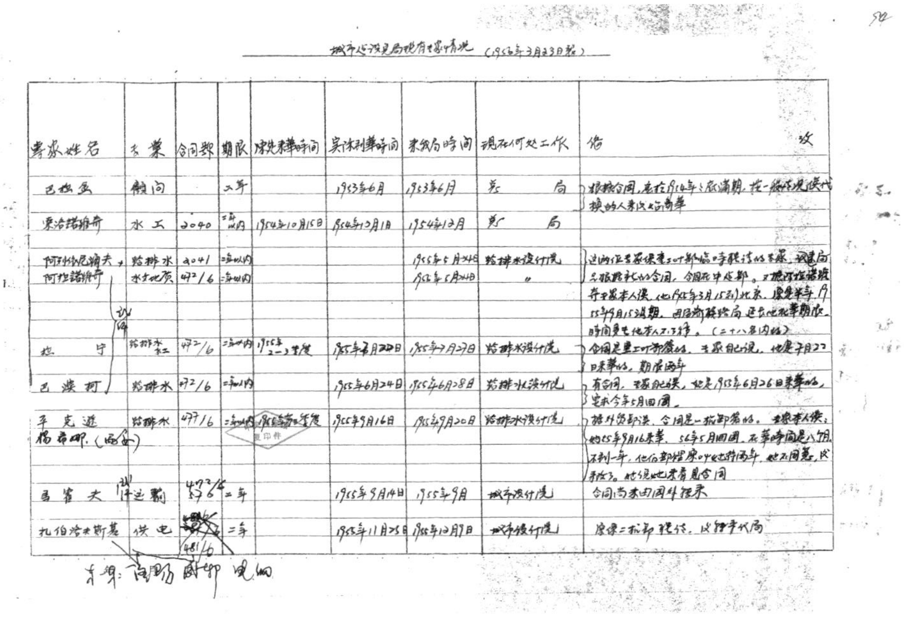

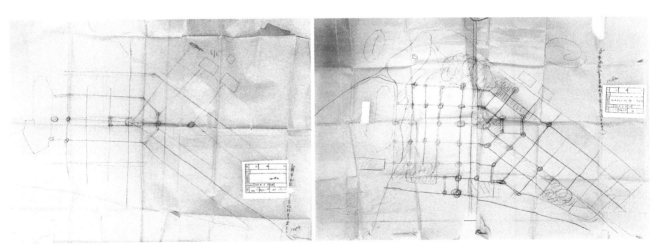

图 6-3　国家城市建设总局聘请苏联专家情况表（1956 年 3 月 23 日制作）

资料来源：国家城建总局. 现有苏联专家情况表 [Z]. 国家城建总局档案，中央档案馆，档号：259-3-16-12. 1956：94.

图 6-4　巴拉金手迹：包头市新市区规划草图（原件，硫酸纸，1954 年）

注：这是中国档案机构中保存的巴拉金手绘规划草图的原件（共 3 个方案，此为其中之 2），极其稀少和珍贵。

资料来源：包头市规划局. 向巴拉金汇报方案、巴拉金草图 [Z]. 包头市城市建设档案馆，档号：C1-1-871. 1955.

6.2　正式介入畅观楼小组之初

巴拉金对畅观楼小组进行技术援助，是在 1953 年 8 月 12 日和穆欣一同参加的座谈会之后，于 8 月 14 日正式开始的。郑天翔 1953 年 8 月 14 日工作笔记中记载："工作，从今天开始。建筑师和他一同工

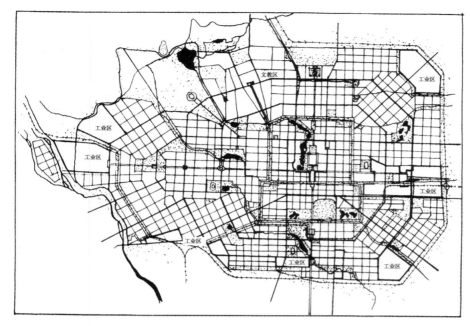

图 6-5 北京市总体规划"丙方案"
（1953 年夏）
资料来源：北京市城市建设档案馆，北京城市建设规划篇征集编辑办公室. 北京城市建设规划篇"第二卷：城市规划（1949—1995）"（上册）[R]. 北京市城市建设档案馆编印，1998：47.

作。"①8 月 15 日的日记中另记录："昨天，上午请苏联专家巴拉金到畅观楼，谈如何开始工作"②。

对于畅观楼规划小组的工作目标，巴拉金提出主要是解决一些原则性的问题，具体工作方法则首先是开展专题研究："计划，一般大概。每个问题，分开谈"，"电业局、公用局、建设局来人（电车、汽车[问题]）"③。

8 月 14 日正式介入畅观楼小组工作之初，巴拉金首先询问了中共北京市委对规划方针的意见："市委，是否对北京规划方针[有新的指示]？或根据都委会草图来办？是否另起炉灶④？"⑤

1953 年 7 月，畅观楼规划小组刚成立时，曾对之前完成的"甲方案"和"乙方案"进行综合研究，提出过一个"丙方案"⑥（图 6-5）。巴拉金介入到畅观楼小组后所开展的规划工作，即以"丙方案"为基础。1953 年 9 月 29 日，中共北京市委听取过畅观楼小组规划工作情况汇报，据市委秘书长郑天翔日记记载，"关于规划的说明"曾指出"[以]甲⑦[方案]、乙[方案]为基础，和丙方案大同小异，因巴拉金[的主张]"⑧。

---

① 郑天翔. 1953 年工作笔记 [Z]. 郑天翔家属提供. 1953.
② 郑天翔. 1953 年日记 [Z]. 郑天翔家属提供. 1953.
③ 同上.
④ 原稿为"皂"。
⑤ 郑天翔. 1953 年工作笔记 [Z]. 郑天翔家属提供. 1953.
⑥ "丙方案"具有如下特点："一是扩大了工业区用地，在东北郊、东郊、东南郊、南郊、西南郊、石景山等地分别设置了大片工业区；二是明确西北郊为文教区，以中科院为中心，以一条放射斜路直通西直门城角；三是近郊放射环形道路系统更加明确，在以城墙为基础的绿化二环外，增加了三环路和四环路；四是中心区道路基本保留棋盘式格局，只是在南城有两段斜路分别由东南和西南城郊引到蒜市口和菜市口；五是发展了原有由永定门到钟鼓楼的中轴线，分别向南北延伸到市区边缘；六是铁路客运东站设在永定门外，并沿东南三环联络线至东郊客货站，在市区外围南、东、北修建铁路外环。"资料来源：北京市城市建设档案馆，北京城市建设规划篇征集编辑办公室. 北京城市建设规划篇"第二卷：城市规划（1949—1995）"（上册）[R]. 北京市城市建设档案馆编印，1998：43-44.
⑦ 原稿为"一"。
⑧ 郑天翔. 1953 年工作笔记 [Z]. 郑天翔家属提供. 1953.

图 6-6 巴拉金正在指导规划工作中
左起：王文克、高峰、巴拉金（苏联专
家）、靳君达（翻译）。时间约 1955 年。
资料来源：张友良提供。

　　这表明，巴拉金实际上并不主张另起炉灶的规划工作方式，他对之前畅观楼小组的前期工作，以及北京都委会提出的"甲方案"和"乙方案"，还是相当尊重的。

6.3　关于北京规划的纲要性意见

　　根据巴拉金 8 月 14 日的有关指示，畅观楼小组随即开展了一些规划准备及初步设计工作。9 月 3 日，巴拉金（图 6-6）对北京市规划草图发表了指导意见，其要点如下：

巴拉金同志谈草图计划

　　都委会做了两年。市委小组做了三周左右。以前都委会材料，都利用了。

　　草图设计之基础：

　　北京之意义：首都，文化古都，工业要发展之城市，有许多文化古迹。全国之心脏，要成为先进城市。

　　将发展到 500 万人口。这是北京发展范围。必须补充土地，主要向西发展了。

　　工业区：四块，城市组成很主要因素，它与住宅区联系方便。住宅区与中心联系也方便。

　　主要轴线：利用古代一条，另一条东西轴线。

　　主要干线：三个环道。城市主要交通干道。西边加两个半环路。

　　充分估计到旧有道路。但原有路均方格形式的，交通上有缺点，故加了一些放射路。

　　环路—放射路组成主干道网，很好地联系各区域，把方格子的缺点补充了。

　　有些道路，须拆很多房子。故尽量利用了原有道路，对草图有很大限制。

放射路，环路，均在空地发展。西北区，利用原有道路，经济，易于实行。现实些。

铁路：原来挨城走，发展起来，必须搬家。现改为外边走，把工业区、住宅联系起来。

地下铁道［暂］不考虑。

水运：在工业区里均有码头。

飞机场：西郊。作为备［用］管理机［构］等之运动场，作为休息用地。

建筑艺术：天安门中心广场，行政中心。

天安门，现在比历史上的作用更大。发展它，旁边有政府大厦。中间，人民政府宫。广场和市中心很好地联起来了。

高层建筑，市中心五层左右，或更高。人民政府宫应很高。东、西单，高。钟楼、鼓楼、景山，配合起来。

市中心外，区中心。周围公共建筑物。

充分考虑文化古迹。有些，发展它。

绿地，河湖系统，都通在一起。河湖为绿地包围。

高层建筑比例，60%～70%。

市政设施，与之相称。

运河：

①两条道路入（有六倍）。

②旅客码头。

③为石景山工业①区服务（钢铁厂污水处理后通航。20公里，30公尺水面宽。运河价值加大）。

④穿过工业区，设专用码头（东部）。

物资［运输比重］11%，600万～2400万吨，40～170米（底窄，面宽）。②

上述记录文字，内容相当简略，但已经透露出许多相当关键的信息。巴拉金在这次谈话中，点明了北京城市性质的要点为"首都，文化古都，工业要发展之城市，有许多文化古迹。全国之心脏，要成为先进城市"，城市人口规模"将发展到500万人口。这是北京发展范围"，与之配合，对城市用地的要求是"必须补充土地，主要向西发展"。

除此之外，对于城市功能分区、城市轴线、道路网络系统、水运、城市对外交通、绿化河湖系统，以及城市中心区和建筑艺术等问题，巴拉金也都发表了指导意见。巴拉金的这次谈话，堪称一份浓缩版的北京规划纲要。

---

① 原稿为"叶"。
② 郑天翔. 1953年工作笔记［Z］. 郑天翔家属提供. 1953.

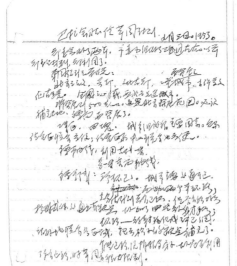

图6-7　1953年9月3日白天及夜间巴拉金两次谈话的记录（首页）
资料来源：郑天翔．1953年工作笔记[Z]．郑天翔家属提供．1953.

就一些具体内容而言，也有一些值得关注的内容。譬如，对于城市道路系统，巴拉金主张"环形＋放射"的规划结构："原有路均方格形式的，交通上有缺点，故加了一些放射路"，"环路—放射路组成主干道网，很好地联系各区域，把方格子的缺点补充了"。关于建筑艺术，巴拉金建议在天安门广场地区建设行政中心："天安门，现在比历史上的作用更大。发展它，旁边有政府大厦。中间，人民政府宫。广场和市中心很好地联起来了。"这里所讲"人民政府宫"，即中央人民政府的办公楼，巴拉金主张建在天安门广场的中央。就建筑高度而言，"高层建筑，市中心五层左右，或更高。人民政府宫应很高。东、西单，高。钟楼、鼓楼、景山，配合起来"。对于文化遗产保护，巴拉金的基本态度是："充分考虑文化古迹。有些，发展它。"

9月3日，在巴拉金发表意见之后，畅观楼小组的有关人员进行了一些讨论和交流。当天夜间，巴拉金再次发表谈话，对规划人员的工作进行鼓励，并就大家关心的一些问题阐述他的看法和意见（图6-7）：

巴拉金同志发言（九月三日夜间）

今天情况，说明北京有内行人。

技术上的问题，如火车地下走，［暂］没考虑。

铁路问题，离城市不远。三个车站够用。以后考虑下水道。第四个车站，可以考虑。但三个已够用。

客货合用，经济，与工业 ① 区、水道密切。

———————————

① 原稿为"叶"。

河湖系统问题。自来水没说。

北京缺水。

御河，可能开［运河］。但须计算，是否值得开？水多不多？水多，值得开。从经济观点看一下。

运河入口问题。通长河最好些。可从给水方面看看。

小清河问题，没什么特殊作用。把水引去，可惜。如交通上有作用，可以。先考虑作用，再考虑投资。

很多码头问题不大。

前三门运河，很重要。船闸……

桥梁离水面多高、多宽，对交通工具有关。技术上可研究。

中心车站：三个车站，可以解决。

两个方案。

交通问题：外环用电车，很便宜，在城市中间也可以用。电车路线与外边联系，不经济。市内电车经济。地下电车问题，可以考虑。［如果建设地下铁道，则］交通工具关系改变。

东环是公共汽车，不好。公共汽车污染空气，应上外边。

街道宽度，东西长安街，要不要一样宽度？可研究。

不能成为直达路。市外全国性大道不一定通过城市，从旁边绕过。

电力供应问题：问题很多。有书可参考：《城市中电力供应问题》，跟总图配合考虑；《城市规划工程问题》①。②

6.4 规划工作的推进和深化

在9月3日谈话两周之后，9月17日，巴拉金再次来到畅观楼，对北京规划工作进行指导。当天，首先是由规划人员进行汇报，之后巴拉金发表了指导意见。

据郑天翔日记，规划人员汇报的部分要点如下：

人口：

500万，廿年。

自然增加率 2.3%～2.6%。廿年后：［增加］50%，218万之50%。

---

① 即《城市规划：工程经济基础》一书。该书是苏联规划专家 B. L. 大维多维奇的规划名著，中华人民共和国成立初期被翻译引入我国，流传较广，是1950年代城市规划工作的主要参考用书之一。该书中译本由程应铨翻译，早期被部分翻译并编入1954年出版的《苏联城市建设问题》一书（上海龙门联合书局出版），后于1955年和1956年分上、下两册正式公开出版。参见：［1］大维多维奇. 城市规划：工程经济基础（上册）［M］. 程应铨，译. 北京：高等教育出版社，1955.［2］大维多维奇. 城市规划：工程经济基础（下册）［M］. 程应铨，译. 北京：高等教育出版社，1956.

② 郑天翔. 1953年工作笔记［Z］. 郑天翔家属提供. 1953.

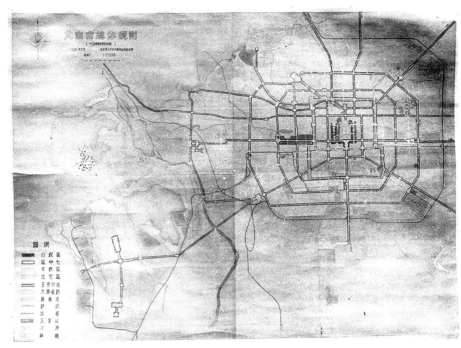

图6-8　北京市总体规划（1953年9月草图，照片版）
资料来源：北京市城市规划管理局. 北京总体规划历史照片（1949—1957）[Z]. 北京市城市建设档案馆，档号：C3-141-5. 1953：6.

到1958年，218［万］—247［万］，［增长］2.5%。

后十五年，增长率5.6%。1973年［预计］553万人。

目前：基本［人口］16.3%，技术［人］员62.2%，服务［人口］21.5%。

苏联：基本［人口］28%～30%，服务［人口］23%～25%，［被］抚养［人口］45%～48%。

专家［建议］：基本［人口］28%，服务［人口］24%，［被］抚养［人口］48%。

门头沟18.9万人，5万产业工人；良乡琉璃①河，12万产业工人。1万建筑工人。［共］61万总人口。

不管。另有一块［用地］，有水。工矿保留地带。

门头沟、良乡61万人。500-61 ≈ 440万人。

440万人。工人，东北［部工业区］8.2［万人］，东［部工业区］25.4［万人］，南［部工业区］6.13［万人］，石景山［工业区］19［万人］。（图6-8）

道路：

1264.5公里。

路长/面积 = 3。（［标准为］2.5～3）

道路广场总面积 = 17.2%。（规定15%～20%）

---

① 原稿为"离"。

中心区每人每年消耗货二吨。

绿地：

面积：城区 83.62［万平方米］总面积。平均每人 17 平方米。

民用机场问题，放［的］不够。

交通：

交通专家意见：宽度未提出来；考虑远一点，大一点，以免房子搬家。

货运：郊区工业要发展。农村服务于城市。

首都附近都市的货物周转量大，速度快。

京津公路线路平行。短途运输汽车成［本］大降低。速度加快，可发展。公路与城市道路结合起来。

外边应有一个大环。可到其他大城市，货运，不使通过中心。因市中心走，交叉口多，速度不能快。辐射线集中在大环上。

区界路集中于辐射路上。

公路、铁路，尽可能少交叉，使速度快，将来立体交叉。

道路弯曲。

市内、市外如何联结。

集体农庄也用汽车，会感到路不够用。

交通办法：地上有轨电车；将来主要是无轨电车、小汽车，公共汽车会减少；地下电车总站，在棋盘街，不行；内环北边一般往里搬？有轨电车不能货运为主。

……①

上面的记录表明，当时畅观楼规划小组已经按照不同的分组，从人口、道路、绿地和交通等方面对北京城市总体规划的有关情况进行了相应的专题研究，规划设计工作正在按照苏联城市规划的方法和程序予以推进。

在规划人员汇报完毕后，巴拉金（图 6-9）针对其中的一些具体内容发表了意见，其要点如下：

巴拉金同志谈：

市中心，最重要，城市的核心。

市中心广场，天安门最切当。在两条轴当中，稳固地连在一起。

中央宫高的，旁边修高楼。

---

① 郑天翔. 1953 年工作笔记［Z］. 郑天翔家属提供. 1953.

图 6-9 巴拉金与中国同志的留影
前排：巴拉金（左 1）、巴拉金夫人（女，左 2）、郭彤（女，左 3，王文克夫人）、徐礼白（女，右 1）。
后排：靳君达（左 1）、蓝田（左 2，时任国家建委城市建设局副局长）、王文克（左 3）、马霍夫（左 4，苏联工程专家）、高峰（右 4）、舒尔申（右 3，苏联公共事业专家）、索洛诺维奇（右 2，苏联水利专家）、曹言行（右 1，时任国家建委委员、城市建设局局长）。摄于巴拉金回国前（1956 年 5 月 31 日）。资料来源：王大喬提供。

如何使之与故宫建筑配合。

月底，做断面图。

市中心不能只看作是个广场，而应是个行政中心。

中轴线，次轴线，稳固。

市中心轮廓：原有的，加上若干高点。

原则：如何对待原有文化古物——文化遗产。

故宫为组成成分。尊重文化古物。

对天坛——次轴线对住宅。

天坛、先农坛之间，不打算建筑，用绿地。

高层建筑。故宫四周，五层。

在环路两边，七层。

个别高点，廿层左右。

重要路上两边高大些（80~100 米的路边）。

"四部"宿舍——和市中心联起，广场。

展览馆——80 公尺，西直门广场到科学院及展览馆路。

城市边缘，三层。平房、二层，尽量减少。

平均五层。

反对两种倾向：不修高层的倾向，不成理由；九至十五层，也不对。应以后再比，不是现在来比莫斯科，1936年平均五层，1952年十层。因过去决议已实现，社会经济条件允许了。苏维埃宫进行慢，因高层建筑技术不成熟，先建其他高层建筑，以掌握技术。

市中心建筑层数，平均层数五层，不夸张也不缩小。

城墙问题，如何对待文化古物，如无需要，即可不拆。绿地当中保留。部分地方可拆。给后代看封建。

非常重要问题，严肃对待，以后证明当否需要拆。

现代化街道问题，城墙布局不同，增加美观。

计算方法科学的，可以满足需要。

地下电车问题，如建，地面高度需修改。

地下中心站：放射路集中在一点，不好，应有小环。另搞个较大的环。环与放射路交叉点，可设小站。减少放射路因为有环。

工作中弱的环节：缺少经济资料。倒①过来算，假设性大些。没办法，这样可以。工业②最主要。

第一期建设计划图，比［远景规划］总图现实性还大。③

巴拉金的这次谈话，很大部分内容集中在城市中心及其建筑艺术问题上，因为"市中心，最重要，城市的核心"。巴拉金认为"市中心广场，天安门最切当"，因为它处在城市"两条轴当中，稳固地连在一起"，同时，"市中心不能只看作是个广场，而应是个行政中心"。

对于天安门广场地区建筑轮廓的规划设计，巴拉金提出利用"原有的"建筑、"加上若干高点"的思路，这就涉及如何对待原有文化古物——文化遗产的问题。巴拉金主张"故宫为组成成分。尊重文化古物""天坛、先农坛之间，不打算建筑，用绿地"。

对于城墙问题，巴拉金的立场是："城墙问题，［涉及］如何对待文化古物，如无需要，即可不拆。绿地当中保留。部分地方可拆。给后代看封建"，这是"非常重要问题，［应］严肃对待，以后证明当否需要拆"，同时，"现代化街道问题，城墙布局不同，增加美观"。

这次谈话时，巴拉金也明确指出了当时规划工作存在的主要缺陷："工作中弱的环节：缺少经济资料。"——在国民经济发展及工业建设等方面的经济资料较为缺乏的情况下，当时的规划工作采取将城市人口规模设定为500万，其他各方面指标据此倒推的技术方法，"倒过来算，假设性大些"。这也是当时

---

① 原稿为"到"。
② 原稿为"叶"。
③ 郑天翔. 1953年工作笔记［Z］. 郑天翔家属提供. 1953.

的一种无奈之举，"没办法，这样可以"。

谈话的最后，巴拉金还提出，应重视"第一期建设计划图"，因为它"比[远景规划]总图现实性还大"。

6.5 北京市委的讨论及规划文件的准备

在巴拉金的技术援助下，北京市规划工作得以顺利及相对快速的推进。随着规划成果的逐步提出和不断完善，1953年9—10月，中共北京市委曾多次召开会议，对北京市规划方案及有关问题进行研究和讨论。

1953年9月29日，中共北京市委会议讨论北京市规划。据郑天翔工作笔记，关于规划文件，基本认识是："迟、长、赶。赶不上工作需要。"[1] 在该日的笔记中，还记录了北京市委对规划工作缺陷的认识，并提出了下一步工作的基本思路：

二、规划之弱点：

1. 缺乏工业发展计划，中央，学校。

2. 估计。从500万[人口规模]倒推算，缺乏真实的基础，主观成分大，但基本方法对。今后实施，可能出入甚多。

3. 现状。尽可能照顾，但难免有违反现状之处。

实行起来经济性，没研究，困难是不少。二三十年，不可能实现。但三五十年，更难估计、设想。主要是为决定基本方向，基本轮廓。决定后，百十年内大体也定了。

4. 出发点：首都，大工业一定要有。

且第二个"五年计划"、第三个["五年计划"]就有不少。否则，文章没做头。非生产首都，如此假定不对，否则全部皆输。

三、下一步如何办：

市委审查。

区委有关局，党内研究。

送请中央，把基本方向、主要问题定一下，以便继续工作下去，否则下文难做。[2]

1953年10月16日，北京市委主要领导在谈当前工作时指出："都市规划：没有，被动"，他明确提出，应就有关规划成果"加以说明，报中央[审查]"。[3] 关于市政建设，市委领导提出"过去各局各自搞，

---

① 郑天翔. 1953年工作笔记[Z]. 郑天翔家属提供. 1953.

② 同上.

③ 同上.

不能从总规划出发。今年［应从］总体规划及当前发展需要定计划"。①

作为畅观楼规划小组的最高负责人，1953 年版北京城市总体规划的部分文件和规划说明是由郑天翔亲自起草或修改审定的。郑天翔的日记中，记录了 11 月下旬至 12 月上旬极为忙碌甚至疲惫不堪的状况：

11 月 18 日："连着几天都是三四点睡觉，写了报告，但是整个精神须推翻，因为是首都，而不是'尾都'。"

11 月 19 日："下午，苏联专家数人来看图，从两点半即开始。为了礼貌，汀②（图 6-10）给我刮了胡子，总算注意了这档子事，扣子也钉上了。"

11 月 20 日："我是昨夜三时睡觉的，为了工作，精神还能支持，这几天特别好，可能是打针的效果。""下午［苏联］专家到，讨论规划，请薛［子正］、佟［铮］、赵［鹏飞］皆参加了，意见已取得一致，现正突击文件。"

11 月 21 日："九时起床，王世光与二专家至，上午谈完，下午学习，晚上到畅观楼开会，开得很晚，刮起冷风。"

图 6-10 郑天翔与夫人宋汀在一起（1953 年）
资料来源：郑天翔家属提供。

11 月 22 日："下午到畅观楼办公，汀与易生③看动物园。"

11 月 25 日："从九时起来，一直工作至很晚，越紧张越高兴，有些不愉快的事，让它过去吧，主要是做好工作，一切再说。工作好才能学习好，在不断地提高自己中，求得某些问题迎刃而解。不躁，一定不躁。躁就是不坚强的表现，不老练的表现。""一连（［从早上］9［时到］夜晚四时）十九小时的工作，自己还说'不累'。但汀心里有点那个，说瘦了，眼圈已发黑。能持久吗？"

11 月 26 日："晚上六七小时又起来干，现在已干到夜里四点钟。会散了，又重新干一个事，几时完，不晓得。为了工作，没有话说，在突击中过日子，没明没夜，不眠不休。汀总在担心，愿意我工作得好，不放弃，但又怕我垮下来，说我不会休息，不能持久。"

11 月 27 日："我从昨晚六时以后，到今天晚上九时，没睡，工作已突击完。"

11 月 28 日："睡了十个小时觉，又重新审核一遍，早上、中午、下午又写了一些东西。"

11 月 30 日："这几天事情不多，所写东西尚未送出。"

12 月 7 日："这几天身体不好，精神不好。昨天忙一天，图即可送出，下周总会有结果了，急需

① 郑天翔. 1953 年工作笔记［Z］. 郑天翔家属提供. 1953.
② 宋汀，郑天翔之妻。
③ 郑易生，郑天翔长子。

这周讨论。"

12月8日："修改规划，至晨五点始睡。今晚拟整夜不眠，交出文件。""看完捷克戏①剧表演是十一点，又开始工作，可能干到明天上午十二点。"②

正是在12月8日的第二天，畅观楼规划小组的阶段性工作成果——1953年版《改建与扩建北京市规划草案》的全部文件，终于宣告完成了。

---

① 原稿为"亲"。
② 郑天翔. 1953年日记［Z］. 郑天翔家属提供. 1953.

第 7 章

第一版《改建与扩建北京市规划草案》(1953 年)

经过几个月相对集中的高强度工作，畅观楼规划工作小组于 1953 年 11 月底制订出北京城市总体规划方案。"1953 年 7 月到 11 月，在畅观楼，规划小组编制北京市规划总图，做了七稿，包括总图、道路系统、道路宽度、河湖绿地以及中心区规划等规划图集。"①

1953 年 12 月 9 日，中共北京市委正式向中央呈报《关于改建与扩建北京市规划草案向中央、华北局的请示报告》：

> 兹送上我们关于改建与扩建北京市规划草案的报告、改建与扩建北京市规划草案的要点、关于改建与扩建北京市规划草案的说明并规划草图一份（共七张）。其中关于北京市发展的基本轮廓、道路系统以及主要干线的宽度，河湖绿地的布置方法，街坊建设的原则，及城市与周围郊区的关系等问题，由于酝酿已很久，各方面对此争论已很少，同时在城市建设方面，目前也亟需把它肯定下来。
>
> 其中关于中南海和天安门广场的具体规划，铁路、车站（特别是丰台编组站）、运河的具体位置，少数道路的宽度及东西长安街的具体定线，城市用水标准和水源，以及建筑层数的具体规定等问题，由于材料不足，而我们又十分缺乏知识和经验，尚需与各有关部门继续研究后，才能提出较成熟的意见。对古建筑物的处理，一向争论很多，须从长计议。这些问题对目前城市建设工作的影响还不很大，因此不必急于，同时也还很难一下肯定下来。
>
> 所提规划草案当否请示。②

这份请示报告表明，当时的规划工作中，部分内容（如城市发展的基本轮廓和道路系统等）是畅观楼小组经研究认为已经基本解决的，而部分问题（如天安门广场地区的规划等）则尚难定案。

---

① 文爱平. 李准：淡极始知花更艳 [J]. 北京规划建设，2008（2）：184–188.
② 中共北京市委. 市委关于改建与扩建北京市规划草案向中央、华北局的请示报告 [R] // 中共北京市委政策研究室. 中国共产党北京市委员会重要文件汇编（一九五三年）. 1954：45. 另见：中共北京市委. 关于改建与扩建北京市规划草案向中央、华北局的请示报告 [Z]. 北京市档案馆，档号：001–005–00090. 1953：1–2.

7.1　1953年畅观楼规划小组的主要成果

1953年12月9日北京市上报中央的材料有多个附件，其中除了7张规划图纸之外，还有3份文字报告，即《关于改建与扩建北京市规划草案向中央的报告》《关于改建与扩建北京市规划草案的要点》和《关于改建与扩建北京市规划草案的说明》。前一份报告的落款时间为1953年11月，后两份报告的落款时间均为1953年11月26日。这3份文字报告的性质，类似于今天的"规划工作报告""规划纲要"和"规划说明书（或规划文本）"。

在具有"规划工作报告"性质的《关于改建与扩建北京市规划草案向中央的报告》中，对1953年畅观楼小组规划工作的有关情况进行了简要的说明：

> 从一九四九年起，本市都市计划委员会即着手进行首都的规划工作。当时苏联专家阿布拉莫夫、巴兰尼克夫等同志曾提供许多宝贵意见，批判了"废弃旧城基础、另在西郊建设新北京"以及"北京不能盖高楼"等错误思想。几年来，都市计划委员会也做了许多准备工作，对北京的规划进行了多次讨论，并在今年春天，提出了两个规划草案。由于都市计划委员会的某些技术干部，有些受了资本主义思想或封建思想的影响，在有些问题上和我们改建与扩建首都的意见不一致，尤其是在对待城墙与古建筑物的问题上，各方面议论纷纷，分歧很大。为了及早制订一个规划方案，以适应首都建设的迫切需要，并为了在讨论与研究过程中避免引起一些无谓的争论，在今年六月下旬，我们又指定几个老干部，抽调少数党员青年技术干部，在党内研究这个问题。苏联专家巴拉金同志给了直接帮助，市府有关各局的党员负责干部都参加了研究，在都市计划委员会所提出的两个方案的基础上，制订了这个规划草案——这是第三次修正草案。①

在这份报告中，将1953年11月完成的《改建与扩建北京市规划草案》称为"第三次修正草案"。笔者认为，与这一称呼相对应的前两次规划草案，即1949年11月巴兰尼克夫提出的对于北京未来发展计划的建议，以及1953年春季完成的"甲、乙方案"。

正如第6章业已指出的，畅观楼小组完成的规划成果，是以"甲、乙方案"为基础的。"我们在研究制定新的方案时，也充分研究和吸收其好的构思。譬如，甲方案把放射线干道都引进到城内来，乙方案只把放射线干道引进到二环路上，避免了将大量交通量引入内城。我们就采用了乙方案的构思。"②（图7-1～图7-3）

---

① 这份文件在汇编刊出时有如下"编者按"备注信息："此件因编一九五三年文件汇编时遗漏，特此补登"，故此被编入1954年度的文件汇编。资料来源：中共北京市委政策研究室. 中国共产党北京市委员会重要文件汇编（一九五四年下半年）[R]. 1955：97-98. 另见：中共北京市委. 关于改建与扩建北京市规划草案向中央的报告 [Z]. 北京市档案馆，档号：001-005-00091. 1953：5-11.
② 张其锟 2018年3月20日与笔者的谈话。

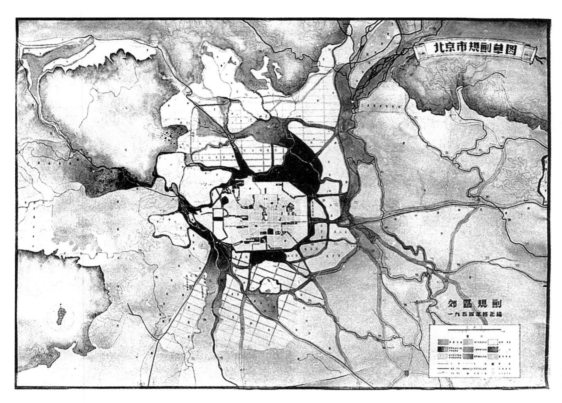

图 7-1　北京市规划草
图——郊区规划（1954
年修正稿，照片版）
资料来源：北京市城市规划
管理局．北京总体规划历史
照片（1949—1957）[Z]．北
京市城市建设档案馆，档号：
C3-141-5．1954：7．

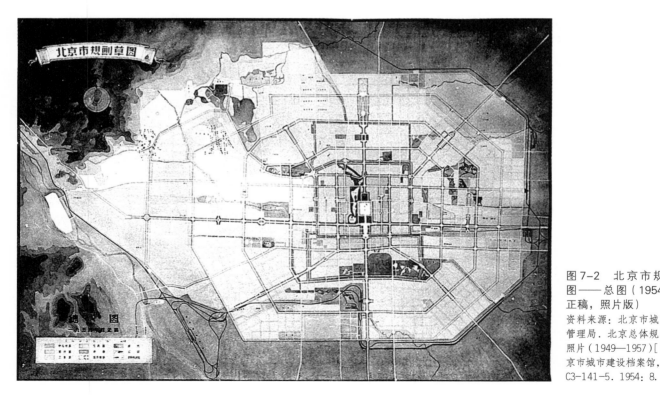

图 7-2　北京市规划草
图——总图（1954 年修
正稿，照片版）
资料来源：北京市城市规划
管理局．北京总体规划历史
照片（1949—1957）[Z]．北
京市城市建设档案馆，档号：
C3-141-5．1954：8．

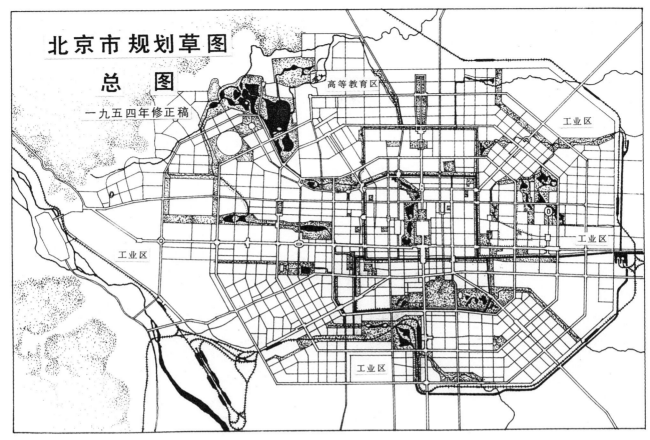

图 7-3　北京市规划草图——总图（1954 年修正稿，重绘版）
资料来源：董光器. 古都北京五十年演变录［M］. 南京：东南大学出版社，2006：29.

　　1953 年完成的规划成果，被冠以"改建与扩建北京市规划草案"之名，而非"北京城市总体规划"
或"北京城市初步规划"，这与当时国家对全国城市的分类有关。"一五"时期，我国依照城市建设活动
轻重缓急的不同，将全国各地的城市划分为有重要工业建设的新的工业城市、扩建城市、可以进行局部扩
建的城市和一般的中小城市等不同类型，"北京系首都特殊重要"而被单列①。当时，北京已经是一个人口
规模达两三百万的特大城市，城市建设与发展必须以旧城为基础加以合理改造，因而采取了"改建与扩建
相结合"的建设方针。

---

① 　1952 年 9 月，在中财委召开的首次全国城市建设座谈会上，将全国的城市划分为 4 种类型：重工业城市、工业比重较大的改建城市、工业
　　比重不大的旧城市和其他一般城市。其中"第一类为重工业城市"，包括"北京、包头、大同、齐齐哈尔、大冶、兰州、成都、西安八个城
　　市"。1953 年"一五"计划开始后，1954 年召开的全国第一次城市建设会议对全国的城市重新进行了分类排队，"除北京系首都特殊重要外"，
　　其他城市又被划分为 4 种类型：有重要工业建设的新的工业城市、扩建城市、可以进行局部扩建的城市和一般的中小城市，其中第一类"有
　　重要工业建设的新工业城市"具体包括西安、兰州、包头、洛阳、太原、武汉、大同和成都等 8 个城市。资料来源：［1］周荣鑫. 在中财委
　　召集的城市建设座谈会上的总结（摘要）［R］// 城市建设部办公厅. 城市建设文件汇编（1953—1958）. 北京，1958：34.［2］李富春. 在
　　全国第一次城市建设会议上的总结报告（记录稿）［R］// 城市建设部办公厅. 城市建设文件汇编（1953—1958）. 北京，1958：283.

7.2 首都规划的指导思想及主要原则

1953 年版《改建与扩建北京市规划草案》(以下简称 1953 年版北京总规)明确提出了按照社会主义城市原则进行改扩建的指导思想:

"北京是我国著名的古都,在都市建设及建筑艺术上,它一方面集中地反映了伟大中华民族在过去历史时代的成就和中国劳动人民的智慧,具有雄伟的气魄和紧凑、整齐、对称、中轴显明等优点;但另一方面,也反映了封建时代低下的生产力和封建的社会制度的局限性。它是在阶级对立的基础上发展起来的,它当初建设的方针完全是服务于封建统治者的意旨的","现在我们国家已进入有计划的经济建设时期。我们的首都也必须按照社会主义城市建设的原则,迅速制定总的规划,以便有计划地、有步骤地进行改建和扩建工作"。[1]

为此,规划明确提出:"首都建设的总方针是:为中央服务,为生产服务,为劳动人民服务,从城市建设各方面促进首都劳动人民劳动生产效率和工作效率的提高,根据生产力发展的水平,用最大努力为工厂、机关、学校和居民提供生产、工作、学习、生活、休息的良好条件,以逐步满足首都劳动人民不断增长的物质和文化需要。"[2]

在规划制订的过程中,该版北京总规遵循了 5 个方面的基本原则:"第一,城市必须是一个紧凑的、有机的、有中心的整体。""第二,城市各部分,包括工业区、住宅区、休养区、铁路、仓库等,必须按照便利生产和劳动人民的原则,按照经济和卫生的原则,作合理的分布。""第三,城市人口的分布和文化福利机构的设置,要适应居民的社会主义的集体主义的生活方式。""第四,城市的街道干路既要保证日益发达的交通不受阻碍,又要保证居民有充分的阳光和新鲜空气。""第五,社会主义城市应有相当数目的公园、绿地,并应有适当的河湖水面。"[3]

除了这些一般原则之外,《关于改建与扩建北京市规划草案的要点》还指出了规划工作中予以特别关注的几个问题:

第一,北京是我们伟大祖国的首都,必须以全市的中心地区作为中央主要机关所在地,使它不但是全市的中心,而且成为全国人民向往的中心。

第二,我们的首都,应该成为我国政治、经济和文化的中心,特别要把它建设成为我国强大的工业基地和技术科学的中心。现在北京最大的弱点就是近代工业基础薄弱,这是和首都的政治地位不相

---

[1] 中共北京市委政策研究室. 中国共产党北京市委员会重要文件汇编(一九五三年)[R]. 1954:46-52.
　　另见:中共北京市委. 关于改建与扩建北京市规划草案的要点[Z]. 北京市档案馆,档号:001-005-00092. 1953:12-20.
[2] 中共北京市委政策研究室. 中国共产党北京市委员会重要文件汇编(一九五三年)[R]. 1954:46-52.
[3] 中共北京市委政策研究室. 中国共产党北京市委员会重要文件汇编(一九五四年下半年)[R]. 1955:98-99. 另见:中共北京市委. 关于改建与扩建北京市规划草案向中央的报告[Z]. 北京市档案馆,档号:001-005-00091. 1953:5-11.

称的，是不利于首都的社会主义改造和建设工作的，也是不利于中央各工业部门直接吸取生产经验来指导工作的。因此，在制订首都发展的计划时，必须首先考虑发展工业的计划，并从城市建设方面给工业的建设提供各项便利条件。

第三，在改建和扩建首都时，应当从历史形成的城市基础出发，既要保留和发展它合乎人民需要的风格和优点，又要打破旧的格局所给予我们的限制和束缚，改造那些妨碍城市发展的和不适于人民需要的部分，使它成为适应集体主义生活方式的社会主义城市。我们应该而且必须在城市的布局及其艺术形式各方面都能反映生产力的巨大发展和日益高涨的科学、文化、技术水平，超越以往历史时代已达到的成就，并且为后代的发展尽可能留下充分的条件。

第四，对于古代遗留下来的建筑物，我们必须加以分析和批判，去其糟粕，保留其精华。对它们采取一概否定的态度是不对的；同时盲目崇拜封建遗产，一概保留古建筑，甚至使古建筑束缚了我们的手足的观点和做法，也是极其错误的。目前主要的倾向是后者。

第五，在改造道路系统时应尽可能从现状出发，但北京的房屋多数是年代较久的平房，因此也不应过多地为现状所限制。实际拆除旧建筑物，非在十分必要的情形下，可以从缓，但拟订规划时，应主要照顾目前发展的需要和将来发展的可能。在规划拟定后，可根据需要与可能，逐步拆除改建。

第六，北京缺乏必要的水源，气候干燥，有时又多风沙。在改建与扩建首都时，应采取各种措施，有步骤地改变这种自然条件，并为工业的发展，创造有利条件。[1]

7.3 《改建与扩建北京市规划草案》的主要内容

依据上述指导思想及规划原则，1953 年版北京总规从"北京市发展的规模""道路和广场系统""街坊建设的原则""河湖系统""绿化系统""铁路系统"和"公用事业"等 7 个方面，提出了改建与扩建北京的规划草案。

关于城市规模，规划提出"在二十年左右，首都人口估计可能发展到五百万人左右，北京市的面积必须相应地扩大至六万公顷左右"。[2]

规划提出将天安门广场地区作为城市中心区，并加以改建："把城市的中心区扩展到新街口—菜市口—蒜市口—北新桥这一环，作为中央、华北及市级的主要领导机关所在地，同时亦要有必要的服务性企业和住宅分布于其中。将天安门广场加以扩大，东起原东三座门，西到[3]原西三座门（现有十一公顷，扩大以后，要达到二十五公顷左右），在其周围修建高大楼房作为行政中心。将中南海往西扩大到西黄城根

---

① 中共北京市委政策研究室. 中国共产党北京市委员会重要文件汇编（一九五三年）[R]. 1954：46–52.
② 同上.
③ 原稿为"起"。

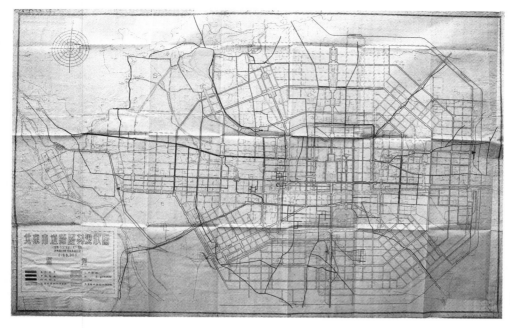

图 7-4　北京市道路园林现状图（1953年，图底采用规划草图，部分线条为规划线）
资料来源：畅观楼规划小组.北京市规划草图：道路宽度[Z].北京市城市建设档案馆，档号：C1-47-1.1953.

一线，作为中央主要领导机关所在地。"①

在城市功能分区方面，规划提出在东部、南部、西部及东北部等发展相应的工业区②，"西北部在清华大学、北京大学等高等学校所在地区，以科学院为中心发展成为文教区"，"以玉泉山、香山、八大处一带及其邻近地区作为主要休养区"，"为了供应城市的蔬菜、水果、乳类等，在郊区保有较大的农业基地，逐步建立具有新的技术条件的国营农场和农业生产合作社"。③

关于道路和广场系统，《市委关于改建与扩建北京市规划草案的要点》中的内容如下：

第二，道路和广场系统

一、历史上形成的北京道路干线，具有整齐、对称等优点；但千篇一律的棋盘式的道路使路程加长、道口增多，不适合于现代化城市的交通需要；加以道路过窄，小胡同过多，又有环城铁路、城墙等阻隔，使绝大部分交通量集中在几条干线上，严重地影响了首都的交通。因此，对原有道路必须适当地展宽、打通、取直，并增设环状路和放射路，以改善道路系统（图7-4、图7-5）。

二、为了便利中心区的交通，并使中心区和全市的各个部分密切联系：（1）将南北、东西两中轴线大大伸长和加宽（其一般宽度应不少于一百公尺）；（2）以新街口—菜市口—蒜市口—北新桥为

---

① 中共北京市委.关于改建与扩建北京市规划草案的要点[Z].北京市档案馆，档号：001-005-00092.1953：12-20.
② 规划提出："从现状出发，选定和扩大工业区：东部在现有一些小型工厂的地方，发展为轻工业和中小型重工业的工业区；南部在铁匠营一带，发展为有碍卫生和高度易燃性企业的工业区；西部在石景山钢铁厂及长辛店铁路工厂一带，发展为冶金和重型机械工业的工业区；东北部在酒仙桥附近，发展为以制造精密仪器和精密机械为主的工业区。在门头沟发展采煤区。此外，在通县以西至现在的北京市区，在良乡、密云等地区并拟保留大工业的备用地。凡于卫生无害的和与居民生活直接有关的中小工业，可保留在中心区及居住区内。"资料来源：中共北京市委政策研究室.中国共产党北京市委员会重要文件汇编（一九五三年）[R].1954：46-52.另见：中共北京市委.关于改建与扩建北京市规划草案的说明[Z].北京市档案馆，档号：001-005-00093.1953：39-48.
③ 中共北京市委政策研究室.中国共产党北京市委员会重要文件汇编（一九五三年）[R].1954：46-52.

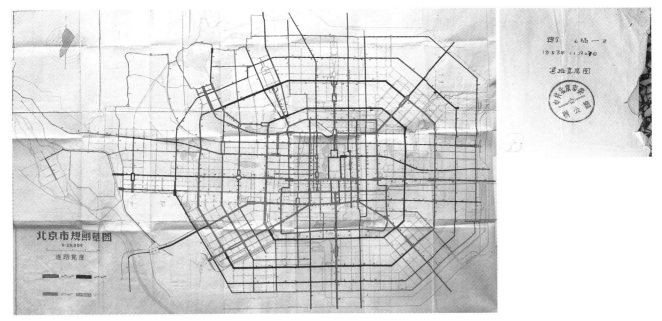

图 7-5　"北京市规划草图——道路宽度"（1953 年 11 月 27 日）及图纸背后的局部（右上角）
资料来源：畅观楼规划小组. 北京市规划草图：道路宽度［Z］. 北京市城市建设档案馆，档号：C1-47-1. 1953.

第一环路（内环），使它担负中心区地面交通的主要任务，其宽度应不少于九十公尺；从东直门、西直门、菜市口、蒜市口向外开辟四条放射干路，分别直达东北部工业区和民航机场并通往古北口，文教区及休养区，丰台及良乡，东南部工业区并通往天津，其宽度均应不少于七十公尺；（3）整顿中心区内部的道路，使东西南北至少各有六条干路，其宽度应不少于四十公尺；（4）把护城河展宽（将来把城墙拆除），并将其两岸发展成为美丽的滨河林荫大道。

　　三、为了紧密地组织市内交通与对外交通，并使城市的各部分能直接联系而又避免把最大的交通量都引到市中心来：（1）除内环及沿护城河环路外，再增设若干环路和辅助环路，其宽度一般为四十至九十公尺左右；（2）为了减少穿城而过的货运，在规划区的外围修筑一条主要用于货运的环路，并使其与天津、保定、通县、张家口、承德等城市来京的公路连接起来。

　　四、关于广场方面，除天安门中心广场外，再开辟东单、西单、菜市口、蒜市口、珠市口、八面槽等新的广场，在广场周围修建高层建筑。在环状路和放射路的交叉地方设置交通广场，并注意建筑上的装饰。①

1953 年版北京总规中，不乏一些前瞻性的考虑。以"公用事业"为例，规划提出："对于地下市政设施，应有统一的规划和设计，并应采取修建总的地下沟道的办法，把电灯、电话、电报线路和水管等都包括在内，以节约造价，避免互相冲突，并便于检查和修理。""为了提供城市居民以最便利、最经济的交通工具，必须及早筹划地下铁道的建设。""为了便利首都劳动人民的生活并改善城市的环境卫生，应及早考

---

① 中共北京市委政策研究室. 中国共产党北京市委员会重要文件汇编（一九五三年）［R］. 1954：46-52.

虑建立煤气供应系统。"①

关于河湖系统，规划认为"北京为严重缺水地区，河湖水面太小，现仅占五百多公顷，旧有运河淤塞，缺乏水上航运，居民及工业用水的水源，现已感严重不足；但在雨季（七、八月）洪水过大时某些地区又往往造成水灾。这种情况必须积极设法改善"，规划提出的应对措施中包括"以通惠河或萧太后河为基础开辟京津运河。另外，开辟市内运河，加宽并挖深护城河，使其直接为工业区服务，并运输建筑材料为首都基本建设服务"。②

在绿化系统方面，规划提出："在北京西北和北面的山地普遍建造大森林。在市区境界外围建立巨大的防护林带和防护林网，以防止风沙袭击，并作为污浊空气的过滤所和新鲜空气的贮藏所；在其间可设置森林公园、休养所、疗养院、别墅、少年先锋营及畜牧场、苗圃、花圃、菜园和果树园等。""为了实现首都的绿化建设，特别是改造北京干燥多风沙的气候，必须迅速设置专管机关，积极扩大苗圃，并采取近代化的办法大量植树。"③

早在近 70 年前，1953 年版北京总规提出的上述规划设想，与今天首都建设中经常特别强调的生态文明建设、城市综合管廊建设、煤改电和煤改气等指导思想，是一脉相承的。

具有规划说明书性质的《市委关于改建与扩建北京市规划草案的说明》，就北京规划的 8 个具体问题作了进一步的说明，包括：第一，关于人口的说明；第二，关于城市用地的说明；第三，关于道路广场系统的说明；第四，关于河湖系统的说明；第五，关于公园、绿地的说明；第六，关于铁路问题的说明；第七，关于水源及供电的说明；第八，关于规划草案与现状关系的说明。④

其中，第三部分"关于道路广场系统的说明"中有如下内容：

（三）广场除天安门广场外，扩大并开辟若干新的广场，如东单、西单、蒜市口、菜市口、新街口、北新桥、大六部口、灯市口西口、八面槽、钟鼓楼、汉花园、复兴门、建国门、永定门、科学院前、公主坟等广场及丰台、永定门、东郊的车站广场等。

开辟几个全市性的大运动场（初步规划有六个）。此外，西苑飞机场迁移后，拟在原地改建可容十万人的国际运动场。在昆明湖、什刹海、玉渊潭、紫竹院、莲花池、陶然亭、龙潭、水碓等处设水上运动场。

（四）天安门广场扩展后的范围，东至原东三座门、西至原西三座门，达二十五公顷左右。莫斯科的红场为四点九六公顷（一九三五年决定要扩大一倍），计划中的苏维埃宫广场为五十公顷（据巴拉金专家谈：其中包括广场内的苏维埃宫等建筑物及河流）。巴黎最大的"调和广场"为四点二八公

① 中共北京市委政策研究室. 中国共产党北京市委员会重要文件汇编（一九五三年）[R]. 1954：46–52.
② 同上.
③ 同上.
④ 同上：52–59.

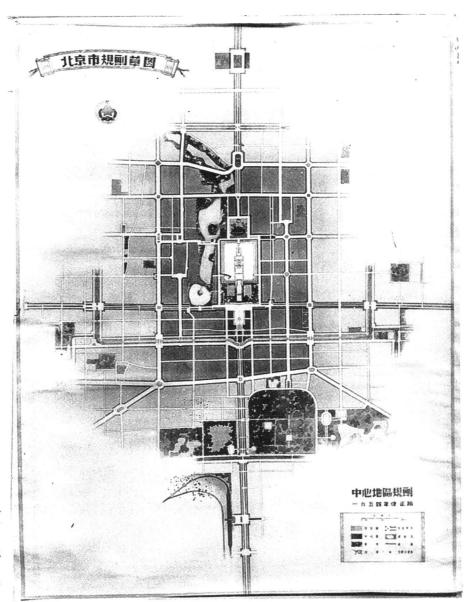

图 7-6　北京市规划草图——中心
地区规划（1954 年修正稿，照片
版）
资料来源：北京市城市规划管理局. 北
京总体规划历史照片（1949—1957）
[Z]. 北京市城市建设档案馆，档号：
C3-141-5. 1954: 7.

顷，意大利威尼斯"圣玛克广场"为一点二八公顷。

关于天安门广场的布局，我们这次提出三个意见：一是在中华门原址修建类似苏维埃宫的中央大
厦；二是不要这建筑；三是将这建筑规模缩小，将广场东西口的建筑物后退，扩大广场，自玉带河开
两条小河穿过广场，注入前三门护城河（这样，广场本身就有三十公顷左右）。但对这个问题各方意
见甚多，须从长计议。现在只决定在将来可能划入广场范围内的地区中，暂不兴建永久性的建筑。

中南海往西扩展到西黄城根，作为中央主要领导机关所在地，其内部规划留待以后研究。图中所
表示府右街西这一轴线，是苏联专家所建议之建筑轴线，不是交通干道。将来应如何布置，须另行规
划（图 7-6）。

图 7-7　苏联苏维埃宫入选方案

注：1930 年代苏联曾组织苏维埃宫设计竞赛，在征集到的 272 个建筑方案中，设计师鲍里斯·伊奥凡提出的设计方案脱颖而出，其最为独特的结构是——"摩天大楼顶部有列宁雕像"。苏维埃宫的建造开始于 1937 年。如果成功建造，它将成为世界上最高的建筑物（415 米）。事实上，由于德国入侵而停止。1942 年最初的钢铁建筑结构被拆除，用于战争防御和桥梁建设。

资料来源：http://www.darkroastedblend.com/2013/01/totalitarian-architecture-of-soviet.html.

长安街从东单到西单，宽一百至一百二十公尺，其中从南池子到南长街一段，宽一百至一百五十公尺，这样，两个半小时内可通过游行的群众一百二十万人，但这个宽度是否适宜，还可进一步研究。[①]

在上述文件中，将"两个半小时内可通过游行的群众一百二十万人"，作为确定长安街宽度的规划依据，这是当时推进社会主义城市建设的一项重要规划内容，没经过那个年代的人们恐怕很难理解。由此，也可显见 1953 年版北京总规十分鲜明的时代特征。

除此之外，最引人关注的还有关于天安门广场规划布局的 3 种意见，其中包括"在中华门原址修建类似苏维埃宫的中央大厦"。这是一个相当大胆且鲜为人知的设想，也有着深刻的学习和借鉴苏联经验的时代烙印——正如 1954 年借鉴莫斯科的"苏联国民经济成就展览馆"而修建苏联展览馆（1958 年改名为北京展览馆）一样。苏维埃宫是苏联于 1930 年代计划修建的一个超高层建筑（高达 415 米，超过当时世界上所有建筑，仅顶部列宁像就有 75 米高，图 7-7、图 7-8），由于种种原因而未能建成。但苏联仍有不少风格与之类似的建筑物。

中华门，即北京皇城的正南门（明代称大明门，清代称大清门），它与正阳门、天安门不同，不是城楼，而是一座单檐歇山顶的砖石结构建筑，原址在正阳门北侧，今人民英雄纪念碑以南，1976 年在该址

---

① 中共北京市委政策研究室. 中国共产党北京市委员会重要文件汇编（一九五三年）[R]. 1954：55-56.

图 7-8 苏联《城市规划与建设》杂志 1934 年第 3 期封面（左）及其刊载的关于苏维埃宫设计介绍论文的一页（右，苏维埃宫剖面图）
资料来源：李文墨提供。

图 7-9 首都规划工作者在华北城市建设展览会上介绍北京市规划方案（1954 年 6 月）
注：照片中间正在介绍规划方案者为钱铭（畅观楼规划小组成员）。
资料来源：北京城市规划学会. 岁月影像：首都城市规划设计行业 65 周年纪实（1949—2014）[R]. 北京城市规划学会编印，2014：96.

修建了毛泽东纪念堂。

1953 年版北京总规制订完成后，曾于 1954 年初研究制订天安门地区改建规划，当时提出 10 多个规划方案，并于 1954 年 6 月在华北城市建设座谈会期间举办了规划展览（图 7-9）。透过当时完成的多个规

图7-10　北京天安门广场地区1953年现状模型（东南方向鸟瞰，1954年6月展出）
注：人民英雄纪念碑于1949年9月30日奠基，1952年8月1日开工，当时作为现状条件表达，实际尚未建成（1958年4月22日建成，5月1日正式揭幕）。
资料来源：郑天翔家属提供。

图7-11　北京天安门广场地区改建规划模型——第十方案（东南方向鸟瞰，1954年6月展出）
资料来源：郑天翔家属提供。

划设计方案（图7-10~图7-14），我们可以直观体会到早年对于天安门广场规划的各种截然不同的大胆设想及艺术形象设计。

图 7-12　北京天安门广场地区改建规划模型——第十一方案（东南方向鸟瞰，1954年 6 月展出）
资料来源：郑天翔家属提供。

图 7-13　北京天安门广场地区改建规划模型——第十三方案（东南方向鸟瞰，1954年 6 月展出）
资料来源：郑天翔家属提供。

图 7-14　北京天安门广场地区改建规划模型——第二方案（西北方向鸟瞰，1954年6 月展出）
资料来源：郑天翔家属提供。

图 7-15　中共北京市委向中央呈送《北京市第一期城市建设计划要点（1954—1957 年）》的报告（1954 年 10 月 16 日）

注：右图中右侧手迹为郑天翔批示。

资料来源：中共北京市委. 市委报送北京市第一期城市建设计划要点的报告［Z］. 北京市档案馆，档号：001-005-00122. 1954. 另见：北京市档案馆，中共北京市委党史研究室. 北京市重要文献选编（1954 年）［M］. 北京：中国档案出版社，2002：657-660.

7.4 《北京市第一期城市建设计划要点（1954—1957 年）》

在 1953 年版北京总规成果制订完成后，1954 年上半年，畅观楼规划小组又投入大量精力，于 1954 年 5 月制订出《北京市第一期城市建设计划要点（1954—1957 年）》。该要点经有关部门讨论，中共北京市委审查同意，于 1954 年 10 月 16 日上报中央（图 7-15）：

中央：

现将北京市第一期（一九五四年—一九五七年）城市建设计划的要点和附图送上，请审阅批示。

过去几年内由于我们在城市建设方面缺乏经验和必要的各种基本资料，还来不及制定改建与扩建北京市的总规划，而逐年建筑任务又大，计划又不统一，甚至根本没有一个通盘计划，致几年来城市建设形成了极端分散的局面。第一期城市建设计划的着眼点，就是极力限制盲目扩展市区，逐步扭转这种分散局面。但由于中央各部门在北京的建筑任务很大，且系逐年决定，加上每年的任务又决定得很迟，今后几年内到底有多少建筑，都还未定，因而在制定第一期城市建设计划时，许多问题还是估计的，缺乏科学依据，还需要在执行中逐步修正。市政工程的计划，也由于上述原因及技术力量和经验都不足，在执行中也可能有更多的修正。

中共北京市委

一九五四年十月十六日 [1]

---

[1]　中共北京市委. 市委报送北京市第一期城市建设计划要点的报告［Z］. 北京市档案馆，档号：001-005-00122. 1954.

《北京市第一期城市建设计划要点（1954—1957年）》（以下简称《北京第一期要点》）包括"第一期城市建设的方针""第一期城市建设计划要点（一九五四年——一九五七年）"和"逐步实现统一规划、统一建设、统一设计的原则"等3部分内容。

在第一部分中，《北京第一期要点》明确北京第一期城市建设的方针主要是："第一，极力避免盲目扩大市区的局面。""第二，必须对城区实行重点改建的方针。""第三，新的建设必须与总规划相适应，尽可能停止或少建与总体规划相矛盾的临时性建设。""第四，市政建设在为生产服务，为劳动人民服务，为中央服务的总方针下，首先应着重在工业区进行必要的重点建设；其次在房屋建筑最多、需要最为迫切而又可能的地区，进行建设。""第五，必须按照社会主义城市建设的原则，把城市当作一个统一的整体，根据技术条件和实际需要，分别轻重缓急，逐步实现统一的有计划的设计和建设"。①

第二部分是《北京第一期要点》的核心内容，具体包括重点建设和建筑管理的计划、天安门广场改建、增设电源及引水计划、市政设施计划等4个方面，其中第一个方面的部分内容如下：

（一）关于重点建设和建筑管理的计划

1. 关于工业区的建设方面：根据初步材料，在一九五四年至一九五七年的一千万平方公尺左右的新建筑中，工厂建筑（厂房、仓库及其他附属建筑）大约占百分之十左右。中央在京新建、扩建的工厂，厂址均已选定。地方国营工厂大部在东部工业区内进行建厂，其他于卫生无害的、与居民生活直接有关的中小工厂，仍可在城内及住宅区内设置。依此情况，东北部工业区及东部工业区应成为第一期建设的重点地区。市政设施及绿化计划应紧密配合工业建设，首先在东北部及东部工业区营造防护林，在靠近工人住宅区的东北放射干线、京通路（一段）及日坛附近等处，大量种植树木，以改善其环境。中小学校、商店、合作社、医院、电影院、运动场等文化福利设施，亦应尽先在集中发展的工业区设置。

关于工厂的建筑高度和用地定额，应根据生产技术的需要，按苏联专家或其主管机关提出的意见商定。工人住宅原则上应在工厂附近的住宅区内集中地成片、成街地发展，并应在东北部及棉纺厂地区，按照社会主义的城市建设原则，试建新的住宅街坊。工业区住宅建筑的高度一般应以四、五层为主，有的可建三层，建筑基地应占用地的百分之二十五左右。

2. 关于高等学校建设：今后数年内各高等学校主要是完成其建校计划。其他新建院校，可在已建院校附近、有市政设施的地区建筑，也可在城区或规划的住宅区内适当地点建筑，而不必都集中到文教区。其建筑高度一般应不低于四、五层；建筑基地应占用地的百分之二十至二十五（运动场用地另加）。

3. 关于机关办公楼、宿舍、招待所、大旅馆、大饭店等建筑的布置，应首先考虑与重点改建城

---

① 中共北京市委. 市委报送北京市第一期城市建设计划要点的报告［Z］. 北京市档案馆，档号：001-005-00122. 1954.

区的计划相结合。城区在相当时期内应以东西长安街（首先在复兴门到西单，建国门到东单的范围内改建一面）及正阳门大街、永定门内大街（首先在永定门到天桥一段的两边改建）为重点，尽可能集中改建，形成新的街道，并建成林荫大道。有些中央机关可在东西长安街一线建筑，和城外集中新建的地区联系起来。这里的建筑高度，一般应不低于八、九层。其次，在地安门内大街两旁继续修建五到七层楼房，在虎坊路及永安西路等地修建一部分四到六、七层的楼房，形成新的街道或新的街坊。其余必须在城外者，应尽量在现有建筑较多的地区进行建筑，如新街口豁口外大路两旁、复兴门外阜西大路以东地区等。这些地区的建筑高度一般应以四、五层为主，有条件者可适当提高层数。办公用房的建筑基地一般应占用地的百分之二十五至三十，住宅建筑一般应占用地的百分之二十五左右，在提高层数的条件下，可降低建筑密度。

为避免过早扩大市区的局面，对一般机关办公、宿舍用房，拟不再拨给保留地；并适当收回一部分已经拨出的、在最近不进行建筑的保留地，由市政府重新分配。

……①

7.5 巴拉金对 1953 年版北京总规的贡献

7.5.1 1953 年版北京总规的划时代意义

综上所述，1953 年下半年由中共北京市委畅观楼规划小组完成的《改建与扩建北京市规划草案》，是一份按照"社会主义城市"原则对北京进行改建和扩建的规划成果，其根本目标是要建设一个社会主义的新北京。

尽管畅观楼小组在有关文件中将 1953 年底完成的规划成果称为 1949 年以后北京城市规划的"第三次修正草案"，但是，在北京城市规划历史上，特别是数十年后的今天，北京规划系统却比较一致地将该版规划成果称为首都北京的第一版城市总体规划。

之所以如此，主要有两个方面的原因。其一，1953 年畅观楼小组的规划工作，突破了之前被穆欣所批评的由北京都委会来单一主导或以建筑师思维进行规划设计的工作模式，较为全面地整合和融入了北京市各有关部门以及国家有关部委的技术力量和专业研究，是第一次综合、系统、开放的规划工作，这也是其与 1953 年春完成的"甲、乙方案"的主要区别；其二，就 1953 年版《改建与扩建北京市规划草案》的有关技术文件而言，在规划成果内容、数量及规范性等方面，基本上达到了当时国家要求的"初步规划"的深度，是第一次较为正式地制订出的规范性规划成果，这也是其较 1949 年 11 月巴兰尼克夫所提有关规划建议相比而更进一步的重要差别。

从规划史回顾的视角来看，1953 年版北京总规还有另一项更显实践价值的重要贡献，即为首都北京

---

① 中共北京市委. 市委报送北京市第一期城市建设计划要点的报告［Z］. 北京市档案馆，档号：001–005–00122. 1954.

数十年来的城市建设和发展奠定了基本的框架，这一点尤其表现在规划成果所确定的道路系统和路网格局方面。正如赵知敬所言："这一版规划方案对城市性质、规模、布局作了较为完善的阐述，形成了北京城市总体规划的雏形……在第一个"五年计划"期间，北京的城市建设基本上是按此方案进行的。"①

7.5.2　巴拉金的作用和贡献

正如第 6 章所指出的，畅观楼规划小组早在 1953 年 7 月已经成立，但其成立之初的一段时间内，规划工作却并不能切实展开和顺利推进。正是在规划工作陷入困境的情况下，苏联专家巴拉金加盟到畅观楼小组。也正是由于获得了巴拉金的指导和帮助，畅观楼小组的规划工作才逐渐步入正常推进的健康轨道。由此可见，巴拉金是 1953 年下半年畅观楼小组的规划工作得以真正启动的一个核心人物，对规划工作的开展发挥了十分重要的指引性、导向性的推动作用。

不仅如此，巴拉金还比较深入地介入畅观楼小组的规划工作，连续多次到畅观楼工作，及时听取规划工作汇报，进行现场指导，基本实现了规划工作的全程跟踪。通过这样"手把手"的指导和及时纠偏，使北京城市规划工作者在具体的规划设计工作中将苏联城市规划理论、方法和经验加以实际的应用，增强了规划"实战"的能力。可见，巴拉金的技术援助，使畅观楼小组的规划工作按照科学的步骤稳步推进，并使有关规划成果基本上实现了技术层面的规范化。

除此之外，巴拉金的技术援助工作，还使 1953 年版北京城市总体规划的设计方案增强了艺术性。

根据苏联的规划理论和经验，城市规划建设不仅需要有科学合理的用地布局，还要求城市规划总图的设计具有一定的艺术性，这也就是新中国建设方针"适用，经济，在可能的条件下注意美观"中所强调的"美观"问题。对于北京市规划而言，体现艺术性和美观要求的一个重要方面，即城市中轴线的规划设计。

在 1953 年版北京总规中，关于城市中轴线的规划设计，曾经做出过中轴线向北延伸的设计处理，而画出这一关键之笔的人物，正是苏联专家巴拉金。对此，亲历者李准曾回忆：

> 巴拉金大致了解北京有关历史、现状和预期发展等情况后，一天下午，他和我们一起研究北京城市规划总体构图。在他拿着铅笔思考勾画草图时，出乎我们意料地画出了突破性的一笔——向北延伸城市原有中轴线到北郊。这打破"禁区"的一笔，使我们茅塞顿开，规划思路豁然开朗。这是找出了既保护好旧城原有格局又发展原有规划思想的关键所在。延长的中轴线成为新发展整个城市的脊梁，只此一着，全局皆活。我们都兴奋异常，夜不能寐。②

李准认为，"巴拉金提出的延伸中轴线草图应是空前的"，经过数十年的规划建设实践，"证明了这个

---

①　赵知敬 2018 年 3 月 22 日与笔者的谈话。
②　李准. "中轴线"赞：旧事新议京城规划之一［J］. 北京规划建设，1995（3）13–15.

规划思想是正确的，也是北京城市总体规划布局的一大特色"，其对北京城市总体规划的意义主要体现在如下方面："（一）它是对旧中轴线的完美继承——包括其'形'及其'神'；（二）为我们启示了整个城市构架的新思想——中轴线是北京总体规划唯一的主干，它统帅着全局；（三）它为我们树立了城市总体规划完整性的信心；（四）它为城市其他部位的功能合理、构图完整、环境优美创造了继承传统的规划思路。"①

经巴拉金的大力帮助，由中共北京市委畅观楼小组完成的1953年版北京总规，尽管具有十分重要的划时代意义，规划内容也达到了一定的深度，但在当时有限的工作条件下，以及十分紧张的时间内，必然也会存在一些缺点或不足之处。由此，也就引发了国家有关部门在首都规划问题上的分歧和争论。

---

① 李准. "中轴线" 赞：旧事新议京城规划之一 [J]. 北京规划建设，1995（3）13-15.

国家计委和北京市的
不同意见

中共北京市委于 1953 年 12 月 9 日向中央呈报《改建与扩建北京市规划草案》成果后，中央将有关规划文件批交国家计委进行审查研究。与此同时，北京市又完成了《北京市第一期城市建设计划要点（1954—1957 年）》，并于 1954 年 10 月 16 日向中央呈报，中央又将该文件批交国家计委及新成立的国家建委①共同研究和审查。

在国家计委和国家建委对北京市规划文件进行审查的过程中，曾经召开过一些专门的座谈会，并向有关苏联专家征求了意见。然而，在相当长的一段时间内，北京市规划却并没有获得中央的正式批复。其中缘由，主要是国家计委关于首都规划的某些原则问题与北京市存在一些不同的意见。

8.1 北京市 1954 年 10 月呈报的规划修正案

1953 年版《改建与扩建北京市规划草案》向中央呈报后，迟迟没有音讯。在此情况下，中共北京市委于 1954 年 9 月前后组织有关人员，对 1953 年版规划成果作了进一步的修订，并于 1954 年 10 月 24 日将修订后的规划草案再次向中央呈报（图 8-1）。中共北京市委在向中央的请示报告中指出：

> 中央：
>
> 改建与扩建北京市规划草案的要点及其说明，以及我们制定这个规划草案的经过及其所依据的一些原则，已于去年十一月底②报请中央批示。此后，我们又据此制定了第一期（一九五四年到一九五七年）城市建设计划和一九五四年建设用地计划。最近，我们又根据半年多实践的经验，对规划草案做了一些小的修改。现将修改的说明和修改后的规划草图、规划要点和说明一并送上，请中央

① 1954 年成立的国家建设委员会于 11 月 8 日正式开始办公。资料来源：国家建设委员会. 国家建委党组关于国家建设委员会的任务、组织和干部问题的请示［Z］. 中央档案馆，档号：114-1-254. 1955. 另见：中国社会科学院，中央档案馆. 1953—1957 中华人民共和国经济档案资料选编（固定资产投资和建筑业卷）［M］. 北京：中国物价出版社，1998：47-48.

② 此处时间有误，1953 年中共北京市委向中央呈报改建与扩建北京市规划草案的时间为 12 月 9 日。

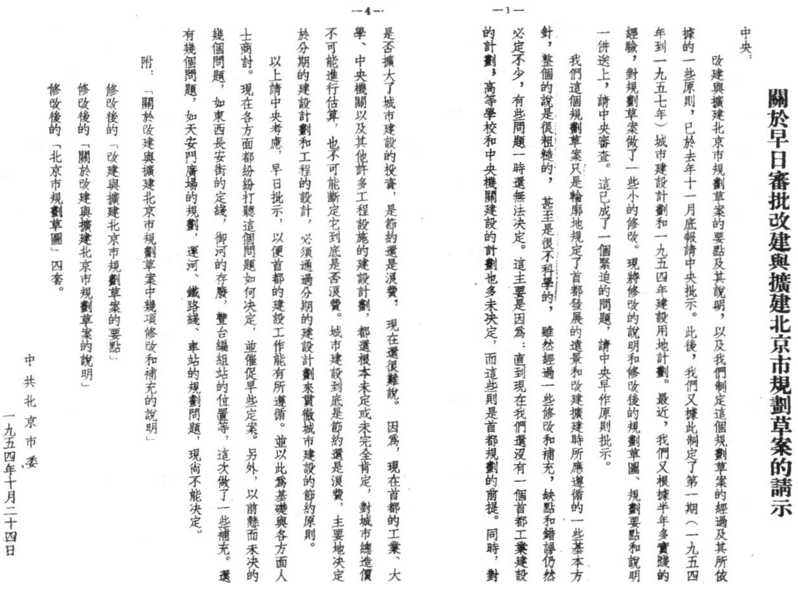

图 8-1　中共北京市委向中央呈报修订后的改建与扩建北京市规划草案的请示报告（首尾页，1954 年 10 月 24 日）

资料来源：中共北京市委. 北京市委关于改扩建北京市规划草案向中央的报告及有关文件〔Z〕. 1954. 北京市档案馆，档号：131-001-00010. 另见：北京市档案馆，中共北京市委党史研究室. 北京市重要文献选编（1954 年）〔M〕. 北京：中国档案出版社，2002：698-701.

關於早日審批改建與擴建北京市規劃草案的請示

中央：

改建與擴建北京市規劃草案的要點及其所依據的一些原則，已於去年十一月底報請中央批示。此後，我們又據此制定了第一期（一九五四年至一九五七年）城市建設計劃和一九五四年建設用地計劃。最近，我們又據半年多實踐的經驗，對規劃草案做了一些小的修改，現將修改後的說明和修改後的規劃草案要點和說明一併送上，請中央審查。這已成了一個緊迫的問題，請中央早作原則批示。

我們這個規劃草案只是輪廓地規定了首都發展的遠景和改建擴建時所應遵循的一些基本方針，整個的說是很粗糙的，甚至是很不科學的，雖然經過一些修改和補充，缺點和錯誤仍然必定不少，有些問題一時還無法決定。這主要是因為：直到現在我們還沒有一個首都工業建設的計劃；高等學校和中央機關建設的計劃也多未決定，而這些則是首都規劃的前提。同時，對

—1—

—4—

是否擴大了城市建設的投資，是節約的還是浪費，現在還很難說。因為，現在首都的工業、大學、中央機關以及其他許多工程設施的建設計劃，都還根本未定或未完全決定，對城市總造價不可能進行估算，也不可能斷定它到底是節約還是浪費。城市建設到底是節約還是浪費，主要地決定於分期的建設計劃和工程的設計，必須通過分期的建設計劃來實現城市建設的節約原則。

以上請中央考慮，早日批示，以便首都的建設工作能有所遵循。並以此為基礎與各方面人士商討。現在各方面都紛紛打聽這個問題如何決定，並催促早些定案。另外，以前懸而未決的幾個問題，如東西長安街的定線，御河的存廢，豐台編組站的位置等，這次做了一些補充。還有幾個問題，如天安門廣場的規劃，運河、鐵路線、車站的規劃問題，現尚不能決定。

附：「關於改建與擴建北京市規劃草案中幾項修改和補充的說明」

修改後的「改建與擴建北京市規劃草案的要點」

修改後的「關於改建與擴建北京市規劃草案的說明」

修改後的「北京市規劃草圖」四套。

中共北京市委

一九五四年十月二十四日

审查。这已成了一个紧迫的问题，请中央早作原则批示。

我们这个规划草案只是轮廓地规定了首都发展的远景和改建扩建时所应遵循的一些基本方针，整个的说是很粗糙的，甚至是很不科学的，虽然经过一些修改和补充，缺点和错误仍然必定不少，有些问题一时还无法决定。这主要是因为：直到现在我们还没有一个首都工业建设的计划；高等学校和中央机关建设的计划也多未决定，而这些则是首都规划的前提。同时，对一些城市建设的重大问题，我们又极其缺乏经验。但首都房屋建筑的规模愈来愈大，如果没有一个基本的发展方向和大体的规划，就会使建设工作无所遵循，搞得很乱，招致严重的浪费和损失，而愈来愈陷于被动。因此，急需把首都发展的方向和城市建设中的一些主要问题，早日定下来。哪怕是很粗糙的和不大正确的，总比没有好……①

请示报告最后强调："以上请中央考虑，早日批示，以便首都的建设工作能有所遵循。并以此为基础与各方面人士商讨。现在各方面都纷纷打听这个问题如何决定，并催促早些定案。另外，以前悬而未决的几个问题，如东西长安街的定线，御河的存废，丰台编组站的位置等，这次做了一些补充。还有几个问题，如天安门广场的规划，运河、铁路线、车站的规划问题，现尚不能决定。"②

与这份请示报告同时呈报的，还有 3 个附件，分别是《关于改建与扩建北京市规划草案中几项修改和补充的说明》、修改后的《改建与扩建北京市规划草案的要点》、修改后的《关于改建与扩建北京市规划草案的说明》，及修改后的《北京市规划草图》四套。

---

① 中共北京市委政策研究室. 中国共产党北京市委员会重要文件汇编（一九五四年下半年）〔R〕. 1955：90-97.

② 同上.

市委關於討論北京市規劃草案問題的通知

一九五四年十一月

「關於改建與擴建北京市規劃草案的報告」、「關於改建與擴建北京市規劃草案的說明」、「關於改建與擴建北京市規劃草案的要點」、「關於北京市第一期城市建設計劃要點的報告」、「北京市第一期城市建設計劃要點」和「關於改進北京市房屋建築問題的意見」等文件均已報請中央審查批示。在中央尚未最後批示以前，特將這幾個文件刊登黨刊，在黨內廣泛徵求意見。各區區委、各黨組、各廠鑛企業和高等院校、中等學校中的黨組織，均可在黨內討論，暫不在黨外討論。討論中的意見應綜合整理，於一九五五年一月底以前書面報告市委，以便對改建與擴建北京市總的規劃及第一期城市建設計劃作進一步的修改。

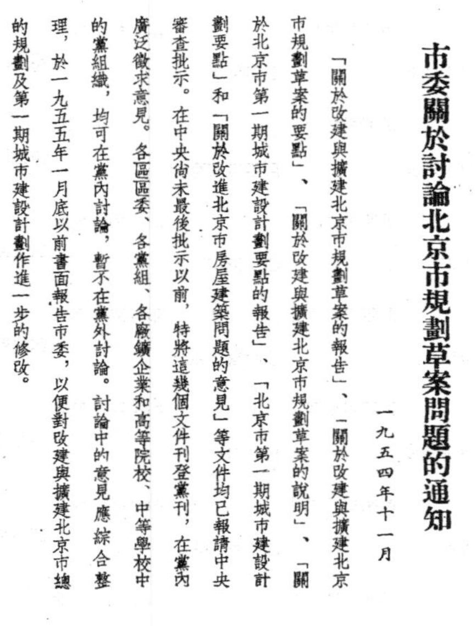

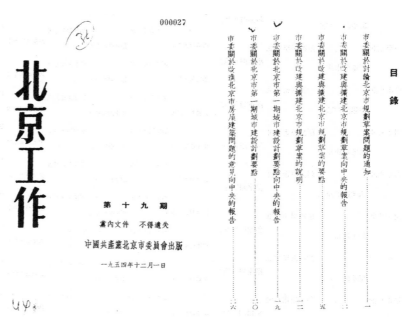

图 8-2　中共北京市委关于在党内讨论北京市规划草案的通知（1954 年 11 月）

资料来源：中共北京市委．北京市委关于改扩建北京市规划草案向中央的报告及有关文件［Z］．北京市档案馆，档号：131-001-00010．1954．

000027

北京工作

第十九期

黨內文件　不得遺失

中國共產黨北京市委員會出版

一九五四年十二月一日

目錄

图 8-3　中共北京市委党刊《北京工作》第十九期封面及目录（1954 年 12 月 1 日出版）

资料来源：中共北京市委．北京市委关于改扩建北京市规划草案向中央的报告及有关文件［Z］．北京市档案馆，档号：131-001-00010．1954．

将这几份附件与 1953 年 12 月呈报的附件仔细对照，可以发现，第二和第三份文件是以 1953 年 11 月完成的文件为基础，局部有所修订，两者的主体内容是基本一致的。1954 年 10 月呈报文件最显著的变化是第一份附件《关于改建与扩建北京市规划草案中几项修改和补充的说明》（以下以《1954 年规划修改说明》代称），它是中共北京市委于 1954 年 9 月 16 日最新起草的，重点说明了 1954 年规划修订工作中 8 个方面的具体内容：第一，关于石景山工业区的问题；第二，关于丰沙线在石景山一段的定线问题；第三，关于文教区的问题；第四，关于科学院的位置和西北部放射路问题；第五，关于道路系统的若干修改；第六，关于公园和绿地问题；第七，关于东西长安街的宽度和定线问题；第八，御河问题。①

1954 年 11 月，中共北京市委下发《市委关于讨论北京市规划草案的通知》（图 8-2），并将《改建与扩建北京市规划草案》的有关文件在党刊《北京工作》上刊登（图 8-3），在党内较广泛地征求意见。

8.2　国家计委和国家建委的审查意见

正是在中共北京市委向中央呈报《北京市第一期城市建设计划要点（1954—1957 年）》的同一天——

① 中共北京市委．市委关于改建与扩建北京市规划草案中几项修改和补充的说明［R］．中共北京市委政策研究室．中国共产党北京市委员会重要文件汇编（一九五四年下半年）．1955：92-97．另见：北京市档案馆，中共北京市委党史研究室．北京市重要文献选编（1954 年）［M］．北京：中国档案出版社，2002：701-708．

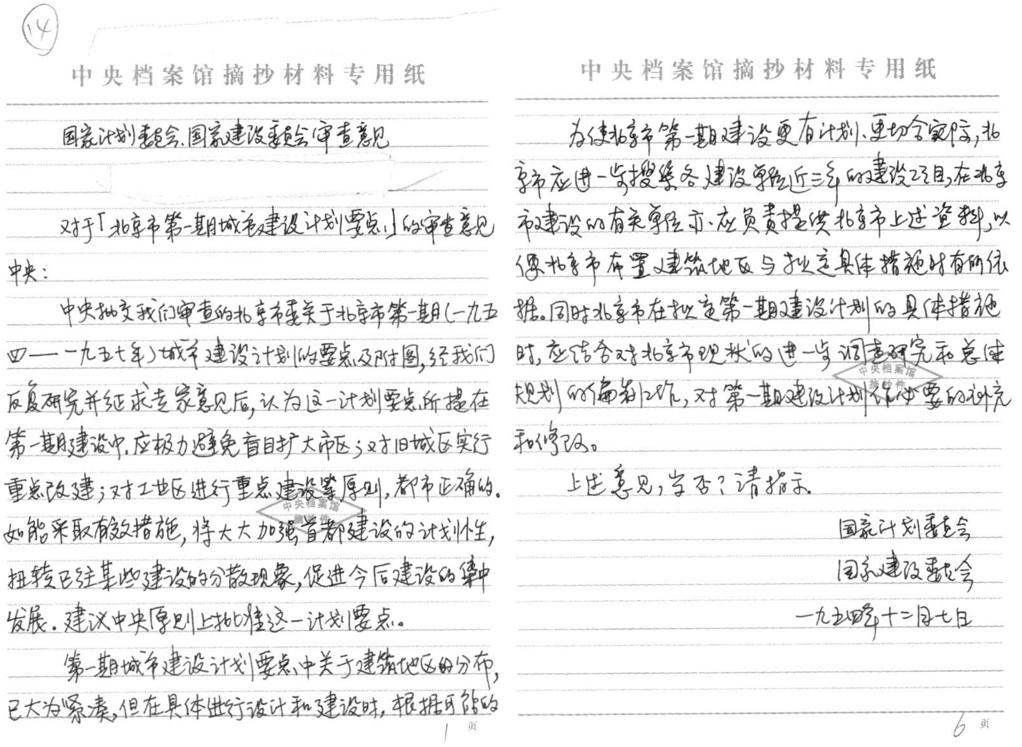

图 8-4 国家计委和国家建委《对于"北京市第一期城市建设计划要点"的审查意见》（手抄件，首尾页）

资料来源：国家计委，国家建委. 对于"北京市第一期城市建设计划要点"的审查意见 [Z]. 国家计委档案，中央档案馆，档号：150-2-131-1. 1954.

1954 年 10 月 16 日，国家计委也向中央呈报了一份报告，即《对于北京市委"关于改建与扩建北京市规划草案"意见的报告》。一个多月后，国家计委又和国家建委联名于 1954 年 12 月 7 日向中央呈报了《对于"北京市第一期城市建设计划要点"的审查意见》（图 8-4）。

国家计委和国家建委在《对于"北京市第一期城市建设计划要点"的审查意见》中明确指出："中央批交我们审查的北京市委关于北京市第一期（一九五四——一九五七年）城市建设计划的要点及附图，经我们反复研究并征求专家意见后，认为这一计划要点所提在第一期建设中，应极力避免盲目扩大市区；对旧城区实行重点改建；对工业区进行重点建设等原则，都是正确的。如能采取有效措施，将大大加强首都建设的计划性，扭转以往某些建设的分散现象，促进今后建设的集中发展。建议中央原则上批准这一计划要点。"①

同时，这份联名审查意见中还针对建筑地区分布如何再加集中和收缩等事宜提出了 4 个方面的具体措施建议。

对于具有近期规划性质的《北京市第一期城市建设计划要点（1954—1957 年）》，国家计委、国家建委和北京市的意见是基本一致的，情况相对比较简单。

但是，就城市总体规划性质的《改建与扩建北京市规划草案》而言，情况则要复杂得多。在《对于北

① 国家计委，国家建委. 对于北京市委"关于改建与扩建北京市规划草案"意见的报告 [Z]. 中央档案馆，档号：150-2-131-2. 1954.

京市委"关于改建与扩建北京市规划草案"意见的报告》的开篇，国家计委向中央报告如下：

中央：

谨将我们研究北京市城市规划的初步意见报告如下，请审阅。

（一）

北京市委在苏联专家帮助下，经过几年的准备工作，向中央提出了《关于改建与扩建北京市的规划草案》，这对于北京市今后有组织有计划地进行建设，将有重大的指导意义。

北京市委提出的首都建设的总方针和制定规划草案的各项原则，我们认为基本上是正确的。北京市的发展规模，区域的划分（如工业区、住宅区、对外交通和市中心等），道路系统，绿化系统，河湖系统，街坊建设的原则以及建立郊区的防护林带与郊外农业区等，除其中几个具体问题尚须考虑外，基本上也是合理的。我们建议中央原则上批准北京市委所拟的规划草案，作为北京市长远发展的目标和今后编制分期建设计划的基础。

至于中南海和天安门广场的具体规划、铁路车站的具体位置、地下铁道、运河、水源、城市用水标准、建筑层数和对古建筑物的处理等问题，一时不易肯定，同意由北京市委与有关部门继续研究后再报中央审批。①

如果仅从上述文字来看，国家计委对于1953年版《改建与扩建北京市规划草案》是相当认同的，特别是报告中明确指出，"我们建议中央原则上批准北京市委所拟的规划草案，作为北京市长远发展的目标和今后编制分期建设计划的基础"。

然而问题在于，紧随上述文字之后，国家计委在审查报告中又进一步指出："对于北京市委所提规划草案中还需加考虑的几个具体问题，我们仅提出一些尚不成熟的意见，请中央审查并盼转北京市委参考。"②接着，报告从"关于北京市的发展规模""关于北京市的区域划分"和"关于道路的宽度、绿化及河湖系统"等方面阐述了国家计委的审查意见。

在上述"……盼转北京市委参考"之后，国家计委审查意见的篇幅长达7 000字。不仅如此，这份审查报告在最后还另外附具了由国家计委城市建设计划局于1954年8月起草的一份《北京市规划研究参考资料》，具体包括"人口的计算""居住用地定额问题"及"道路宽度问题"等3部分内容，以及北京市人口分类总表、北京市工业职工增加人数表、居住区用地定额对照表和北京规划道路宽度对照表等多份表格。

"一五"时期，国家计委、国家建委和城市建设部等都曾对我国一些重点城市的城市总体规划下达过审查意见，但国家计委关于北京市规划的审查意见中的一些情况，特别是其报告篇幅、技术内容以及详细

---

① 国家计委. 对于北京市委"关于改建与扩建北京市规划草案"意见的报告［Z］. 中央档案馆，档号：150-2-131-2. 1954. 另见：北京建设史书编辑委员会编辑部. 建国以来的北京城市建设资料（第一卷：城市规划）［R］. 1987：180-191.
② 国家计委. 对于北京市委"关于改建与扩建北京市规划草案"意见的报告［Z］. 中央档案馆，档号：150-2-131-2. 1954.

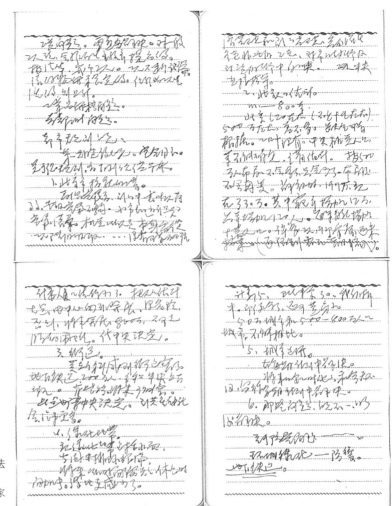

图 8-5　北京市委领导对国家计委审查意见的看法的谈话记录（1954 年 12 月 14 日，郑天翔日记）
资料来源：郑天翔. 1954 年工作笔记 [Z]. 郑天翔家属提供. 1954.

程度等，则是十分罕见、绝无仅有的。国家计委的审查意见缘何如此呢？

实际上，在这份审查报告中，国家计委以相对委婉的方式，表达了对 1953 年版《改建与扩建北京市规划草案》的一些不同意见。概括起来，主要集中在 4 个方面：（a）不赞同城市性质中关于把北京"建设成为我国强大的工业基地"的提法；（b）认为在二十年左右北京市发展为五百万人口的规模"似还大了点"，与之密切相关的每人九平方公尺的居住定额"在十五年至二十年内是不可能实现的"；（c）认为"有些道路似乎太宽"，公共绿地"每人二十平方公尺，有些过高"；（d）"建议北京市可不再设置单独的'文教区'"。①

在收到国家计委的审查意见后，中共北京市委又对北京市规划问题进行了多次研究和讨论。1954 年 12 月 14 日，市委主要领导专门谈对国家计委审查意见的看法，关于"第一期建设意见"表示"完全同意"。关于城市总体规划，他主要从"北京市搞多大的工业""北京人口估计""街道""绿化地带"和"城市造价"等方面谈了看法（图 8-5）。其中谈道："产业工人薄弱，无［产阶］级空气不够""没有可靠的经济基础和群众基础，

① 国家计委. 对于北京市委"关于改建与扩建北京市规划草案"意见的报告 [Z]. 中央档案馆，档号：150-2-131-2. 1954.

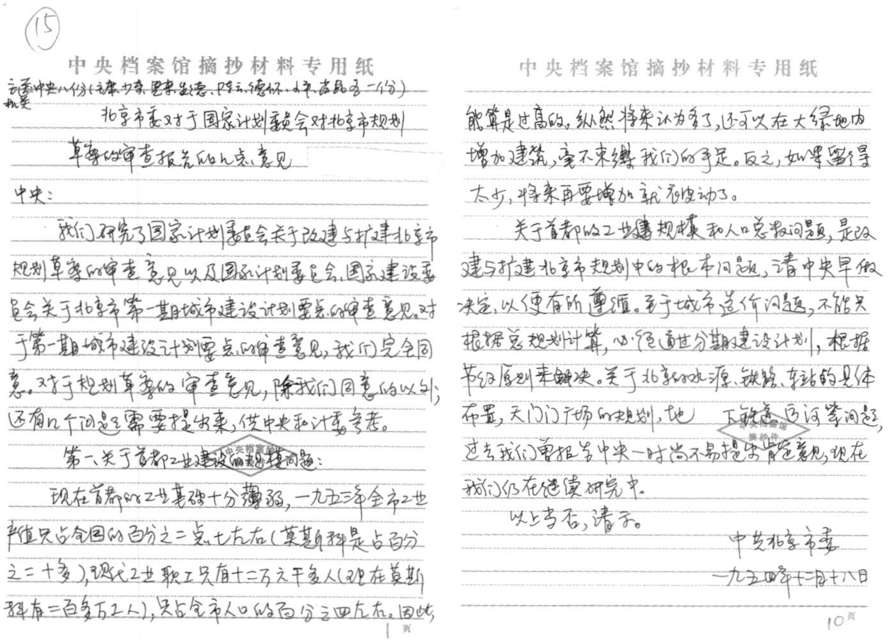

图 8-6 《北京市委对于国家计划委员会对北京市规划草案的审查报告的几点意见》（手抄件，首尾页）
资料来源：中共北京市委. 北京市委对于国家计划委员会对北京市规划草案的审查报告的几点意见［Z］. 国家计委档案，中央档案馆，档号：150-2-131-4-2. 1954. 另见：［1］北京市档案馆，中共北京市委党史研究室. 北京市重要文献选编（1954年）［M］. 北京：中国档案出版社，2002：816-821. ［2］中国社会科学院，中央档案馆. 1953—1957 中华人民共和国经济档案资料选编（固定资产投资和建筑业卷）［M］. 北京：中国物价出版社，1998：855-859.

容易滋生各色非无［产阶］级思想""按 500 万人布局，不会多了，只会少了。布局后不会再变""计委人口的估算少了。把人口估计大点，由中心向外发展，没危险。否则，将来发展 800 万，不可克服的困难"。[1]

市委主要领导发表意见后，中共北京市委于 1954 年 12 月 18 日向中央正式呈报《北京市委对于国家计划委员会对北京市规划草案的审查报告的几点意见》（图 8-6）。报告开篇提出："中央：我们研究了国家计划委员会关于改建与扩建北京市规划草案的审查意见以及国家计划委员会、国家建设委员会关于北京市第一期城市建设计划要点的审查意见。对于第一期城市建设计划要点的审查意见，我们完全同意。对于规划草案的审查意见，除我们同意的以外，还有几个问题需要提出来，供中央和计委参考。"[2]

随后，报告从"关于首都工业建设的规模问题""关于首都的人口问题""关于道路宽度问题"以及"关于绿地问题"等 4 个方面，明确阐述了北京市的一些不同意见。

本章的以下部分，将对上述几个分歧问题分别加以讨论。鉴于讨论中将频繁论及 1953 年中共北京市委向中央呈报的《改建与扩建北京市规划草案》，1954 年 10 月 16 日国家计委向中央呈报的《对于北京市委"关于改建与扩建北京市规划草案"意见的报告》，以及 1954 年 12 月 18 日中共北京市委向中央呈报的《北京市委对于国家计划委员会对北京市规划草案的审查报告的几点意见》，为便于讨论，下文将这 3 个文件分别以《北京规划草案》《国家计委意见》和《北京市委意见》加以代称。

① 郑天翔. 1954 年工作笔记［Z］. 郑天翔家属提供. 1954.
② 中共北京市委. 北京市委对于国家计划委员会对北京市规划草案的审查报告的几点意见［Z］. 中央档案馆，档号：150-2-131-4. 1954.

8.3　国家计委和北京市争论的四大问题

8.3.1　北京工业发展问题

关于北京工业发展问题，《北京规划草案》中提出："我们的首都，应该成为我国政治、经济和文化的中心，特别要把它建设成为我国强大的工业基地和技术科学的中心。现在北京最大的弱点就是近代工业基础薄弱，这是和首都的政治地位不相称的，是不利于首都的社会主义改造和建设工作的，也是不利于中央各工业部门直接吸取生产经验来指导工作的。因此，在制订首都发展的计划时，必须首先考虑发展工业的计划，并从城市建设方面给工业的建设提供各项便利条件。"①

对此，《国家计委意见》指出：

> 关于北京市城市的性质：北京市委提出"我们的首都，应成为我国政治经济和文化的中心"，这样提法，是正确的。其中关于经济方面，我们认为在照顾到国防要求，不使工业过分集中的情况下，在北京适当地逐步地发展一些冶金工业、轻型的精密的机械制造工业、纺织工业和轻工业是必要的。因为社会主义国家的首都，应该有一定数量的工业。北京市的近代工业已有一些基础，交通运输和自然条件一般适合建厂要求，特别因为接近中央领导机关与科学研究机关，对于就近取得这些机关的指导与协助，也十分有利。这些工业的发展，不仅将有利于首都的社会主义建设，同时对于中央领导机关就近取得经验指导工作，也有重大作用。我们曾和有关工业部门初步研究了十五年至二十年内在北京市建设的一些工业项目，供中央参考。②

上面的这段文字，表述比较含蓄，仔细阅读，国家计委主张"在北京适当地逐步地发展一些冶金工业、轻型的精密的机械制造工业、纺织工业和轻工业"，实际上是对北京规划草案中"要把它建设成为我国强大的工业基地"持有异议。

对此，《北京市委意见》回应提出："现在首都的工业基础十分薄弱，一九五三年全市工业产值只占全国的百分之二点七左右（莫斯科占百分之二十多），现代工业职工只有十二万六千多人（现在莫斯科有二百多万工人），只占全市人口的百分之四左右。因此，首都虽然因为是中央所在地，群众的政治空气比较浓厚，但由于缺乏强大的近代产业工人作为群众基础，在许多方面的活动中，都突出地反映了小资产阶级的、小职员的、小市民的、消费者的思想情绪和要求。这是首都最大的弱点，和首都的政治地位极不相称。"③

《北京市委意见》指出："我们认为在首都应该建设大工业，首都应该有强大的无产阶级群众基础，同

---

① 中共北京市委. 市委关于改建与扩建北京市规划草案的要点［R］// 中共北京市委政策研究室. 中国共产党北京市委员会重要文件汇编（一九五三年）［R］. 1954：46–52.
② 国家计委. 对于北京市委"关于改建与扩建北京市规划草案"意见的报告［Z］. 中央档案馆，档号：150-2-131-2. 1954.
③ 中共北京市委. 北京市委对于国家计划委员会对北京市规划草案的审查报告的几点意见［Z］. 中央档案馆，档号：150-2-131-4. 1954.

时，首都在各方面也有建设工业的便利条件。"意见在对北京发展工业的 4 方面有利条件加以阐述之后，就国防方面的因素也阐述了北京市的考虑，最后强调："所以我们认为，首都不但应该成为我国政治、经济和文化的中心，还必须建设成为强大的工业基地，建设的速度也不宜过慢，时间不宜过迟。"①

由上可见，国家计委和北京市对于北京工业发展问题的分歧，关键点并不在北京是否应当发展工业，而是北京的工业究竟应当发展到何种程度——在国家计委来看，北京的工业有适度的发展即可，而北京市的期望则是"建设成为强大的工业基地"。

还应当注意的是，对于国家计委所主张的北京市的工业发展类型——"在北京适当地逐步地发展一些冶金工业、轻型的精密的机械制造工业、纺织工业和轻工业"，在《北京市委意见》中，其实也并未提出明确的反对意见。换言之，如果按照国家计委建议的这些工业发展门类，北京市同样可以发展起来庞大的产业工人队伍，从而成为强大的工业基地。

也就是说，国家计委和北京市关于北京工业发展问题的分歧，其实主要表现在对工业发展的强弱程度这一性质定位的看法、提法或倾向性态度不尽一致而已。

8.3.2 北京市的发展规模

关于城市发展规模，《北京规划草案》中提出："在二十年左右，首都人口估计可能发展到五百万人左右，北京市的面积必须相应地扩大至六万公顷左右。"②

对此，《国家计委意见》指出："关于北京市的人口：北京市委提出在二十年左右北京市发展为五百万人口的规模，我们认为根据首都在政治、经济与文化上的地位，这一规模可作为长远发展的目标。但从发展的速度看，要在十五年至二十年内达到这个规模，似还大了点。"随后，意见对北京市的现状人口及发展趋势进行了相当细致的分析和讨论，进而明确提出："北京市规划区内的发展人口，估计在十五至二十年内可能达到四百万人左右（不包括规划区外的郊区农业人口和门头沟、长辛店、琉璃河、窦店及周口店等镇甸的工业职工），比现有人口增加百分之六十四。"③关于城市的居住定额与用地面积，《国家计委意见》也有详细的分析。

正如第 6 章和第 7 章曾经指出的，1953 年畅观楼规划小组对于北京城市人口规模的考虑，主要是一种假设法，即按照 500 万人口规模假定，以此为基础，倒推计算其他各方面的规划指标。正因如此，首都规划工作者、北京市有关领导及苏联专家巴拉金也都清楚，这是当时北京市规划工作中存在的一个显著缺陷。由此，国家计委对北京市人口规模问题提出异议，也属正常现象。

值得关注的是，正如《国家计委意见》中"据不很精确的统计""因我们缺乏经验，尚应继续研究"

---

① 中共北京市委. 北京市委对于国家计划委员会对北京市规划草案的审查报告的几点意见［Z］. 中央档案馆，档号：150-2-131-4. 1954.
② 中共北京市委. 市委关于改建与扩建北京市规划草案的要点［R］// 中共北京市委政策研究室. 中国共产党北京市委员会重要文件汇编（一九五三年）［R］. 1954：46-52.
③ 国家计委. 对于北京市委"关于改建与扩建北京市规划草案"意见的报告［Z］. 中央档案馆，档号：150-2-131-2. 1954.

等字眼所表明的，国家计委对北京人口规模提出异议，其相关的依据也并非完全准确和可靠，并不能视为一种十分成熟的确定性结论。

另外，从城市规划工作的一般经验来看，畅观楼规划小组关于 500 万人口规模的假定，显然是针对城市远景规划而言。《国家计委意见》中曾指出"北京市委提出在二十年左右北京市发展为五百万人口的规模，我们认为根据首都在政治、经济与文化上的地位，这一规模可作为长远发展的目标"，这表明，国家计委对于将 500 万人口作为首都北京的远景发展规模，其实是认同的；该意见中关于"现有的与发展的人口分类"列表中，最右侧一列"远景人口规模"也是 500 万人，也可予以佐证。如果就此而论，国家计委和北京市对于首都人口规模问题其实并无根本的分歧。

国家计委与北京市在北京城市人口规模问题上的分歧，从《国家计委意见》中的一些表述来看，更准确地说，其实是国家计委并不认同当时北京规划草案中 500 万人口规模是针对城市远景规划的，而只是"要在十五年至二十年内达到"的阶段性目标。

国家计委的这一立场，同样表现在对人均居住面积指标问题的认识上。国家计委明确北京市规划"远景可按每人居住面积九平方公尺计算，居住用地则按规划草案所提定额计算"，同时又指出"每人九平方公尺的居住定额在十五年至二十年内是不可能实现的"。

在"一五"时期的城市规划工作中，人均居住面积是影响到城市建设用地面积的一个最基础、最重要的规划指标。对此，当时主管城市规划制订工作的建筑工程部（后升格为国家城建总局和城市建设部），与负责城市规划审批的国家计委（后来转到国家建委），曾持有不同的意见，分别主张采用 9 平方米／人和 6 平方米／人的规划标准，这就是著名的"九六之争"[1]。

换言之，人均居住面积指标的问题，是当时在全国各地的城市规划工作中普遍存在的一个争议问题，只不过也同时折射或反映到北京市的规划工作之中而已，并不是由于首都规划的特殊性而产生的特殊规划问题。

在《北京市委意见》中，对城市发展规模问题有如下回应：

第二，关于首都的人口问题：

计委估计北京人口在十五年到二十年内可能达到四百万左右，我们觉得小了。我们估计北京人口在二十年左右可能发展到五百万人左右。我们在制定规划时，中央还没有决定二十年左右在北京工业发展的指标，因此，没有工业建设的远景计划做根据（这是决定今后本市人口增长速度的第一个根本条件），我们对人口的估计是从下列一些情况出发的：现在全市总人口已从一九四九年初的二百万增加到三百三十万，除掉十二万人是从河北省划入的以外，六年来大约增加一百二十万人左右，平均每年增加二十万人左右。其中人口的自然增长率为每年百分之二点五到百分之三。虽然，现在还有不少国家工作人员和职工的家属没有搬来，又对农村人口盲目流入城市尽量加以限制，但人口增长的速度

---

[1] 李浩. 九六之争：1957 年的"反四过"运动及对城市规划的影响 [J]. 城市规划, 2018（2）: 122-124.

还是相当快的；如果建设大工业，再加上人口的自然增长，我们估计二十年左右发展到五百万人左右是很可能的。莫斯科现在市内和近郊的居民已达八百万人，中国人口比苏联人口多两倍，我们的首都人口将来恐怕绝不止五百万人。[①]

8.3.3　道路及绿化等规划定额标准

对于《北京规划草案》所提出的道路及绿化等规划定额标准，《国家计委意见》中指出：

关于道路的宽度、绿化及河湖系统：

北京市规划草案提出的道路系统，展宽原有道路并增设环状路与放射路等原则，基本上是正确的。但从草案的说明和规划草图上看，有些道路似乎太宽，如宽度八十公尺以上的道路，约一百九十余公里之多（相当于由东单至西单长三点七公里的街道五十一条）。这样，将造成以下结果：（1）展宽旧路，拆除房屋过多；（2）增大道路的建设费用与养护费用；（3）增加城市用地；（4）增加行人穿越道路的危险；（5）路旁房屋高度与道路宽度不易配合，在建筑艺术上不好处理。道路宽度与房屋高度，一般为二比一，例如七十公尺宽的道路，即需建十层房屋才能配合得好。据苏联经验，车行道宽度在二十六至二十八公尺，每小时即可通过四千八百辆至五千六百辆汽车，四十公尺宽的车行道即可满足最繁忙的交通量的需要，若再加上人行道和绿化部分，七十公尺宽的道路即可敷用。我们认为，除东西及南北轴线基本同意北京市委意见定为一百公尺左右外，其他主要干路中，特别重要的可定为八九十公尺，一般的主要干路以不超过七十公尺为宜。次要干路与区域内部交通道路宽度，可由北京市根据具体情况适当缩减。

绿化系统的分布，基本上是合理的。北京气候干燥，又多风沙，适当提高公共绿地定额是必要的。但规划草案提出每人二十平方公尺，有些过高；因规划的绿地太多，不但绿地本身的建设花钱很多，而且要扩大城市用地，增加各种管道的建设费用，既不经济，也不易实现。苏联城市规划的公共绿地定额，各地并不一致，各种书籍上的说法也不尽相同，但现在一般的趋向是大城市每人十至十二平方公尺。我们初步意见，北京因系首都，可采用每人十二至十五平方公尺。

河湖水面系统，在现有基础上增加一些是必要的，但河道过多，一方面将增加桥梁（从规划草图上看，约有二百四十余座），引起交通不便和增加投资；另一方面亦须有充分水量的保证。因此，关于运河的修建，各种河道的宽度及河湖面积的扩大，必须从经济上、工程上、交通上及水源的可靠性等方面，由北京市作进一步的研究。[②]

---

①　中共北京市委. 北京市委对于国家计划委员会对北京市规划草案的审查报告的几点意见［Z］. 中央档案馆，档号：150-2-131-4. 1954.
②　国家计委. 对于北京市委"关于改建与扩建北京规划草案"意见的报告［Z］. 中央档案馆，档号：150-2-131-2. 1954.

城市道路及绿化等规划定额标准的问题，与前述人均居住面积定额指标问题的性质较为类似，也可以视作为比较具体的专业技术问题。《北京市委意见》中对前者的回应内容如下：

第三，关于道路宽度问题：

城市布局一经形成，今后就很难改变，现在的规划一经确定，不但要决定北京二十年左右的轮廓，而且要决定北京更长远的布局，因为在通常的情况下，不能设想，三十年、五十年或一百年后，北京会拆了重建。所以，在制定首都这样大城市的长远发展计划时，不但要从我们这一代的需要和可能出发，同时还要充分考虑到后代发展的需要。我们认为，现在把主要的道路留得宽些（实际上并不宽），比较主动。从我们找到的一些莫斯科的材料来看：莫斯科在进行改建时，中心地区的道路由于受到历史条件的限制，只能稍加展宽（如高尔基大街拆除了一些四层楼房才展宽为三十八至五十九公尺）。离中心区稍远，或新建地区的干道，就比早期改建的中心区的道路要宽得多，如列宁格勒大道宽一百零八至一百二十公尺，卡鲁日大道计划宽度为一百零三公尺，雅罗斯拉夫大道计划宽度八十五至一百公尺。而按照都市计划的原则，市中心区的干线，因为交通容量较大，是应该比离市中心稍远的地区的道路还要宽些的（现在北京规划中的道路，除天安门一小段外，最宽的只有一百二十公尺）。其次从交通量的发展上来看，莫斯科虽然修建了地下铁道，每天运送旅客在二百万人以上，但百分之七十以上的交通量仍然靠地面交通工具来解决，而莫斯科一九五〇年的道路交通量就比一九四六年增加了百分之五十，小汽车的流量在大部分地区增加了一倍。他们已经感到中心区的道路狭窄。如果我们再考虑到将来共产主义时代人们的物质文化生活对交通的需要，那么，我们现在所规划的道路，到将来很可能不是嫌太宽，而是嫌太窄。[①]

8.3.4　文教区规划问题

关于文教区规划的意见，《国家计委意见》是在阐述有关北京城市功能分区意见时提出的：

关于北京市的区域划分：

北京市所拟城市区划，我们认为基本上是合理的。但其中"文教区"还值得考虑。城市中的学校，除有些专门学校可靠近性质相近的工业企业外，原则上应有计划地分布在居住区内。其好处是：（1）便于利用城市的住宅及各种公共设施，至少部分本市师生员工可回家食宿，因此可以少建一些房屋，如果学校远离城市，即需要参修建宿舍，同时自来水、下水道、道路、交通车辆和其他公用设施也都要相应地增建，这就增加了国家的投资；（2）学校建筑物一般是较好的，摆在居住区内可增加城市的美观；（3）学生便于接近社会文化，容易提高其教学效果；（4）青年学生在居住区内可以活跃城

[①]　中共北京市委. 北京市委对于国家计划委员会对北京市规划草案的审查报告的几点意见［Z］. 中央档案馆，档号：150-2-131-4. 1954.

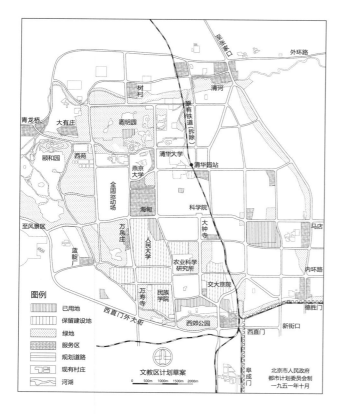

图 8-7　北京文教区计划草案（1951 年）
注：根据档案资料重绘。
资料来源：北京都委会. 文教区计划草案［Z］. 北京市
城市建设档案馆，档号：C3-79-2. 1951.

市的生活；（5）便于学生实习和利用企业、机关、团体的专家和技术人员到学校里教课，以解决教授不足的困难，并可利用学校的师资和设备举办夜大学以便利职工居民提高文化等。

　　因此，我们建议北京市可不再设置单独的"文教区"，至少可以不设集中过多学校的大文教区，现有的文教区除已有的学校仍可按原定计划进行建设外，再增添新的学校时，可有计划地尽可能地分布在居住区内或靠近性质相近的工厂。该区内的空地，可布置一些住宅、公共建筑或卫生上无害、运输量小的中小型工厂。[①]

关于文教区规划（图 8-7），中共北京市委于 1954 年 10 月向中央呈报的《关于改建与扩建北京市规划草案中几项修改和补充的说明》中曾指出：

　　第三，关于文教区的问题

　　近来有些苏联专家和中国专家提出城市中是否应单独设立文教区的问题，这些同志认为：高等学校离开市中心区单独建立，会使青年脱离了社会活动，生活上也感到不便，并且不能利用质量较好的高等学校建筑来丰富城市的建筑艺术。我们对于这个理论问题，极其缺乏研究。但北京的西北部原来已有了清华和燕京，一九五三年又有八个高等院校开始在那里建设（这些学校用地面积都很大，在城内是找不到这样大的空地的，在城外建设，集中起来又较为经济），在制定这个规划草案时，已不能

---

① 国家计委. 对于北京市委"关于改建与扩建北京市规划草案"意见的报告［Z］. 中央档案馆，档号：150-2-131-2. 1954.

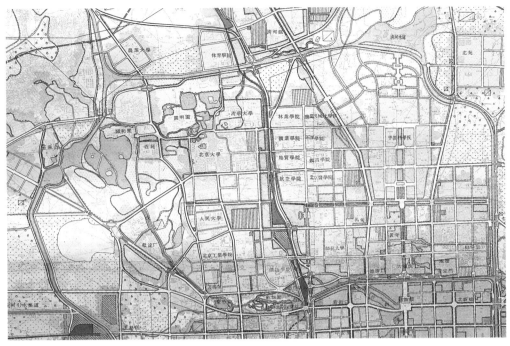

图 8-8　1959 年 9 月印制
的北京市总体规划方案图
之局部：中国科学院及部
分高等院校的位置示意
资料来源：北京市城市规划
管理局. 北京市总体规划方
案［Z］. 北京市城市规划管
理局档案. 1959.

不承认这个事实。

　　"文教区"应是整个居住区（即机关、学校和住宅用地）的一个组成部分。现在的文教区除了已
设的高等院校以外，凡可不集中在那里建设者，均可不去。现有高等学校，尤其是那些用地并不很多
的院校，凡在城内能够找到适当地点进行建设者，仍可在城内建设。在其他的居住区内，甚至工业区
内，也可以根据需要与可能设置一些高等学校或专科学校。在现在的文教区内也应有相当的社会文化
福利设施和比较集中的住宅区。

　　根据这种情况，这次对文教区的范围适当缩小一些，原规划五十五平方公里，现改为四十三平方
公里多。现在在文教区的高等院校的部分住宅，必要时可以建在附近一般的居住区内。①

　　这份说明文件表明，在 1953—1954 年的北京市规划草案中之所以有文教区，主要原因在于当时北京
市已经有文教区正在建设之中，它是一种城市规划工作的现状条件。对于国家计委所主张的"北京市可不
再设置单独的'文教区'""现有的文教区""已有的学校仍可按原定计划进行建设"，北京市也是赞同的，
并且还在 1954 年修订规划草案时给予了认真的考虑和改进——"对文教区的范围适当缩小一些，原规划
五十五平方公里，现改为四十三平方公里多"，同时"现在在文教区的高等院校的部分住宅，必要时可以
建在附近一般的居住区内"。图 8-8 为 1959 年 9 月版北京市总体规划方案图中中国科学院和部分高等院

① 中共北京市委. 市委关于改建与扩建北京市规划草案中几项修改和补充的说明［R］// 中共北京市委政策研究室. 中国共产党北京市委员会
　重要文件汇编（一九五四年下半年）. 1955：92-97.

图 8-9　北京西北郊文教区鸟瞰（1959年前后）
资料来源：建筑工程部建筑科学研究院.建筑十年：中华人民共和国建国十周年纪念（1949—1959）[R].1959.图片编号：70.

校的位置示意图，图 8-9 为当时北京西北郊文教区的鸟瞰。

由此可见，文教区规划问题，并非国家计委和北京市关于首都规划问题的实质性分歧所在。也正因如此，在中共北京市委于 1954 年 12 月 18 日呈报中央的意见报告中，并未再就文教区规划问题提出异议。

8.4　思考与讨论

综上所述，对于 1953 年完成的《改建与扩建北京市规划草案》，国家计委和北京市的意见产生一些分歧，从文本来看，这些意见包括 4 个主要方面，但深入分析下来，双方的分歧主要表现在对首都北京的城市性质及发展规模这两个方面认识的不同，另外的两个问题（道路和绿化等规划定额标准问题及文教区规划问题）其实谈不上是国家计委和北京市的重大分歧。

那么，对于国家计委和北京市的意见分歧，究竟应当如何认识和评价呢？

就北京工业发展问题而言，在共和国成立初期国家明确倡导"变消费城市为生产城市"的时代背景下，作为新中国的首都，北京市在工业发展方面自然不甘落后、力争上游，否则便容易有政治上落后的嫌疑；当时各方面的人士，包括后来分管城市规划工作的郑天翔在内，甚至也都更期望到工业战线工作。这样的一些情况，是容易理解的。就国家计委而言，在全国各地区已经分布有多个工业基地的情况下，并没有必要把首都北京也同样建设为强大的工业基地，其中的道理也是显而易见的。国家计委和北京市的意见分歧，根源在于双方各不相同的立场及视角，各有各的道理，并不存在正确或错误之分。

就城市人口规模而言，熟悉城市规划工作的读者可以理解，这并非一个可以经严密的科学论证而获得正确结论的科学命题，在城市规划工作中，城市人口规模的具体决定具有强烈的政策色彩。由此，也很难在科学意义上对国家计委和北京市的意见分歧作出合理的评价。

值得注意的是，在中共北京市委于1954年10月再次向中央呈报修订后的北京市规划草案时，请示报告中有如下内容：

> 按照社会主义的城市建设原则来改建和扩建我们的首都，是制定这个规划草案的根本出发点。其所应采取的一些方针，我们在规划草案的要点中已做了说明。其中有两个根本问题，各方意见尚不一致，但又是制定首都长远规划和进行城市建设的根本前提，必须早做决定。

> 第一，关于首都的性质和发展的规模：我们认为，首都是我国的政治中心、文化中心、科学艺术的中心，同时还应当是也必须是一个大工业的城市。如果在北京不建设大工业，而只建设中央机关和高等学校，则我们的首都只能是一个消费水平极高的消费城市，缺乏雄厚的现代产业工人的群众基础，显然，这和首都的地位是不相称的，这也不便于中央各部门直接吸取生产经验指导全国，不便于科学研究更好地与生产相结合。同时，北京附近的资源情况和其他各方面的情况，都有在北京建设大工业的便利条件，很多苏联专家都有这样意见。我们在进行首都的规划时，首先就是从把北京建设成为一个大工业城市的前提出发的，并且，我们认为北京工业建设的速度也不应过慢或过迟（现在工业建设的规模是比较小的）。因此，在规划草案中，我们首先考虑了工业建设的需要，保留了充分的工业用地，并从交通、用水、工人的居住和休息各方面尽可能为工业提供极便利的条件。从这个前提出发，我们认为在二十年左右，北京的城市人口可以发展到五百万人左右。如果这两个前提不成立，则这个规划草案也不能成立。

> 第二，关于城市建设中现在与将来的关系：我们认为，现在的规划事实上要决定首都长远发展的方向。城市的布局一经形成，即很难改变。因此，我们不但要从我们这一代的需要和可能出发，同时还要考虑到后代发展的需要，给后辈子孙留下发展余地。从这个原则出发，我们参照莫斯科的经验，规定市区范围在人口发展到五百万人时为六万公顷（即六百平方公里）左右，并在其四周留下扩展的余地，因为我们估计首都人口的总数将来决不止五百万。把道路保留得宽些，主要交通干线的宽度规划为八十到一百二十公尺左右（将来也许嫌窄了，但现在似难定得再宽）。在城市的绿化方面，除了把窑坑、洼地、苇塘等不适于建筑的地点规划为人工湖或公园外，还规定每个区都设立区公园，增设各种大小公共绿地，并计划在市区外围和西山，建造大防护林带。这样规划，现在看起来好像是偏宽偏大，但如果现在定得过小过窄过死，将来又觉得居住拥挤、马路过窄、绿地太少时，再要拆房改建就困难更多，投资更大。现在把城市用地留得大些，把道路和绿地留得宽些、多些，将来如果经验证明用不了这样大、这样宽，可以在分期建设计划中逐步修改。我们认为这样做可进可退，比较主动。

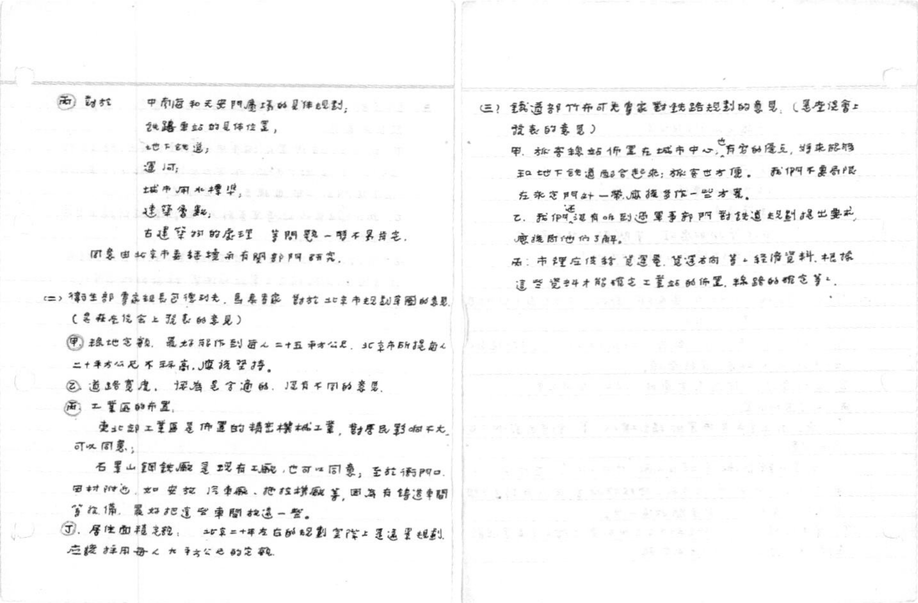
丙、对於 中南海和天安門廣場的具体規劃；
鐵路車站的具体位置，
地下鐵道；
運河；
城市用水標準；
建築層數；
古建築物的處理 等問題一時不易肯定，
同意由北京市委繼續和有關部門研究。

（二）衛生部專家組長包德列夫、烏泰專家 對於北京市規劃草圖的意見。
（是在座談会上發表的意見）
甲、綠地定額，最好能作到每人二十五平方公尺，北京市所提每人二十平方公尺不算高，應該堅持。
乙、道路寬度，認為是合適的，沒有不同的意見。
丙、工業區的布置。
東北郊工業區是佈置的精密機械工業，對居民影响不大，可以同意；
石景山鋼鐵廠是現有工廠，也可以同意；至於衙門口、田村附近，如安設汽車廠、拖拉機廠等，因為有鑄造車間等設備，最好把這些車間放遠一些。
丁、居住面積定額： 北京二十年左右的規劃實際上是遠景規劃，應該採用每人九平方公尺的定額。

（三）鐵道部什布可夫專家對鐵路規劃的意見。（是座談會上發表的意見）
甲、旅客總站佈置在城市中心，也有它的優点，將來能够和地下鐵道配合起來；旅客也方便。我們不要局限在永定門外一帶，應該多作一些方案。
乙、我們還沒有听到過軍事部門對鐵道規劃提出要求，應該向他們了解。
丙：市裡應供給貨運量、貨運方向等等經濟資料，根據這些資料才能確定工業站的佈置、線路的確定等等。

图 8-10　卫生部和铁道部的苏联专家对北京市规划草案的意见（1954 年，手抄件）

注：有关人员受命手抄在郑天翔日记本中。

资料来源：郑天翔．1954 年工作笔记［Z］．郑天翔家属提供．1954．

至于这样规划是否扩大了城市建设的投资，是节约还是浪费？现在还很难说。因为，现在首都的工业、大学、中央机关以及其他许多工程设施的建设计划，都还根本未定或未完全肯定，对城市总造价不可能进行估算，也不可能断定它到底是否浪费。城市建设到底是节约还是浪费，主要决定于分期的建设计划和工程的设计，必须通过分期的建设计划来贯彻城市建设的节约原则。①

另有史料表明，在制订北京规划草案的过程中，北京市曾经召开过一些座谈会，向有关部门的苏联专家征求过意见。以城市道路及绿化等规划定额标准问题为例，“卫生部专家组长包德列夫、乌泰专家对于北京市规划草图的意见”中记录：“甲．绿地定额，最好能作到每人二十五平方公尺。北京市所提每人二十平方公尺不算高，应该坚持。乙．道路宽度，认为是合适的，没有不同的意见”，“丁．居住面积定额：北京二十年左右的规划实际上是远景规划，应该采用每人九平方公尺的定额”②（图 8-10）。

如果从上面的内容来看，北京市在首都规划问题上的一些态度和倾向，似乎较国家计委的意见要更具前瞻性和长远观点。但是，国家计委立足于全国各类城市建设的整体部署和协调发展，从本部门职能出发对北京市规划草案提出一些不同意见或规划工作中应当注意的问题，也无可厚非。

不仅如此，如果考察同一时期（1954 年 12 月前后）国家计委和国家建委对西安、洛阳和兰州等重点城市的初步规划的批复意见，都把城市规划中的一些尚需研究和改进的主要问题作为了审查意见的主体内容，这也正体现出“一五”时期我国城市规划审查及审批工作过程中的科学意识和科学精神——显然，当时各个城市所制订的规划都不可能是完美无缺的，有些规划问题甚至还相当严重，但其初步规划依然能够

① 中共北京市委政策研究室．中国共产党北京市委员会重要文件汇编（一九五四年下半年）［R］．1955：90–97．

② 郑天翔．1954 年工作笔记［Z］．郑天翔家属提供．1954．

获得审查通过，同时又明确指出有关问题，要求在规划实施的过程中加以改正。这样的做法，一方面，使城市规划并没有"高高在上"的"神秘色彩"，而是实事求是，客观、实在地应对和解决一些突出矛盾；另一方面，在严格要求取得规划协议、必须遵守规划等规划严肃性的同时，有关规划修改的一些机制设计又赋予城市规划工作以适当的灵活和"弹性"，使城市规划随着城市发展新情况的出现，不至于因过度的"严肃"和"刚性"而丧失其应有的合理性、科学性的基础和前提[①]。

考察 1954 年国家计委和国家建委对北京市规划进行审查研究的历史过程，最富戏剧性的是 1953 年畅观楼小组领导小组成员之一、后调动到国家计委工作的曹言行的角色转换：

"刚开始在畅观楼工作的时候，曹言行跟我们在一起的时间最多，巴拉金谈话他都参加。后来大概到 1953 年 10 月份，把他调到中央部门，后担任国家计委城市建设计划局的局长。以前的时候，曹言行非常支持彭真同志的观点，去了国家计委以后，他的观点就变成了'违心的认同'。有时候他回到北京市来，就跟天翔同志讲，他说我的观点在那儿斗不过人家，国家计委委员们都同意富春同志的观点。""最有意思的是，他回来时[②]就讲过，有一位管国防工业的国家计委委员范慕韩（国家计委军工局局长）说：在北京搞工业，如果打起仗来，工厂能拉着轱辘跑吗？曹言行同志说：我们争论不过人家。从这个背景就可以知道，他内心当中觉得彭真同志发展工业的想法还是对的。"[③]

① 李浩. 八大重点城市规划：新中国成立初期的城市规划历史研究［M］. 2 版. 北京：中国建筑工业出版社，2019：190–211.
② 指到北京市讨论有关工作的时候。
③ 张其锟 2018 年 3 月 20 日与笔者的谈话。

第 9 章

克拉夫秋克及国家建委的意见

1953 年 12 月和 1954 年 10 月，中共北京市委前后两次向中央呈报《改建与扩建北京市规划草案》，但由于国家计委在首都规划的一些具体问题上持有不同意见，致使中央有关领导对北京规划草案的批复问题难以决策。在此过程中，我国又成立了一个新的与城市规划建设密切相关的中央机构——国家建设委员会。面对首都规划难以抉择的局面，中央另外批示国家建委对《改建与扩建北京市规划草案》一并进行研究并提出审查意见。由此，受聘于国家建委并在规划审批方面有擅长的苏联专家克拉夫秋克，开始介入首都北京的规划工作之中。

9.1　克拉夫秋克及其工作作风

Я.Т.克拉夫秋克（Яков Терентьевич Кравчук），1900 年前后出生，曾在莫斯科城市总体规划设计研究院（Научно-исследовательский И Проектный Институт Генерального Плана Города Москвы，简称莫斯科城市设计院）工作并担任副院长，城市规划实践经验较为丰富，并对苏联城市规划的管理和审查、审批制度较为熟悉。

克拉夫秋克的性格及工作作风既不同于穆欣，也与巴拉金有显著区别。"一五"时期在国家建委从事翻译工作的杨永生曾评价克拉夫秋克："总是很慎重，遇到重要问题，他总说，一时难以回答，请允许我研究后再说。他不像城建部［建工部］的规划专家穆欣那样到处讲演，大讲自己的观点。"① 巴拉金的专职翻译靳君达也曾回忆："因为跟他［克拉夫秋克］有一起开会、座谈的接触，我有印象，他讲的往往不是具体规划的技术性，而是政策性、管理性较强的一些内容，平常在国家建委，他也是帮助领导来搞规划设计的审批工作的。""克拉夫秋克，从他的工作作风及说话的语气来看是领导干部。""克拉夫秋克有点'官架子'。"②

---

① 杨永生. 我眼中的苏联专家［M］// 杨永生，李鸽，王莉慧. 缅述. 北京：中国建筑工业出版社，2012：74–76.
② 靳君达 2015 年 10 月 12 日与笔者的谈话. 详见：李浩. 城·事·人：新中国第一代城市规划工作者访谈录（第一辑）［M］. 北京：中国建筑工业出版社，2017：44，52.

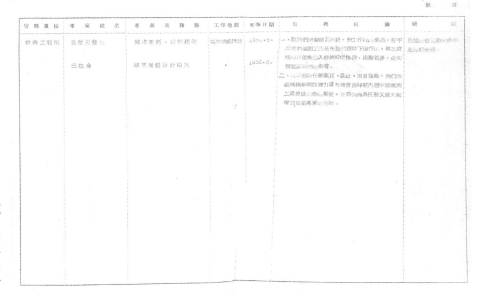

图 9-1　建筑工程部留聘苏联顾问情况表（1954 年 8 月）

资料来源：建筑工程部. 1955 年顾问专家增聘计划表及给计委并转政务院专家工作局的函 [Z]. 建筑工程部档案，中央档案馆，档号：255-4-444-6. 1954：22.

图 9-2　克拉夫秋克在华北城市规划展览会上观看北京市规划模型并发表讲话（1954 年 6 月）

注：左图中左 2 为吴梦光（女，翻译），右 2 为史克宁（在后排，时任建工部城建局规划处处长），右 1 为克拉夫秋克。右图中右 2（正在举手讲话者）为克拉夫秋克。王文克收藏。

资料来源：王大矞提供。

　　克拉夫秋克是在巴拉金来华工作整整 1 年时，于 1954 年 6 月初来华的，起初受聘于建筑工程部（图 9-1），1954 年 11 月国家建委正式成立后转聘至该委，1956 年 6 月前后结束技术援助协议返回苏联，在华工作时间 2 年左右。

　　1954 年 6 月初刚到中国之时，克拉夫秋克赶上了中国城市规划建设方面两次重要会议的召开。其一是 1954 年 5 月 20 日至 6 月 3 日召开的华北城市建设工作座谈会，会议期间举办了城市规划展览（图 9-2）。其二是 1954 年 6 月 10—28 日召开的全国第一次城市建设会议，巴拉金、卫生部的专家包德列夫以及克拉夫秋克先后于 6 月 15 日、18 日和 19 日分别作了题为"苏联城市规划一般问题及中国城市建设的若干问题""苏联城市规划及建筑的卫生要求"和"关于建筑艺术与城市建设中的传统与革新问题"的主题报告。1954年 10—12 月，克拉夫秋克还曾在清华大学作了关于"苏联城市建设与建筑艺术"的系列讲座，讲座内容后由国家城建总局与清华大学建筑系合译于 1955 年 6 月正式出版（图 9-3）。

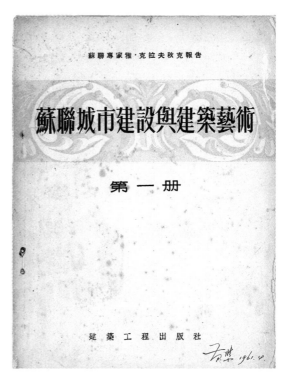

图 9-3　苏联专家克拉夫秋克在清华大学的报告：《苏联城市建设与建筑艺术》（封面，1955 年 6 月）
资料来源：李浩收藏。

与穆欣和巴拉金主要受聘于规划研究制订机构有所不同，克拉夫秋克主要受聘在国家建委，技术援助工作主要侧重在规划审批方面。在华工作的两年时间内，克拉夫秋克以顾问身份代表国家建委主持了新中国一大批城市规划项目的技术审查和行政审批工作，对中国各地区、各类型城市的规划工作有着较广泛的技术指导，并提出《城市规则设计文件编制协议和批准规程（草案）》等重要法规文件（建议），为国家建委 1956 年 7 月颁布《城市规划编制暂行办法》提供了重要的科学技术基础。克拉夫秋克的技术援助工作，有力推动了新中国成立初期城市规划工作的制度化和规范化。

克拉夫秋克在华工作的两年左右时间，与苏联专家巴拉金在华工作时间基本重合，因此，两人经常一同出席城市规划方面的有关会议，并先后发表意见，形成一种颇为融洽的配合关系，即"巴克组合"。两人在华共同开展城市规划技术援助工作的一段时间（1954—1956 年），可称之为中国城市规划史上的"巴克时代"。

9.2　克拉夫秋克关于规划审批的一些意见

据国家建委 1955 年 5 月初的一份报告，"目前建委共有苏联顾问三名"，其中"克拉夫秋克同志在去年帮助城市局审查了北京市第一期修建计划草案及太原、大同、武汉、包头和株洲等城市的初步规划草案，并就厂外工程问题及国家建委监督局的工作，分别与有关的负责同志进行了谈话，此外他还兼清华大学教授，按协议每月至少要去授课一次。并于去年十二月中旬随城市局曹局长去株洲、长沙、衡阳、湛江等城市了解城市规划及工业布局问题"。[①]

---

① 国家建委. 国家建委关于苏联顾问专家四月份工作报告［Z］. 中央档案馆，档号：G114A-2-84-7. 1955.

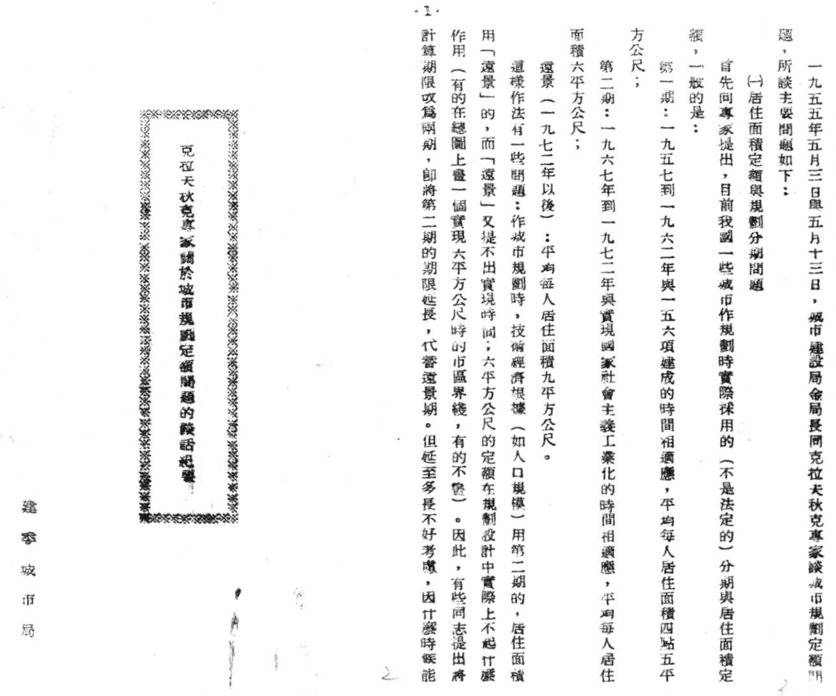

克拉夫秋克專家關於城市規劃定額問題的談話紀要

建委城市局

克拉夫秋克專家關於城市規劃定額問題的談話紀要

一九五五年五月三日與五月十三日，城市建設局金局長同克拉夫秋克專家談城市規劃定額問題，所談主要問題如下：

㈠居住面積定額與規劃分期問題

首先向專家提出，目前我國一些城市作規劃時實際採用的（不是法定的）分期與居住面積定額，一般的是：

第一期：一九五七到一九六二年與一五六項建成的時間相適應，平均每人居住面積四點五平方公尺；

第二期：一九六七年到一九七二年與實現國家社會主義工業化的時間相適應，平均每人居住面積六平方公尺；

遠景（一九七二年以後）：平均每人居住面積九平方公尺。

這樣作法有一些問題：作城市規劃時，技術經濟根據（如人口規模）用第二期的，居住面積用「遠景」的，而「遠景」又提不出實現時間；六平方公尺的定額在規劃設計中實際上不起什麽作用（有的在總圖上畫一個實現六平方公尺時的市區界綫，有的不畫）。因此，有些同志提出將計算期限改爲兩期，即將第二期的期限延長，代替遠景期。但延至多長不好考慮，因什麼時候能

·1·

图 9–4　克拉夫秋克专家关于城市规划定额问题的谈话纪要（封面及正文首页）

资料来源：国家建委城市局．克拉夫秋克专家关于城市规划定额问题的谈话纪要［Z］．国家建委档案．中国城市规划设计研究院图书馆，档号：AJ9.1955：1-6.

这份史料表明，对于北京市1954年10月呈报的《北京市第一期城市建设计划要点（1954—1957年）》，克拉夫秋克曾经参加过审查工作，他的意见对1954年12月7日国家计委和国家建委联合向中央呈报的《对于“北京市第一期城市建设计划要点”的审查意见》起到了一定的参考作用。

对于1953年版《改建与扩建北京市规划草案》而言，由于早期中央批示由国家计委来审查，来华相对较晚的克拉夫秋克未曾参与审查。1955年初，中央指示国家建委一并对修改后的《改建与扩建北京市规划草案》进行研究和审查，克拉夫秋克才得以对北京市规划草案发表意见。

遗憾的是，迄今尚未发现克拉夫秋克专门就《改建与扩建北京市规划草案》发表审查意见的谈话记录。但是，在克拉夫秋克就有关问题发表意见时，却涉及北京市规划草案的审查问题，据此可以管窥到克拉夫秋克对北京规划审批问题的一些基本态度。

譬如，“一九五五年五月三日与五月十三日，城市建设局金局长同克拉夫秋克专家谈城市规划定额问题”[①]。这次谈话主要涉及3个主要问题：居住面积定额与规划分期问题、编制定额所包括的范围以及城市规划人口计算问题。谈话记录（图9–4）中记载克拉夫秋克曾发表如下意见：

① 国家建委城市局．克拉夫秋克专家关于城市规划定额问题的谈话纪要［Z］．国家建设委员会档案．中国城市规划设计研究院图书馆，档号：AJ9. 1955：1–6.

专家意见：

（1）如何解决城市人口因自然增长而不断扩大的问题，在以往的实际工作中没有这方面的经验。苏联人口自然增长率较中国低，又采取向远东移民的措施，新成长的劳动力能及时参加各种工作。故不曾把这个问题当作专门问题来研究过。

（2）城市人口发展规模问题，应由国家计划委员会研究，建设委员会不应代管。研究、计算城市人口的发展规模一方面是计委的职权，同时计委也掌握有可靠的资料，计委可以根据国家统计局的统计资料及国民经济发展计划，掌握人口发展的数字。

在苏联，建委从不插手解决城市人口发展规模问题，只负责审查城市规划设计。因为城市在向建委报送审查规划之前，即已将人口发展规模和国家计划委员会取得协议。

（3）限制城市人口的增长问题，是国家政策问题，应由政府决定，例如在沿海大城市不再摆工业、移民及其他从内部限制的措施等。应针对个别城市采取个别具体措施，不能一概而论。此问题应由计委出头解决。建委可以考虑和计委共同写一个报告，请中央决定。苏联政府一九三一年即曾决定限制莫斯科等八个城市人口的增长。①

上面几段文字相当简短，却透露出一些重要信息。譬如，关于"城市人口因自然增长而不断扩大的问题"，苏联少有发生，也"不曾把这个问题当作专门问题来研究过"，对苏联专家而言，这是一个独具中国特色的问题。

对于国家计委和北京市产生意见分歧的城市人口规模问题而言，克拉夫秋克的意见相当明确："城市人口发展规模问题，应由国家计划委员会研究，建设委员会不应代管。""在苏联，建委从不插手解决城市人口发展规模问题，只负责审查城市规划设计。因为城市在向建委报送审查规划之前，即已将人口发展规模和国家计划委员会取得协议。"

换言之，对于首都北京的城市人口规模，依克拉夫秋克的观点，按道理其实应当由国家计委来研究并提出方案，以此作为北京规划制订的一个先决条件，而不应当由北京市来研究，至少不应当由北京市单方面来提出。

同时，"限制城市人口的增长问题，是国家政策问题，应由政府决定"，对首都北京人口规模的限制同样如此，它同样不是规划制订者需要重点关注和研究的主要问题。

按照克拉夫秋克的这些意见，国家计委和北京市对首都人口规模问题的意见分歧，其症结和根源，实际上在于当时我国城市规划制订工作程序及方法的不科学、不合理。

1955 年 5 月的谈话中，居住面积定额和规划分期问题与北京市规划审查问题也密切相关，谈话记录

---

① 国家建委城市局. 克拉夫秋克专家关于城市规划定额问题的谈话纪要［Z］. 国家建委档案. 中国城市规划设计研究院图书馆，档号：AJ9. 1955：1-6.

中的内容如下：

（一）居住面积定额与规划分期问题

首先向专家提出，目前我国一些城市作规划时实际采用的（不是法定的）分期与居住面积定额，一般的是：

第一期：一九五七到一九六二年，与一五六项建成的时间相适应，平均每人居住面积四点五平方公尺；

第二期：一九六七年到一九七二年，与实现国家社会主义工业化的时间相适应，平均每人居住面积六平方公尺；

远景（一九七二年以后）：平均每人居住面积九平方公尺。

这样作法有一些问题：作城市规划时，技术经济根据（如人口规模）用第二期的，居住面积用"远景"的，而"远景"又提不出实现时间；六平方公尺的定额在规划设计中实际上不起什么作用（有的在总图上画一个实现六平方公尺时的市区界线，有的不画）。因此，有些同志提出将计算期限改为两期，即将第二期的期限延长，代替远景期。但延至多长不好考虑，因什么时候能实现九平方公尺的居住定额，很难预料；同时，期限延长后，确定城市发展的技术经济根据将更困难。另有一种意见，将远景期确定为二十至二十五年（取消十五至二十年的第二期），另采取一个低于九平方公尺的居住定额，这种作法也有问题：（1）确定城市发展的技术经济根据仍然困难；（2）放弃了九平方公尺的居住定额是否恰当？

关于九平方公尺的居住定额，也有不同的意见。有人认为作城市规划时必须采用九平方公尺的居住定额，因为它合乎人的生理上与生活上的最低需要；有人认为九平方公尺的实现期限很遥远，规划设计中采用了它，对第一期建设的经济问题有影响。

专家意见：在苏联，城市规划的远景期是二十至二十五年，居住定额九平方公尺；第一期十年，按规定，居住定额为六平方公尺。但执行的结果，各城市并不完全一样。

规划分期问题（分三期或两期，时间长短），不是原则问题，居住定额是原则问题，所以要首先解决居住定额问题。

苏联采用九平方公尺的居住定额，是根据卫生专家与经济专家研究的结果，由政府批准的，根据计算，每人应有二十七立方公尺的空气量（更确切地说，应是三十平方公尺），当室内净高为三公尺时，居住面积应为九平方公尺。在南部，因气候热，室内高度应高一些。

可以考虑写一个专题报告，请政府把居住面积定额决定一下。政府主要是根据卫生部门（考虑卫生要求）与计委（考虑经济的可能性）的意见来作决定。在苏联是这样做的，中国似也需要这样作。政府决定了居住面积定额后，我们可再来考虑分期问题。

远景规划没有期限，固然不对，但期限本身不是原则问题，因远景规划是不作预算的。

把十五至二十年的期限延长，是不太好的，因确定技术经济根据有困难。规划期限与国民经济计划的期限应互相衔接。[①]

上述谈话记录中的一些内容，反映了在1955年初的时候，国家建委有关人员对于居住面积定额与规划分期问题的一些困惑。譬如，"二十至二十五年"宜否作为远景规划期限，当时即有两种不同意见。由此，对于畅观楼小组在实际工作中将"二十至二十五年"作为《改建与扩建北京市规划草案》的远景规划期，而国家计委在规划审查意见中一方面认同北京市提出的500万人口规模可作为远景发展目标，同时却又并未认同将"二十年左右"作为北京远景规划期，这样一种认知的错位，也就可以理解了。同时，这也说明，规划分期问题的意见分歧，其实也并非首都北京的个别问题，而是一个较普遍的规划问题。

就克拉夫秋克的观点而言，"在苏联，城市规划的远景期是二十至二十五年，居住定额九平方公尺；第一期十年，按规定，居住定额为六平方公尺"。同时，"规划分期问题（分三期或两期，时间长短），不是原则问题，居住定额是原则问题，所以要首先解决居住定额问题"，主张由"政府把居住面积定额决定一下"，即出台一份政策文件。

据此，对于1953—1954年《改建与扩建北京市规划草案》将"二十年左右"作为北京远景规划期，以及人均居住面积指标采用9平方米/人的标准，克拉夫秋克实际上并无异议。

9.3　国家建委对北京市规划草案的审查意见

针对国家计委和北京市在首都规划问题上的意见分歧，1955年初，国务院领导批示国家建委一并对《改建与扩建北京市规划草案》进行研究并提出审查意见。1955年8月前后[②]，国家建委提出审查意见的草稿（图9-5），后于1955年10月前后又再次提出一个审查意见的修改稿（图9-6）。考虑到1955年12月12日国家建委曾与国家计委联合向中央呈报过一份《关于首都人口发展规模问题的请示》（第11章将专门讨论），国家建委早期起草的审查意见是否正式向中央呈报，尚待进一步考证。尽管如此，它们仍可对国家建委在首都规划审查问题上的态度有所管窥。

1955年8月前后完成的审查意见稿，其前半部分主要内容如下：

北京市委于一九五三年十二月九日[③]向中央提出了"关于扩建与改建北京市规划草案的报告"，

① 国家建委城市局. 克拉夫秋克专家关于城市规划定额问题的谈话纪要［Z］. 国家建委档案. 中国城市规划设计研究院图书馆，档号：AJ9. 1955：1-6.
② 档案原文并无具体落款时间，但该意见中曾指出"聘请协助首都规划的八名苏联专家现已来京"，这里所谓"协助首都规划的八名苏联专家"，即第11章即将讨论的第3批苏联规划专家组，该专家组共9位成员，其中有7位专家于1955年4月先行到达，1位专家于1955年7月到达，另1位专家于1956年7月到达。据此及相关的其他一些史料综合判断，这份审查意见的起草时间大致在1955年8月前后。
③ 原稿中此处日期空缺，此后于1955年10月前后完成的修改稿已订正，故而特作补充。

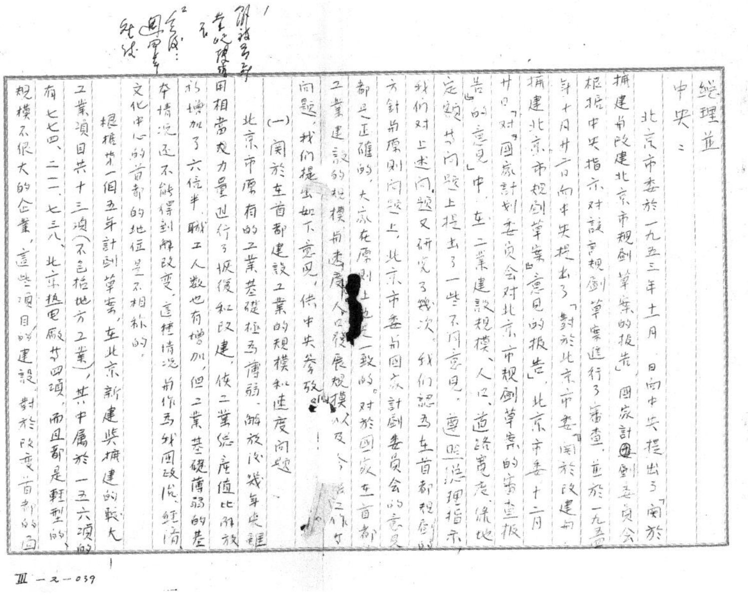
總理並
中央：
北京市委於一九五三年十一月 日向中央提出了「關於擴建與改建北京市規劃草案的報告」，國家計劃委員会根据中央指示对該項規劃草案進行了審查，並於一九五四年十月廿二日向中央提出了「對於北京市委『關於改建與擴建北京市規劃草案』意見的報告」，北京市委十二月廿日「对『國家計划委員会对北京市規劃草案的審查報告』的意見」中，在工業建設規模、人口、道路寬度、綠地定額等問題上提出了一些不同意見。遵照總理指示我們对上述問題又研究了幾次，我們認為在首都規劃方針與原則問題上，北京市委與國家計劃委員会的意見都是正確的，大家在原則上是一致的。对於國家在首都工業建設的規模與速度、人口發展規模以及今後工作問題，我們提出如下意見，供中央參考：
(一) 關於在首都建設工業的規模和速度問題
北京市原有的工業基礎極為薄弱，解放後幾年來經國家相當大力量進行了恢復和改建，使工業總產值比解放前增加了六倍半，職工人数也有增加，但工業基礎薄弱的基本情況還不能得到根本改變，這種情況與作為我國政治、經濟、文化中心的首都的地位是不相称的。
根據第一個五年計劃草案，在北京新建與擴建的較大工業項目共十三項（不包括地方工業），其中屬於一五六項的有七七四、二一一、七三八、北京热电廠等四項，而且都是輕型的，規模不很大的企業，這些項目的建設，對於改變首都的面
III－二－039

图 9-5 国家建委关于“改建与扩建北京市规划草案”审查意见的报告（稿一，1955 年 8 月前后）

资料来源：国家建委．关于“改建与扩建北京市规划草案”审查意见的报告（稿）[Z]．国家建委档案．中国城市规划设计研究院图书馆，档号：Ljing102. 1955：1.

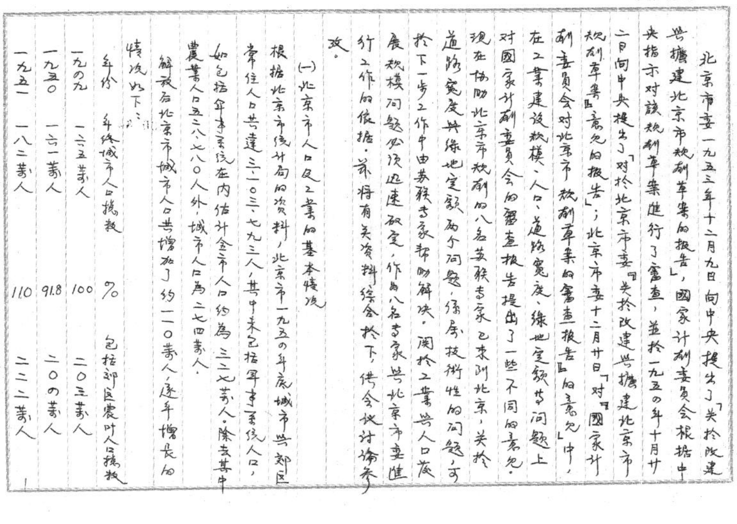
北京市委一九五三年十二月九日向中央提出了「关於改建與擴建北京市規劃草案的報告」，國家計劃委員会根据中央指示对該規劃草案進行了審查，並於一九五四年十月廿二日向中央提出了「对於北京市委『关於改建與擴建北京市規劃草案』意见的報告」；北京市委十二月廿日「对『國家計劃委員会对北京市規劃草案的審查報告』的意见」中，在工業建設規模、人口、道路寬度、綠地定額等問題上对國家計劃委員会的審查報告提出了一些不同的意见。現在協助北京市規劃的八名蘇聯專家已來到北京，关於道路寬度與綠地定額兩个問題，係属技術性的問題，可於下一步工作中由蘇聯專家幫助解決。關於工業與人口發展規模問題必須迅速確定，作為八名專家與北京市委進行工作的依據。茲將有关資料综合於下，供会议讨论参考。
(一) 北京市人口及工業的基本情況
根据北京市統計局的資料，北京市一九五四年底城市與郊区常住人口共達三二〇三、七九三人，其中未包括軍事系統人口，如包括軍事系統在內估計全市人口約為三二七萬人。除去其中農業人口五二八、七八〇人外，城市人口為二七四萬人。
解放后北京市城市人口共增加了约一一〇萬人，逐年增長的情況如下：

年份	年終城市人口總數	%	包括郊區農業人口總數
一九四九	一六五萬人	100	二〇三萬人
一九五〇	一六一萬人	91.8	二〇〇萬人
一九五一	一八二萬人	110	二二二萬人

图 9-6 国家建委关于“改建与扩建北京市规划草案”审查意见的报告（稿二，1955 年 10 月前后）

资料来源：国家建委城市建设局．关于北京市规划的问题（稿）[Z]．国家建委档案．中国城市规划设计研究院图书馆，档号：Ljing103. 1955：1.

国家计划委员会根据中央指示对该规划草案进行了审查，并于一九五四年十月廿二日[①]向中央提出了“对于北京市委‘关于改建与扩建北京市规划草案’意见的报告”，北京市委十二月廿日[②]“对‘国家计划委员会对北京市规划草案的审查报告’的意见”中，在工业建设规模、人口、道路宽度、绿地定额等问题上提出了一些不同意见……我们认为在首都规划的方针与原则问题上，北京市委与国家计划

① 国家计委向中央提交审查意见报告的落款时间为 1954 年 10 月 16 日，这里的“一九五四年十月廿二日”应为国家计委向中央报告的正式行文时间。

② 中共北京市委向中央提交意见报告的落款时间为 1954 年 12 月 18 日，这里的“十二月廿日”应为中共北京市委向中央报告的正式行文时间。

委员会的意见都是正确的，大家在原则上也是一致的。对于国家在首都工业建设的规模与速度、人口发展的规模以及今后工作等问题，我们提出如下意见，供中央参考。

（一）根据第一个"五年计划"草案，在北京新建与扩建的较大工业项目共十三项（不包括地方工业），其中属于一五六项的有七七四、二一一、七三八、北京热电厂等四项，而且都是轻型的、规模不很大的企业，这些项目的建设，对于改变首都的面貌还不能起很大的作用。

因此，在考虑首都规划问题时，首先考虑发展工业问题，把工业建设作为首都建设的基础，变消费城市为生产城市，增加首都人口中工人阶级的比重，是完全必要的。这对于今后首都各方面的工作，都是有利的。从工业建设的要求本身来说，北京各方面的条件（除国防条件不很优越以外），也很合适。在这一点上，北京市委、国家计划委员会及我们的意见，都没有分歧。

关于今后十五年至廿年在北京建设的工业项目，根据国家计划委员会和各工业部门初步估计提出重大的新建、改建企业共十三项（详附表。较国家计划委员会"'关于改建与扩建北京市规划草案'意见的报告"中所列，略有增加），其中包括石景山钢铁厂扩充至年产钢三百万吨、年产两万五千辆小汽车的汽车厂、年产两千万套的轴承厂、量具厂、铣床厂、土建机器厂、摩托车厂、自行车厂、钟表厂等机械工业，年产十万吨的化肥厂、染料厂等化学工业，七十余万纱锭的纺织工业，四十余万瓦的火力发电站等等。因限于经验及资料不足，目前还提不出肯定可靠的项目。上述项目只是初步的估计，是否恰当，国家计划委员会当在今后继续研究。同时也要在编制每一个"五年计划"时，根据当时的国防局势及其他条件来具体确定。假如大体上能按期实现这些项目的建设，则首都的经济面貌将有一个根本性质的改变，使首都成为我国有强大生产能力的工业基地之一，城市人口的阶级构成也会有一个根本性质的变化。据计算，大工业的职工数目将由现有的十二万人增加到卅四万五千人，加上对外交通运输业、建筑业以及服务性工业（为本市服务的中小型企业）与城市公用事业企业的职工，产业工人共达将近百万人口，这样一支工人阶级队伍，对于首都各方面工作的开展，将是很有利的。因此，从工业建设与城市建设的角度上看，在十五年至廿年左右的期间内，大体上确定上述这样的规模，我们认为是比较恰当的。建设如此规模的工业是可以使首都得到改造的。十五年至廿年以后，根据需要还可以继续发展一些必要的工业，如中央原则上同意，目前即可根据上述这些初步资料作为编制城市规划的技术经济根据。

考虑在北京市的工业建设的问题时，国防条件确应作一个重要因素来考虑。由于北京市的位置距海岸线比较近，当前国际形势又比较紧张，帝国主义叫嚣原子战争，在这样一个地区布置的工业过于集中或发展速度过快是值得考虑的。另外，从工业分布本身来看，社会主义工业分布的原则应是：使工业接近原料产地与消费地区；提高落后地区与落后民族的经济；消灭城乡对立；经济地区的综合发展；增强国防力量等。根据这些原则，今后两三个"五年计划"内我国工业应在利用原有工业基地的基础上着重向西北、西南发展。在北京周围不太远的距离内已经有了像天津、唐山、太原这样一些工业城市，是否要在北京一地集中过多的工业，也是值得考虑的。所以我们认为国家计划委员会所提十五年在北京发展工业的规模似已不算少了，要再增加很多，是不适当的。

（二）关于首都的人口增长问题

根据首都在我国政治、经济与文化、科学上的地位，以及前述工业发展的规模，远景人口控制在五百万人，是比较恰当的。

但也不宜再扩大，因为：第一，大体上五〇〇万人的规模，可以符合我国首都的地位了；第二，五〇〇万人的规模，已可以使人口的阶级构成形成一个比较合理的比例；第三，解决五〇〇万人的住房、文化福利设施、水电瓦斯供应、交通运输以及物质供应，已经是一件十分复杂困难的事情，如再扩大，则将增加更多困难。

一九四九年北京市城市人口为一百六十五万人（如包括郊区农业①人口则为二百零三万人），至一九五四年底，五年内增加到约二百八十万人（如包括郊区农业人口则为三百三十万人）。增长得比较快，主要原因是由于中央机关的成立与扩大，调集了大量的干部，同时也带来了大量的家属与服务人口；高等学校的迅速建设；基本建设规模的扩大，从而增加了大量的建筑工人；农民的盲目流入城市等等。人口的构成是不够合理的。据北京市一九五三年调查，基本人口在总人口中只占百分之二十三，而按苏联经验，大城市基本人口应占百分之卅左右，就是说，北京市的消费人口多。据一九五三年调查（现在当有一些变化）：未就业的男劳动力约十三万人，青壮年家庭妇女约廿八万人，三轮车、大车工人约四万余人，手工业者十一万余人（将来不一定需这样多），建筑业的临时工和季节工人十七万余人（将来要减少），私营商业从业人员及摊贩十一万余人（将来也不一定需这样多）。郊区农业人口约五十余万人（将来市区发展农田被占用后，这部分人口亦将转化）。按照社会主义城市人口的合理结构，这些人口中至少有数十万人是可以逐步地就业或转业的。（附表）因此，今后配合工业的发展，如何有计划地组织这些人口的逐步就业和转业，尽量减少到外地招工，并研究一些有效的限制人口增加的措施，以便能相对地减低城市人口增长速度，是十分必要的。完全根据以往几年的情况来预测今后人口的增长速度，是不尽恰当的。

至于在达到远景五〇〇万人以前，分期的人口发展数字（如十五年到廿年究竟是发展到四百万或五百万），现在很难提出充分的根据，可在拟定分期的建设计划时，根据各部门提供的资料具体计算之。

北京市委在报告中提出的道路宽度和绿地定额问题，可在下一步工作中在专家帮助下研究确定。如有急需拓宽和急于建设的街道，可根据具体计算个别决定之。②

上述文字，主要针对北京工业发展及人口规模这两个问题发表了意见。就前者而言，国家建委意见中明确指出："在考虑首都规划问题时，首先考虑发展工业问题，把工业建设作为首都建设的基础，变消费

---

① 该档案中原稿为"农叶"。
② 国家建委. 关于"改建与扩建北京市规划草案"审查意见的报告（稿）[Z]. 国家建委档案. 中国城市规划设计研究院图书馆. 档号：Ljing102. 1955：1–13.

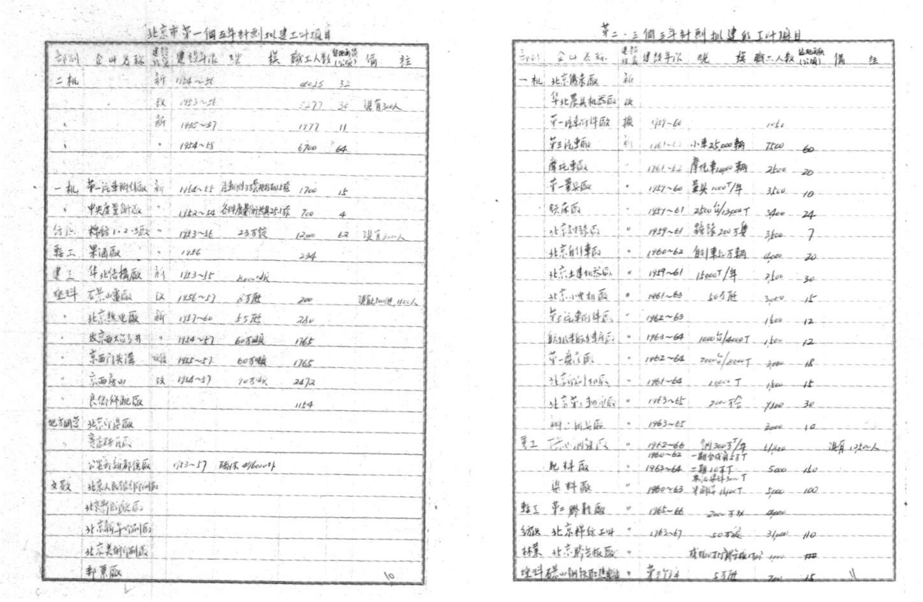

图 9-7 国家建委审查意见报告（草稿）附表之一：北京市第一至三个五年计划拟建工业项目一览表（部分）

资料来源：国家建委. 关于"改建与扩建北京市规划草案"审查意见的报告（稿）[Z]. 国家建委档案. 中国城市规划设计研究院图书馆, 档号：Ljing102. 1955: 10-11.

城市为生产城市，增加首都人口中工人阶级的比重，是完全必要的"，并强调"在这一点上，北京市委、国家计划委员会及我们的意见，都没有分歧"。因而，北京工业发展的问题，不是发展与否的问题，而是发展到何种程度的问题。

对于北京如何推进工业建设的问题，在国家建委的审查意见中，比较具体地列举了"根据国家计划委员会和各工业部门初步估计，提出重大的新建、改建企业共十三项"，审查意见后还附有详细的列表（图 9-7），这些项目较国家计委审查意见中所列"略有增加"。国家建委指出："从工业建设与城市建设的角度上看，在十五年至廿年左右的期间内，大体上确定上述这样的规模，我们认为是比较恰当的。建设如此规模的工业是可以使首都得到改造的。十五年至廿年以后，根据需要还可以继续发展一些必要的工业。如中央原则上同意，目前即可根据上述这些初步资料作为编制城市规划的技术经济根据。"同时，基于国防安全及国民经济整体布局的考虑，不宜于"在北京一地集中过多的工业"。

这就是说，国家建委以工业项目布局具体方案的方式，回应了国家计委和北京市对于首都工业发展程度的意见分歧。

对于首都人口规模的问题，国家建委认为"远景人口控制在五百万人，是比较恰当的"，这与国家计委及北京市的意见是一致的。至于规划分期等比较具体的细节，国家建委意见中的表述则相当灵活——"至于在达到远景五〇〇万人以前，分期的人口发展数字（如十五年到廿年究竟是发展到四百万或五百万），现在很难提出充分的根据，可在拟定分期的建设计划时，根据各部门提供的资料具体计算之。"

9.4　1953 年版《改建与扩建北京市规划草案》的时代局限性

正如中共北京市委在向中央的请示报告中所明确指出的，1953—1954 年完成的《改建与扩建北京市规划草案》并不是完美无缺的。1953 年 12 月 9 日向中央呈报规划草案时，具有"规划工作汇报"性质的附件《关于改建与扩建北京市规划草案向中央的报告》中，点明了对当时规划工作中一些缺点和不足的认识：

（三）关于这个规划草案中存在的问题和我们下一步工作的意见

第一，我们在规划时找到的北京的自然资料（如地质资料、水文资料等），既不完全，又不十分可靠，目前市内也缺乏适当的机构对这些问题进行全面勘察和系统研究；同时工业建设、中央机关建设和高等学校建设的计划等多还未定，而且短时期内也难以制定，这就使我们的规划工作缺乏科学依据；但为了适应首都目前大规模的市政建设和房屋建筑的需要，又急需制订一个规划草案。在这种情况下，进行规划时困难很多，规划的结果必定错误不少，必须在进一步具体规划及分期建设的实践中大加修改；而且，由于我们十分缺乏城市规划的经验和必要的资料，对于这次规划的结果是否合乎经济的原则以及实现这个规划所需的费用，现在还无法进行估算，需在下一步工作中加以研究。

第二，关于天安门广场及其周围的规划，各方意见很不一致：关于城墙是否保留以及对某些古代建筑物的处理办法，一向争论很多，这次尚未作具体规划。

第三，关于铁路、车站、运河及解决北京供水等问题，虽然取得了中央铁道部、水利部、交通部等部的若干负责同志和这些部的几位苏联专家的帮助，铁道部设计局副局长和交通部航务工程总局副局长并直接参与了规划工作，帮助我们研究了铁路和运河方案，但对这些问题，我们更缺乏知识，还需与各主管部门继续研究。

第四，我们已将这个草案在扩大的市委会议上进行了多次讨论，但还没有向党外公开。如中央同意，我们即拟一方面据此安排一九五四年的建筑和市政建设计划，并着手制订头五年或头十年的第一期建设计划，以逐步减少和克服我们在城市建设方面的被动状态和盲目性；另一方面，征求各方面对这个规划草案的意见，并与中央有关各部做进一步的研究。

第五，鉴于进一步研究和修正这个规划草案并使之具体化，如制订分期分区建设计划、确定市政工程尤其是地下网道、供热系统（如煤气工厂和兼供热发电厂的设置）的规划和计划以及城市建设的经济问题等方面，需要苏联专家更多的直接帮助，因此请中央指定若干苏联专家如城市规划、建筑工程、地质、上下水道、城市交通、城市防空、热力电力供应和市政经济问题等方面的专家，帮助我们；并请中央考虑可否邀请几位苏联著名的建筑师来京研究和审查这个规划草案。对于地下铁道的建设问题，亦请中央考虑可否指定专门机构并聘请苏联专家，着手勘察和研究。①

---

① 中共北京市委. 市委关于改建与扩建北京市规划草案向中央的报告［R］// 中共北京市委政策研究室. 中国共产党北京市委员会重要文件汇编（一九五四年下半年）. 1955：100.

据上述文字，当时完成的《改建与扩建北京市规划草案》主要存在 4 个方面的不足之处：（1）部分基础材料尚不完备，规划工作的科学依据尚不充足；（2）城市规划工作的经济分析尚待加强；（3）部分重点地区的规划尚待深入；（4）一些专业规划有待进一步研究论证。

就上文谈到的天安门广场地区规划而言，中共北京市委在 1954 年 10 月向中央呈报的《关于改建与扩建北京市规划草案中几项修改和补充的说明》中有如下说明：

此外，有一些问题，现在还不能肯定。

第一，关于天安门广场及其周围的规划，我们曾作了十［多］个方案，并在华北城市建设展览会上进行展览，各方意见极其分歧。争论问题主要有四：第一是关于广场的性质：有的同志认为天安门就是象征着我们国家，广场周围的建筑应当以国家的主要领导机关（不是全部领导机关）为主，同时建立革命博物馆、解放军博物馆等纪念性建筑，使它成为一个政治的中心。有的同志认为天安门广场周围不应当也不可能以修建国家的主要领导机关为主，而应当以博物馆、图书馆等建筑为主，使它成为一个文化中心。第二是关于广场周围建筑物的规模：有的同志认为天安门广场代表着我国社会主义建设的伟大成就，在它的周围甚至在它的前边或中间应当有一定的（不是全部）高大雄伟的新建筑，使它成为全市建筑的中心和高峰。有的同志认为天安门和人民英雄纪念碑都不高，其周围的建筑也不应超过它们，应当是比较低的。第三是对于旧有建筑的处理：有的同志认为旧有的建筑（前门、箭楼、中华门）和我们新时代的伟大建设比较起来是渺小的，在相当时期后，必要时它们应当让位给新的高大的足以代表社会主义、共产主义的新建筑。有的同志认为旧有的建筑（前门、箭楼、中华门）是我国历史遗产，应当保留。第四是广场的大小问题：有的同志认为天安门广场是我国人民政治活动和群众游行和集会的中心广场，应当比较大、比较开阔（三四十公顷左右）。有的同志认为从建筑的比例上看，广场不宜过大（二十到二十五公顷左右即可）。这些问题十分复杂，还须慎重研究。①

上述文字向我们表明了，在"一五"初期，天安门广场进行改建规划之初的一些不同意见和看法。1953 年 9 月前后，苏联专家巴拉金对畅观楼小组的规划工作进行指导时，曾经提出在天安门广场的中央区域建设"应很高"的人民政府宫等建议（参见第 6 章讨论），在后续的一些研究和讨论中，有关方面对此的意见显然并未达成一致。

正是由于 1953—1954 年《改建与扩建北京市规划草案》中一些缺点、不足及难以定案的问题的存在，北京市规划工作中产生了聘请更多苏联规划专家予以支持的实际诉求。由此，首都规划发展转而进入第三批苏联规划专家进行技术援助的另一个新的阶段。

---

① 中共北京市委. 市委关于改建与扩建北京市规划草案中几项修改和补充的说明［R］. 中共北京市委政策研究室. 中国共产党北京市委员会重要文件汇编（一九五四年下半年）. 1955：92-97.

第三篇

北京城市总体规划专家组
（1955—1957 年）

第 10 章 ————————————————————

专门援助北京城市总体规划的专家组

在中国"一五"计划启动之初，苏联专家穆欣和巴拉金先后对北京市规划工作进行技术援助，有力推动了1953—1954年《改建与扩建北京市规划草案》的研究和制订。尽管穆欣和巴拉金的专业技术水平都十分高超，能力突出，对北京市规划也十分热忱，倾心投入技术援助工作，然而，他们毕竟只是单一的个人，对于一个大国首都的城市总体规划工作而言，他们的一些技术援助必然也会存在这样或那样的局限。另一方面，国家计委和北京市关于首都规划问题的争论，也提出了以一种新的方式来推动首都规划工作的开展，从而制定出更为完善的城市总体规划方案的现实要求。在此情况下，1955年初，苏联向中国派遣了一个大规模的、多工种配合的规划专家组，专门帮助北京市开展城市总体规划的制订及完善工作。

10.1 派遣规划专家组的起因及过程

援助北京的苏联规划专家组是1955年4月初到京的，但派遣专家一事却早已提出，并反复酝酿。

早在1953年6月10日，中共北京市委主要领导曾专门向政务院领导呈交报告，希望留聘穆欣到北京市指导规划工作，但因故未能如愿（详见第4.5节的讨论）。

1953年12月9日，中共北京市委向中央呈报《改建与扩建北京市规划草案》的文件中明确提出："鉴于进一步研究和修正这个规划草案并使之具体化，如制订分期分区建设计划、确定市政工程尤其是地下网道、供热系统（如煤气工厂和兼供热发电厂的设置）的规划和计划以及城市建设的经济问题等方面，需要苏联专家更多的直接帮助，因此请中央指定若干苏联专家如城市规划、建筑工程、地质、上下水道、城市交通、城市防空、热力电力供应和市政经济问题等方面的专家，帮助我们；并请中央考虑可否邀请几位苏联著名的建筑师来京研究和审查这个规划草案。"[1]

---

① 中共北京市委. 市委关于改建与扩建北京市规划草案向中央的报告［R］. 中共北京市委政策研究室. 中国共产党北京市委员会重要文件汇编（一九五四年下半年）. 1955：100.

尽管派遣专家事宜早已提出，但苏联专家的具体派出却绝非易事。据中国驻苏联大使馆商务参赞处于1954年6月8日向国家计委等提交的一份《关于聘请苏联专家的情况和要考虑的问题》，"聘请专家工作，除了我们要抓紧办理外，在今后所聘专家数量和时间也需要做更多的考虑。从过去事实上看，对有一部分专家要求尽多尽快地派，苏方是难以在数量和时间上完全达到我们的要求的"，"苏方对派遣专家也确有一些实际困难。苏外贸部及各部的总交货人曾表示过：'我们工作的困难问题也是干部问题，尤其是去华时间一年以上的，在人选方面困难更多'。苏方关于聘请建筑专家问题还说过：'我们已与建筑部（苏联）不能达到认识统一了，该部已称无可能再派，我们（外贸部）只能向政府提出下令硬调，希望中国能赶快培养自己的干部'"①。

1954年8月26日，中共北京市委专门向中央请示，希望能派遣苏联专家帮助开展首都规划工作。经国家计委研究并提出意见，中央于1954年9月13日予以电复，内容如下：

复关于城市建设专家问题

北京市委，并告国家计划委员会、建筑工程部、政务院专家工作局：

八月二十六日电悉。

关于城市建设专家问题，经国家计划委员会研究，认为聘请专家组来我国，首先帮助北京市的规划和建设是必要的。专家名额拟定下列六名：

城市规划二名，

上下水道一名，

集中供热一名，

煤气供应一名，

公共交通一名。

专家工作由中央建筑工程部统一负责，工作期限预定一年至一年半。

中央同意国家计划委员会的意见。上述六名专家由政务院专家工作局列入一九五五年度向苏联政府聘请专家的总名单中。

中央

一九五四年九月十三日②

上述批复中，值得注意的是，中央的意见起初是"专家工作由中央建筑工程部统一负责"，专家数量共6人，这两方面的情况与后来的实际情况不尽一致。

---

① 李强，刘放. 关于聘请苏联专家的情况和要考虑的问题［Z］. 国家计委档案. 中央档案馆，档号：150-2-455-2. 1954.

② 中央. 复关于城市建设专家问题［Z］. 中共北京市委档案. 北京市档案馆，档号：001-005-00125. 1954：5-6.

正是由于中央的高度重视，并有明确批复，在苏联专家聘请工作已陷入严重困难的情况下，援助北京城市总体规划工作的苏联专家组仍然很快便于1955年2月初前后就决定派出了。时任郑天翔同志秘书的张其锟曾向笔者回忆当年得知这一消息时颇为激动的情形：

> 当时我在北京市委办公厅工作，得知这个消息的过程是这样的：中国驻苏联大使刘晓同志打电话到市委办公厅，市委办公厅的副主任孙方山同志接的电话。那时候我们工作，基本上是每天晚上11点以后才能回家，晚上都要加班的。孙方山同志就叫我到他的办公室去，我就听孙方山同志谈话，做了记录。他说苏联大使馆的长途电话来了，说两个礼拜以后①，中共中央为北京市邀请的苏联专家组就要到北京了，让做好接待工作。他马上就报告了刘仁同志和天翔同志。第二天，刘仁同志和市委组织部副部长佘涤清和天翔同志开会，我也在场，他们说：马上组织班子，成立新的都市规划委员会；凡是学过理工的地下党员、现在还在党政部门工作、没有"归队"的，都调到都市规划委员会。②

为了迎接苏联专家组的到来，中共北京市委迅速成立了由其直属领导的专家工作室，专家工作室加挂北京市都市规划委员会的牌子。中共北京市委秘书长郑天翔为专家工作室的最高负责人，兼任北京市都市规划委员会主任委员（图10-1），佟铮、梁思成、陈明绍和冯佩之任北京市都市规划委员会副主任委员。

图10-1　郑天翔兼任北京市都市规划委员会主任时的工作证（编号0001）
资料来源：郑天翔家属提供。

10.2　规划专家组的成员

第三批苏联规划专家组受聘于北京市，在中共北京市委专家工作室开展工作。专家组共9位专家（图10-2），其中大部分成员（7人）于1955年4月5日到京③，另外两人分别于1955年7月和1956年7月来华（表10-1）。

---

① 北京市都市规划委员会成立于1955年2月。苏联专家组于1955年4月初抵京，实际来华时间较两周要略迟。
② 张其锟2018年3月20日与笔者的谈话。
③ 中共北京市委办公厅. 苏联城市建设专家到京后的情况［Z］//北京市规委会聘请苏联专家及翻译人员事项，北京市档案馆，档号：151-001-00004. 1955：14.

图 10-2　第三批苏联规划专家组全体专家与翻译组全体同志的合影（1957 年 3 月）

前排（苏联专家）左起：上下水道专家雷勃尼珂夫、煤气供应专家诺阿洛夫、规划专家兹米耶夫斯基、建筑施工专家施拉姆珂夫、经济专家尤尼娜、专家组组长勃得列夫、电气交通专家斯米尔诺夫、建筑专家阿谢也夫、供热专家格洛莫夫。

资料来源：郑天翔家属提供。

来华时间	回苏时间	专家姓名及其俄文本名	在苏工作单位及职务	专长
	1957 年 12 月	谢·阿·勃得列夫（С. А. Болдырев）	莫斯科城市总体规划设计研究院，建筑规划室主任	规划专家，专家组组长
1955 年 4 月	1957 年 10 月	乌·克·兹米耶夫斯基（В. К. Змиевский）	莫斯科城市总体规划设计研究院，技术处处长	规划专家
		格·阿·阿谢也夫（Г. А. Асеев）	莫斯科建筑设计院，建筑学术工程部主任	建筑专家
		格·莫·斯米尔诺夫（Г. М. Смирнов）	莫斯科电气交通托拉斯经理	城市电气交通专家
		莫·兹·雷勃尼珂夫（М. З. Рыбников）	莫斯科地下工程设计院，设计室主任	上下水道专家
		格·纳·施拉姆珂夫（Г. Н. Шрамков）	莫斯科建筑总局建筑安装托拉斯经理	建筑施工专家
	1957 年 3 月	阿·弗·诺阿洛夫（А. Ф. Ноаров）	莫斯科地下工程设计院，副总工程师	煤气供应专家
1955 年 7 月	1957 年 12 月	尼·康·格洛莫夫（Н. К. Громов）	莫斯科建筑设计院	供热专家
1956 年 7 月	1957 年 12 月	安·安·尤尼娜（А. А. Юнина）	莫斯科建筑设计院，规划经济资料负责人	经济专家

注：专家名单及俄文主要依据北京市档案馆档案（北京规委会. 北京规委会关于聘请执行外国专家工作情况的报告［Z］. 北京市档案馆，档号：151-001-00045. 1955：3.），其他信息结合北京市城市规划管理局、北京市城市规划设计研究院党史征集办公室所编《组织史资料（1949—1992）》及有关资料等补充。

这一批苏联规划专家，主要是莫斯科城市总体规划设计研究院的专家团队，该院建筑规划室主任 С. А. 勃得列夫（С. А. Болдырев）任苏联规划专家组组长（图 10-3）。资料表明，早在 1933 年时，莫斯科城市委员会规划部（Году Отдела Планировки Моссовета，莫斯科城市总体规划设计研究院的前身）曾成立 11 个建筑规划设计室，其中总体规划设计室即由勃得列夫负责①，作为 1935 年版莫斯科改建规划的主要完成人之一，勃得列夫是相当权威的一位城市规划专家。勃得列夫和该院技术处处长 В.К.兹米耶夫斯基（В. К. Змиевский）以及莫斯科建筑设计院规划经济资料负责人 А. А.尤尼娜（А. А. Юнина，女），对北京城市总体规划的制订工作具有一定的主导作用。其他几位专家各有专长，分工负责有关专项规划，协同推进北京城市总体规划的制订和完善。

第三批苏联规划专家组在华工作约两年左右的时间（多数专家聘期 2 年，延聘半年），于 1957 年先后回苏：煤气供应专家 А. Ф. 诺阿洛夫（А. Ф. Ноаров）因事于 1957 年 3 月提前回苏，6 位苏联专家于 1957 年 10 月回苏，勃得列夫和尤尼娜最晚于 1957 年 12 月回苏。

由于该批专家的中文译名大都较长，为便于称呼，北京规划工作者通常以其中文译名的第一个字加以代称。譬如，专家组组长勃得列夫通常称"勃专家"，规划专家兹米耶夫斯基、建筑专家阿谢也夫、电气

———————————
① 资料来源：https://genplanmos.ru/institute/history/.

图 10-3　第三批苏联规划专家组组长 C. A. 勃得列夫在办公室
工作中（1956 年，北京）
资料来源：郑天翔家属提供。

图 10-4　苏联规划专家 B．K．兹米耶夫斯基在办公室工作中
（1956 年，北京）
资料来源：郑天翔家属提供。

交通专家斯米尔诺夫、上下水道专家雷勃尼珂夫、建筑施工专家施拉姆珂夫、煤气供应专家诺阿洛夫和供热专家格洛莫夫分别称"兹专家""阿专家""斯专家""雷专家""施专家""诺专家"和"格专家"。经济专家尤尼娜因译名较短，较多直接称呼"尤尼娜"。

目前，网络上可查阅到该批苏联专家的部分信息。以规划专家 B. K. 兹米耶夫斯基（В. К. Змиевский，1909—1993，图 10-4）为例，他于 1909 年出生在乌克兰南部的一个港口城市尼古拉耶夫（Николаев），1933 年毕业于敖德萨艺术学院（Одесский Художественный Институт）建筑系，同年在莫斯科城市委员会规划部工作，参与了 1935 年版莫斯科改建规划的制订，1935 年成为苏联建筑师协会会员，1938 年与妻子一起参与了吉尔吉斯斯坦首都的总体规划设计工作，1941 年受命负责在莫斯科附近设计并建造防御工事设施，卫国战争结束后在莫斯科建筑规划管理局（Управление Генплана Москвы）工作并任首席建筑师（Ведущий Архитектор）。兹米耶夫斯基不仅是城市规划专家，也是建筑师、美术师和画家，他热衷于绘画和图形的创作工作（图 10-5），现有不少作品在莫斯科建筑博物馆和辛菲罗波尔美术馆等陈列。[1]

为了配合苏联专家开展规划工作，北京市都市规划委员会在早期设置了经济资料组、总体规划组、公共交通组、市政规划组、电力电热组、煤气组和翻译组等（表 10-2），各位苏联专家分别对口指导。但这样的分组并不十分严格，兹米耶夫斯基是最受欢迎的专家之一，曾一度被"四个组抢"，"对兹专家车轮战"。后来，北京规委会的组织机构逐步发展为经济组、总图组、绿地组、道路组、交通组、热电组、煤

---

① 资料来源：[1] http://www.antik-forum.ru/forum/showthread.php?t=63818. [2] https://worontsovpalace.org/realii-i-grezy-vasilija-zmievskogo/. [3] http://lib-yalta.ru/news/169/58/priglashaem-na-vystavku/.

图 10-5　B.K.兹米耶夫斯基的绘画作品

注：左图主题为"夏之绿心（Зеленая тяжесть лета）"，作于 1977 年；右图主题为"文明（Цивилизация）"。

资料来源：https://worontsovpalace.org/realii-i-grezy-vasilija-zmievskogo/.

气组和给排水组等 8 个小组（图 10-6），1956 年 7 月经济专家尤尼娜来京后又在总图组下分出一个分区组（表 10-3）。

北京市都市规划委员会早期分组名单（约 1955 年底，不完全统计）　　　　　表 10-2

组别	苏联专家	小组成员	其他单位选派学习人员
经济资料组	规划专家兹米耶夫斯基	梁凡初、力达、罗栋、俞长风、沙飞、张玉纯	—
总体规划组	规划专家勃得列夫 规划专家兹米耶夫斯基	李准、傅守谦、孟繁铎、许翠芳、韩蔼平、徐国甫、张悌、张丽英、窦焕发、陈干、黄畸民、李嘉乐、沈永铭、钱铭、王英仙、郭日韶、王怡、王文燕、赵知敬、张凤岐、周桂荣、周庆瑞、周佩珠、严毓秀、王群、潘家莹	宗育杰（国家建委）、齐康（南京工学院）、王士忠（天津）、柳道平（国家建委）、程敬琪（清华大学）
公共交通组	电气交通专家斯米尔诺夫	朱友学、潘泰民、陈广彻、马义成、马刚、宣祥鎏、张光至、王玉琛、马素媛、尚淑荣、王振江、张翠英、李子玉、赵庆华	关学中
市政规划组	上下水道专家雷勃尼珂夫	郑祖武、钟国生、张敬淦、陈鸿章、徐继林、崔玉璇、万周、庞尔鸿、李馨树、谭伯仁、金葆华、韩淑珍、钱连和、徐学峥、李贵民、文立道、赵莹瑚、高岫培、王文化、许守和、黄秀琼、王绪安	王作锟（天津）
电力电热组	供热专家格洛莫夫	潘鸿飞、徐卓、章庭笏、季玉昆、耿世彬、曾享麟、王少亭、李光承、栾淑英、吴淳、王蕴士、关金声、佟樊功、骆传武、郎燕芳、吴玉环	—
煤气组	煤气供应专家诺阿洛夫	陈绳武、马学亮、李聪智、孙英、李梅琴、张润辉、杨泳梅、祖文汉、田慧玲、凌松涛、王卉芬、王照桢	—
翻译组	—	谢国华、唐翊平、卢济民、冯文炯、惠莉芳、张莉芬、章炯林、唐炯、马旭光、杨春生、赵世五、魏庆祯、杨念、漆志远、陶祖文、傅玲、任联卿、马淑蓉	
办公室	—	刘坚、张毅、谢更生、刘巨普、陈秀华、罗文、张汝梅、崔荣清、陈月恒、王梦棠、贾祥、贾书香、孙廷霞、王锦堃、黄昏	

注：依据郑天翔日记整理，按原稿排序，小组成员中部分人员为实习生。

图 10-6　关于北京市都市规划委员会组织机构及工作人员的回忆名单（梁凡初手稿，部分）
注：本图中部分人名的书写不完全准确。
资料来源：梁凡初（1925 年 11 月生）2020 年 11 月 27 日与笔者谈话时提供。

北京市都市规划委员会组织机构及人员名单（1957 年）　　　　　表 10-3

组别	组长（主任、科长）	副组长（副主任）	小组成员
第一组 （经济组）	—	储传亨（主持工作）、力达、梁凡初、俞长风	沙飞、罗栋、陈尚容、刘达民、张锡虎、程文光、孙洪铭、刘文忠
第二组 （总图组、分区组）	陈干（总图组） 李准（分区组）	莘耘尊（总图组） 沈其、傅守谦、沈永铭（分区组）	王世忠、陈咏扬、钱铭、陈业、许方、张凤歧、孟凡铎、周佩珠、董光器、韩霭平、崔凤霞、王群、张国梁、张悌、徐国甫、章之娴、周桂荣、张玉纯、宋进仁、郑星、任纲节、叶龙厚、孙琦、石玉蓟、赵克新、陈申美、贾秀兰、张丽英、付学和、卢际昌、郭月华、王希平、严毓秀、赵知敬、王文燕、许宝茹、许焕竹、温春荣、张月明、程好华
第三组 （绿地组）	李嘉乐	—	王临、朱竹韵、潘家莹、李敏、黄畸民、赵光华、郭日韶、李宁、冯洁、沙人琪
第四组 （道路组）	郑祖武	崔玉璇、陈鸿璋	谭伯仁、钱连和、李贵民、王绪安、李馨树、黄秀琼、王继滋、许彦斌、王文化、过载平、张受良、李承烈、吴兰英

组别	组长（主任、科长）	副组长（副主任）	小组成员
第五组（交通组）	朱友学（兼）	马义成、潘泰民、陈广彻	张炳华、马刚、陈阜东、杨成仁、王振江、许伟、尚淑荣、陈春玲、宋志钧、赵庆华、马素媛、李子玉、鲍惠贞、张振刚、温如凤、闫晓岩、贾辉
第六组（热电组）	潘鸿飞	吴淳、徐卓、曾享麟	武绪敏、季玉昆、佟懋功、王蕴士、章庭笏、倪受让、吴玉环、李聪智、骆传武、王少亭、杨木兰、郎砚芳、关金声、栾淑英
第七组（煤气组）	王照祯	陈绳武、田惠玲、马学亮	祖文汉、李梅琴、凌天琪、项恩田、王秉仁、张润辉、杨泳梅、战仲仪、王秀芝、王玉琛、王玉珍、张盛源、赵以忻、凌松涛、王娜玲、关锡林、贺乃良、许印心、张福林、崔兴业、刘雅君、崔智华、刘维堤、周玉珍、孙英、门子经
第八组（给排水组）	钟国生	徐继林、庞尔鸿、张敬淦、陆孝颐	刘连瑞、徐学琤、金宝华、胡树本、唐乃彗、张书林、许守和、文立道、王端亭、韩玉珍、王淑芬、张文浒、唐炳华、周莹珊、王卉芬、刘月初、柳尚华、彭家骏
资料室	王栋岑	—	王林、李安穆、刘淑贞、刘巨普、徐雪华、秦贵福
翻译组	—	岂文彬、谢国华、杨念	赵世伍、张汝良、唐翙平、卢济民、李焖林、杨春生、唐炯、冯文炯、惠莉芳、傅玲、任联卿、马旭光、林茂盛、张莉芬、漆志远、王瑞芝、田柏、高娃、邱连璋、朱博平、魏庆祯
办公室	朱友学（兼）	黄昏、宣祥鎏	谢更生、刘敏琦、崔荣清、刘乃武、程秀华、闫昆岑、张玉山、刘巨普
人事科	王锦堃	—	孙廷霞、申予荣、张毅、司荫华、徐雪华
保卫科	刘坚	—	张健民、刘永恕、权锡、于成万
行政科	刘坚（兼）	—	陈月恒、张汝梅、邢汉树、裴生柱、史殿奎、王梦棠、赵连波、纪兴国、薛青、薛旺、王树臣、孔宪玲、刘景田、李鹤春、李纪元、程英杰、刘长林、崔承光、罗明、马守良、武振声、柳恩财、刘仲先、杨毓惠、刘子秀、赵成、李兰、杜宪岑、唐素珍、陈才、王仲轩

资料来源：北京城市规划学会. 岁月影像：首都城市规划设计行业 65 周年纪实（1949—2014）[R]. 2014：20–21.

10.3　技术援助工作之初

10.3.1　对北京的第一印象

第三批苏联规划专家组于 1955 年 4 月 5 日到京后，中共北京市委领导"于四月七日接见了他们"[1]；4 月 8 日，北京规委会的两位领导郑天翔和佟铮"与专家组举行会议，介绍了我们规划工作机构的性质，

---

[1]　中共北京市委办公厅. 苏联城市建设专家到京后的情况［Z］// 北京市规委会聘请苏联专家及翻译人员事项. 北京市档案馆，档号：151-001-00004. 1955：14.

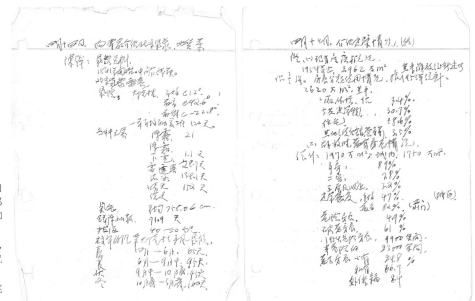

图 10-7 北京规委会规划人员向
苏联专家汇报北京市有关情况（郑
天翔日记，1955 年 4 月 14 日和
15 日记录）

注：左图为 4 月 14 日记录的首页，
汇报人为陈干；右图为 4 月 15 日记
录的首页，汇报人为佟铮。

资料来源：郑天翔. 1955 年工作笔
记［Z］. 郑天翔家属提供. 1955.

规划工作人员的业务技术水平及政治成分等情况，并初步提出专家组最近工作的计划"[1]。4 月 11 日，郑天翔和佟铮到国家城建总局向总局领导汇报了苏联规划专家来华工作的有关情况[2]，国家城建总局"于十四日设宴欢迎苏联专家"[3]。

自 4 月中旬开始，北京规委会的有关人员分别向苏联专家组介绍北京气候、地质、房屋建筑和城市规划等各方面的情况（图 10-7）。

在刚到北京的一段时间内，各位苏联专家主要是了解和熟悉各方面的情况，期间还进行了一些实地踏勘和调研（图 10-8、图 10-9）。1955 年 4 月 26 日和 5 月 9 日，郑天翔和佟铮联名撰写过两份《专家组的一些个别反映》，记载了苏联专家组在北京踏勘期间的一些零星建议。这两份报告是北京规委会专门整理并由中共北京市委办公

图 10-8 郑天翔陪同苏联专家游览颐和园
左起：郑天翔（左 2）、斯米尔诺夫（左 3）、勃得列夫（左 4）、储传亨（右 2）。
资料来源：郑天翔家属提供。

---

① 郑天翔. 关于城市建设专家工作情况的报告［Z］//郑天翔、佟铮同志关于专家工作室问题给彭真、刘仁、张友渔同志的请示报告. 北京市档案馆，档号：151-001-00002. 1955：1-2.
② 郑天翔. 1955 年工作笔记［Z］. 郑天翔家属提供. 1955.
③ 国家城建总局. 城市建设总局周报（第六号）［R］. 国家城建总局档案. 中国城市规划设计研究院图书馆，档号：AM3. 1955.

图 10-9　第三批苏联规划专家在北京进行现状踏勘和调研

资料来源：郑天翔家属提供。

厅编印的《苏联专家谈话记要》的开篇①，其中第一份报告的全文如下：

专家组的一些个别反映

自四月十一日至四月二十三日，专家主要是了解情况，还没有正式发表意见或提出建议，只是在

---

① 目前，北京市城市建设档案馆保存有两份报告的底稿（见正文中下文引述），北京市档案馆保存有印刷稿，即《专家谈话记要》第一号和第二号（专家谈话文件标题不完全统一，个别文件为《专家谈话纪要》），资料来源：郑天翔，佟铮，等. 专家工作组的一些个别反映及建议［Z］. 北京市档案馆，档号：151-001-00006.1955.

与我们工作同志接触当中，有一些零星反映，汇报如下：

一、专家很注意建筑上的经济问题。到阜成门上勘察时，我们有的同志提到，有人建议阜内大街路南在一九五五年成街地建筑起来，可是怕拆房子，没有在这里建。这时，勃得列夫①（专家组长）说："还是忍耐些吧！经济比希望更重要，不能完全听建筑师的。我们在苏联时，党和政府一再告诉我们：要注意经济问题。"勃得列夫在看到西郊专家招待所后，觉得招待所太奢华了，他笑着说："不能让建筑师随便搞，应该给建筑师的嘴上带上嚼子（意即加以控制）。"诺阿洛夫（煤气专家）在招待所的楼上指着四周的平房说："招待所不应盖得这么好，你看劳动人民还住着那矮小的房子。假如不修这样的屋顶，还可以盖很多房子，这和劳动人民的房子相差太悬殊了。"又说："这（指招待所）与展览馆不同，展览馆是代表着一个国家的力量和成就，可以搞得好一些。"还有一次勃得列夫专家指着龙潭旁边所建的中央体育馆说："在苏联花不起这么多钱（指盖这样的体育馆）。"

二、专家们很注意北京的许多大烟囱。有的说："一看见它，就牙痛。"煤气专家问："为什么一摊新建筑就有一堆烟囱（意即各搞各的）。"有的专家则指着阜外的许多大烟囱说："好像那下边有好多马丁炉。"

三、专家说："所谓临时建筑，其实很难拆掉。"勃得列夫说莫斯科过去就有这种情形。他们说：在苏联，是先突击去建筑中的一座楼，不加隔断墙就给工人住用，这样可以避免支搭工棚的费用。

四、勃得列夫专家对文教区的位置的选择，认为是比较好的。但说六个工学院缺乏统一规划，并说："沈勃同志应做这些工作。"当时斯米尔诺夫（电气、公共交通专家）也说："最好这样，公共事业就更能很好地配合了。"

五、斯米尔诺夫专家说，据他初步的印象，认为城内的有轨电车，应迁到城外去。对太平湖南新开辟的豁口处的铁路道口，斯米尔诺夫专家认为城内部分地区高，城外铁路南边地面也很高，可考虑做立体交叉。

六、雷勃尼可夫（上下水道专家）在视察建国门外时说："河泥掏挖出来以后，应放在河岸上，以免下大雨时又冲下去。"

七、斯米尔诺夫专家说：街上的电线杆子太乱了，城内部分应配合街道的改建迁入地下。在莫斯科有十一万伏特的高压线路埋设在地下。

八、对于街道上所画的分车线，兹米耶夫斯基②（规划专家）认为这样很费材料，建议用"点"或"小块"，距离可大些，这样可节省很多。诺阿洛夫专家说："形状还可以采用菱形的。"

九、专家在北海白塔后面看了以后，说北海公园的北部及西北部好像树木太少。又说在城内应栽些较高的草，既可使街道美观，又使尘土不易飞起（种草可能生蚊子或其他昆虫，但可想办法不让它生）。

---

① 这份档案中勃得列夫的译名为"勃德列夫"。
② 本文件中译名为"兹米也夫斯基"。

十、对专家工作室的机构，诺阿洛夫专家认为可以成立一个施工研究小组，勃得列夫专家认为可将煤气、电力、电热组成为一个工作组（此点已照办）；另外，勃得列夫专家和阿谢也夫（设计专家）认为总体规划组内可增设一组，专门搞分区规划和道路规划。

另外，专家们相互间谈话时，勃得列夫专家曾说我们做规划的同志对情况了解得不够。

以上只是一些零星的记载。有些是边走边谈，记得不完全也不很准确。

郑天翔、佟铮

一九五五年四月廿六日 [1]

在 5 月 9 日撰写的另一份《专家组的一些个别反映（二）》中，曾记载有如下内容："规划专家在勘察东南郊时，曾提出北京市的规划范围比较大了一些，就是计划成为一个工业城市，也还是大了一些（莫斯科的规划范围也差不多是这样大，到现在还没用完）。""总体规划中计划把南苑机场改为民用机场的问题，勃得列夫专家说：以后应同军委负责机关谈谈，双方取得一致的意见，这样做总体规划才比较有根据。" [2]

10.3.2 技术援助工作的逐步展开

在经过一段时间的适应之后，自 1955 年 5 月开始，苏联规划专家组的技术援助工作逐渐步入正轨，并有详细的计划安排（表 10-4）。各位专家分别与其对口的各个专门小组同志深入交流，听取各组对北京市规划相关情况的介绍，商议城市总体规划制订工作的计划。

第三批规划专家工作计划表（1955 年 5 月，后半月） 表 10-4

日期	时间	勃得列夫、兹米耶夫斯基	雷勃尼珂夫	斯米尔诺夫	诺阿洛夫	阿谢也夫、施拉姆珂夫
	8:30—10:00	小组业务会议：兹米耶夫斯基对团城桥设计的意见	同左	同左	同左	同左
16 日（星期一）	10:00—16:00	兹米耶夫斯基关于道路桥梁设计的意见（勃得列夫）	第一次同小组谈莫斯科市上下水道景示意图的制定方法（莫斯科上下水道的系统）	拟定了解电车路线的工作纲要	检查关于确定煤气供应来源问题的执行情况	—
	16:00—18:00	北京市铁路系统问题的会议现有的情况及在总图上第一阶段改建的示意图	同左	同左	同左	同左

---

① 郑天翔，佟铮. 专家组的一些个别反应［Z］. 北京市城市建设档案馆，档号：C3-398-1. 1955：6-10.
② 同上：11-14.

日期	时间	勃得列夫、兹米耶夫斯基	雷勃尼珂夫	斯米尔诺夫	诺阿洛夫	阿谢也夫、施拉姆珂夫
17 日（星期二）	8:30—12:00	调查工业企业报表的最后拟定（小组讨论和通过）	同左	同左	同左	同左
	14:00—17:00	规划委员会和规划管理局规章的研究（兹米耶夫斯基、勃得列夫）	研究先前以五百万人口为原则估计的上下水道的远景示意图	到现场了解西三路电车的工作情况	沿城视察选择煤气管道的路线	规划委员会和规划管理局规章的研究
	17:00—18:00	同翻译一起工作				
18 日（星期三）	8:30—12:00	视察城北地区的土城、清河、清河镇及地坛	同左	同左	同左	同左
	14:00—18:00	关于规划委员会规章的研究与国家建委顾问克拉夫秋克同志会商	研究先前以五百万人口为原则的估计而拟制的上下水道远景示意图	到现场了解东三路电车的工作情况	领导及参加拟定城市气化主要情况的初步方案	关于规划委员会规章的研究同国家建委顾问克拉夫秋克同志会商
19 日（星期四）	8:30—12:00	跟建筑现状图的小组一起工作（兹米耶夫斯基）同小组在一起进行道路桥梁的现状图工作（勃得列夫）	视察三家店到官厅这一段的永定河	拟定新发电厂位置的方案（第三、第四方案）	继续星期三下午日程	研究设计院工作设计过程了解后的情况
	14:00—16:00	拟定新发电厂位置的方案（第三、第四方案）	同左		同上	同上
	16:00—18:00	第二次同巴拉金同志会谈北京总体规划问题	同左	同左	同左	同左
20 日（星期五）	8:30—12:00	视察西郊：黄村、南新庄、八大处、香山、颐和园	同左	同左	同左	同左
	14:00—16:00	会见北京地方防空工作人员	研究城区河湖系统材料	讨论总体规划组所做的城市公共交通现状工作	讨论城市煤气消耗量的计算问题	研究设计院设计过程
	16:00—18:00	会见北京地方防空事业苏联专家	—			
21 日（星期六）	8:30—9:30	和翻译人员一起工作	研究北京最早制定的下水道和供水方案	有关新发电站位置的建议	在市内探寻未来煤气管道的路线	未定
	9:30—12:00	以北京地方防空观点来分析北京总体规划（兹米耶夫斯基）				
	8:30—12:00	有关新发电站位置的建议（兹米耶夫斯基）	同左		有关新发电站位置的建议（兹米耶夫斯基）	同左
	14:00—18:00	政治学习：阅读并讨论毛泽东选集	同左	同左	同左	同左
23 日（星期一）	8:30—10:00	小组业务会议：勃得列夫、兹米耶夫斯基"关于新发电站位置的建议"	同左	同左	同左	同左
	10:00—16:00	和绘制现状图小组一起工作：（1）建筑（兹米耶夫斯基）；（2）道路桥梁（勃得列夫）	研究先前以五百万人口为原则而拟定的上下水道远景示意图	与专家工作局力能学专家阿尔基托夫商讨发电站位置问题	领导并参加拟订城市煤气化主要情况的初步方案	研究设计院设计过程
	16:00—18:00	与专家工作局力能学专家阿尔基托夫商讨发电站位置问题				

日期	时间	勃得列夫、兹米耶夫斯基	雷勃尼珂夫	斯米尔诺夫	诺阿洛夫	阿谢也夫、施拉姆珂夫
24日（星期二）	8:30—10:00	视察日坛	同上	了解东单到西单主要干线上建筑物(如高架电线、电杆、拉线等)安装数量	同上	同上
	10:00—17:00	拟制总体规划纲要				
	17:00—18:00	和翻译一起工作				
25日（星期三）	8:30—12:00	拟制总体规划纲要	同上	整理视察材料	同上	到牛街现场了解住宅建筑情况
	14:00—18:00	兹米耶夫斯基同志介绍"关于城市规划草案的组成"	关于北京地下建设的座谈会	关于北京地下建设的座谈会	关于北京地下建设的座谈会	
26日（星期四）	8:30—12:00	和绘制现状图小组一起工作：（1）建筑（兹米耶夫斯基）；（2）道路桥梁（勃得列夫）	和小组进行第二次座谈制定莫斯科上下水道远景示意图的方法（确定供水和引水）	到现场了解第六路电车工作情况	沿城视察，以便选择布置煤气管路线	到福长街了解住宅建筑情况
	14:00—18:00	制定总体规划纲要			向各部及其他主管机关了解有关北京市煤气供应问题	
27日（星期五）	8:30—12:00	介绍1955年到"五年计划"结束时的建设计划（北京市计划委员会）	同左	同左	同左	同左
	14:00—18:00	制定总体规划工作纲要（勃得列夫、兹米耶夫斯基）	到现场视察并根据资料研究已有的及正在建筑的上下水道设备	会同总体规划小组拟制现有旅客客流图表	讨论城市煤气消耗量的计算问题	到□□房了解学校建筑的情况
	17:00—18:00	和翻译一起工作（兹米耶夫斯基）				
28日（星期六）	8:30—12:00	勃得列夫主讲关于莫斯科规划系统发展史	同左	同上	同上	到积水潭附近了解医院建筑情况
	14:00—18:00	学习中国语言和文字	同左	同左	同左	同左
30日（星期一）	8:30—10:00	小组业务会议：勃得列夫关于制定总体规划纲要的意见	同左	同左	同左	同左
	10:00—17:00	和制定现状图小组一起工作：（1）建筑（兹米耶夫斯基）；（2）道路桥梁（勃得列夫）	研究旧的一层房屋和居住街坊以便确定装置煤气管下水道及自来水管的可能性	同总体规划组一起分析现有公共交通类型	研究旧的一层房屋和居住街坊以便确定装置煤气管下水道及自来水管的可能性	到现场了解重工业部幼儿园建筑情况
	17:00—18:00	和翻译一起工作				
31日（星期二）	8:30—12:00	向城市建设总局（巴拉金）国家建设委员会（克拉夫秋克）专家工作局（阿尔希诺夫）征求对总体规划纲要的意见	同上	到现场了解一路公共汽车工作情况和整理了解后的各项材料	商讨如何计算城市的煤气消耗量	了解建筑公司工作情况
	14:00—18:00	参观西郊新建的街坊			准备目前煤气供应小组的工作顺序	

注：本文件中苏联规划专家兹米耶夫斯基的译名为"兹米也夫斯基"。

资料来源：北京规委会. 北京规委会1955年专家工作计划［Z］. 北京市档案馆，档号：151-001-00005. 1955：6-9.

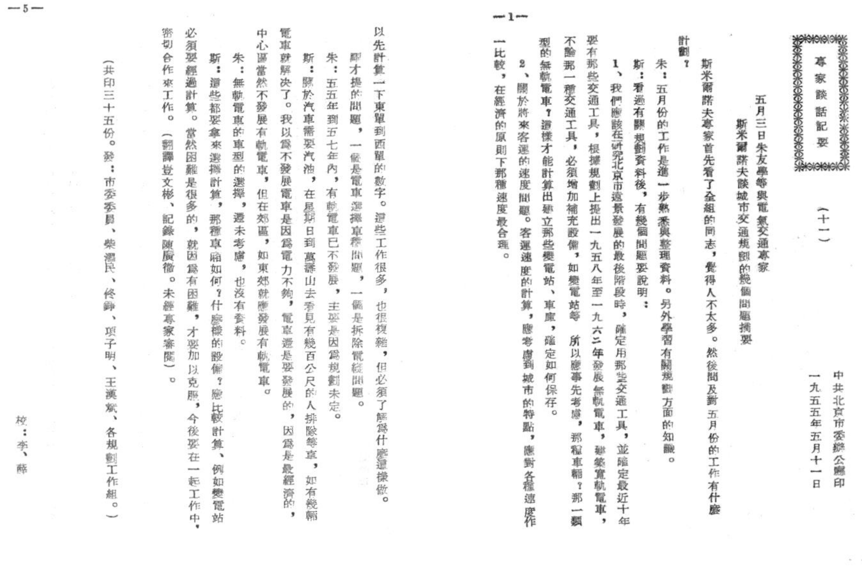

專家談話記要

（十一）

中共北京市委辦公廳印
一九五五年五月十一日

五月三日朱友學等與電氣交通專家
斯米爾諾夫談城市交通規劃的幾個問題摘要

斯米爾諾夫專家首先看了全組的同志，覺得人不太多。然後問及對五月份的工作有什麼計劃？

朱：五月份的工作是進一步熟悉與整理資料。另外學習有關規劃方面的知識。

斯：看過有關規劃資料後，有幾個問題要說明：

1、我們應該在研究北京市遠景發展的最後階段時，確定用那些交通工具，並確定最近十年要有那些交通工具，根據規劃上提出一九五八年至一九六二年發展無軌電車，建築寬軌電車，不論那一種交通工具，必須增加補充設備，如變電站等 所以應事先考慮，那種車輛？那一類型的無軌電車？這樣才能計算出建立那些變電站、車庫，確定如何保存。

2、關於將來客運的速度問題。客運速度的計算，應考慮到城市的特點，應對各種速度作一比較，在經濟的原則下那種速度最合理。

—1—

以先計算一下東單到西單的數字。這些工作很多，也很複雜，但必須了解爲什麼這樣做。

剛才提的問題，一個是電車選擇車種問題，一個是拆除電綫問題。

朱：五五年到五七年內，有軌電車已不發展，主要是因爲規劃未定。

斯：關於汽車需要汽油，在星期日到萬壽山去看見有幾百公尺的人排隊等車，如有幾輛電車就解決了。我以爲不發展電車是因爲電力不夠，電車還是要發展的，因爲是最經濟的，中心區當然不發展有軌電車，但在郊區，如東郊就應發展有軌電車。

朱：無軌電車的車型的選擇，還未考慮，也沒有資料。

斯：這些都要拿來選擇計算，那種車廂如何？什麼樣的設備？應比較計算、例如變電站必須要經過計算。當然困難是很多的，就因爲有困難，才要加以克服，今後要在一起工作中，密切合作來工作。（翻譯岦文彬、記錄陳廣徵。未經專家審閱）。

（共印三十五份。發：市委委員、柴澤民、佟錚、項子明、王漢斌、各規劃工作組。）

校：李、薛

—5—

图 10–10　第三批苏联专家谈话记要（第十一期，首尾页）

资料来源：中共北京市委办公厅编印．专家谈话记要（十一）[Z]．苏联专家组（斯米尔诺夫）关于公共交通规划方面的谈话纪要（一），北京市城市建设档案馆，档号：C3-00096-1. 1955.

以电气交通专家斯米尔诺夫为例，他于 1955 年 5 月 3 日与交通组的同志交流（图 10–10）。斯米尔诺夫指出：“我们应该在研究北京市远景发展的最后阶段时，确定用哪些交通工具，并确定最近十年要有哪些交通工具”，并向大家询问了许多问题：“五八年用什么样车？坐多少人的？硬座还是软座？”“在考虑发展远景时，用哪一类的车辆？什么种类？什么车厢？宽轨还是窄轨？行驶速度？加速情况？制动情况？容量？装饰？座位？一节或二节或者一列的？为什么要考虑这个问题呢？因为与其他设备有关，如变电站、电缆等，根据车厢的种类，要决定走什么路线，如何安装？这样就联系到车库问题修理设备也不一样。另外要考虑现有车场是否能利用于新车上？或者是另建新场。”①

斯米尔诺夫特别问道：“还有一个问题，在‘五一’节那天，看见标语（气球标语）都挂在电线上。在天安门不应有电线，需要搞地下电缆。这些电线是哪些单位的？是否有这个资料？”交通组同志回答：“电业局有。”斯米尔诺夫回应：“应和有关单位如电业局、电信局、电车公司等一起研究，如何拆去那些电线，拆除后需要哪些材料和数字，所有环行区域内都要考虑。可以先考虑环行街上的，因为与总体规划有关，需要多少材料、数字，一起考虑。如果拆去电车，用公共汽车，需要多少人工、材料，要经过计算以后才能决定，这件工作是很艰巨的，应与有关部门来做。为了减少计算的困难，可以先计算一下东单到西单的数字。这些工作很多，也很复杂，但必须了解为什么这样做。”②

---

① 中共北京市委办公厅．专家谈话记要（十一）[Z]．苏联专家组（斯米尔诺夫）关于公共交通规划方面的谈话纪要（一）．北京市城市建设档案馆，档号：C3-00096-1. 1955.

② 同上．

在专家组中，建筑专家阿谢也夫（图 10-11）和建筑施工专家施拉姆珂夫（图 10-12）的专长主要在建筑方面，但北京规委会下并没有设置专门的建筑组，他们两人主要是与北京市建筑工程局及北京市设计院进行了对口联系和指导。1955年5月9日，两位专家与郑天翔等座谈，"施拉姆珂夫提出了十五个有关建筑施工方面的问题，要求建工局召开座谈会解答"①。5月11日，阿谢也夫和施拉姆珂夫与北京市设计院的有关领导进行座谈，5月16日、17日、18日、19日、20日又分别与该院第一、第二、第三、第四和第五设计室的人员分别进行座谈。

图 10-11　阿谢也夫在办公室的留影（1956 年）
资料来源：郑天翔家属提供。

5月11日座谈时，北京市设计院的建筑专家向苏联专家提出过一些问题。陈占祥曾问："苏联如何进行设计工作竞赛？"阿谢也夫回答："有了正确的组织机构，才可能进行社会主义生产竞赛，竞赛有两种，即社会主义生产竞赛和个人竞赛。这是根本不同的。竞赛开始前要进行很大的教育，以正确地运用力量，社会主义生产竞赛是政治觉悟的问题。"张镈曾问："在苏联讨论技术问题如何作结论，是否由总建筑师作结论？"阿谢也夫回答："在苏联总建筑师各城市都有，他个人没有权作任何结论。而当总建筑师担任委员会的主席时，也只能同委员会的［委员］共同讨论作出结论，委员会中包括有好多权威建筑师，还有工程师、卫生人员等。"②

在与各设计室交流时，苏联专家对中国一些知名建筑师的有关情况产生了很大的兴趣。以阿谢也夫为例，5月17日与第二设计室谈话时曾问："张开济在解放前在北京和南京做过哪些工程？"③5月19日与第四设计室谈话时曾问："政协礼堂设计主要负责人是谁？设计完了没有？""赵冬日在北京搞过哪些工程？""设计院有多少建筑师？参加建筑师学会的有多少人？"④5月20日与第五设计室谈话时又问："杨宽麟、陈占祥在北京做过哪些工程？"⑤

---

① 中共北京市委办公厅编印. 专家谈话记要（二十九）［Z］. 苏联专家组（施拉姆柯夫）关于建筑施工方面的谈话纪要（一）. 北京市城市建设档案馆，档号：C3-00102-1. 1955.

② 此外，张开济曾问："看到苏联的小学、宿舍标准设计图纸，不知办公楼有没有标准设计？"阿谢也夫回答："办公机关房屋的结构各有不同。俱乐部、电影院等也可作标准设计，但办公用房不作，而且在莫斯科建筑中办公楼用房比重也是很小的。此外，并不是作出标准图后即无事可做，如八层楼的标准图即有二十种，将各种配合，建成后就不是完全一式的了。"资料来源：中共北京市委办公厅编印. 专家谈话记要（二十六）［Z］. 苏联专家组（阿谢也夫）关于建筑设计方面的谈话纪要. 北京市城市建设档案馆，档号：C3-00101-1. 1955.

③ 中共北京市委办公厅编印. 专家谈话记要（三十八）［Z］. 苏联专家组（阿谢也夫）关于建筑设计方面的谈话纪要. 北京市城市建设档案馆，档号：C3-00101-1. 1955.

④ 中共北京市委办公厅编印. 专家谈话记要（四十）［Z］. 苏联专家组（阿谢也夫）关于建筑设计方面的谈话纪要. 北京市城市建设档案馆，档号：C3-00101-1. 1955.

⑤ 中共北京市委办公厅编印. 专家谈话记要（四十一）［Z］. 苏联专家组（阿谢也夫）关于建筑设计方面的谈话纪要. 北京市城市建设档案馆，档号：C3-00101-1. 1955.

图 10-12　建筑施工专家施拉姆珂夫在建筑施工单位及工地现场指导工作
资料来源：郑天翔家属提供。

图 10-13　上下水道专家雷勃尼珂夫工作留影（1956年）

注：上左图为雷勃尼珂夫在办公室。上右图为在给排水组研究前三门河道路线，左起：钟国生、赵世五、雷勃尼珂夫、胡树本、张敬淦、冯文炯。下左图为考察永定河的引水路线。下右图为和水利部傅作义部长（右6）及李葆华副部长调研水利发电站站址，左3为雷勃尼珂夫。

资料来源：郑天翔家属提供。

10.3.3　专题学术报告及初步的一些建议

自1955年5月份起，苏联规划专家组一方面与中国同志进行沟通和交流，另一方面也从自身专长出发，结合城市总体规划制订工作，陆续作了一些专题学术报告。

譬如，1955年6月24日，专家组组长勃得列夫专题报告了1935年版莫斯科改建总体规划制订的背景、过程，苏共中央的决议以及后续规划实施等的有关情况。[①]6月24日、27日和7月21日，规划专家兹米耶夫斯基作了关于《城市规划草案的组成》的专题报告，详细介绍了城市总体规划的任务、内容、程序、方法和有关技术标准等。[②]

5月16日、27日和6月22日，上下水道专家雷勃尼珂夫（图10-13）连续多次作专题报告，全面介

---

① 北京市都市规划委员会. 城市建设参考资料汇集第九辑：有关城市规划的几个问题［R］. 1957：1-7.

② 同上：8-26.

绍了莫斯科上下水道规划的情况，7月21日又作了题为《关于上水、下水、河湖远景规划工作的内容》的报告。①7月13日，城市电气交通专家斯米尔诺夫作了《关于北京市公共交通远景发展中的计算问题——各种公共交通工具经济指标的比较》的专题报告，8—9月又作了《城市中各种交通车辆的比较方法》《出租汽车的经营》《怎样计算客流》和《关于客流计算问题的解答》等专题报告。②

在京工作一段时间以后，苏联专家们陆续开始对北京城市规划及相关工作提出一些意见和建议。

1955年9月，苏联规划专家组以集体名义提出一份《北京市都市规划委员会及其组织机构暂行条例（草案）》，对北京规委会的性质、职能和机构设置等提出一些意见。关于规委会的职能，专家组建议内容如下：

> 北京市都市规划委员会的职责是：
>
> 一、领导和监督实现在改建及扩建北京市总计划中所确定的城市建筑艺术及建筑方面的措施，调度建设事宜，监督北京市新建筑的拨地及土地使用。
>
> 二、在科学的基础上制定改建和扩建北京市的总计划，及城市规划、建筑、福利设施和绿化草案。
>
> 三、综合制定十五年、十年、五年城市的建筑分布图。
>
> 四、准备并提出建筑规划和工程技术任务书，以便综合制定城区和街坊建筑的设计，及城市用地、建筑和绿化的工程准备。
>
> 五、审核和批准区域街坊、干路、广场、工程设施及其他等方面规划和建筑设计；并拟制提请市人民委员会及中华人民共和国中央人民政府批准的特别重要设计图案。
>
> 六、统一领导市内古建筑的保护和修复工作。
>
> 七、检查市内各规划及设计机关的业务工作情况。
>
> 八、组织有关实现改建和扩建北京市总计划的科学研究工作。③

1956年2月，专家组又以集体名义提出一份关于《北京市建筑的分布情况及整顿建筑分布的必要措施》的建议。专家组认为，北京市"五年来所建成的行政办公楼、旅馆、剧院和住宅在建筑艺术上和装修工程上很丰富，体积很大，但是没有放在已经形成的城市改进地区，没有放在对装饰城市有作用的中心

---

① 北京市都市规划委员会. 城市建设参考资料汇集第十三辑：关于上下水道的几个问题［R］. 1958：1-32.
② 北京市都市规划委员会. 城市建设参考资料汇集第六辑：城市交通问题［R］. 1956：1-21.
③ 北京市都市规划委员会. 城市建设参考资料汇集第一辑：苏联专家建议［R］. 1956：1-4.

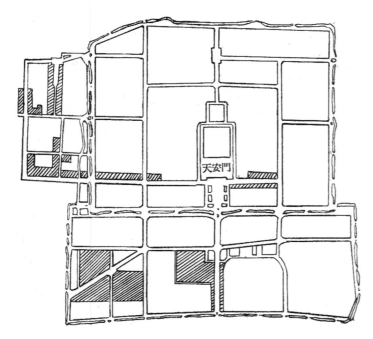

天安門

图 10-14　北京市 1956 年建筑分布计划示意图（1955
年 6 月）
注：图中斜线表示 1956 年拟进行改造建设的重点区域。
资料来源：北京市都市规划委员会. 城市建设参考资料汇集第
一辑：苏联专家建议［R］. 1956：17.

区，没有组织到干道和广场上的建筑里去"[1]。针对北京市制订的 1956 年建筑分布计划（图 10-14），专家
组建议"1956 年开始在城市主要干线东西长安街进行建筑，并完成西单至复兴门街道的展宽、改建工程。
同时在永定门大街开始建筑。在该干线上，主要是布置高 6 至 8 层的行政办公楼，建筑密度是 0.25 至
0.30"，"不要继续在城市的西郊及西南部（注：宣武区）分布行政办公楼。可以把住宅及文化生活机构分
布在这地区"[2]。（图 10-15）

1955 年 9 月，专家组组长勃得列夫提出《关于在北京可以设立的一些服务性工业的初步建议》以及
《对于 1955—1957 年铺装北京主要干道的人行道计划的意见》。前者与北京工业建设问题密切相关，勃
得列夫在建议书中指出："不管在北京是否建设其他基本的大工业，从北京的发展远景来看，这些服务性
的工厂是需要建立的，现在看起来这里所提的项目很多，好像是幻想、不现实，对第一个'五年计划'
甚至是多余的，但我们考虑的不是五年、十年，而是更远些，并不是一下子就建成，而是随着中国经济
建设的进展和城市发展逐步建设的。这是根据莫斯科发展的经验提出来的。"勃得列夫提出的服务性工业

---

① 建议中指出："根据 1954 年一年的拨地资料来看，北京市拨出的用地和建成的建筑形成如下情况：1. 城内总共只有 7%；2. 城外 93%。这
　样的建筑分布，从建筑物与市中心的距离来看，是这样的情况：1. 从市中心起 15 公里范围以外占 8.38%；2. 从市中心起 10 至 15 公里范
　围以内占 12.5%；3. 从市中心起 5 至 10 公里范围以内占 63.3%；4. 从市中心起 5 公里范围以内占 8.82%。从以上的材料可以看出，北京市
　建筑用地的拨地程序和实际执行中是有缺点的：使建筑多分散在城外近郊地区，离市中心很远，而且都分布在次要的街道上。"资料来源：
　北京市都市规划委员会. 城市建设参考资料汇集第一辑：苏联专家建议［R］. 1956：9-30.
② 北京市都市规划委员会. 城市建设参考资料汇集第一辑：苏联专家建议［R］. 1956：9-30.

东西長安街干綫初步的建筑造价表

图 10-15　苏联专家组建议之东西长安街干线初步的建筑造价表（1956 年 2 月）
资料来源：北京市都市规划委员会. 城市建设参考资料汇集第一辑：苏联专家建议［R］. 1956：28.

| 地段編号 | 地址 | 建筑用地面积（平方公尺） | 可能建的建筑面积（平方公尺） | 拆毁现存建筑物量 | | | | | 估計收建的造价 | | | | 預定次序 |
				共計（平方公尺）	其中 为了建筑	为了展宽	%	需要迁移的居民人数	共計（元）	其中 建筑工程	开辟地区及工程准备	拆毁费用	
	I、东西长安街及正阳門干綫												
1.	正义路——东罩	24,400	100,000	—	—	—	—	—	10,500,000	10,000,000	500,000	—	I
2.	东罩——五龍桥	61,200	150,000	13,877	6,800	7,077	6.91	3,447	19,225,415	18,000,000	325,415	900,000	I
3.	邮电局——西罩	26,800	70,000	13,600	13,600	—	18.5	2,013	8,474,920	7,700,000	385,000	318,920	I
4.	正陽門	—	292,000	29,000	29,000	—	9.8	1,200	36,085,170	35,624,000	1,781,200	680,050	I
5.	西罩——复兴門	38,000	100,000	78,000	22,000	56,000	22.0	14,000	12,329,100	10,000,000	500,000	1,829,100	I
	共計		712,000	134,477	71,400	63,077		20,660	86,614,605	81,324,000	3,491,615	3,728,780	I
	II、天安門廣場												
6.		114,000	200,000	108,420	20,000	88,420	10.0	24,050	36,462,450	32,000,000	2,542,450	1,920,000	
	III、东西长安街干綫												
7.	西罩——复兴門	60,000	150,000	73,302	35,195	38,107	23.2	5,487	7,044,160	16,500,000	1,719,160	825,000	II
	IV、东西长安街干綫东段												
8.	东罩——建國門	38,000	100,000	77,500	22,690	52,900	22.0	13,600	12,321,370	10,000,000	500,000	1,821,370	II
	共計	362,400	1,162,000	393,699	149,285	242,504		63,797	154,442,585	139,824,000	8,253,225	8,294,440	

项目名单共 39 项①，并强调"这些工厂项目的提出只是个人的初步意见，希望根据北京的具体情况加以批判地接受"。②

除此之外，建筑专家阿谢也夫曾于 1955 年 10 月提出过一份《关于改进北京市设计院标准设计组织工

---

① "这些工厂是：1. 热电站——现在已决定建一个，将来还需要再建三个，否则就不能正常地供应北京所需的热和电。2. 电气仪表和测量供热的仪器工厂。3. 电动机制造厂——供应各项建设工程和城市生活所需的电动机。4. 冷藏、冷却设备和压缩机制造厂——根据北京的温度，应该有冷藏食物和降低室温的设备。莫斯科许多商店、货栈均有冷藏设备。工厂中很热的车间需要有冷气设备。另外采用土壤冻结法修建莫斯科地下铁道时，也使用冷却设备。5. 自来水水表水阀厂——同时还生产消火栓。6. 铸铁管厂——制造自来水管、工业管道、暖气管和供热管道，也制造钢管。7. 陶管厂——下水道用陶管。8. 房屋卫生设备厂——生产水龙头、淋浴设备、暖气开关等。9. 水泵厂。10. 电车修造厂——北京的有轨电车车厢，应由北京按自己的车型制造。北京还需要制造无轨电车。莫斯科在建设无轨电车时，建立了无轨电车工厂，在修建地下铁道时，改造几个旧厂（实际等于新建了一个厂来生产车厢），因为地下火车和地上火车是完全不一样的。11. 汽车修理厂——应该有很多个，平均分布在全市，负责汽车的大修。苏联是实行定期检修制度。北京有的汽车是一直用到不能用时才扔掉，这种办法需要改变。12. 电梯制造厂——五层以上的建筑要安电梯。13. 沥青混凝土厂——莫斯科道路改建后，很多是用沥青混凝土的。这个厂既提炼沥青，又制混凝土。另外，在战时修飞机场的经验是：先预制好混凝土板，铺在现场，可以大大缩短工期。14. 电解工厂——生产氢、氧、氮。不仅工业上用，研究机关也需要。15. 煤气工厂——天然煤气离北京很远，必须有人造煤气工厂。16. 煤气设备厂——生产煤气压缩设备、测量厂气的仪表及煤气冷藏设备等。17. 煤气管道安装工厂和煤气加压站。18. 石膏工厂——生产作内墙面用的石膏板。19. 钢筋混凝土构件厂。20. 陶制壁板厂——用于内墙上。21. 矿石棉砖工厂——碳石棉（类似石棉）是用矿渣加蒸气而成。22. 矽砖工厂——用陶土制成，可以隔热。23. 钢筋混凝土制管厂——北京现在虽然有一个，产品也很多，但将来一个是不够的。24. 钢筋混凝土枕木工厂——做电车轨的枕木要。25. 塔式起重机制造厂。26. 玻璃厂。27. 陶制饰面砖工厂。28. 小五金制造厂。29. 医疗器械厂。30. 光学仪器厂——从制造眼镜到制造显微镜。31. 制药厂。32. 化妆品工厂——肥皂、香水等。33. 照相器材厂。34. 干冰工厂——将二氧化碳加压，能降温到零下摄氏 60°，使用时不化成液体，而变成蒸气跑掉。35. 肉食品工厂。36. 面包工厂。37. 联合面粉制造厂。38. 糖果工厂。39. 罐头工厂。"资料来源：北京市都市规划委员会. 城市建设参考资料汇集第一辑：苏联专家建议［R］. 1956：5-8.
② 北京市都市规划委员会. 城市建设参考资料汇集第一辑：苏联专家建议［R］. 1956：5-8.

作的建议书》，煤气供应专家诺阿洛夫于 1955 年 12 月提出过《对设计未来北京市装置煤气用具的浴室和厨房的意见》和《北京市住宅、公共建筑物和公用生活福利建筑物煤气设备的设计、安装和交付使用技术规范（草案）》，建筑施工专家施拉姆珂夫 1956 年 2 月提出过一份《关于制定综合技术经济指标的提纲》，等等。①

10.4 北京现状调查：城市总体规划的前期准备

第三批苏联规划专家的核心使命是帮助制订北京城市总体规划，前期工作重点是对北京城市建设与发展各方面的现状情况及有关问题进行广泛而深入的调查研究，为城市总体规划的制订工作积累各方面的基础资料。

自 1955 年 4 月开始，北京市都市规划委员会"在市委、市人委的支持下，从全市各条战线调集了一大批专业人才，在苏联专家的指导下，就北京的自然条件、人口、城市用地、绿化、工业、交通、动力、市政设施以及公共服务设施等十几个方面的现状进行了深入调查"，其中，"负责土地使用调查的同志们骑车跑遍了北京城的内外；工业调查由市计委和规委合作组成调查办公室，直接间接参加调查的人达六七千人；公共交通流量调查，三天内动员了上万人。"②

由于这次城市现状调查是在苏联专家组的指导下进行的，调查研究工作的科学性和规范性得到了较好的保障。以城市道路资料的调查和整理为例，1955 年 5 月 5 日，专家组组长勃得列夫曾与北京规委会道路组的同志专门座谈，指导调查研究工作。勃得列夫特别强调："道路是很重要的，与总体规划的关系很密切，最近勘察时见到许多规划路线与现状不符，道路现状要很准确地绘在万分之一图上，表示出是什么路，主要干路应该作横断面。特别窄的地方也要作断面图，表示出为什么窄。各种路面共有多少，要编制一个目录表。断面上要把树、地下管线表示出来，如有困难时，可以暂不填地下管线，待将来需要时再填。通往各镇以及通往各生产区的路也要调查清楚。桥梁要以结构种类及宽度表示，并要编号，注明长度、宽度、建筑年限，如果具体年限没有，可以注明解放前或解放后。立体交叉要注明净高，说明上面是公路还是铁路，下面是什么？在'五年计划'的资料内，要注明路面种类、加宽多少及开豁口位置等。"③

北京规委会"用了将近半年的时间，对北京市的现状进行了调查研究。共调查和搜集了北京的自然条件、人口、工业、建筑、城市用地、绿地、道路、铁路、供水、排水、公共交通、公共服务设施、供

① 北京市都市规划委员会. 城市建设参考资料汇集第一辑：苏联专家建议［R］. 1956：31-73.
② 陈干. 以最高标准，实事求是地规划和建设首都［R］. 北京市城市规划管理局，北京市城市规划设计研究院党史征集办公室. 规划春秋：规划局规划院老同志回忆录（1949—1992）. 1995：12-21.
③ 中共北京市委办公厅编印. 专家谈话记要（十五）［Z］. 关于道路、铁路、公路规划方面的谈话纪要. 北京市城市建设档案馆，档号：C3-00095-1. 1955.

图 10-16 北京市交通流量调查的部分资料（封面，1955 年 5 月）

资料来源：［1］北京市都市规划委员会. 北京市交通流量乘客流量调查资料［Z］. 1955. 国家城建总局档案，中国城市规划设计研究院图书馆，档号：2037.

［2］北京市都市规划委员会. 北京市交通流量和乘客流量图［Z］. 国家城建总局档案，中国城市规划设计研究院档案室，档号：0329. 1955.

电、供热等十几项现状资料"。"由于中央和市级各有关部门的大力支持，这项工作进行得比较顺利。"[①]（图 10-16）

通过城市现状调查，北京城市规划工作者掌握了一大批城市规划建设方面的基础资料（图 10-17、图 10-18），这就为北京城市总体规划的制订提供出相当可靠的前提条件，"大大有利于我们从实际情况出发来发现矛盾，解决问题"[②]。与此同时，北京规委会"还积极向中央有关部门了解北京的工业、交通、文化教育等方面的发展计划，作为制定城市规划的客观依据"[③]。

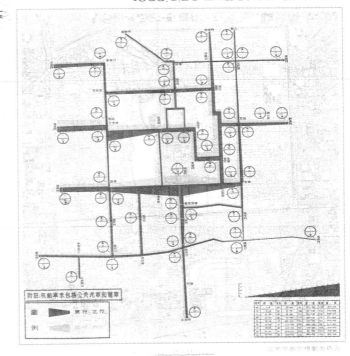

图 10-17 北京市区街道主要断面机动车车流图（1955 年 5 月 25 日）

资料来源：北京市都市规划委员会. 北京市区街道主要断面机动车车流图［Z］. 国家城建总局档案. 中国城市规划设计研究院档案室，档号：0331. 1955.

---

① 北京市都市规划委员会. 关于北京市总体规划初步方案的说明（四稿）［R］. 北京市都市规划委员会档案. 1957.
② 同上.
③ 同上.

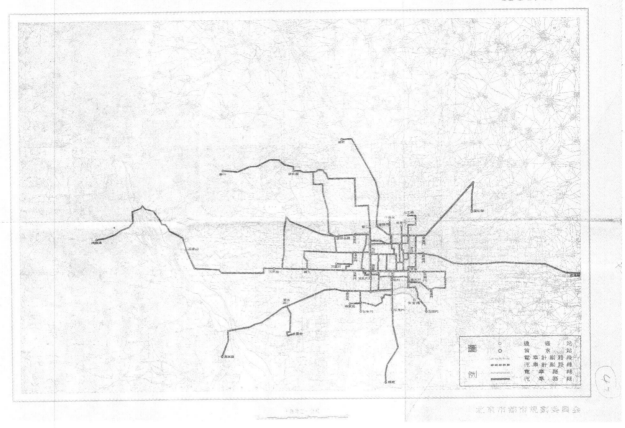

图 10-18　北京市电车公共汽车市郊区路线网分布图（1955 年 5 月）
资料来源：北京市都市规划委员会．北京市电车公共汽车市郊区路线网分布图［Z］．国家城建总局档案．中国城市规划设计研究院档案室，档号：0366．1955．

首都人口发展规模的重大变化

阵容可观的苏联规划专家组的到来，为北京市规划制订工作注入了强大的技术力量，城市总体规划制订所需要的城市现状等各种基础资料，也在周密的调查与搜集、分析之中。随着规划工作的推进，首都未来发展的人口规模和工业建设规模等基本问题，成为制约城市总体规划制订工作的重要前提问题，经北京市的多次请示，国家计委和国家建委最终就此问题达成一致意见。之后，国家领导人从更为宏观的视野下作出的一些重要指示，则使首都规划工作的方向出现了重大的变化。

11.1 北京城市总体规划工作任务和要求的明确

第三批规划专家组抵京后，在北京现状调查逐步推进的过程中，关于城市总体规划制订工作的各项部署也先后展开，其首要的一项工作，便是对北京城市总体规划工作的目标、任务、要求及技术方法等予以明确。

1955 年 6—7 月，由规划专家兹米耶夫斯基担任主讲，向北京规划工作者详细介绍了北京城市总体规划工作的具体任务和技术要求。"总体规划是城市建设中工程技术方面的和具有法定权力的基本文件，根据这个文件来调整道路、建筑、公用设施、福利设施和绿地等。"兹米耶夫斯基提出规划工作应分 3 个阶段进行："第一阶段：城市的总体规划。第二阶段：分区建筑的部分的（局部的）规划工作，亦即第一期建设的规划工作。第三阶段：街坊、街道及广场等的建筑设计，亦即最近期几年的建设。"[①]

11.1.1 远景规划与第一期规划

对于北京市规划工作中曾经产生过争议的规划分期问题，兹米耶夫斯基主张将 25 年（即 5 个"五年计划"的时间）作为远景规划期，而第一期规划期限则为 10 年。兹米耶夫斯基同时指出："规划的年限不是固定的，也可以是 20 年的或者 30 年的，这要根据各个城市的具体情况来决定。至于 10 年这个年限，

---

① 北京市都市规划委员会. 城市建设参考资料汇集第九辑：有关城市规划的几个问题 [R]. 1957：14.

图 11-1　勃得列夫和兹米耶夫斯基在总图组指导规划工作（1955 年）
注：左图中左 2 为勃得列夫，右 1 为兹米耶夫斯基。右图中右 1 为兹米耶夫斯基。
资料来源：郑天翔家属提供。

莫斯科虽然是按照这样年限来做发展规划，但是北京可以根据必要情况制订 5 年的或 12 年的发展规划，这应该由政府来决定。"

　　"城市的总体规划设计应包括哪些内容呢？主要应把规划的基本情况，如道路规划问题、建筑问题和福利设施问题等确定下来"，"关于 25 年期限的总体规划设计，其基本情况如何规定，是决定城市建筑艺术结构、正确地使用城市土地、道路网及工程设施等的依据"。"第一期建设规划亦即 10 年内要开拓的用地的规划。10 年发展的总体规划文件只限于 10 年内要发展的范围，而不能超越；除非在政府有了特殊的大规模建设的时候，那时才应该考虑超越部分的道路及公用设施等。"①

　　兹米耶夫斯基（图 11-1）指出，"制定的总体规划在实践中能够考查出它是否合理。25 年的规划是基本情况的规划，而 10 年规划则所有建筑的合理分布都应确定下来。它们可以在每年的实践中获得必要的调整，这是根据国家国民经济计划及人口增长的情况来决定的。"②

　　关于 25 年远景规划的任务，兹米耶夫斯基提出应该重点解决如下问题："第一，解决城市用地范围、备用土地、分区、绿地、居民区建筑及工业等问题。第二，决定城市建筑艺术的基本问题，如划出中心区

<hr />

① 北京市都市规划委员会. 城市建设参考资料汇集第九辑：有关城市规划的几个问题［R］. 1957：14-15.
② 同上.

及各区的中心、干道系统、绿化及主要广场等。第三，决定建筑层数及其分区、城市市政工程设备的基本情况、城市用地的工程准备，以及城市交通组织等。"①

关于城市总体规划应当完成的规划图纸目录、图纸中应当表达的内容、图纸的范围及比例尺等相关技术要求，以及自然条件、经济基础、人口计算、技术经济资料等文字说明，规划多方案比较以及呈报审查的附件材料（如讨论会记录等），在兹米耶夫斯基的报告中均有详细介绍，这里不予赘述。

11.1.2 规划工具——土地使用平衡表

除了讲解规划工作的任务和要求之外，苏联规划专家还较为详细介绍了城市规划的程序和技术方法。就此而言，值得一提的就是作为规划工具的"土地使用平衡表"。

1955 年 7 月 21 日，兹米耶夫斯基专题介绍了土地使用平衡表的技术方法。"为什么要有土地使用平衡表呢？我们在规划设计之前必须知道城市土地使用的情况。每一个规划工作者，每星期、每旬都要做一次对城市的研究，他对城市的了解应该像对自己的手指一样，假如我们对现状清楚的话，那么制定现状图的工作就便利了，同时，也可以很方便地制定土地使用平衡表。"②

需要注意的是，土地使用平衡表有不同的类型。"土地使用平衡表有三种：第一种是土地使用现状平衡表，实际上它反映出城市土地使用的现状，这也是研究当前城市用地的一种总结。第二种是标准的，或预计的土地使用平衡表。有了土地使用现状平衡表就可以制定预计的土地使用平衡表。它像设计任务书一样，建筑师必须知道工业、居住、绿化、交通等土地使用的情况及经济指标，根据这些做出预计的土地使用平衡表，然后才能制定总图。第三种是规划设计的土地使用平衡表，这个表是根据规划图来计算规划的各种土地面积制成的。"③（图 11-2）

图 11-2 苏联专家勃得列夫和兹米耶夫斯基听取北京绿地规划及土地使用平衡表的汇报
左起：勃得列夫（左 1）、兹米耶夫斯基（左 2）、杨念（女，右 2，翻译）、李嘉乐（右 1，绿地组组长）。
资料来源：北京城市规划学会. 岁月影像：首都城市规划设计行业 65 周年纪实（1949—2014）[R]. 北京城市规划学会编印，2014：38.

兹米耶夫斯基强调："我重复地再说一次，土地使用现状平衡表是要知道现有城市用地如何分配，知道它占有多少公顷土地；预计的土地

---

① "至于 10 年期内的规划，应解决：第一，根据国民经济的发展来决定各种类型建筑的大概情况、10 年人口增长的情况以及实际可能实现的建筑；第二，关于工业、居住、公共建筑、干线及公用建设的正确分布；第三，关于工程设施，用地工程准备、绿化、道路等工作；第四，如何展宽取直旧有道路、开辟新的道路，展宽旧的广场、开辟新的广场，以及改建现有建筑物等措施；第五，所有建筑及工程建设的总造价的概数。"资料来源：北京市都市规划委员会. 城市建设参考资料汇集第九辑：有关城市规划的几个问题 [R]. 1957：14-15.
② 北京市都市规划委员会. 城市建设参考资料汇集第九辑：有关城市规划的几个问题 [R]. 1957：21-25.
③ 同上.

使用平衡表，是对今后如何使用城市土地从定额指标上提出数字来，它的制定是和土地使用现状平衡表有关的；规划设计的土地使用平衡表，是经过规划后测定所有各个区域土地分配结果而制成的，是经过政府批准，在实际建设中使用和掌握的，从这个表上可以看出建筑师在规划中对城市土地使用的经济与否。"①

为了使规划人员对土地使用平衡表有更深入的理解，兹米耶夫斯基在报告中特别选择 1935 年的莫斯科规划和 1953 年的北京市规划草案为实际案例进行了对比分析和讨论，进而为北京城市总体规划提出了新的土地使用平衡表方案：

> 我举两个例子来说明土地使用平衡表的情况，一个是 1935 年莫斯科设计的土地使用平衡表，一个是 1953 年北京市规划草案的土地使用平衡表。
>
> 莫斯科 1935 年规划设计的土地使用平衡表：
>
> 一、居住及公用土地——占 34.9%。
>
> 二、工业及其他专用土地——占 16.1%。
>
> 三、铁路用地（包括铁路机构用地及铁路仓库、货栈用地）——占 8.9%。
>
> 四、街道广场——占 8.5%。
>
> 五、水面——占 2.7%。
>
> 六、绿地——占 12.7%。
>
> 七、农业用地及其他——占 16.2%。
>
> 总计 100%。
>
> 当时莫斯科有 28 520 公顷土地，人口有 3 640 500 人，有了这样一个表可以和其他城市来进行比较。
>
> 分析用地面积时，可以知道哪些用地百分比太大，哪些不合适。如莫斯科的铁路用地占 8.9% 是不经济的。一个城市假如它的居住和公共建筑所占百分比大，这个城市的土地使用是经济的；但是，另一方面又要注意从卫生条件来看，可能是不合于条件的。莫斯科每人用地 78 平方公尺，其中绿地 10 平方公尺，居住街坊 27 平方公尺，这些数字假如北京照样使用就不会合适。就绿地来说，莫斯科每人 10 平方公尺，而北京因为自然条件不同，就应当是另外一个数字。农业用地在莫斯科是占 16.2%。这数字可能是小了一些，但在北京可能还要大。因此，我们没有理由来抄袭其他城市的数字，假如可以抄的话，就用不着建筑师了。建筑师应当创造性地来做这样的工作，应该根据自然条件和经济条件等制定出一个合适的平衡表来。
>
> 北京市 1953 年规划草案的土地使用平衡表：

---

① 北京市都市规划委员会. 城市建设参考资料汇集第九辑：有关城市规划的几个问题 [R]. 1957：21–25.

一、工业——占 17%。

二、居住及公共建筑——占 52%。

三、高等学校——占 9.5%。

四、休养区——占 9.2%。

五、仓库——占 11.5%。[①]

在当时北京市的土地有二万公顷，但是没有土地使用现状平衡表，假如北京市人口发展到了 480 万，用地扩展到了 5.8 万公顷时，用上列土地平衡表中的数字显然是不合适的；另一方面这个表没有把规划的各个方面都揭露出来，没有把街道广场的数字反映出来。我们知道，街道广场占城市用地很大的百分比，同时它又是造价很高的城市组成部分之一，从经验和实践中得到道路广场的用地面积不能超过所有城市土地面积的 25%。在 1953 年北京市规划的土地使用平衡表中，没有绿地面积数字，在规划说明里提出了每人占 20 平方公尺的绿地面积。在北京每人占 10 平方公尺的绿地面积可能少了一些，但占 20 平方公尺可能又多了。水面和农业用地没有列入表中，铁路和仓库混在一起，这些都是不对的。以往做草图时这样做还可以，将来继续做总图就不允许这样了。总面积每人占 120 平方公尺，绿地每人占 20 平方公尺，居住面积每人占 36 平方公尺，这些数字以后还是需要的。我们不仅批判这些数字，而且也要把它当作基本数字。这些数字原则上是好的，为了继续工作就必须把它明确起来。时间过去了，有些规划情况也变了，这样就要我们进行细致的工作，细致的审核。

我提出的土地使用平衡表格式中，同志们应该注意的一点是，在三种不同的土地使用平衡表里，有统一的项目和系统，这个格式在莫斯科是不会适用的；但在北京是有必要制定这样一个具体详细的土地使用平衡表，我们应该这样详细地来分析，当然，这样做是要费很大的力量，但是，在经济问题上，我们可以得到很大的效果，我们可以知道哪一种用地占多大的面积。

北京的土地使用平衡表有六个项目：

一、建筑街坊：（一）居住街坊；（二）行政机关；（三）商业系统；（四）文化机关；（五）学校；（六）高等学校；（七）医疗设施；（八）工业；（九）仓库；（十）公用设施。

二、街道广场。

三、绿地。

四、铁路用地。

五、水面。

六、其他用地：（一）农业用地；（二）专用土地；（三）不宜使用地区。

这样一个土地使用平衡表，比照抄莫斯科的土地使用平衡表要合适一些；不过我们应当知道，这些项目不是不可变的。

---

① 5 个部分占比总计不足 100%，系档案原文如此。

现状土地使用平衡表的计算工作是按三个范围来做的，一个是城区范围，一个是 1953 年规划范围，另一个是市界范围，这样的计算方法可以对 1953 年规划草案的数字进行校正。为了制定总图应当知道很多标准数字，这些标准数字是根据实践中很多经验得来的，有了这些数字才能正确地制定土地使用平衡表和对土地的分配有个确切的估计。[①]

透过兹米耶夫斯基的上述谈话，我们可以对 1950 年代中国城市规划工作中借鉴自苏联的土地使用平衡表的缘由及规划技术方法的要点有所了解。在 1949 年以前，中国各地的城市规划实践中不乏关于城市人口及各类用地的计算和统计表格，譬如 1946—1949 年开展的"大上海都市计划"三稿工作[②]，但是，它们与苏联规划实践中运用的土地使用平衡表的性质、内涵、具体项目和技术要求等截然不同。也可以讲，苏联城市规划中的土地使用平衡表是独具苏联特色的一个规划工具。

作为城市土地使用现状的反映，土地使用平衡表是城市规划工作中"研究当前城市用地的一种总结"。兹米耶夫斯基介绍的土地使用平衡表，与我国改革开放后城市规划工作中使用的土地使用平衡表也有显著的不同，后者在使用时已经大为简化。根据兹米耶夫斯基的报告，土地使用平衡表实际上包括"现状的""预计的/标准的"和"规划设计的"土地使用平衡表等 3 种不同类型，并且需要按照"城区范围""规划范围"和"市界范围"等三个范围来计算和统计。只有这样，才能使土地使用平衡表起到对城市规划工作的科学指导作用。

还应当注意到，兹米耶夫斯基在对莫斯科规划中使用的土地使用平衡表进行介绍以及对北京畅观楼小组的土地使用平衡表进行评论的基础上，针对北京当时的城市总体规划制订工作，特别提出了新的、有针对性的土地使用平衡表栏目及结构设置方案。由此，我们可以观察到，苏联规划专家在对中国的城市规划工作进行技术援助时，还是具有相当强烈的"中国观念"和"中国意识"的，并结合中国的特殊国情进行了一些有针对性的变通考虑及创新设计。

11.2 国家计委和国家建委对首都发展规模问题的联合意见

在北京城市总体规划制订工作推进的过程中，除了规划任务、要求和程序、方法等需要明确之外，还有一些相当重要的问题对规划工作有显著的制约，特别是首都工业发展及人口规模问题，它们是 1954 年国家计委和北京市产生分歧的关键所在。对此，第三批苏联规划专家并没有武断地发表意见，而是希望寻求中国方面的政策依据。为此，北京市不得不多次向中央汇报和请示。

---

① 北京市都市规划委员会. 城市建设参考资料汇集第九辑：有关城市规划的几个问题［R］. 1957：21–25.
② 上海市城市规划设计研究院. 大上海都市计划（上册）［M］. 上海：同济大学出版社，2014：21–163.

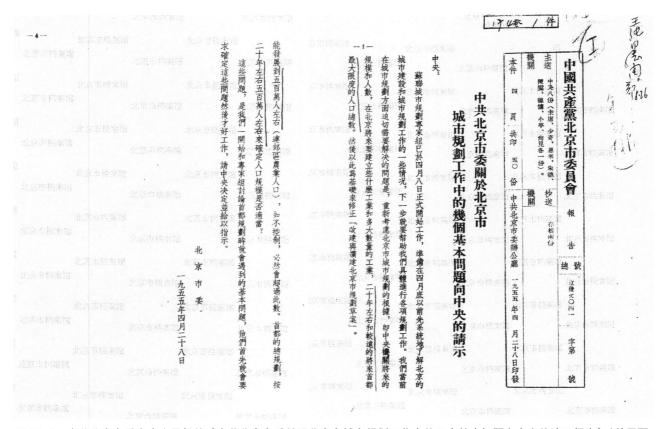

图11-3 中共北京市委向中央呈报的《中共北京市委关于北京市城市规划工作中的几个基本问题向中央的请示报告》（首尾页，1955年4月28日）

资料来源：中共北京市委．市委有关北京市城市规划向中央的请示和报送北京市人口情况的资料 [Z]．北京市档案馆，档号：001-005-00167．1955：1-4．另见：中国社会科学院，中央档案馆．1953—1957中华人民共和国经济档案资料选编（固定资产投资和建筑业卷）[M]．北京：中国物价出版社，1998：859-861．

11.2.1 中共北京市委的两次请示

1955年4月28日，中共北京市委向中央呈报《中共北京市委关于北京市城市规划工作中的几个基本问题向中央的请示报告》（图11-3）。报告中指出："苏联城市规划专家组已于四月八日正式开始工作，准备在四月底以前先系统地了解北京的城市建设和城市规划工作的一些情况，下一步就要帮助我们具体进行各项规划工作。我们当前在城市规划方面迫切需要解决的问题是，重新考虑北京市城市规划的根据，即中央机关将来的规模和人数，在北京将来要建立些什么工业和多大数量的工业，二十年左右和较远的将来首都最大限度的人口总数。然后以此为基础来修正'改建与扩建北京市规划草案'。"[1]

请示报告在对1953—1954年北京市规划草案制订工作进行回顾和检讨的基础上，分析了首都工业建设及人口发展的基本形势，提出了一系列的疑问："第一个'五年计划'期间，中央原定在京新建的十一

① 中共北京市委．市委有关北京市城市规划向中央的请示和报送北京市人口情况的资料 [Z]．北京市档案馆，档号：001-005-00167．1955：1-4．另见：中国社会科学院，中央档案馆．1953—1957中华人民共和国经济档案资料选编（固定资产投资和建筑业卷）[M]．北京：中国物价出版社，1998：859-861．

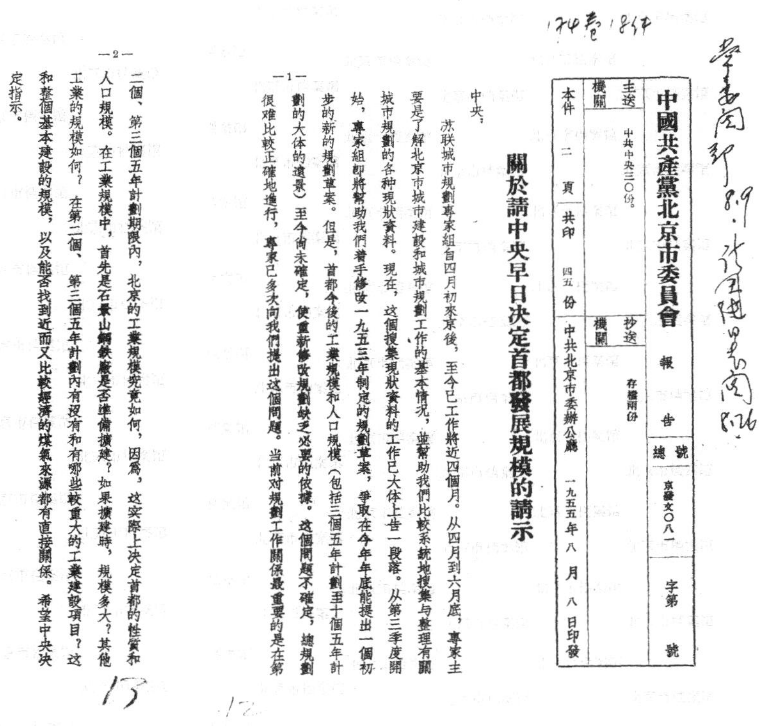

中國共產黨北京市委員會 報告

總號 京發文〇八一 字第 號

主送機關：中共中央三〇份。 抄送機關：存檔兩份

本件二頁 共印四五份 中共北京市委辦公廳 一九五五年八月八日印發

關於請中央早日決定首都發展規模的請示

中央：

苏联城市規劃專家組自四月初來京後，至今已工作將近四個月。从四月到六月底，專家主要是了解北京市城市建設和城市規劃工作的基本情况，並幫助我們比較系統地搜集与整理有關城市規劃的各种現狀資料。現在，这個搜集現狀資料的工作已大体上告一段落。从第三季度開始，專家組即將幫助我們着手修改一九五三年制定的規劃草案，爭取在今年年底能提出一個初步的新的規劃草案。但是，首都今後的工業規模和人口規模（包括三個五年計劃至十個五年計劃的大体的遠景）至今尚未確定，使重新修改規劃缺乏必要的依據。这個問題不確定，總規劃很难比較正確地進行，專家已多次向我們提出这個問題。當前对規劃工作關係最重要的是在第

—1—

二個、第三個五年計劃期限內，北京的工業規模究竟如何，因爲，这实際上決定首都的性質和人口規模。在工業規模中，首先是石景山鋼鐵廠是否準備擴建？如果擴建時，規模多大？其他工業的規模如何？在第二個、第三個五年計劃內有沒有和有哪些較重大的工業建設項目？这和整個基本建設的規模，以及能否找到近而又比較經濟的煤氣來源都有直接關係。希望中央決定指示。

中共北京市委

一九五五年八月七日

—2—

图 11-4　中共北京市委向中央呈报的《关于请中央早日决定首都发展规模的请示》（1955 年 8 月 7 日）

资料来源：中共北京市委．市委有关北京市城市规划向中央的请示和报送北京市人口情况的资料［Z］．北京市档案馆，档号：001-005-00167．1955：12-13．另见：北京市档案馆，中共北京市委党史研究室．北京市重要文献选编（1955 年）［M］．北京：中国档案出版社，2003：370-378．

个工厂中，已有四个停建，一个正在考虑，计划扩建的农业机械厂亦已停止扩建。第二个和第三个‘五年计划’中，是不是还在北京摆一些新的工业？石景山钢铁厂是否还要扩建？如果扩建的话，规模多大？北京西部山区、东北部怀柔山区和北部南口一带距现在市中心四五十公里的半径以内，有许多地方从交通运输各方面的条件来看，从防空条件来看，是适宜于建设工厂的（我们正对这些地方的情况进行勘察），将来是否在这些地区建设一些工厂？北京地区二十年左右的工业发展规模究竟多大？在更远的将来发展规模多大？”“首都的总规划，按二十年左右五百万人左右来确定人口规模是否适当？”①

报告最后强调：“这些问题，是我们一开始和专家组讨论首都规划时就会遇到的基本问题，他们首先就会要求确定这些问题然后才好工作，请中央决定并给以指示。”②

这份请示报告向中央呈报后，1955 年 5 月 20 日，中共北京市委向中央呈报《中共北京市委关于北京市 1954 年人口情况向中央的报告》，并附具了一份详细的人口统计材料。③

然而，北京市的请示报告呈报中央后，依然迟迟未得到批复。在此情况下，中共北京市委于 1955 年 8 月 7 日再次向中央呈报《关于请中央早日决定首都发展规模的请示》（图 11-4），全文如下：

---

① 中共北京市委．市委有关北京市城市规划向中央的请示和报送北京市人口情况的资料［Z］．北京市档案馆，档号：001-005-00167．1955：1-4．

② 同上．

③ 中共北京市委．市委有关北京市城市规划向中央的请示和报送北京市人口情况的资料［Z］．北京市档案馆，档号：001-005-00167．1955：12-13．另见：北京市档案馆，中共北京市委党史研究室．北京市重要文献选编（1955 年）［M］．北京：中国档案出版社，2003：370-378．

关于请中央早日决定首都发展规模的请示

中央：

苏联城市规划专家组自四月初来京后，至今已工作将近四个月。从四月到六月底，专家主要是了解北京市城市建设和城市规划工作的基本情况，并帮助我们比较系统地搜集与整理有关城市规划的各种现状资料。现在，这个搜集现状资料的工作已大体上告一段落。从第三季度开始，专家组即将帮助我们着手修改一九五三制定的规划草案，争取在今年年底能提出一个初步的新的规划草案。但是，首都今后的工业规模和人口规模（包括三个"五年计划"至十个"五年计划"的大体的远景）至今尚未确定，使重新修改规划缺乏必要的依据。这个问题不确定，总规划很难比较正确地进行，专家已多次向我们提出这个问题。当前对规划工作关系最重要的是在第二个、第三个"五年计划"期限内，北京的工业规模究竟如何，因为，这实际上决定首都的性质和人口规模。在工业规模中，首先是石景山钢铁厂是否准备扩建？如果扩建时，规模多大？其他工业的规模如何？在第二个、第三个"五年计划"内有没有和有哪些较重大的工业建设项目？这和整个基本建设的规模，以及能否找到近而又比较经济的煤气来源都有直接关系。希望中央决定指示。

中共北京市委
一九五五年八月七日 ①

11.2.2　国家计委和国家建委的联合意见

对于中共北京市委先后呈报的两份请示报告，中央仍然批转给国家计委和国家建委研究并提出意见。

在北京城市总体规划制订工作正在抓紧推进的现实背景下，面对北京市的不断请示，国家计委和国家建委经反复研究与讨论，终于在 1955 年 12 月初达成一致意见，并于 12 月 12 日联合向中央呈报《关于首都人口发展规模问题的请示》（图 11-5），全文如下：

关于首都人口发展规模问题的请示

中央：

关于北京市的规划问题，北京市委一九五三年十二月九日《关于改建与扩建北京市规划草案的报告》及其后两次报告中，都向中央提出了意见；国家计划委员会也于一九五四年十二月二十二日向中央提出《对北京市委〈关于改建与扩建北京市规划草案〉意见的报告》；今年八月七日北京市委又提出《关于请中央早日决定首都发展规模的请示》，同时北京市聘请的八名苏联城市建设专家已来京数月，城市的发展规模不定，他们也不好工作。为此，对首都的发展规模问题提出如下意见。

---

① 中共北京市委. 市委有关北京市城市规划向中央的请示和报送北京市人口情况的资料［Z］. 北京市档案馆，档号：001-005-00167. 1955：12-13.

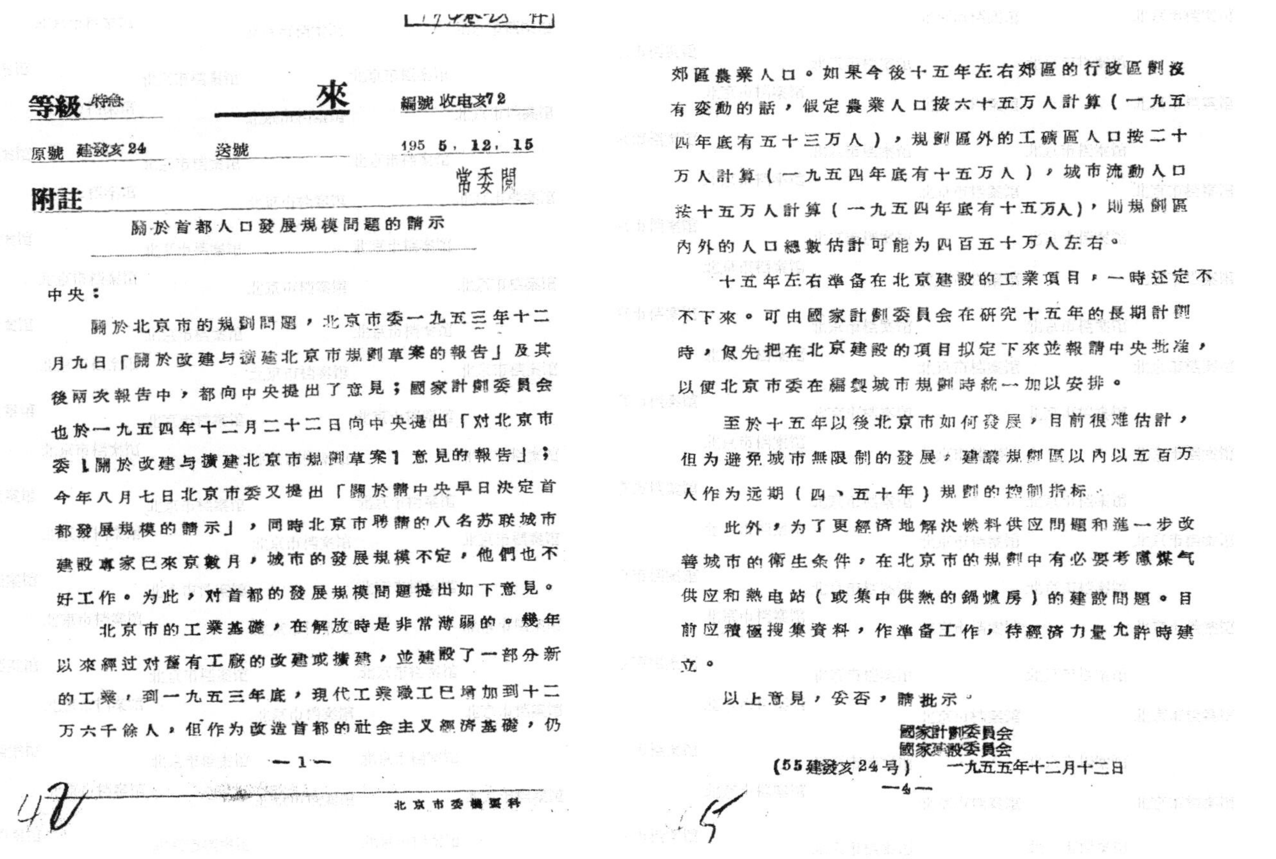

[1 7 4卷-23 卅]

等級 特急　　來　　編號 收电亥72

原號 建發亥24　　送號　　195 5，12，15

附註　　常委閱

關於首都人口發展規模問題的請示

中央：

關於北京市的規劃問題，北京市委一九五三年十二月九日「關於改建与擴建北京市規劃草案的報告」及其後兩次報告中，都向中央提出了意見；國家計劃委員会也於一九五四年十二月二十二日向中央提出「对北京市委［關於改建与擴建北京市規劃草案］意見的報告」；今年八月七日北京市委又提出「關於請中央早日決定首都發展規模的請示」，同時北京市聘請的八名苏联城市建設專家已來京數月，城市的發展規模不定，他們也不好工作。为此，对首都的發展規模問題提出如下意見。

北京市的工業基礎，在解放時是非常薄弱的。幾年以來經过对舊有工廠的改建或擴建，並建設了一部分新的工業，到一九五三年底，現代工業職工已增加到十二万六千餘人，但作为改造首都的社会主义經济基礎，仍

—1—

北京市委機要科

……郊區農業人口。如果今後十五年左右郊區的行政區劃沒有変動的話，假定農業人口按六十五万人計算（一九五四年底有五十三万人），規劃區外的工礦區人口按二十万人計算（一九五四年底有十五万人），城市流動人口按十五万人計算（一九五四年底有十五万人），則規劃區內外的人口總數估計可能为四百五十万人左右。

十五年左右準备在北京建設的工業項目，一時还定不不下來。可由國家計劃委員会在研究十五年的長期計劃時，候先把在北京建設的項目拟定下來並報請中央批准，以便北京市委在編製城市規劃時統一加以安排。

至於十五年以後北京市如何發展，目前很難估計，但为避免城市無限制的發展，建議規劃區以內以五百万人作为远期（四、五十年）規劃的控制指标。

此外，为了更經济地解決燃料供应問題和進一步改善城市的衛生条件，在北京市的規劃中有必要考慮煤气供应和熱电站（或集中供熱的鍋爐房）的建設問題。目前应積極搜集資料，作準备工作，待經济力量允許時建立。

以上意見，妥否，請批示。

國家計劃委員会
國家建設委員会

（55建發亥24号）　一九五五年十二月十二日

—4—

图 11-5　国家计委和国家建委联合向中央呈报的《关于首都人口发展规模问题的请示》（首尾页，1955 年 12 月 12 日）

资料来源：中共北京市委．市委有关北京市城市规划向中央的请示和报送北京市人口情况的资料［Z］．北京市档案馆，档号：001-005-00167．1955：42-45．

北京市的工业基础，在解放时是非常薄弱的。几年以来经过对旧有工厂的改建或扩建，并建设了一部分新的工业，到一九五三年底，现代工业职工已增加到十二万六千余人，但作为改造首都的社会主义经济基础，仍然是薄弱的。从国防条件来考虑，今后不宜在北京摆大型的或过多的工业。但为了使工业领导机关、高等学校以及科学研究机关的工作便于和生产现场结合，特别是为了便于现有多余劳动力的就业，以便逐步改造现有的消费人口，在今后两三个“五年计划”期内，除对现有的工业有控制适当地改建和扩建外，并再适当地建设少部分工业也还是需要的。

解放以来，北京市的人口增加得很快。包括郊区农民农业人口在内，一九四九年初全市约二百万人，至一九五四年底已增长至三百三十五万人。这三百三十五万人口中，除去郊区农业人口和流动人口外，其中城市常住人口约二百六十七万人。据初步分析，二百六十七万城市人口中，基本人口（现代工业职工、建筑业和对外交通运输业职工、中央一级机关工作人员、高等学校师生员工等）约占百分之二十左右，服务人口约占百分之二十五左右，被抚养人口约占百分之五十五左右。按苏联经验，

大城市的基本人口应占百分之三十或百分之三十以上。我们城市人口组成比例不可能与苏联尽同，但大体看来，北京市几年来人口增长虽快，但人口的组成仍有不尽合理之处。今后在社会主义建设和改造过程中，需要对现有消费人口中的一部分采取逐步转业、就业或迁移等措施。这样，既可使人口的组成逐渐趋向合理，也可相对地降低人口的增长速度。

北京市几年来人口之所以增长很快，主要是由于中央一级机关的建立和扩大（一九五四年底包括军事机关与军事学校已达二十二万六千人）、基本建设规模的扩大（一九五四年底基本建设职工已达十八万二千人）、工业的恢复和发展以及高等学校的发展。估计今后这些因素会有一些变化的。中央一级机关精简以后，虽然还可能再增设一些新的机构，但干部人数当不会像以往几年那样大量增加；基本建设职工由于劳动效率的提高，人数也不应再增加，或能减少一些；工业和高等学校的发展是今后北京市人口增长的主要因素，但在今后一定时期内工业和高等学校建设的规模不会很大，同时现在还有一些多余的劳动力可供利用，所以如能采取一些有效的措施，人口的增长速度可能比以往几年慢一些。根据上述因素估计，今后十五年左右把北京市的人口控制在三百五十万人左右是可能的。

三百五十万人是指规划区内的城市人口，不包括京西矿区、长辛店等规划区外工矿区的人口、流动人口和郊区农业人口。如果今后十五年左右郊区的行政区划没有变动的话，假定农业人口按六十五万人计算（一九五四年底有五十三万人），规划区外的工矿区人口按二十万人计算（一九五四年底有十五万人），城市流动人口按十五万人计算（一九五四年底有十五万人），则规划区内外的人口总数估计可能为四百五十万人左右。

十五年左右准备在北京建设的工业项目，一时还定不下来。可由国家计划委员会在研究十五年的长期计划时，尽先把在北京建设的项目拟定下来并报请中央批准，以便北京市委在编制城市规划时统一加以安排。

至于十五年以后北京市如何发展，目前很难估计，但为避免城市无限制的发展，建议规划区以内以五百万人作为远期（四五十年）规划的控制指标。

此外，为了更经济地解决燃料供应问题和进一步改善城市的卫生条件，在北京市的规划中有必要考虑煤气供应和热电站（或集中供热的锅炉房）的建设问题，目前应积极搜集资料，做准备工作，待经济力量允许时建立。

以上意见，妥否，请批示。

国家计划委员会

国家建设委员会

一九五五年十二月十二日 [①]

---

① 中共北京市委. 市委有关北京市城市规划向中央的请示和报送北京市人口情况的资料［Z］. 北京市档案馆，档号：001-005-00167. 1955：42-45.

上述意见中，最关键的内容是明确提出"建议规划区以内以五百万人作为远期（四五十年）规划的控制指标"，这就为北京城市总体规划的远景规划提供了基本的依据。

至于北京工业发展问题，国家计委和国家建委的意见较为灵活："十五年左右准备在北京建设的工业项目，一时还定不下来。可由国家计划委员会在研究十五年的长期计划时，尽先把在北京建设的项目拟定下来并报请中央批准，以便北京市委在编制城市规划时统一加以安排。"尽管对于首都工业发展的程度如何（即是否定位于"建设成为我国强大的工业基地"），国家计委和国家建委的意见中并无明确结论，但是，它已经不再是摆在北京城市总体规划制订工作面前的巨大障碍。

11.3 关于 1000 万人口规模的政策指示

以 1955 年 12 月 12 日的联名报告为主要标志，国家计委和国家建委关于首都工业建设及人口规模问题达成了一致意见。这样的一致意见是否为北京的城市总体规划提供出了确定性的依据呢？答案是否定的。原因在于：中央领导尚未就首都规划问题发表意见。国家计委和国家建委的联名报告，标题也是《关于首都人口发展规模问题的请示》，它只是为中央领导的最终决策提供参考性意见而已。

国家计委和国家建委的联名报告呈送中央后，中央领导对首都规划问题发表了重要指示，这使北京城市总体规划的制订工作出现了重大的变数。

作为新中国的领袖，国家最高领导人常年关注国际形势和国际动态，注重国家战略的研究和谋划[1]，自然也有接收各种国际消息和资讯的种种渠道。1956 年，世界上其他国家首都城市的人口规模的基本情况，如莫斯科 800 多万、纽约 1200 多万、伦敦 900 多万、东京 700 多万等，想必中央领导一定有所了解或心中有数，而中国在历史上一直又是世界上总人口最多的国家，中国领导人对于中华人民共和国首都规划问题的一些思考，也就必然具有一定的国际视野和战略眼光，而非专业部门的一些技术性思维。

据中共北京市委于 1956 年 4 月 19 日起草的一份向中央的报告《中共北京市委关于城市建设和城市规划的几个问题》，"我们这次规划，是分近期和远景两个期限来做的。近期期限是 15 年（到 1967 年），原来按城市人口 350 万做文章，最近又根据中央指示，按城市人口 400 万（如果包括外围市镇是 420 万人，连同农业人口、流动人口则为 500 万人）做文章。远景不定期限，大体上是按 10 个至 15 个'五年计划'设想的，原来按城市人口 500 万做文章，经主席指示，按 1 000 万人规划"[2]（图 11-6）。

史料表明，中央领导对首都规划问题作出指示的时间是 1956 年 2 月 21 日。这次谈话的背景是中央领导于 1956 年 2—5 月期间分多次听取中央和国务院 34 个部委及部分省、市主要负责人的工作汇报，之后

① 逄先知. 毛泽东的国际战略思想 [N]. 光明日报，2014-12-16（10）.
② 中共北京市委. 中共北京市委关于城市建设和城市规划的几个问题 [Z]. 北京市档案馆，档号：001-009-00372. 1956.

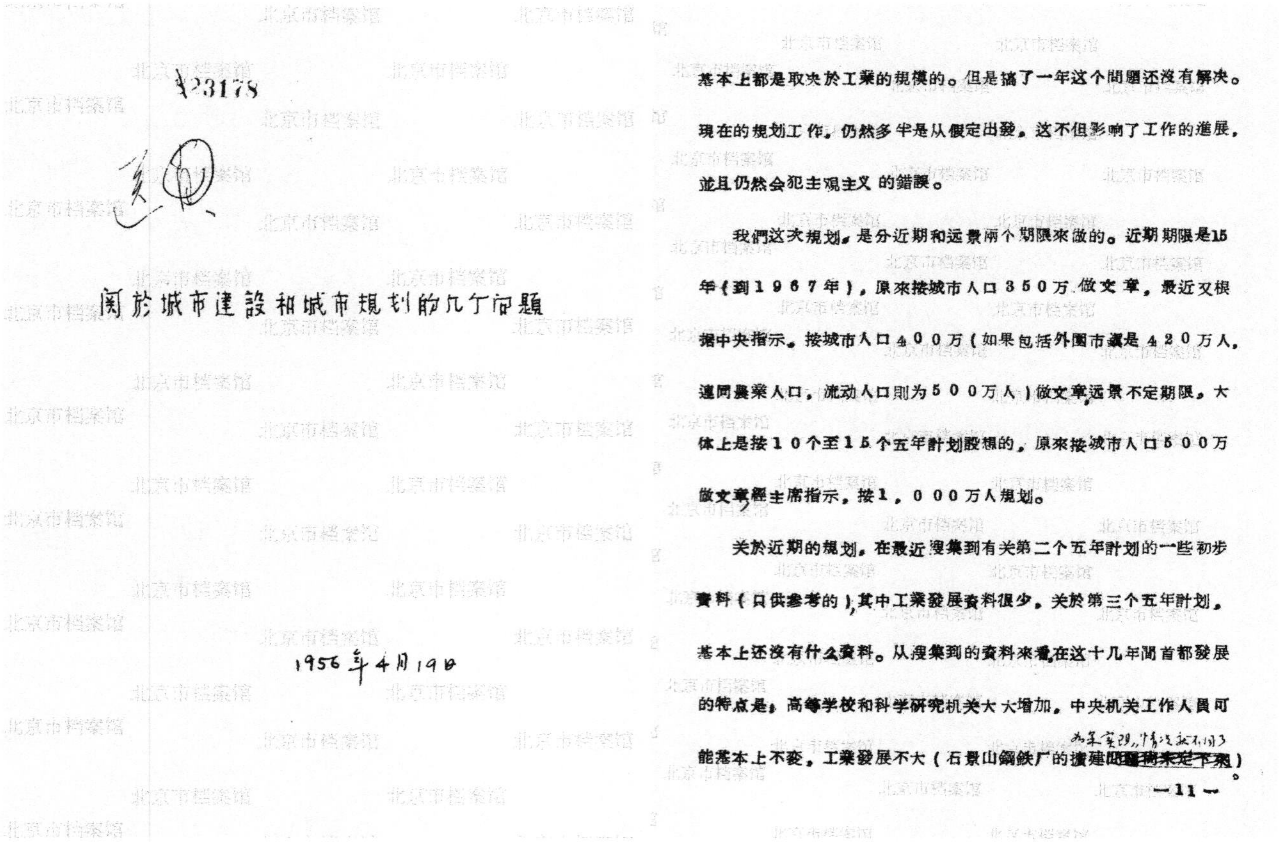

基本上都是取决于工業的規模的。但是搞了一年这个問題还沒有解决。

现在的规划工作，仍然多半是从假定出發，这不但影响了工作的進展，

並且仍然会犯主观主义的錯誤。

我們这次规划，是分近期和远景两个期限来做的。近期期限是15

年（到1967年），原來按城市人口350万做文章。最近又根

据中央指示，按城市人口400万（如果包括外圍市鎮是420万人，

連同農業人口，流动人口則为500万人）做文章远景不定期限。大

体上是按10个至15个五年計划設想的，原來按城市人口500万

做文章經主席指示，按1，000万人规划。

关於近期的规划，在最近搜集到有关第二个五年計划的一些初步

資料（只供参考的），其中工業發展資料很少。关於第三个五年計划，

基本上还沒有什么資料。从搜集到的資料来看，在这十几年間首都發展

的特点是，高等学校和科学研究机关大大增加。中央机关工作人員可

能基本上不变，工業發展不大（石景山鋼鉄厂的擴建問題种来未定下来）

— 11 —

图11-6　中共北京市委向中央的报告《中共北京市委关于城市建设和城市规划的几个问题》稿（封面和第11页，1956年4月19日）

资料来源：中共北京市委. 市委有关北京市城市规划向中央的请示和报送北京市人口情况的资料［Z］. 北京市档案馆，档号：001-005-00167. 1955：42-45.

发表了著名的《论十大关系》讲话，该讲话初步总结了中国社会主义建设的经验，提出了探索适合中国国情的社会主义建设道路的任务。

据史料记载，1956年"2月21日下午，听取城市建设总局和第二机械工业部汇报。毛泽东提出，城市要全面规划。万里问：北京远景规划是否摆大工业？人口发展到多少？毛泽东说：现在北京不摆大工业，不是永远不摆，按自然发展规律，按经济发展规律，北京会发展到一千万人，上海也一千万人。将来世界不打仗，和平了，会把天津、保定、北京连起来。北京是个好地方，将来会摆许多工厂的。"[1] 其他史料中的记载与之接近 [2]。

---

① 中共中央文献研究室. 毛泽东年谱（一九四九——一九七六）第二卷［M］. 北京：中央文献出版社，2013：535.

② 1956年"2月21日、22日，和周恩来等出席毛泽东召集的听取万里、刘杰汇报城市建设和原子能工业发展问题的会议。二十一日，毛泽东答万里问：现在北京不摆大工业，不是永远不摆。按自然规律，按经济规律，北京会发展到一千万人，上海也是一千万人。将来世界不打仗了，和平了，会把天津、保定、北京连在一起。北京是个好地方，将来会摆许多工厂的。"资料来源：《彭真传》编写组. 彭真年谱（第三卷）［M］. 北京：中央文献出版社，2012：111.

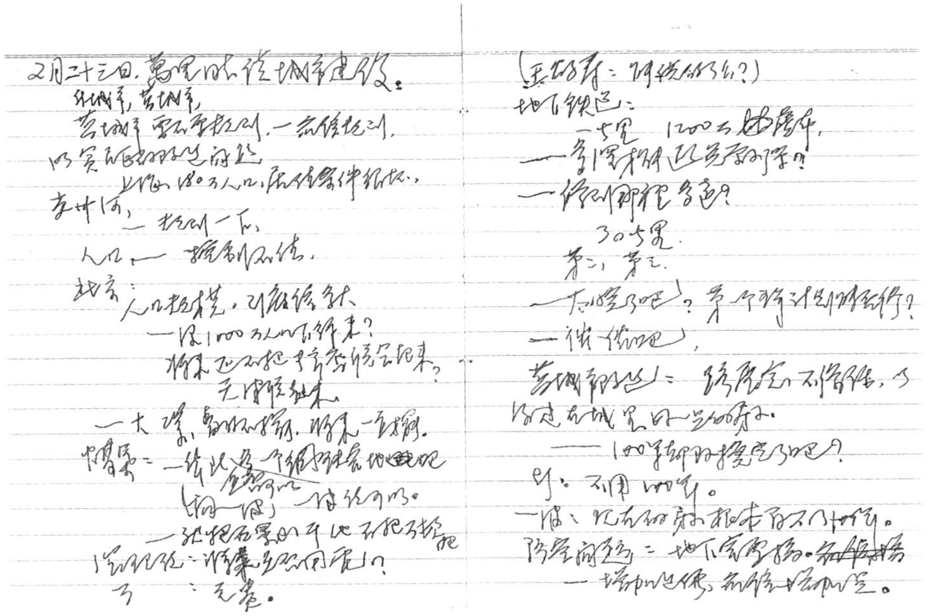

图 11-7　国家城建总局局长传达
中央领导指示的记录（郑天翔日
记，1956 年 2 月 23 日，部分页）
注：本记录中破折号（"——"）之后
的文字系中央领导的指示。
资料来源：郑天翔. 1956 年工作笔
记［Z］. 郑天翔家属提供. 1956.

中央领导听取国家城建总局汇报的隔日（2 月 23 日），国家城建总局局长向郑天翔等传达中央领导的
指示精神。据郑天翔日记，关于人口问题，中央领导指出"控制不住"；对于北京的人口，中央领导表示
"没 1 000 万人口下得来？将来还不把长辛店联合起来？天津连起来？"；关于工业，中央领导指示"大工
业，暂时不摆，将来一定摆"。中央领导还问："华北是否可以多一个钢铁基地吧？"，"［薄］一波说可以。"
中央领导说："就把石景山干他万把万吨[1] 吧。"[2]（图 11-7）

11.4　关于 1000 万人口规模的技术讨论

从 1954 年时争论的 500 万人口规模，一下子翻倍到 1 000 万人口规模，这显然对北京城市总体规划
制订工作有极为重大的影响，也是首都规划工作者所始料未及的。

收到中央领导的重要指示后，北京规划工作者曾多次对 1 000 万人口规模问题展开研究与讨论。1956
年 4 月 6 日，郑天翔等与规划专家勃得列夫和兹米耶夫斯基等共同研究这一问题。中国同志将北京市各方
面的人口，如流动人口、城镇人口和农业人口等进行了全面的分析，提出关于城市人口规模的不同方案。
随后兹米耶夫斯基和勃得列夫先后发表了意见（图 11-8）。

---

① 原稿为"顿"。
② 郑天翔. 1956 年工作笔记［Z］. 郑天翔家属提供. 1956.

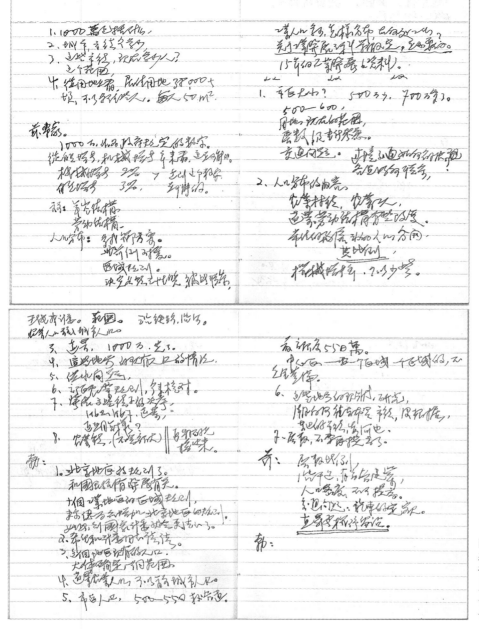

图 11-8　勃得列夫和兹米耶夫斯基"1000 万人口规模问题"的谈话记录（郑天翔日记，1956 年 4 月 6 日）

资料来源：郑天翔. 1956 年工作笔记 [Z]. 郑天翔家属提供. 1956.

兹米耶夫斯基认为，"1 000 万，作为政府规定的数字。从自然增长、机械增长率来看，这是可能的。机械增长 2%，自然增长 3%，达到这个数字是可能的。"对于规划工作，兹米耶夫斯基建议"算：年龄结构，劳动结构""人口分布：多找几个方案"。至于市区人口规模，"500 万少，700 万多了"，"500～600 [万]"比较合适。①

---

① 　郑天翔. 1956 年工作笔记 [Z]. 郑天翔家属提供. 1956.

兹米耶夫斯基同时表示，1 000万人口规模问题"无前例可援"，这属于"区域规划"。规划中应注意"工业人口多少，怎样分布，在何处工作？""关于工业发展之科学假定，是必要的"，应重视对未来15年工业发展情况的研究。[①]

勃得列夫发言的要点如下：

1.［这是］北京地区的规划了，和国民经济发展有关。十个工业地区的区域规划，专家认为应增加北京地区的规划。如此，则国家计委就会更注意了。

2.希望和［国家］计委同志谈谈。

3.这个地区现有的人口。大体确定一个范围。

4.远景农业人口，可以算城市人口。

5.市区人口，500～550［万］数合适。最高限度550万。中心区——要一个区域一个区域的，不是全盖满。

6.这些地方的现状，研究。潮白河往东布置市镇，没根据。东边的市镇，靠河边。

7.层数，不要再提高了。[②]

勃得列夫发言中谈到的"十个工业地区的区域规划"，即1956年2月22日至3月4日国家建委召开第一次全国基本建设会议期间所提出的，在工业项目分布比较集中的10个地区开展的首批区域规划工作，这些地区包括"包头—呼和浩特地区，西安—宝鸡地区，兰州地区，西宁地区，张掖—玉门地区，三门峡地区，襄樊地区，湘中地区，成都地区和昆明地区"[③]。

受此影响，自1956年春季开始，北京城市总体规划的制订工作中开始融入区域规划的思想观念。

在1956年4月19日起草的《中共北京市委关于城市建设和城市规划的几个问题》报告中，中共北京市委阐述了对于1000万人口规模的理解及规划工作的初步考虑，其中不乏一些困惑之处：

关于远景规划，根据主席指示人口按1000万人规划。我们认为，这就是说北京将发展为一个强大的工业城市，而且市区将扩大到一个相当大的范围。如果这样讲不错的话，还有两个问题需要明确：

1.按照城市规划的一般规律和我国的情况，首都城市人口的劳动结构大体上是这样，即基本人口占27%，服务人口占23%，被抚养人口占50%，北京的基本人口的主要组成是大工业工人、中央

---

① 郑天翔. 1956年工作笔记［Z］. 郑天翔家属提供. 1956.

② 同上.

③ 国家建委. 第一次全国基本建设会议文件：中华人民共和国国务院关于加强新工业区和新工业因为建设工作几个问题的决定（草案）［Z］. 国家建委档案，中国城市规划设计研究院图书馆，档号：AA003.1956.

机关（包括科学研究机关）和高等学校的师生员工，基本人口占27%，就是270万人。我们考虑中央机关、高等学校今后会有相当的发展，科学研究机关会有很大的发展，但是这个发展人数总是有限度的，现在是80万人，将来至多不会超过100万人。这样，大工业工人就要发展到170万人左右，现在20多万，将来要增加150万工人。不知这样一个发展轮廓是否合理。

2. 1000万人口中是否包括从事农业的人口，在近期规划中，因为农业人口和城市人口在生活水平上相差很大，在城市规划中各项定额（用电、用热、住宅等）很不相同，没有把它包括在城市人口中，而单列了一项。在将来我国工业高度发展时，农业已经高度机械化，农村与城市的差别尤其在首都附近愈来愈小，我们认为，在这种情况下，农村人口可以并入城市人口中一并计算。这样北京地区远景总人口是1000万。如果把农业人口单独计算，则总人口将为1150［万］～1200万人。

当前，对规划工作直接起作用的是近期的发展方向，即在第二、第三个"五年计划"期间对首都建设的方针（首都远景的面貌在很大程度上取决于最近3、4个"五年计划"），请中央能及早决定这个问题，以便各方工作有所遵循。[①]

11.5　北京城市空间布局思路的转向：卫星城镇建设与集团式发展

由于未来首都人口规模的重大变化，城市建设用地及空间布局必然要作相应的调整。北京规划工作者提出的一个应对思路，即卫星城镇建设与集团式发展："在城市布局上，我们考虑在近期，一方面应该利用城市已经形成的基础，另一方面要充分考虑到防空上的要求。在远景市区本身不宜发展过大（过大了交通不好解决），同时工业的分布也不宜过分集中（过于集中了交通运输卫生防护都很复杂）。因此，近期和远景的城市布局都准备采取集团式的发展，即中心是一个大的市区（母城或主体），周围是若干市镇（子城），形成所谓'子母城'的布置方式。各个市镇（主要是工业点）都是城市的组成部分，但都有其独立性，在战争时期起疏散市区人口、支援市区的作用。"[②]

根据这一指导思想，《中共北京市委关于城市建设和城市规划的几个问题》中提出在北京地区推进各类城镇的区域化布局的规划方案如下：

在近期，除京西矿区外，一般工业（据现有材料看，多是些中、小工业）准备放在东郊、东北郊、清河、西南郊，石景山钢铁厂如果扩建也在原地，但是这些工业区之间都保持至少7公里的距离，同时对非工业建筑群也要有适当隔离。因此，市区本身的人口增加就多些，约为400万人左右。门头沟、长辛店、房山、琉璃河、斋堂、孙河、温泉等市镇，因为现在看来，增加的工业不多，人口会

---

① 中共北京市委. 中共北京市委关于城市建设和城市规划的几个问题［Z］. 北京市档案馆，档号：001-009-00372. 1956.
② 同上.

少些，约 20 万人左右。如果在近期还建设几个大工业，可以首先在小儿营发展，这样市镇人口会多些。从国防上考虑：在山区应该布置一些仓库、发电厂和一些医院。十三陵、戒台寺等地可以建设一些疗养机构，在战时就改为医院，有些主要的科学研究机关和图书馆，也可以建设在山里或山边。同时，在市区外围建造 3 条公路环，第一环路连接各市镇，第二环路连接周围怀柔、顺义、固安、通县等县城，第三环路连接涿县、三河、武清等县城，并从城市中心开出 10 条放射公路，分别与通到承德、多伦、山海关、天津、开封、汉口、太原、大同、沙城、张家口等 10 大城市的公路相连接。这样，在一旦战争发生的情况下，便于部队的运动和物资运输，人口疏散。

在远景，我们考虑市区本身人口是 500 万～600 万人（各种经济指标按 550 万人计算）。各个市镇的发展，主要决定于大工业的建设或个别重大科学研究机关或高等学校的建设。我们规划的远景的市镇大体上都在离城 50 公里的半径以内。如果建设大工业，我们认为首先沿山发展，即在南口、坨里、小儿营、良乡一带进行建设；其次，在东北部怀柔地区沿将来潮白河引水河道两旁发展；最后，在东南方向沿将来京津运河向天津方向发展。这样，大概要有 50 个市镇，各个市镇的人口［合计］约 400 万人。另外估计流动人口 50 万人。共 1000 万。[①]

在首都发展方向基本明确以后，北京城市总体规划制订工作即转向对一些具体问题的深化研究和讨论确定。

---

① 中共北京市委. 中共北京市委关于城市建设和城市规划的几个问题［Z］. 北京市档案馆，档号：001-009-00372. 1956.

第 12 章

若干规划问题的研究和讨论

作为城市各项建设活动的蓝图，城市总体规划的制订不仅要对城市的发展方向和空间结构进行谋划，还要应对和处理很多具体的规划设计问题。自 1955 年下半年开始，第三批苏联规划专家组对北京城市总体规划涉及的诸多具体问题进行了认真的研究与讨论，有关的谈话记录达 600 多份。本章从几个不同的视角，对部分问题的研究和讨论情况略作解读。

12.1　关于规划结构——以西北郊铁路环线改线问题为例

对于北京的城市总体布局，如城市中心区、工业区和住宅区等功能分区以及"环形 + 放射"的道路网络系统，1953—1954 年《改建与扩建北京市规划草案》已经打下了良好的基础。在第三批苏联规划专家的技术援助活动中，工作重点是对规划结构的落实和进一步的修改完善。就此而言，一个典型案例是北京城区外西北郊铁道线路的布局，亦即城市道路网络系统中"环线"的走向问题。

北京近代城市建设活动主要发生在城区以内，在紧贴城墙外围建设了铁路环线。新中国"一五"时期以后，随着城市建设范围的扩展，环城铁路对城市用地造成分割及阻塞城市交通的问题日益突出。"根据 1956 年 1 月 29 日上午 6 点至晚上 10 点在 11 个道口的调查，被阻隔的机动车总共有 1 684 辆，非机动车 23 000 辆，其中又以崇文门最为严重，这里每隔 11 分钟就过一次火车。"[1] 正因如此，早在 1953 年 9 月 3 日，苏联专家巴拉金指导畅观楼小组规划工作时，即提出"铁路：原来挨城走，[城市]发展起来，必须搬家。现改为外边走，把工业区、住宅联系起来"[2]。

1955 年第三批苏联专家援助北京城市规划工作时，对铁路规划问题也高度重视，强调要积极参与，以免造成城市总体规划工作的被动局面。1955 年 4 月刚到北京时，专家组组长勃得列夫即提出工作的基

① 中共北京市委. 中共北京市委关于城市建设和城市规划的几个问题［Z］. 北京市档案馆，档号：001-009-00372. 1956.
② 郑天翔. 1953 年工作笔记［R］. 郑天翔家属提供. 1953.

本原则："应和铁路方面商量，并考虑具体分工，或者铁路方面自己做铁路的具体设计，而我们则以总体规划的角度参加意见。"①

12.1.1 对北京铁路环线改线的意见

1955 年 10 月 13 日上午，铁道部召集过一次专门研究北京铁路枢纽规划的会议，当日下午，规划专家勃得列夫和兹米耶夫斯基召集总图组、道路组和交通组的有关同志，"由郑祖武同志向专家汇报了上午参加铁道部吕副部长召集的关于研究北京铁路枢纽规划会议的情况"②，随后进行了研究和讨论。

这次讨论时，苏联专家曾询问："今天上午在铁道部的会议里，有没有讨论北京是否要环路，是否考虑过铁路直穿过城市的问题？"有关人员回答说："只是由设计者汇报了一下规划方案，没有详细讨论，所汇报的方案曾向专家介绍过。"苏联专家又问："北京将有哪些新的铁路线？""两亿人口的苏联［的］首都莫斯科，有十一条铁路线放射出去，而北京才有五条，而且多偏于西南，这问题不要忽略。莫斯科的铁路线可分三类，也就是在运输距离上各有不同，即长距离、中距离和近郊的，目前北京虽然休养、游玩的人不多，以后会感到近郊铁路不够用的，如到十三陵，将来是否要铁路，应该考虑。"③

对于北京老城外的环城铁路，苏联专家明确主张"环城铁路考虑拆去""［如果］环城路不拆，市内交通无法解决，北京的电车将永远引不出城去，如崇文门、和平门，都是在城内下电车，然后出城再乘电车，西直门到展览馆也不能坐电车直接去。如不拆铁路就得做跨线桥，北京现在受城墙、铁路、护城河三重包围，做这样的跨线桥在莫斯科需约二千万或三千万卢布，这是不经济的。如果他们要保留一个时期的话，那么我们在总图上可不绘它。"④

关于铁路改线方案，铁道部在会议上"曾提议西北环行铁路布置在香山八大处前面"，苏联专家指出，"我们应该坚决反对，在规划图上，西北郊环线应该走香山后面那个方案"，专家说："傅守谦同志应该写一份材料，说明不同意他们方案的理由。"⑤

1955 年 11 月 17 日，交通组副组长潘泰民等向电气交通专家斯米尔诺夫汇报"公共交通现状资料提纲"初稿。斯米尔诺夫在谈话中指出："关于铁路限制市内交通发展的问题，可以提出来，必须研究拆除环城铁路的方案。至于火车站是否要迁移的问题，可先不提，因为我们［的工作重点］是市内交通。如果把火车站由城中迁出，会对居民不便，此问题应由铁道部处理。在崇文门、宣武门处，为使铁路不妨碍市内交通，可以做旱桥，环城铁路不能做旱桥，因太多了。城内是否做旱桥，要做经济上的比较。铁道部

①　郑天翔，佟铮. 专家组的一些个别反应［Z］. 北京市城市建设档案馆，档号：C3-398-1. 1955：11-14.
②　中共北京市委办公厅. 专家谈话记要（二一八）［Z］. 关于道路、铁路、公路规划方面的谈话纪要. 北京市城市建设档案馆，档号：C3-00095-1. 1955.
③　同上.
④　同上.
⑤　同上.

图12-1 北京铁路枢纽总布置图技术设计文件（铁道部设计总局第三设计院，封面及序言，1956年）

注：序言最后一段指出，"在枢纽总布置图进行的同时，北京都市规划委员会也开展了全面规划的工作，这提供改进枢纽设计以良好条件"。

资料来源：铁道部. 铁道部1956年对北京铁路方案的建议［Z］. 北京市城市建设档案馆，档号：C1-48-1.1956.

在处理这个问题时，要多做几个方案。"①

11月29日，斯米尔诺夫对北京市规划草案第七稿中铁路枢纽问题发表意见，其中谈道："铁路规划方案应由铁道部来做，我们向他们提出要求。具体的做法是，当决定了总的线数后，便进行定线，定线时必须有充分的技术和经济的根据。"②

12.1.2　与铁道部专家的沟通交流

1955年12月21日，北京规委会由郑天翔主任牵头，规划专家兹米耶夫斯基出席，与铁道部设计总局以及华北设计分局的有关人员座谈北京铁路枢纽规划问题。关于铁路改线问题，受聘于铁道部的苏联专家哈利克夫指出有两个比选方案："关于西部环线问题有两个方案：一、沿山脚走平地。二、沿山后三家店、军庄、北安河到达清河。沿线要有隧道。"③（图12-1、图12-2）

对于这两个方案，铁道部专家主张前者。"环线的主要作用就在于把经过京山、京汉、丰沙等线集中于丰台的货物输送到城市来，将来还会有许多直达列车（如煤车）不经丰台编组而直达终点，这样就需要环线，坡度标准和干线相等。假若走香山后面，这点就不能得到保证，并且线路长、有隧道、造价高；假

① 中共北京市委办公厅. 专家谈话记要（二六四）［Z］. 苏联专家组（斯米尔诺夫）关于公共交通规划方面的谈话纪要（一），北京市城市建设档案馆，档号：C3-00096-1.1955.
② 中共北京市委办公厅. 专家谈话记要（二七一）［Z］. 苏联专家组（斯米尔诺夫）关于公共交通规划方面的谈话纪要（一），北京市城市建设档案馆，档号：C3-00096-1.1955.
③ 中共北京市委办公厅. 专家谈话记要（三五一）［Z］. 关于公共交通规划方面的谈话纪要，北京市城市建设档案馆，档号：C3-00096-2.1955.

图 12-2 北京铁路枢纽规划示
意图（草案，1956 年）
资料来源：铁道部. 铁道部 1956
年对北京铁路方案的建议［Z］. 北
京市城市建设档案馆，档号：C1-
48-1.1956.

若环线采取香山前这方案，在初期便可以拆除西直门到五路车站一段和西便门到西站一段线路，这是有利于城市向西发展的；西部环线并不打算破坏风景区，这可用跨线桥和电气化处理，总之，我们不要得出对铁路没好处、对西部游览的人也没好处的结论。"①

1956 年 1 月 12 日，道路组向专家组组长勃得列夫汇报铁路、公路规划问题，关于"环线的西北部分，专家很不同意走香山前面"。勃得列夫指出："不能单纯从经济上考虑，还要考虑美观，这一带自然条件很美，放上铁路不太好。在苏联，铁路两旁都是些工厂、仓库等。""应该考虑走山后方案，至于风景区交通则可用市内交通解决，铁路走山后可以做隧道"，"如果不修环线，在西北部用加强京门支线来代替，这样也比环路走香山前的方案好。"②

1 月 14 日，道路组和交通组向勃得列夫汇报道路交通规划工作，期间"由郑祖武同志汇报了铁道部吕正操副部长对于北京铁路枢纽规划的意见""铁道部准备设立三个旅客站③""关于铁路环线因较复杂需

---

① 中共北京市委办公厅. 专家谈话记要（三五一）［Z］. 关于公共交通规划方面的谈话纪要，北京市城市建设档案馆，档号：C3-00096-2.1955.
② 中共北京市委办公厅. 专家谈话记要（三五七）［Z］. 关于道路、铁路、公路规划方面的谈话纪要. 北京市城市建设档案馆，档号：C3-00095-1.1956.
③ 即："（1）东车站移到东便门外去，成为新的旅客站；（2）扩建广安门车站为旅客站；（3）保留西直门车站为旅客站。"

图 12-3　勃得列夫和兹米耶夫斯基在北京西郊考察铁路和道路情况（1956 年春）

注：左上图中左 1 及其他 3 图中左 2 为勃得列夫，左上图中右 1 及其他 3 图中左 1 为兹米耶夫斯基。

资料来源：郑天翔家属提供。

再研究，没有决定"①。勃得列夫"听到这些意见后，非常高兴"。"他说：应该把这情况告诉第二组，把这些讨论一下，画在总图上。""专家又说：要把第二组画的铁路环线方案交给铁道部看一看，因为我们的方案与他们的不一样，铁路的环线不要在老丰台镇以内，因为这样会影响铁路直径的通过能力，同时在防空上也不好。"②

12.1.3　对城市规划原则的坚守

1956 年 1 月 27 日，勃得列夫、兹米耶夫斯基及斯米尔诺夫共同听取道路组关于铁路枢纽规划方案的汇报。勃得列夫在发言中再次强调："环线西北部的山后并不是不可能通过，走山的前面，这是违反城市规划原则的。走山后对国防有好处，京门支线作为环线一部分是不好的，对附近居民有很大影响，另外环线与京包路接轨的地方解决得不好，现在是利用了一段京包线作环线，而增加了它的负担；在苏联，环线与直径线相交时，均采用立［体］交叉。"③（图 12-3）

4 月 2 日，勃得列夫和兹米耶夫斯基听取铁路规划方案汇报（图 12-4），勃专家指出："总的说我们

---

① 中共北京市委办公厅. 专家谈话记要（三五六）［Z］. 关于道路、铁路、公路规划方面的谈话纪要. 北京市城市建设档案馆，档号：C3-00095-1. 1956.

② 同上.

③ 中共北京市委办公厅. 专家谈话记要（三七〇）［Z］. 关于道路、铁路、公路规划方面的谈话纪要. 北京市城市建设档案馆，档号：C3-00095-1. 1956.

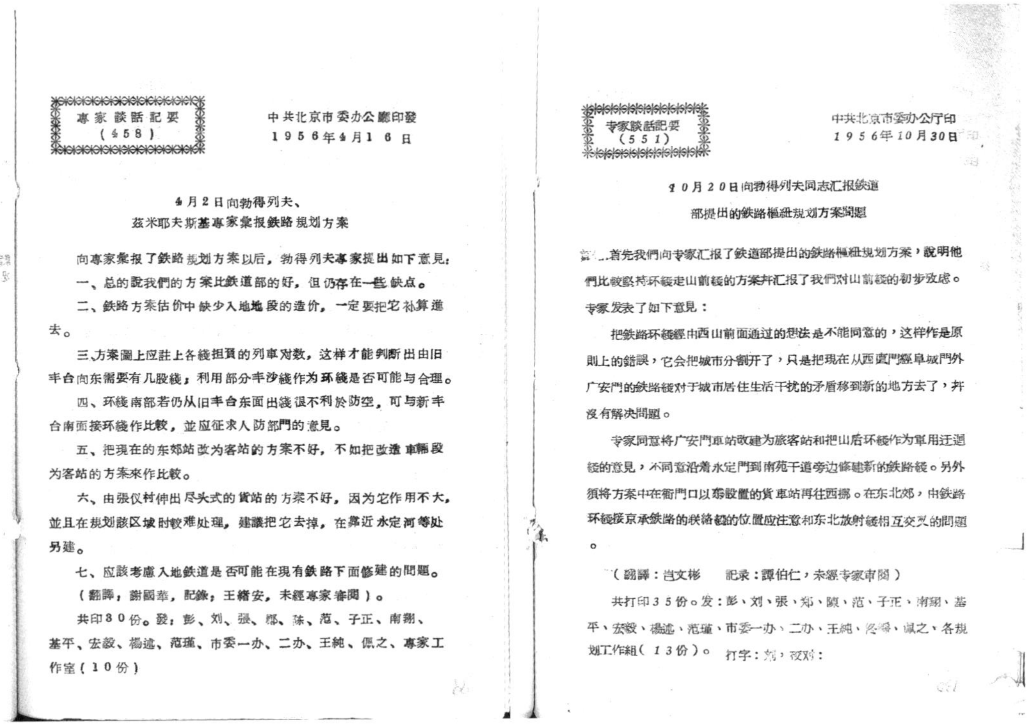
專家談話記要
（458）
中共北京市委办公廳印發
1956年4月16日

4月2日向勃得列夫、
茲米耶夫斯基專家彙报鉄路規划方案

向專家彙报了鉄路規划方案以后，勃得列夫專家提出如下意見：
一、总的說我們的方案比鉄道部的好，但仍存在一些缺点。
二、鉄路方案估价中缺少入地地段的造价，一定要把它补算進去。
三、方案圖上应註上各綫担負的列車对数，这样才能判断出由旧丰台向东需要有几股綫；利用部分丰沙綫作为环綫是否可能与合理。
四、环綫南部若仍从旧丰台东面出綫很不利於防空，可与新丰台南面接环綫作比較，並应征求人防部門的意見。
五、把現在的东郊站改为客站的方案不好，不如把改進車輛段为客站的方案來作比較。
六、由張仪村伸出尽头式的貨站的方案不好，因为它作用不大，並且在規划區区时較难处理，建議把它去掉，在靠近永定河等处另建。
七、应該考慮入地鉄道是否可能在現有鉄路下面修建的問題。
（翻譯：謝國華，記錄：王緒安，未經專家審閱）。
共印30份。發：彭、刘、張、鄭、陈、范、子正、南翔、基平、宏毅、福遠、范瑾、市委一办、二办、王純、佩之、專家工作室（10份）

专家談話記要
（551）
中共北京市委办公厅印
1956年10月30日

10月20日向勃得列夫同志汇报鉄道
部提出的鉄路樞紐规划方案問題

首先我們向专家汇报了鉄道部提出的鉄路樞紐規划方案，說明他們比較堅持环綫走山前綫的方案并汇报了我們对山前綫的初步考慮。
专家发表了如下意見：
把鉄路环綫經由西山前面通过的想法是不能同意的，这样作是原則上的錯誤，它会把城市分割开了，只是把現在从西直門經阜成門外广安門的鉄路綫对于城市居住生活干扰的矛盾移到新的地方去了，并没有解决問題。
专家同意将广安門車站改建为旅客站和把山后环綫作为軍用迂迴綫的意見，不同意沿着永定門到南苑干道旁边修建新的鉄路綫。另外須将方案中在衙門口以东設置的貨車站再往西挪。在东北郊，由鉄路环綫接京承鉄路的联絡綫的位置应注意和东北放射綫相互交叉的問題。
（翻譯：閆文彬　記录：譚伯仁，未經专家审閱）
共打印35份。发：彭、刘、張、郑、陳、范、子正、南翔、基平、宏毅、福远、范瑾、市委一办、二办、王純、佩之、各規划工作組（13份）。打字：　校对：

图 12–4　勃得列夫和兹米耶夫斯基关于北京铁路规划意见的两次谈话记录（1956 年 4 月 2 日和 10 月 20 日）
资料来源：中共北京市委办公厅．专家谈话记要（458、551）[Z]．关于道路、铁路、公路规划方面的谈话纪要，北京市城市建设档案馆，档号：C3-00095-1．1956：99，130.

的方案比铁道部的好，但仍存在一些缺点。”“铁路方案估价中缺少入地地段的造价，一定要把它补算进去。”“方案图上应注上各线担负的列车对数，这样才能判断出由旧丰台向东需要有几股线；利用部分丰沙线作为环线是否可能与合理。”“环线南部若仍从旧丰台东面出线，很不利于防空，可与新丰台南面接环线做比较，并应征求人防部门的意见。”①

10 月 20 日，规划人员向勃专家汇报铁道部提出的铁路枢纽规划方案，“说明他们比较坚持环线走山前线的方案”，勃专家谈话指出：“把铁路环线经由西山前面通过的想法是不能同意的，这样做是原则上的错误，它会把城市分割开了，只是把现在从西直门经阜成门外、广安门的铁路线对于城市居住生活干扰的矛盾移到新的地方去了，并没有解决问题。”②

通过这一案例我们了解到，在 1950 年代，铁路分割城市的问题，不仅在武汉和兰州等一些重点工业城市的初步规划中存在，在首都北京的城市规划工作中也同样存在，并且很难加以解决。铁道部门和规划部门在此问题上存在明显的分歧，前者主要是从铁路建设工程技术经济的角度考虑，而规划部门则主要立足于城市的长远发展及整体利益。在此问题上，尽管与铁路部门的沟通和交流相当困难，但第三批苏联规

① 中共北京市委办公厅．专家谈话记要（458）[Z]．关于道路、铁路、公路规划方面的谈话纪要，北京市城市建设档案馆，档号：C3-00095-1. 1956.（中共北京市委办公厅编印的《专家谈话记要》的编号，早期采用中文数字，大约自第 400 期开始采用阿拉伯数字，并不完全统一，譬如本条资料来源即为第 458 期。）

② 中共北京市委办公厅．专家谈话记要（551）[Z]．关于道路、铁路、公路规划方面的谈话纪要，北京市城市建设档案馆，档号：C3-00095-1. 1956.

划专家一直寸步不让，并积极寻求规划设计层面的优化解决途径，体现出城市规划工作者对重要城市规划原则的坚持和恪守。同时还要指出的是，就此问题而言，北京规委会和北京市有关领导的一些认识与苏联专家的意见是完全一致的，这也是规划部门得以长期坚持规划原则的一个关键的原因。[①]

史料表明，关于北京西北郊铁路环线问题，一直到 1958 年 9 月（第三批苏联规划专家已回国）时，仍然悬而未决，但规划部门仍坚持走山后线，1958 年 9 月版北京市总体规划方案图中也有明确的表述[②]（参见第 17 章有关内容）。1959 年，规划工作者又提出过一个"山中线"[③]设计方案，在 1959 年 9 月版北京市总体规划方案图中，山后线与山中线并列表示[④]。1960 年铁道部门修订北京铁路枢纽总布置图时，将"山前线"方案与"山中线"方案并列。1969 年珍宝岛事件等发生后，出于"平战结合"的战备思想，北京西北部地区铁路环线工程于 1970 年正式启动，铁道部门征求规划部门意见，规划部门仍不同意山前方案，设计部门遂又提出改线在山后地区的东、中、西三个比较选线，并最终确定为西线方案（即今阳坊、沙河方案）。

"回顾这段历史过程，是'文革'和当时的战备形势，促使了这个问题闪电般画上了句号。"[⑤]

12.2　关于城市空间设计——以长安街道路宽度问题为例

在北京的城市空间结构中，东西长安街是与南北中轴线并列的重要城市轴线。作为新中国举办历次国庆阅兵等重要政治活动的场所，长安街被誉为"神州第一街"，是展示国家形象的重要城市空间。长安街的一个显著特点，即"世界上最宽与最长的著名大街之一"[⑥]，特别是其宽度，备受各方面的关注，而它正是在 1950 年代城市总体规划制订工作的过程中确定下来的。那么，早年苏联专家的技术援助活动中，对长安街的宽度问题是何种态度和倾向？后来又是如何决策的？

12.2.1　长安街的历史沿革及早期规划中对长安街宽度的考虑

长安街最早是元大都南城墙内的顺城街，明永乐十七年（1419 年）进行改造并取名为长安街。明清时期，长安街东起东单，西至西单，中间因为有天安门前的 T 形宫廷广场的阻隔而并不能贯通（图 12-5），分界点即东、西三座门（图 12-6）。1911 年辛亥革命后，受西方市政建设思想等的影响，北洋政府于 1912 年拆除了长安左门和长安右门边的红墙，东西长安街得以贯通。

① 王绪安 2020 年 9 月 9 日对本书征求意见稿的审阅意见。
② 张凤岐 2020 年 10 月 20 日对本书征求意见稿的审阅意见。
③ 该方案自三家店站南端出线，然后再转约 310°，在五里坨以东，用 8 公里的隧道，直穿白家疃，再引入沙河南端。该方案纵坡较缓（山后方案纵坡 20‰），达到了与环境统一的标准，但长隧道紧连着 20 多米高的特大桥，工程艰巨。
④ 张凤岐 2020 年 10 月 20 日对本书征求意见稿的审阅意见。
⑤ 王绪安. 铁路环线西北部规划位置的确定 [R] // 北京市规划委员会，北京城市规划学会. 岁月回响：首都城市规划事业 60 年纪事（1949—2009）（上）. 2009：277.
⑥ 《北京规划建设》编辑部. 长安街及其延长线：63 公里江山图 [J]. 北京规划建设，2019（5）：1.

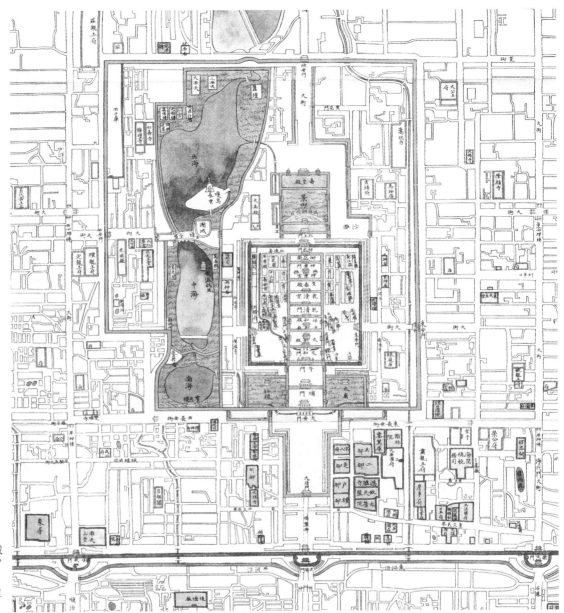

图 12-5 清朝时北京城的城
市空间——"北京地里全图"
局部（周培春绘，1865 年）

资料来源：周培春. 北京地里
全图［R］. 1865.

图 12-6 北京长安街上原有的东三座门（长安左门，1950 年，左）及西三座门（长安右门，1952 年，右）

注：所谓"三座门"是"三座随墙门"的简称。在天安门前原千步廊的左右端和最南端，分别各有一座皇城城门，规制为单檐歇山式黄琉璃瓦顶红墙三券洞门，面向左边的为长安左门，面向右边的为长安右门，两者是皇城通往内城东西部的主要通道，明清时文武百官上朝多是渠道东西三座门，并需下马步行而入。

资料来源：北京市城市规划设计研究院. 北京旧城［M］. 北京：北京燕山出版社，2003：104.

1937 年日本侵略者占领北京后，在东西长安街所对应的内城东、西城墙处各打开一个豁口，从而与城外取得了相对便捷的交通联系。不过，当时在西单以西至城墙和东单以东至城墙的地段并没有修建新的街道，只不过是利用原有较窄（宽度 10 米左右）的小胡同可以直接出城而已。

1949 年首批苏联市政专家团援京期间，巴兰尼克夫曾提出分三批推进行政房屋的建设、精心规划设计长安街的建议，关于街道宽度的表述是"由东单，到府右街的一段，能成为长三公里宽三〇公尺的很美丽的大街，两旁栽植由一三公尺到二〇公尺宽的树林，树林旁边是行人便道"[①]（详见第 2 章）。长安街的道路红线宽度合计为 60 米左右。

1953—1954 年畅观楼小组在规划工作的过程中，进一步提出了对长安街进行拓宽改造的设想。中共北京市委于 1953 年 12 月向中央呈报的规划文件中指出："长安街从东单到西单，宽一百至一百二十公尺，其中从南池子到南长街一段，宽一百至一百五十公尺，这样，两个半小时内可通过游行的群众一百二十万人。"[②]1954 年 10 月再次呈报修改后的规划文件时，关于长安街宽度的表述略有调整："长安街从东单到西单，宽一百一十二至一百二十公尺，但这个宽度是否适宜，还可进一步研究。"[③]

值得注意的是，这两份文件中关于长安街宽度的表述，都只是限于"从东单到西单"的这一路段。观察 1953 年 11 月底绘制的道路宽度图，天安门广场前最核心的路段，宽度为 150 米；天安门广场左右两侧至东单、西单的两段为 120 米；西单以西和东单以东的路段，宽度均为 100 米（图 12-7）。

史料表明，这样一个道路宽度方案，主要是北京市有关领导的意见，指导畅观楼小组规划工作的巴拉金其实并不赞同。巴拉金认为，若把东西长安街"展宽到一百公尺以上……实在可怕"，他的依据部分来自苏联高尔基大街的经验，其最宽处也只不过 61 米左右。[④]

1955 年第三批苏联规划专家来京后，长安街扩宽改造一事被提到议事日程。"复兴门至西单一段，考虑在今年拆房，明年修路，西长安街北侧邮电部要盖楼房，西单至复兴门一段也可能盖楼房；另外在府前街、东西三座门大街、东长安街要铺装步道，所以需要研究这条路的红线问题"[⑤]（图 12-8、图 12-9）。

① 巴兰尼克夫. 苏联专家［巴］兰呢［尼］克夫关于北京市将来发展计划的报告［Z］. 岂文彬，译. 北京市档案馆，档号：001-009-00056. 1949：7-8.
② 中共北京市委. 市委关于改建与扩建北京市规划草案的说明［R］. 中共北京市委政策研究室. 中国共产党北京市委员会重要文件汇编（一九五三年）. 1954：52-59.
③ 中共北京市委. 市委关于改建与扩建北京市规划草案的说明（1954 年 9 月修改重印）［R］. 中共北京市委政策研究室. 中国共产党北京市委员会重要文件汇编（一九五四年下半年）. 1955：108-115.
④ 巴拉金. 巴拉金专家对道路宽度和分期建设等问题的意见［Z］. 北京市都市计划委员会档案. 1953. 转引自：洪长泰. 空间与政治：扩建天安门广场［J］. 冷战国际史研究，2007（10）：138-172.
⑤ 北京规委会规划人员向苏联专家的情况汇报. 资料来源：中共北京市委办公厅. 专家谈话记要（二一八）［Z］. 关于道路、铁路、公路规划方面的谈话纪要，北京市城市建设档案馆，档号：C3-00095-1. 1955.

图 12-7 "北京市规划草图——
道路宽度"局部放大（1953 年 11
月 27 日）

资料来源：畅观楼规划小组. 北京市
规划草图——道路宽度［Z］. 北京市
城市建设档案馆，档号：C1-47-1.
1953.

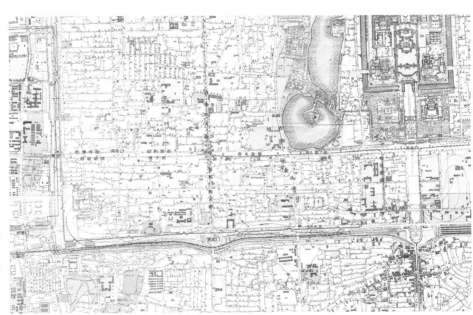

图 12-8 天安门至复兴门地区现
状图（1955 年 12 月）

资料来源：北京规委会. 北京市城
区地形图［Z］. 中国城市规划设计
研究院档案室，档号：0283、0284、
0285、0288. 1955.

图 12-9 复兴门内旧刑部街（左，从西单路口向西拍摄，1954 年）和复兴门门洞（右，1954 年）

资料来源：北京市城市规划设计研究院. 北京旧城［M］. 北京：北京燕山出版社，2003：107-108.

12.2.2　第三批苏联专家对长安街红线宽度的意见

1955 年 10 月 13 日，北京规委会总图组和交通组的规划人员向规划专家勃得列夫和兹米耶夫斯基汇报铁路规划和东西长安街的红线问题。听取规划人员汇报后，勃得列夫发表谈话："我同兹米耶夫斯基 [①] 专家研究过，西单至复兴门段考虑按原规划宽度保留，但中线位置要重新 [②] 考虑，原先提的方案在闹市口有个折点，应该取消，使城里与城外部分顺直。"这次谈话时，勃得列夫同时指出："拆房和红线没有矛盾，拆房范围是在旧刑部街、卧佛寺街和报子街、邱祖胡同中间，原来提的方案中，有一个方案在中间保留一部分房子，在卧佛寺街北侧拆一部分房子，这样处理不好。"经会议讨论研究，决定"关于道路施工断面，先由市政设计院提出方案送来，专家审核" [③]。

11 月 18 日，规划人员向勃得列夫汇报公路网规划草案及长安街红线问题。这次汇报时，规划人员对东西长安街的红线提了两个方案，"一个是一百二十公尺的修改方案，另一个是根据专家的要求做了一个一百公尺的方案" [④]。显然，勃得列夫主张长安街的宽度控制在 100 米，这与巴拉金的观点大致相同。

这次汇报讨论的 120 米修改方案，与 1953 年方案的区别主要是"从府右街至西单一段北面的红线往后退了约十公尺（也就是中南海西边的红线与中南海东边的现有红墙齐平），相应的西单至复兴门的红线也较原方案后退了十几公尺"。"这样做的好处：第一期道路工程的中线大致与永久中线相符合，近期与远期可以结合，而且西单至复兴门的第一期修的道路与西单以东、复兴门以西，拉成一条直线；同时今年修的西长安街也大致与永久断面符合。至于中南海突出十几公尺，因其东面也是突出那么多，因此并不显得难看。" [⑤]

勃得列夫听取汇报后，表示"对这样的修改方案基本同意"；"但是对于宽度，他仍主张不超过一百公尺"。"他说，我不是主人，这个问题由市人民委员会决定。""另外他同兹米耶夫斯基 [⑥] 专家研究过，他们的意见：全国总工会的建筑最好不要动，他要求我们派一个绘图员帮助他绘制一个全总不移动的方案。"当时由规划人员"拟的断面，中间一个车行道宽五十公尺，两边有林荫道和人行道"；"专家的意见中间三十五公尺车行道，两旁各有六公尺自行车道"；"这个问题还需要继续研究"。 [⑦]

---

① 原稿中译名为"兹米也夫斯基"。
② 原稿为"从新"。
③ 中共北京市委办公厅. 专家谈话记要（二一八）[Z]. 关于道路、铁路、公路规划方面的谈话纪要，北京市城市建设档案馆，档号：C3-00095-1. 1955.
④ 中共北京市委办公厅. 专家谈话记要（二六一）[Z]. 关于道路、铁路、公路规划方面的谈话纪要，北京市城市建设档案馆，档号：C3-00095-1. 1955.
⑤ 同上.
⑥ 原稿中译名为"兹米也夫斯基"。
⑦ 中共北京市委办公厅. 专家谈话记要（二六一）[Z]. 关于道路、铁路、公路规划方面的谈话纪要，北京市城市建设档案馆，档号：C3-00095-1. 1955.

12.2.3 关于长安街宽度的 4 个比选方案

　　1956 年 1 月 14 日，道路组向规划专家勃得列夫汇报复兴门到天安门之间红线设计的 4 个方案："第一方案：即一九五三年方案。西单以东一二〇公尺宽、西单以西一〇〇公尺宽"；"第二方案：即专家建议的方案。一〇〇公尺宽"；"第三方案：为第一与第二方案的折中方案。西单以东一二〇公尺宽、西单以西一〇〇公尺宽"，道路中心线在第一方案的道路中心线以北；"第四方案：中心线与第三方案同，只是西单以东为一〇〇公尺宽。"[1] 4 个方案的拆房数量和费用等如表 12-1、表 12-2 所示。

天安门至复兴门拆房与路面改建费用统计表　　　　　　　　　　　　　　　　　　表 12-1

项目	方案	第 1 方案	第 2 方案	第 3 方案	第 4 方案
拆房	数量 / 间	7 725	6 200	7 536	7 132
	费用 / 元	9 939 450	7 818 400	9 648 600	9 124 050
西单至复兴门间路面改建费用 / 元		519 000	0	112 500	112 500

　　资料来源：中共北京市委办公厅. 专家谈话记要（三五六）[Z]. 关于道路、铁路、公路规划方面的谈话纪要. 北京市城市建设档案馆，档号：C3-00095-1. 1956.

西单至复兴门拆房与路面改建费用统计表　　　　　　　　　　　　　　　　　　表 12-2

项目	方案	第 1 方案	第 2 方案	第 3 方案	第 4 方案
拆房	数量 / 间	4 495	4 501	4 599	4 599
	费用 / 元	5 844 150	5 738 100	5 934 850	5 934 850
路面改建费用 / 元		519 000	0	112 500	112 500

　　注：西单至复兴门间，1956 年修的道路中心线只有第 2 方案与永久中心线一致，其他方案均不一致，以后需调整路拱，再行改建，改建费用如表所列（第 2 方案因以后不需改建，故费用为"0"）。

　　资料来源：中共北京市委办公厅. 专家谈话记要（三五六）[Z]. 关于道路、铁路、公路规划方面的谈话纪要. 北京市城市建设档案馆，档号：C3-00095-1. 1956.

　　听取了 4 个方案的汇报后，勃得列夫指出："如果只从一九五六年拆房的观点上看（考虑一九五六年沿街道北侧建房）第四方案是好一些，但是，复兴门至西单间一九五六年修的道路中心与永久车行道中心不符，以后再要改建，这样非常不好。路面不能一次修好、老要改变，人们会问：城市建设工作在干什么呢？应该把路面一次做好。在第二方案中，一九五六年修路的中心线与永久车行道中心线一致，一次就把路面搞好了。"[2]

　　对于在复兴门至西单间，旧刑部街、卧佛寺街以北至街道北边红线的房屋数字，第二方案要较第四方

---

①　中共北京市委办公厅. 专家谈话记要（三五六）[Z]. 关于道路、铁路、公路规划方面的谈话纪要. 北京市城市建设档案馆，档号：C3-00095-1. 1956.

②　同上.

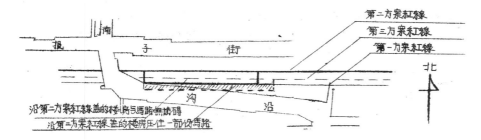

图 12-10　长安街自复兴门到天
安门之间红线方案示意图
资料来源：中共北京市委办公厅. 专
家谈话记要（三五六）[Z]. 关于道
路、铁路、公路规划方面的谈话纪
要. 北京市城市建设档案馆，档号：
C3-00095-1.1956.

案的问题多一些，勃得列夫说："应该把眼光放得远一些。
因为在北边多些，在南边就会少一些。"①

　　勃得列夫表达了对第二方案和第四方案较为赞同的倾
向性意见："可以根据第二、第四两方案进行讨论。我赞成
第二方案，但对第四方案也喜欢。因为红线很顺。""我们
再争论争论吧！"勃得列夫还谈道："我再为第二方案说个
优点：在南沟沿与报子街平行的一段路上，如果沿南边红
线②建筑楼房时，在第一方案中，楼要盖在南沟沿这一段马
路上（并压住了旧沟），第三、四方案，楼也有一部分盖
在马路上，但在第二方案中，盖楼就对马路没有妨碍了。"
（图 12-10）

　　这次谈话的最后，勃得列夫要求规划人员"赶快将材
料整理好，以便报请市委及市人民委员会审查、讨论"③。

　　1956 年 2 月 9 日，北京市城市规划管理局局长冯佩之
与规划专家勃得列夫（图 12-11）和兹米耶夫斯基讨论西长
安街红线及 12 年道路发展规划方案。"首先由冯佩之同志
说：关于西长安街的宽度问题，彭真市长曾经在一九五三
年北京市各界人民代表会上讲过是一百二十公尺。所以现
在不好一下子决定，须再请示彭真市长。我们准备将所做

图 12-11　苏联规划专家勃得列夫与北京市城市规划
管理局局长冯佩之交谈中
注：1957 年 11 月 7 日庆祝"十月革命"四十周年联欢会
期间所摄。
左起：岂文彬（翻译）、勃得列夫、冯佩之。
资料来源：郑天翔家属提供。

---

① 中共北京市委办公厅. 专家谈话记要（三五六）[Z]. 关于道路、铁路、公路规划方面的谈话纪要. 北京市城市建设档案馆，档号：C3-
　00095-1.1956.
② 原稿中此处为"沿门南边红线"。
③ 中共北京市委办公厅. 专家谈话记要（三五六）[Z]. 关于道路、铁路、公路规划方面的谈话纪要. 北京市城市建设档案馆，档号：C3-
　00095-1.1956.

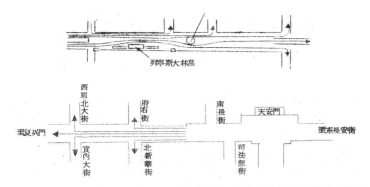

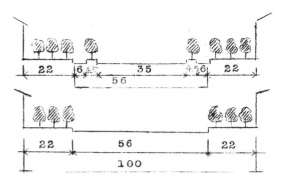

图12-12　莫斯科红场（上）及天安门广场（下）游行队伍疏散路线示意图
资料来源：中共北京市委办公厅．专家谈话记要（三九一）[Z]．关于道路、铁路、公路规划方面的谈话纪要，北京市城市建设档案馆，档号：C3-00095-1.1956.

图12-13　自行车道和绿化带改建车行道示意图
资料来源：中共北京市委办公厅．专家谈话记要（三九一）[Z]．关于道路、铁路、公路规划方面的谈话纪要，北京市城市建设档案馆，档号：C3-00095-1.1956.

的四个方案都提交市委讨论。"[①]

　　勃得列夫表示："根据这四个方案，就要选择其中最经济的方案。对新中国来说，经济问题是很重要的，应该注意节约。一二百万元也应该节约。"对于不同路段采用不同宽度的做法，勃得列夫很难理解："一条街道的车行道宽度应该是一样宽的。既然车行道一样宽，为什么街道宽度不一样呢？如果西长安街要采用一百二十公尺宽，那么街道横断面也不一样，车行道应该加宽，以便和总的街道宽度相适应。"[②]

　　群众游行是长安街的一项重要功能，这次谈话时，勃得列夫介绍了莫斯科红场游行队伍的疏散路线，并提出了北京天安门广场游行队伍的疏散路线（图12-12）。勃得列夫指出："莫斯科游行队伍有五个出口，北京和莫斯科相似，也有五个出口"；"人最多的地方不是在西长安街，而是在府右街以东。"他强调说："要提醒你们注意：车行道的中心不要今年修完了，过两年又要变更。尽量要使车行道的施工中心与永久中心一致。因为变更路面中心，需再度断绝交通，对居民很不方便。"[③]

　　关于长安街的横断面设计，勃得列夫指出："对于街道的横断面，也应有个明确的概念，我看第一期车行道的宽度三十五公尺就足够了。另外北京有很多自行车，因此就应该把自行车道单独划出来。北京现在的街道上，自行车、汽车混杂在一起，比较混乱，虽然有'白线'限制也容易乱。西方的许多国家，也有专用的自行车道。并且这样的断面以后也很容易变成五十公尺一块板（图12-13），以后将汽车车行道与自行车道间的绿地，即可变为一块大的车行道。""另外，我还担心五十公尺宽的车行道中间部分的照明

---

① 中共北京市委办公厅．专家谈话记要（三九一）[Z]．关于道路、铁路、公路规划方面的谈话纪要，北京市城市建设档案馆，档号：C3-00095-1.1956.
② 同上．
③ 同上．

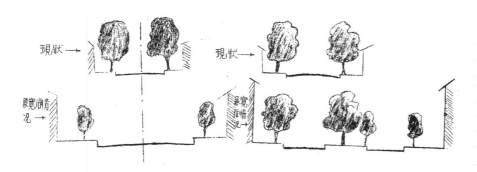

图 12-14 道路横断面"一块板"和"两块板"形式对现状绿化的利用对比

注：左图系旧路展宽成"一块板"，需把现在生长得很好的树木拔掉，新栽的小树不能把街道绿化起来。右图为采用"两块板"形式，原来旧路不动，可以保留原有树木。

资料来源：中共北京市委办公厅. 专家谈话记要（451）[Z]. 关于道路、铁路、公路规划方面的谈话纪要，北京市城市建设档案馆，档号：C3-00095-1. 1956.

情况不好。所以斯米尔诺夫专家曾说应该很好考虑街道横断面方式和照明问题。"[1]

听了苏联专家的意见之后，冯佩之局长表示："我们把专家的意见都反映给彭真市长。原来考虑的一百二十公尺宽度，也没有仔细研究。根据专家意见，其中有好些地方不合理，如第一期施工的车行道中心与永久中心不一致等。""兹专家说，除了我们的意见外，还要把每个方案的优缺点讲给市长听。市长是了解全盘的，只要我们把各方面意见都告诉他。他就会全盘地考虑的。""勃专家说：不要只给市长讲数字，还要给他解释清楚。"[2]

12.2.4 中共北京市委讨论的意见

1956 年 2 月 9 日的会议结束后，中共北京市委听取了长安街改建红线设计方案的汇报。3 月 7 日，北京规委会的规划人员向规划专家勃得列夫、兹米耶夫斯基和电气交通专家斯米尔诺夫汇报了有关情况。"郑祖武同志[3]首先将市委对西长安街定线的要求向专家作了说明，随之，汇报了新作的第五、六方案。"[4]

听取了汇报后，勃得列夫表示"市委的要求应该满足"，"我同意最经济的方案即第五方案。""其他两位专家同意专家组长的意见。"兹米耶夫斯基指出："第六方案较第五方案在中南海前面只多 5 公尺，这是没有什么意义的，在这里不必要做两个方案，有一个方案就够了。"[5]

在红线设计方案已经定案的情况下，三位专家在 1956 年 3 月 7 日的会议中重点对长安街改建的道路横断面设计和分期建设等具体问题进行了指导。

关于横断面设计，勃得列夫指出："全市性干线的车行道宽度 35 公尺就足够了（斯专家也同意），对于断面形式，'两块板'（中间有隔离带）的较好。"他建议："考虑到地方的气候条件，多种些树木好，中间的隔离带上应种上乔木或灌木丛。如果要采用'一块板'的形式在改建时就要把现在生长得很好的树木都要拔掉，如果采用'两块板'就不用拔掉树木了（图 12-14），拔掉大树、种了些小树，街道是不能在近期被绿化起来的。"

---

① 中共北京市委办公厅. 专家谈话记要（三九一）[Z]. 关于道路、铁路、公路规划方面的谈话纪要，北京市城市建设档案馆，档号：C3-00095-1. 1956.
② 同上.
③ 北京市都市规划委员会道路组组长。
④ 中共北京市委办公厅. 专家谈话记要（451）[Z]. 关于道路、铁路、公路规划方面的谈话纪要，北京市城市建设档案馆，档号：C3-00095-1. 1956.
⑤ 同上.

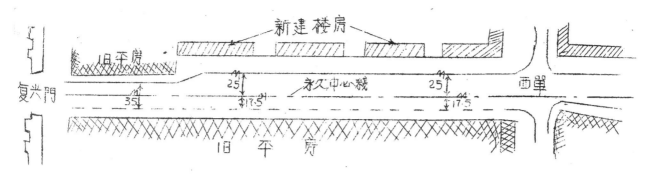

图 12-15　勃得列夫对长安街拓宽 1956 年度道路工程实施步骤的建议

勃得列夫建议："车行道的北半部在今年建房区域都要按规划位置做好。车行道的南半部可安设临时道牙，以后再往南展宽成为 50 公尺宽的车行道。关于复兴门内路北的用地，现在还没有拨出去，最好能将它也拨出去，这样车行道的北半部可全线按永久位置做好，如果拨不出去，在这段的道牙边可做成临时的。以后再向北移。"

资料来源：中共北京市委办公厅. 专家谈话记要（451）[Z]. 关于道路、铁路、公路规划方面的谈话纪要，北京市城市建设档案馆，档号：C3-00095-1. 1956.

在谈话中，苏联专家对自行车道相当关注。斯米尔诺夫指出："自行车道不应该和机动车道混杂在一起，不然骑自行车的人是很危险的（专家们比喻骑车的人为候补死人）。"勃得列夫指出："人行道上能种四五排树，很不错，这样可形成林荫路，中间可行人又可停车。像现在中南海东，二十八中学前面有 5 排树，绿荫很浓，炎夏时，行人走在里边很凉快，停的汽车也不致被烈日所晒，这样对于房屋也是很好的保护，从卫生的观点上看，对于行人等也是有好处的，这样断面的优点应该将它发扬。另外，50 公尺宽的车行道上应有安全岛，以便行人过街，我希望你们不要忘掉行人。"[①]

兹米耶夫斯基指出："不但要考虑自行车与无轨电车，也要考虑行人和自行车的矛盾，所以应把自行车道设计成为单独路基。根据欧洲和其他城市的经验，自行车将要保留一个很长的时间。我们要为它创造一个方便的行车条件。如若不能取消时，可以考虑限定一些街道上不准其通行，让它走平行的街道上去。""三位专家都认为自行车道的设计是个问题，应该再做研究。"[②]

对于 1956 年度的道路工程，勃得列夫还提出了分步骤落实红线设计要求的具体方案（图 12-15）。

12.2.5　红线宽度定案

在上述 1956 年 3 月 7 日的会议记录中，并没有记载中共北京市委对长安街宽度的讨论结果。据北京规委会 1956 年 9 月完成的《北京市远景规划初步方案说明（草案）》，"东西长安街、前门大街和地安门大街都是首都主要的干道，将要展宽到一百到一百一十公尺，并且向外伸长出去"[③]。1958 年 6 月完成的

---

①　中共北京市委办公厅. 专家谈话记要（451）[Z]. 关于道路、铁路、公路规划方面的谈话纪要，北京市城市建设档案馆，档号：C3-00095-1. 1956.

②　同上.

③　北京规委会. 北京市远景规划初步方案说明（草案）[Z]. 北京市城市建设档案馆，档号：C3-00011-1. 1956.

图 12-16 北京西长安街西段（旧刑部街）展宽后北面正在改建（1958 年）
资料来源：北京市城市规划管理局. 北京在建设中［M］. 北京：北京出版社，1958：109.

《北京城市建设总体规划初步方案的要点》中也是同样的表述。[①] 由此可以推断，中共北京市委对长安街宽度的讨论结果是对原来设想的 120 米有所折中，即 100~110 米（图 12-16、图 12-17）。

长安街改建的大规模施工是 1959 年国庆十周年之时，"东起建国门、西至复兴门的长安街全部拓宽为单幅 35~80 米的大道，最宽处为 112 米，是当时世界上最宽的街道，称作'游行大道'。"[②] 这不仅极大地方便了城市交通，而且使节日游行队伍实现了直线的集结[③]（图 12-18）。

1956 年 10 月 10 日，在中共北京市委常委会会议上，市委主要领导曾发表对北京城市规划问题的重要意见，专门谈论到道路宽度问题：

二、道路

其他国家像伦敦、东京、巴黎、纽约等城市都挤不开，汽车不一定比走路快，莫斯科高尔基大街不挤，有些地方挤得不得了。尤金大使上下班走到存车库，来回取车、存车还没有步行快。这些经验是应该注意的，把这些一总结，经验就出来了。……[④] 道路问题莫斯科也有宽的经验，旧街道窄，交通拥挤得很，高尔基大街就宽一点。红场挤得要死，是没有办法，难道还要红场标准，跟着落后？！

根据伦敦、纽约、巴黎……的经验，莫斯科一部分的经验，道路不能太窄。［19］53 年提出东单、西四至西单的大街宽 90 公尺，就有批评"大马路主义"，说大马路主义就是大马路主义，不要害怕主义，马克思主义不也是主义。道路窄，汽车一点钟走十来公里，精力是个很大的浪费。

将来的危险是马路太窄，而不是太宽。

① 中共北京市委. 北京城市建设总体规划初步方案的要点［Z］. 建筑工程部档案，中国城市规划设计研究院档案室，档号：0323.1958.
② 北京市城市规划设计研究院，等. 长安街及其延长线：一幅 63 公里江山图，是为共和国发展复兴的宏伟画卷［J］. 北京规划建设，2019（5）：4.
③ 张凤岐 2020 年 10 月 20 日与笔者的谈话.
④ 这里省略了部分内容.

图 12-17　北京西长安街鸟瞰（1958 年）

资料来源：北京市城市规划设计研究院. 北京旧城［M］. 北京：北京燕山出版社，2003：105.

图 12-18　国庆十周年前夕的西长安街风貌（1959 年）

注：照片中部建筑为"十大建筑"之一的民族文化宫。

资料来源：建筑工程部建筑科学研究院. 建筑十年：中华人民共和国建国十周年纪念（1949—1959）［R］. 1959. 图片编号：37.

我常说这个故事，一个穷人家的小孩，看到米仓的米，就问妈妈：这用罐头怎么装得下啊！我们也像这个小孩，小里小气的。只看到现在不到一万辆小汽车，根本不想想 50 万、100 万辆［的］时候什么样。终有一天要到 50 万辆车的，直升飞机也要场子。地下铁道专家说："地下铁道走 5 分钟、10 分钟，地上要走一点钟。"90 公尺不是宽了。在座的青年同志，等你们活到 80、90 岁，看看是谁对了，是谁错了，你们来给作结论。

我说要窄马路的是"小城市主义"。

……①

（考虑道路宽度）大前提是城市有多少人？用什么样的交通工具？还有是 8 小时工作，除了睡觉，剩下 8 小时干什么？你们也计划一下。到那个时候，大家都大学毕业了，不业余学习了，没有广场、文娱活动、体育场，你怎么应付？不要"近视眼"，以后工作时间终归会变成 6 小时，甚至 5 小时，那就糟糕了，剩下 10 个小时怎么安排？（刘仁同志说现在陶然亭就挤得不得了）②

亲历长安街宽度问题研究与决策过程的冯佩之曾回忆："在一些具体问题上，如在规划道路的宽度上，我们与苏联专家不是没有分歧的。主要干道东西长安街的宽度，我们规划为 120 米，而苏联专家认为太宽，坚持 80～90 米。天翔同志不便总是亲自出面，就让我以规划管理局的名义去和专家组长勃得列夫谈，并告诉我们最好不要说是天翔同志的意见，以便天翔同志最后解决问题。说来说去，苏联专家还是尊重了我们的意见。""现在想来，市委既尊重了苏联专家，又坚持了中国特点。"③

12.3　关于文化保护和建筑艺术——以城墙存废及"大屋顶"批判问题为例

12.3.1　城墙的存废及利用

在苏联专家组的技术援助活动中，对北京城的历史文化保护（图 12-19）有一定的关注。1955 年 4 月游览陶然亭公园时，"兹米耶夫斯基④专家看到从中南海搬到陶然亭去的建筑物（中南海的清音阁和云绘楼），并听我们说以'拆、迁、保'作为处理古文物的办法，他表示这样做是正确的。并说某些有意义、有重大价值的牌楼，如在原地不适当，也可设法迁入公园或适当地点"⑤。

作为北京城最显著的文化遗迹，北京的老城墙显然给苏联专家留下了深刻的印象。刚到北京进行实地踏勘时，"勃得列夫专家看到广渠门到广安门一带的城墙有人拆毁取土（华北防司），问我们拆除城墙事

---

① 这里省略了部分内容。
② 北京规委会. 在北京市委常委会上关于城市规划问题的发言［Z］. 北京市档案馆，档号：151-001-00017. 1956.
③ 冯佩之. 继往开来［R］// 北京市规划委员会，北京城市规划学会. 岁月回响：首都城市规划事业 60 年纪事（1949—2009）（上）. 2009：61.
④ 原稿中此处译名为"兹米也夫斯基"。
⑤ 郑天翔，佟铮. 专家组的一些个别反应［Z］. 北京市城市建设档案馆，档号：C3-398-1. 1955：11-14.

图 12-19 规划专家考察北京
潭柘寺（1957 年 11 月）
左起：勃得列夫（左 2）、岂文彬
（左 3）、尤尼娜（右 2）、梁凡初
（右 1）。
资料来源：郑天翔家属提供。

彭市长是否知道？有无决议文件？他说这在苏联是要有决议文件的，如果我们有拆除城墙的决议文件，要求给他看看"①。

不过，翻阅第三批苏联专家援京期间的大量谈话记录档案，其中却几乎没有关于城墙存废问题的意见或建议。显然，北京规划工作者曾经向他们传达过关于城墙存废问题的决议文件和领导指示。

就目前可资查考的档案资料而言，中央曾于 1953 年对城楼存废问题作出过一次明确的指示。1953 年 5 月 4 日，中共北京市委向中央提交关于改善阜成门和朝阳门交通办法的请示报告，报告在对以往西直门和崇文门（图 12-20、图 12-21）保留城楼而在两侧开辟豁口以改善交通的实施情况进行总结②的基础上，提出了两个方案："第一种方案是［按］照西直门的办法，保留城楼，两侧开豁口，拆瓮城两翼，交通取弯道通过。第二种方案是把朝阳门、阜成门城楼及瓮城统统拆掉，交通取直线通过。"中央于同年 5 月 9 日批示如下："五月四日电悉。关于改善北京市阜成门和朝阳门交通办法，同意你们所提之第二方案，即把朝阳门和阜成门的城楼及瓮城均予拆掉，交通取直线通过。在改善上述两地交通的同时，可将东四、西四及帝王庙之牌楼一并拆除。进行此项改善工程时，必须进行一些必要的解释，取得人民的拥护，以克服某些阻力。"③

---

① 郑天翔，佟铮. 专家组的一些个别反应［Z］. 北京市城市建设档案馆，档号：C3-398-1. 1955：11-14.
② 请示报告指出："在制定计划时，我们研究了以往西直门、崇文门保留城楼而在两侧开辟豁口以改善交通的经验，并令建设局在西直门进行调查研究。调查结果证明：西直门由于保留城楼而在两侧开辟豁口的结果，使车辆行人通行时，需经过半径 40 公尺的弯道；转弯时，易出车祸，车辆增加损耗，路面容易损坏，车上乘客互相撞挤，颇为不便。弯路较直路多走五十公尺（单行），对人力的浪费很大。根据建设局于 3 月 15 日（星期日，交通量较平时大）上午六时到下午七时（还不是整日的交通量）在西直门调查交通量的结果：当日通行汽车二八三一辆，行人五六二四五人，大车一五三二辆，自行车、三轮车二四七五〇辆。每车每人多走五十公尺，合计这一天通行的车辆行人比走直线多走的路程共为四千二百七十一公里。仅行人和自行车、三轮车每天多走的路程即为四千零五十一公里，等于从北京到广州往返一次的距离；一年一百四十七万九千公里，等于从北京到莫斯科往返 92 次。浪费是惊人的。"资料来源：中共北京市委. 市委关于改善阜成门、朝阳门交通办法向中央的请示报告［R］// 中共北京市委政策研究室. 中国共产党北京市委员会重要文件汇编（一九五三年）. 1955：43-45.
③ 中共北京市委. 市委关于改善阜成门、朝阳门交通办法向中央的请示报告［R］// 中共北京市委政策研究室. 中国共产党北京市委员会重要文件汇编（一九五三年）. 1955：43-45.

图 12-20　北京西直门旧貌（1956 年）

资料来源：北京市城市规划设计研究院. 北京旧城［M］. 北京：北京燕山出版社，2003：52.

图 12-21　北京崇文门旧貌（1956 年）

资料来源：北京市城市规划设计研究院. 北京旧城［M］. 北京：北京燕山出版社，2003：29.

图 12-22　尤尼娜在经济资料组的同志陪
同下考察北京的老城墙（1956 年）
左起：梁凡初（左 1）、尤尼娜（左 2）。
资料来源：郑天翔家属提供。

　　另外，1953 年 8 月 12 日，中央领导在全国财经工作会议上曾讲话指出："在天安门建立人民英雄纪念碑、拆除北京城墙这些大问题，就是经中央决定，由政府执行的。"①

　　那么，苏联专家对北京城墙存废问题可能是何态度呢？1955 年 8 月 26 日，勃得列夫指导道路组的规划工作时，关于城市东西向轴线在西郊地区的走向，曾询问"新线是否影响烈士公墓？""他要我们再去看一看是否有影响，数一数影响多少棵树，补画一些横断面（因为街道的平填就牵扯到街坊的平填问题）。""在谈到日伪建的'忠烈祠'时，我们说去年曾考虑拆掉，他表示说：房子可以利用，因为拆、运都要花②钱，建筑又要花③钱，他说在莫斯科有五十多座教堂，那也是耻辱啊！现在那些房子都利用啦！（如改作为俱乐部等）。不过这是政策问题，我不能过多表示意见。"④

　　这里谈到的"忠烈祠"，即日本侵占北京时期在西郊八宝山修建的"神社"。这份史料表明，到 1955 年时它尚未被拆除。"忠烈祠"的存废问题，与北京城墙存废问题大致类似。勃得列夫对北京城墙存废问题的态度和倾向，应该与之相同，即"这是政策问题，我不能过多表示意见"。

　　对于北京老城墙（图 12-22），在城市总体规划制订工作的早期，北京规划工作者曾提出过沿城墙开辟城市环路的设想。1955 年 8 月 26 日，道路组向勃得列夫汇报了准备工作情况。勃得列夫表示"这个工

① 毛泽东. 毛泽东选集（第五卷）[M]. 北京：人民出版社，1977：94–95.
② 原稿为"化"。
③ 同上.
④ 中共北京市委办公厅. 专家谈话记要（一六二）[Z]. 关于道路、铁路、公路规划方面的谈话纪要，北京市城市建设档案馆，档号：C3-00095–1. 1955.

作很重要，也很有意思。如有次他从北郊招待所到西郊去，就要从城内绕来绕去"。勃得列夫指出，对这个设想可从两个方面考虑："一是从总图上看，另一是从现实上看，是否有可能花[①]不多的钱就能很便宜地筑成一条路，解决目前的问题。""专家说路线可从两方面选：即：在城内、城外。"[②]

规划人员表示"专家的意见很值得考虑，因为北京城内缺少环路，同时城外没有环路，如筑成这个环路后，就可以减少城内的穿过交通，同时建筑材料的运输也就更方便了，又可以开辟公共交通路线"。勃得列夫回应说："既然这样，那么就应该更好地做这个工作了。"[③]

1956年2月9日，交通专家斯米尔诺夫对规划总图发表意见时则指出："如果城墙不拆除，在城外铺设道路是没有必要的，铺设交通线也是没必要的，因沿城外边居民很少。""如果不拆城墙可以把南、北小街，赵登禹路连接形成一个环，走有轨或无轨都可以。但过早地构成环行路线，条件还不够。"[④]

1956年5月31日，勃得列夫听取滨河路断面设计时提出建议："做一个利用城墙作为公园的方案，两边种上树，在箭楼上放些图书、茶点、咖啡之类，一定也很好。""但后来专家又说：既然决定拆除城墙，这方案就不必做了。"[⑤]

据张凤岐回忆，第三批苏联规划专家1957年离开北京返回苏联时，曾"将（一）城墙存废（不同意拆）、（二）道路宽度问题（太宽了）的意见留在其办公室。"[⑥]这表明，苏联专家一方面尊重中国的有关政策和决定，另一方面也能够坚持自身的学术观点。

12.3.2 建筑的民族形式及"大屋顶"

第三批苏联规划专家来华之初，以1955年3月28日《人民日报》刊发的《反对建筑中的浪费现象》社论（图12-23）为标志，恰逢中国掀起一场以批判"大屋顶"为核心的增产节约运动。针对建筑的民族形式及"大屋顶"等热点问题，苏联专家也多次发表意见和看法。以建筑专家阿谢也夫（图

图12-23　1955年3月28日《人民日报》社论《反对建筑中的浪费现象》
资料来源：反对建筑中的浪费现象［N］. 人民日报，1955-03-28（1）.

---

① 原稿为"化"。
② 中共北京市委办公厅. 专家谈话记要（一六二）［Z］. 关于道路、铁路、公路规划方面的谈话纪要，北京市城市建设档案馆，档号：C3-00095-1. 1955.
③ 同上。
④ 中共北京市委办公厅. 专家谈话记要（411）［Z］. 关于道路、铁路、公路规划方面的谈话纪要，北京市城市建设档案馆，档号：C3-00095-1. 1955.
⑤ 中共北京市委办公厅. 专家谈话记要（515）［Z］. 关于道路、铁路、公路规划方面的谈话纪要，北京市城市建设档案馆，档号：C3-00095-1. 1955.
⑥ 张凤岐2020年10月20日与笔者的谈话及对本书征求意见稿的书面意见。

图 12-24　苏联专家阿谢也夫在三里河等建筑工地考察并指导工作（1956 年）
注：上左图为三里河大型砌块施工现场。
资料来源：郑天翔家属提供。

12-24）为例，1955 年 5 月与北京市设计院的各个设计室座谈时，他曾频繁地谈论到这一问题。

　　5 月 16 日与北京市设计院第一设计室座谈时，阿谢也夫曾提出对"大屋顶"的 3 点看法："一、首先声明不是批评，是提个意见。文化部的工程，民族形式表现在哪里？像这样的平顶房子在苏联及其他国家也可以看得到。二、苏联人、中国人都是人，可是外貌不同，房子也是这样，虽同是房子，但应该有其民族性的外貌。三、人有高的，有矮的，但都戴帽子。盖房子像人穿衣服戴帽子一样。先把衣服穿好，然后戴上帽子，光穿衣服不戴帽子，就像是不完整的物体，也好像一件事情没有完成。文化部工程看来就好像

图12-25　三里河国家计委办公楼旧貌（约1958年）
资料来源：建筑工程部建筑科学研究院．建筑十年：中华人民共和国建国十周年纪念（1949—1959）[R]．1959．图片编号：56．

图12-26　北京市都市规划委员会副主任梁思成与苏联专家交谈中（1957年3月）
左起：梁思成、勃得列夫、岂文彬（翻译）。
资料来源：郑天翔家属提供。

没有完工似的。中国宫殿式大屋顶贵，应该考虑做贱而好的屋顶。"①

5月17日与第二设计室座谈时，阿谢也夫曾谈道：

一、为什么把主要的建筑不摆在城市中心？像三里河那样的建筑应该放到城市的中心区，张开济同志喜欢不喜欢屋顶？"四部一会"主楼为什么不要屋顶？（图12-25）

二、在苏联整个建筑区采用平屋顶的房子很少见，要掌握"快、好、美、经济"的原则，带点屋顶是好看的，没有屋顶就像一个人没有头一样。帝国主义在他的殖民地国家里造的都是他们自己的风格"平屋顶"，平屋顶有很多坏处，如雨水的排除问题不好解决，并且容易裂缝。屋顶不一定搞得很复杂或用琉璃瓦，搞普通的也很好看。我们需要的屋顶应该是便宜、好看、适用，而又建筑起来很快的屋顶。

三、中国民族形式不一定光是"大屋顶"。批评"大屋顶"不好，但一下都抹掉也不好。单纯抄袭古代的帝王宫殿是不好的，历史是发展着的，今天是新的阶段，应该在发展的基础上全面地去考虑，最重要的是保持中国自己特有的传统，这是很重要的，像这些问题都需要我们大家来共同解决。②

这次座谈的最后，"阿谢也夫专家问张开济：梁思成现在在哪里？并说有机会去看梁思成（图12-26）。"③

---

① 中共北京市委办公厅．专家谈话记要（三十七）[Z]．苏联专家组（阿谢也夫）关于建筑设计方面的谈话纪要，北京市城市建设档案馆，档号：C3-00101-1．1955．
② 中共北京市委办公厅．专家谈话记要（三十八）[Z]．苏联专家组（阿谢也夫）关于建筑设计方面的谈话纪要，北京市城市建设档案馆，档号：C3-00101-1．1955．
③ 同上．

图 12-27 北京友谊宾馆（1954
年建成，原为苏联专家招待所，
照片摄于 1959 年前后）
资料来源：建筑工程部建筑科学研究
院. 建筑十年：中华人民共和国建
国十周年纪念（1949—1959）[R].
1959. 图片编号：90.

5 月 18 日与第三设计室座谈时，阿谢也夫又谈道："现在发现中国的建筑家都不喜欢大屋顶，有很多
房子都没有屋顶。地质学院主楼又是没有屋顶，完全是走了另一极端。中国应该建筑中国式的房子，应该
要好、省、又很简单的结构。假使一个人本来漂亮，穿简单朴素的衣服也是很美丽的。相反，本身不漂
亮，那么装饰上花花绿绿也是很难看的。房子的设计也是如此。平屋顶下雨后积水不好排除，为了防止漏
水，只好搞很厚的屋面，花钱也是不少的。"①

5 月 19 日与第四设计室座谈时，阿谢也夫和赵冬日交谈时再次谈到建筑形式问题："平屋顶不好，因
为中国的天气在夏天很热，并且不一定要让学生跑到屋顶上去。同时，屋顶上有许多灰尘，学生在上面玩
也很不卫生，只要下面有绿地，学生下课后自然会跑到绿地上去玩。""假如认为屋顶是需要的话，那么
应该考虑设计花钱少而又好看的屋顶，譬如有一个不美貌的姑娘，即使硬要装饰得很漂亮，结果是不好看
的。而一个本来就很漂亮的姑娘，她虽然不穿好衣服，但也是很美的。因此，建筑师应该考虑设计既简单
又好看的房子，应该设计很美观很经济的标准房子。"②（图 12-27）

5 月 20 日与第五设计室座谈时，阿谢也夫又不厌其烦地谈道："看到国务院的统一建房，一排建筑都
没有屋顶，为什么没有屋顶？在苏联也有平顶的房子，但不是一大片都是平屋顶的，个别的盖一些是可以
的。我们的建筑原则是：适用、经济、美观，建筑师在画每一条线时都要考虑到它的需要，考虑到上述三
个原则。但现在许多房子都没有美观了，整个一排房子没有屋顶，在苏联还没有看到过。如果从房子的一

---

① 中共北京市委办公厅. 专家谈话记要（三十九）[Z]. 苏联专家组（阿谢也夫）关于建筑设计方面的谈话纪要，北京市城市建设档案馆，档号：
C3-00101-1. 1955.
② 中共北京市委办公厅. 专家谈话记要（四十）[Z]. 苏联专家组（阿谢也夫）关于建筑设计方面的谈话纪要，北京市城市建设档案馆，档号：
C3-00101-1. 1955.

图 12-28　阿谢也夫与北京市设计院的专家在一起的留影（1957 年）
左起：陈占祥（左 1）、张镈（左 2）、华揽洪（左 4）、阿谢也夫（左 5）、张开济（左 6）、朱兆雪（右 3）。
资料来源：华新民提供。

角看去，好像吃了炸弹一样，把屋顶炸掉了，假如一个小孩画屋子的话，他一定画一个有屋顶的房子。有屋顶看起来很自然，建筑师设计房子时应该注意到上述的三个原则。美观应该是简单、朴素的，譬如有一个本身不漂亮的姑娘，即便把嘴上擦上口红，戴上红花，结果仍是不好看的。"①

阿谢也夫（图 12-28）指出："今天到各室，主要是了解情况，今后有很长的时间在一起工作，我们不是光来批评某些建筑的，而是把苏联的经验结合中国建筑师的意见共同研究。北京市设计院担负着整个北京市的建设任务，如何作得好，这就需要我们大家来研究。""任何国家的建筑师所作的建筑，都应反映出国家所处时代的特点。中国建筑师应该考虑新内容的民族形式。""摆在中国建筑师面前的任务是艰巨的。"②

显然，大屋顶批判也是政策性较强的一个问题。在当年的时代背景下，阿谢也夫的上述言论，是否也会像一些中国的专家学者那样，受到批判呢？郑天翔日记表明，中国政府对苏联专家的言论持一种相当开明的态度。1955 年 5 月 27 日，在关于大屋顶浪费问题的一次座谈会上，中共北京市委主要领导讲话指出："苏联同志不检讨，不批评。因为：1. 中苏友好；2. 有些思想不对；3. 没有下过命令。"③

---

① 中共北京市委办公厅. 专家谈话记要（四十一）[Z]. 苏联专家组（阿谢也夫）关于建筑设计方面的谈话纪要，北京市城市建设档案馆，档号：C3-00101-1. 1955.
② 同上.
③ 郑天翔. 1955 年工作笔记 [Z]. 郑天翔家属提供. 1955.

12.4 城市规划的一些前瞻性思维——以空中交通和煤气供应问题为例

第三批苏联规划专家在指导北京城市总体规划工作时，不乏一些前瞻性的思维，这里以空中交通和煤气供应问题为例，略作讨论。

12.4.1 空中交通问题

1956年2月29日，城市电气交通专家斯米尔诺夫（图12-29、图12-30）听取对近期远景规划总图道路布置有关情况的汇报，发表了一系列的意见。斯米尔诺夫谈话中曾指出："远景需要很快的运行速度，需要有立体交叉，需要很多快速道。在考虑道路时要知道全市车辆总数，研究每小时在街上通过车数。究竟一些重要指标如何计算，要由生活变化所决定，如现在已有原子能，将来有可能用原子能开汽车，现在是技术上大转变的世纪。""远景应有地下及空中交通，但对将来空中交通的形式如何，谁也不知道，这种工业尚未出现，正在酝酿与形成中，现在叫作直升飞机，将来叫什么也很难说。所以除去规划有轨、无轨、地下电车，公共汽车以外，还应该提出有空中交通。"[1]

图12-29　城市电气交通专家斯米尔诺夫在办公室的留影（1956年，北京）
资料来源：郑天翔家属提供。

斯米尔诺夫指出："苏联还有一种新型交通工具，即直升飞机。以后可以正式公开推广。我们远景规划应该考虑，12年则不要考虑。直升飞机容量100人，相当于无轨电车容量，并且可以带小汽车。在规划交通广场时要考虑为直升飞机做起飞准备。莫斯科正在准备，由中央广场起飞到飞机场距离约25公里。"[2]

4月24日，斯米尔诺夫对公共交通近期及远景规划草案第一稿发表意见时谈道："直升飞机的生产与自己国家的工业水平是有关的，应问问领导同志是否要考虑。直升飞机的速度每小时100~200公里，这

---

① 中共北京市委办公厅. 专家谈话记要（436）[Z]. 关于道路、铁路、公路规划方面的谈话纪要，北京市城市建设档案馆，档号：C3-00095-1. 1956.
② 同上.

图 12-30　斯米尔诺夫在交通组指导规划工作（1956 年）

注：上右图中左 2、下左图中右 2 和下右图中左 2 为斯米尔诺夫。

资料来源：郑天翔家属提供。

样的速度不是用于布置紧凑的城市中短距离运输，而是用在与兄弟城市的来往，如去天津等城市，对西郊飞机场因距市区远也可以用，以后不会从东单到西单这样一段路也乘直升飞机。直升飞机的站设在一些广场上，只要能够容纳下直升飞机就可以。新式的交通工具另外还有个人乘坐的机器脚踏车式的直升飞机等。"[1]

6月14日，斯米尔诺夫对公共交通规划草案第二稿发表意见时，传达专家组研究了公共交通规划草案后的几点结论性意见，其中谈道："关于车种选择问题：专家组认为与其他城市联系应使用快速交通工具——直升飞机，应在图上表示直升飞机路线。反对设计空中电车路线（市中心至飞机场的直升飞机路线），同时亦有人反对在城市中采用容量小、坚固性小、速度慢的三轮汽车，莫斯科以前曾采用过，现在已完全停止使用了。"在随后发表个人意见时，斯米尔诺夫指出："直升飞机站应设在市区大旅馆附近，不要设在郊区。""如果直升飞机为货运服务时，第一期要运邮件，故其站要与中心邮局相联系。"[2]

据杨念回忆，当时之所以考虑空中交通，也包含有战备思想，"当时考虑应防止帝国主义的袭击，要求在一些地段的马路上升降直升飞机等"[3]。

这一点，其实也是前文曾讨论的长安街宽度确定的一项特殊因素。"当时，从战略上考虑，长安街被定为'一块板'的形式，必要时可以起降飞机。"[4]1956年10月10日中共北京市委主要领导对北京城市规划问题发表重要意见时，关于停车场问题也曾谈到这个因素：

九、停车场问题

这不是个小问题，让汽车上楼入地，这很不方便。英国砍了树作停车场，这是失败的教训，不是先进经验。

北京如果有了200万辆汽车，怎么放法？

整板（指马路断面是一块板）无非是不好看。园林局可以想法多摆一些大花盆，这也就有了安全岛，盆景在一夜之间就可以换个样，或者拆掉。要考虑到一旦［发生］战争，如何走法。军事时期，机关办公、上班上街还得照旧，物资又如何运输？到那时，我们飞机每年还不能生产一两万架（美国现在是三四万架）哪里降去？粟裕同志就是喜欢整板，当面也和我说过几次。这么[5]许多同志主张"三块板"，就是没有考虑到军事的需要。还有，如果整板，还可以放放汽车，这总比上楼下地好些。[6]

① 中共北京市委办公厅. 专家谈话记要（512）［Z］. 关于公共交通规划方面的谈话纪要，北京市城市建设档案馆，档号：C3-00095-1. 1956.
② 中共北京市委办公厅. 专家谈话记要（531）［Z］. 关于公共交通规划方面的谈话纪要，北京市城市建设档案馆，档号：C3-00095-1. 1956.
③ 杨念. 一段温馨的回忆［R］// 北京市城市规划管理局，北京市城市规划设计研究院党史征集办公室. 规划春秋：规划局规划院老同志回忆录（1949—1992）. 1995：162.
④ 赵知敬的口述。转引自：黄金生. 长安街的国家成长记忆［J］. 领导之友，2015（1）：45-47.
⑤ 原稿为"末"。
⑥ 北京规委会. 彭真同志在北京市委常委会上关于城市规划问题的发言［Z］. 北京市档案馆，档号：151-001-00017. 1956.

图 12-31　煤气供应专家诺阿洛夫在办公室的留影（1956 年）
资料来源：郑天翔家属提供。

图 12-32　煤气供应专家诺阿洛夫（左 2）正在与规划人员研究北京煤气规划方案
资料来源：郑天翔家属提供。

12.4.2　煤气供应问题

在第三批苏联专家中，有一位煤气供应专家诺阿洛夫（图 12-31、图 12-32），他向北京规划工作者提出了要不要搞城市煤气的问题。"当时大家一致认为，北京这样的大城市不能再烧煤了。因为这造成环境污染，而且直接烧煤其利用效率很低，大约不足 12%，是很不合理的，这个现状必须改变。""但是用什么来替代直接烧煤呢？这就成了问题。"[①]

在诺阿洛夫的指导下，北京规划工作者形成了比较一致的看法："在以煤作为一次能源的前提下：1. 把煤气化以后供应居民做饭、烧水、洗澡，比先用煤发电，再把电供给居民使用，其能源利用总效率要高；2. 从整体来看，电气化比煤气化国家花的投资要多；3. 居民使用煤气比用电的开支要少（指使用途径相同时），负担要轻。""因此，煤气、电力、集中供热要合理分工，各用其长。"[②]

以此认识为基础，诺阿洛夫指导北京规委会完成了 1956 年北京市煤气、电力和集中供热初步规划方案。在研究北京未来的煤气来源时，当时拟订的基本原则是："1. 北京是个有几百万人口的大城市，煤气需要量很大，将来必然是几种气源并举的供气方式；2. 从发展愿景上看，北京要引进天然气；3. 从当时的现实看，第一期（或者试验阶段）要用石景山钢铁厂的焦炉煤气；4. 第二步，要建北京的煤制气厂。"[③]

1956 年，中共北京市委领导曾在天安门城楼上向中央领导汇报北京计划搞城市煤气一事，"主席说：

① 马学亮. 关于北京煤气事业开端阶段的若干回忆［R］. 北京市城市规划管理局，北京市城市规划设计研究院党史征集办公室. 规划春秋：规划局规划院老同志回忆录（1949—1992）. 1995：96.
② 同上.
③ 同上：98-99.

图 12-33　北京焦化厂旧貌
资料来源：北京市城市规划设计研究院提供。

煤气是个好东西，不只北京人要用，将来全国人民都要用"[1]。

1958 年，北京市利用石景山钢铁厂的煤气，在古城地区搞了试点。1959 年，北京焦化厂建成投产，并且一直是向北京供气的主力（图 12-33）。

早在 60 多年前，在北京城市总体规划的工作过程中已经对城市能源利用问题进行了相对科学的研究，具有一定的环境保护观念，并预测到北京必然要引进天然气，显见其前瞻性思维。而这一点，即是苏联专家诺阿洛夫的重要贡献。正如煤气规划工作者马学亮所坦言："煤气规划是在苏联专家具体指导下完成的，没有专家帮助，我们自己做不出这个规划。"[2]

---

① 马学亮. 关于北京煤气事业开端阶段的若干回忆 [R]. 北京市城市规划管理局，北京市城市规划设计研究院党史征集办公室. 规划春秋：规划局规划院老同志回忆录（1949—1992）. 1995：103.

② 同上：101.

1957 年版《北京市总体规划初步方案》

对于第三批苏联规划专家而言，1956年是极为忙碌的一年，在年初制订出北京城市总体规划的一个阶段性成果后，1956年2月规划工作的前提条件发生了重大变化（远景按1 000万人规划），随之进行城市总体规划的重新研究与修订。另一方面，北京城市总体规划的阶段性成果在1956年度曾多次向党和国家领导人、出席中共"八大"的外宾、人民代表及首都各界群众公开展览，广泛搜集各方面的意见，有力促进了北京城市总体规划的逐步深化。在苏联专家的指导下，经过紧张而忙碌的工作，北京规划工作者终于在1957年3月提出了较为正式的《北京市总体规划初步方案》。

13.1　北京城市总体规划的公开展览及意见征集

1956年初北京城市总体规划阶段性成果完成后，陆续举办了3次城市规划展览会。

第一次规划展览的时间是1956年5月17日至8月20日。"展览内容主要是总图（当时有些市政工程规划尚未就绪）"，"先后参观的有210人左右"，其中有城市建设部、卫生部、国家建委、清华大学以及北京市人民政府各职能局和市设计院等单位的领导、技术干部和苏联专家等。[①]

这次规划展览期间，不少重要领导和专家学者曾到北京规委会视察并听取规划工作汇报。譬如，全国人大代表叶恭绰、陈公培和力伯法等于1956年5月22日视察北京规委会，著名科学家吴有训、李四光和竺可桢等于1956年6月30日视察北京规委会，他们在视察过程中对北京市规划提出很多宝贵意见。[②]

1956年6月3日下午，国务院主要领导"由郑天翔、万里、薛子正、梁思成等同志陪同，在正义路2号都市规划委员会（图13-1）审阅北京市城市规划草图和中心区规划方案"[③]。

---

① 北京规委会. 1957年1月15日干部大会报告提纲［Z］// 北京规委会1956年下半年计划执行情况及1957年第一季度工作计划要点报告. 北京市档案馆，档号：151-001-00042. 1957：4-5.
② 北京市城市建设档案馆，北京城市建设规划篇征集编辑办公室. 北京城市建设规划篇"第一卷：规划建设大事记"（上册）［R］. 北京市城市建设档案馆编印，1998：48-50.
③ 同上：49.

图 13-1 北京市都市规划委员会
旧址：正义路 2 号（赵知敬速写）
资料来源：赵知敬提供。

听取汇报时，国务院领导"对于 1 000 万人口的分布，市区 500 万~600 万人，其他人口分布在几十个卫星城镇上，还有农民分布在农村居民点上"，"没有表示不同意见。"[①] 当看到中央机关的布局方案时，国务院领导指示"主要的中央机关可以沿着建国门至复兴门和朝阳门至阜成门这两条干线发展，也包括这两条干线延伸到城外部分。有些机关也可以放在别的地方"。在谈到国务院的位置时，国务院领导说："国务院在三个'五年计划'期内不建设，地点也不搬。"[②]

国务院领导视察时指出："对于水的问题，要好好研究，要兼顾北京市与河北省。"他还指示："盖 100 万平方米房屋当中，机关占多少？宿舍占多少？学校占多少？……应该有个比例。"[③] 据郑天翔回忆，国务院领导临行时说："这个规划示意图[④] 应该叫'快意图'，这个室[⑤] 叫'快意室'。"[⑥]

国务院领导等听取规划汇报和观看规划展览，使北京的人口规模等重要设想得到初步肯定。[⑦]

第二次规划展览的时间是 1956 年 8 月 14 日至 8 月 22 日。展览内容"除了模型以外，还有各项市政设施规划和天安门广场的规划"。"先后参观的有 2 340 人左右。其中邀请了［北京］市第二次党代表大会代表，市人民代表大会代表，市政协委员，市委、市府机关的党员干部、各区区委的干部等。"[⑧]

---

① 北京市城市建设档案馆，北京城市建设规划篇征集编辑办公室. 北京城市建设规划篇"第二卷：城市规划（1949—1995）"（上册）［R］. 北京市城市建设档案馆编印，1998：106-107.
② 北京市城市建设档案馆，北京城市建设规划篇征集编辑办公室. 北京城市建设规划篇"第一卷：规划建设大事记"（上册）［R］. 北京市城市建设档案馆编印，1998：291.
③ 北京市城市建设档案馆，北京城市建设规划篇征集编辑办公室. 北京城市建设规划篇"第二卷：城市规划（1949—1995）"（上册）［R］. 北京市城市建设档案馆编印，1998：107.
④ 指当时完成的北京城市总体规划方案图.
⑤ 指中共北京市委专家工作室.
⑥ 郑天翔. 痛悼我的老战友：陈干同志［R］. 郑天翔文稿，郑天翔家属提供. 1996.
⑦ 北京市城市建设档案馆，北京城市建设规划篇征集编辑办公室. 北京城市建设规划篇"第二卷：城市规划（1949—1995）"（上册）［R］. 北京市城市建设档案馆编印，1998：104.
⑧ 北京规委会. 1957 年 1 月 15 日干部大会报告提纲［Z］// 北京规委会 1956 年下半年计划执行情况及 1957 年第一季度工作计划要点报告. 北京市档案馆，档号：151-001-00042. 1957：5.

图 13-2　在规划展览会展出的北京市总体规划初步方案
（远景规划，电动模型，1956 年）
资料来源：郑天翔家属提供。

第三次规划展览的时间是 1956 年 9 月 12 日至 12 月 7 日，地点在北京东郊日坛附近的阿尔巴尼亚大使馆（新馆建成尚未使用）。展览内容在第二次展览的基础上"又充实了若干现状资料、图表、模型以及规划方案的简单数字等资料"。"先后参观的有 5 392 人。其中：

- 参加"八大"的 38 个国家兄弟党的代表，共 133 人；
- 中央各部、委的苏联专家，苏联、朝鲜建筑师代表团，兄弟国家通讯社以及其他外宾，共 207 人；
- 党中央委员 27 人，候补委员 10 人；
- "八大"代表及部分"八大"工作人员 283 人（其中包括中央委员、候补委员 37 人，这［个］统计不够精确）；
- 各省市（36 个单位）675 人；
- 中央各机关干部 2 129 人；
- 北京高等学校的教授、副教授、讲师、助教和各校党委的工作干部 892 人；
- 市级机关 1 071 人（包括工程技术界，如［北京市］建筑学会）。"[①]

这次规划展览期间，"前后有 30［多］位中央委员、候补中央委员前来参观，……均在参观过程中提出了不少宝贵的建议和重要的指示。他们大都认为采用卫星城镇布局的方法是正确的"[②]（图 13-2 ~ 图 13-6）。

1956 年举办的北京城市规划展览，增进了社会公众对首都规划建设与发展的认识和了解，汇集到诸多有益的意见和建议（图 13-7），并扩大了城市规划工作的社会影响，对北京城市总体规划的制订工作是极大的推动。

---

① 北京规委会. 1957 年 1 月 15 日干部大会报告提纲［Z］// 北京规委会 1956 年下半年计划执行情况及 1957 年第一季度工作计划要点报告. 北京市档案馆，档号：151-001-00042. 1957：5-7.
② 北京市城市建设档案馆，北京城市建设规划篇征集编辑办公室. 北京城市建设规划篇"第二卷：城市规划（1949-1995）"（上册）［R］. 北京市城市建设档案馆编印，1998：107.

图 13-3　北京城市规划展览会现
场留影（1956年）
资料来源：郑天翔家属提供。

图 13-4　北京市人民代表大会代
表参观城市规划展览（1956年）
资料来源：郑天翔家属提供。

图 13-5 苏联驻中华人民共和国大使尤金一行参观城市规划展览（1956年）

注：上左图中手指模型讲话者为岂文彬（翻译）。上右图中左1为储传亨。下左图左2为储传亨，左4为郑天翔，左5为尤金，右4（后排）为勃得列夫。下右图左1为储传亨，左3为郑天翔，左4为尤金，右3为勃得列夫，右2为岂文彬（翻译）。

资料来源：郑天翔家属提供。

图 13-6 出席中共"八大"的外宾代表参观北京城市规划展览会（1956年）

注：展览会地点在建设中的阿尔巴尼亚驻华大使馆。

资料来源：郑天翔家属提供。

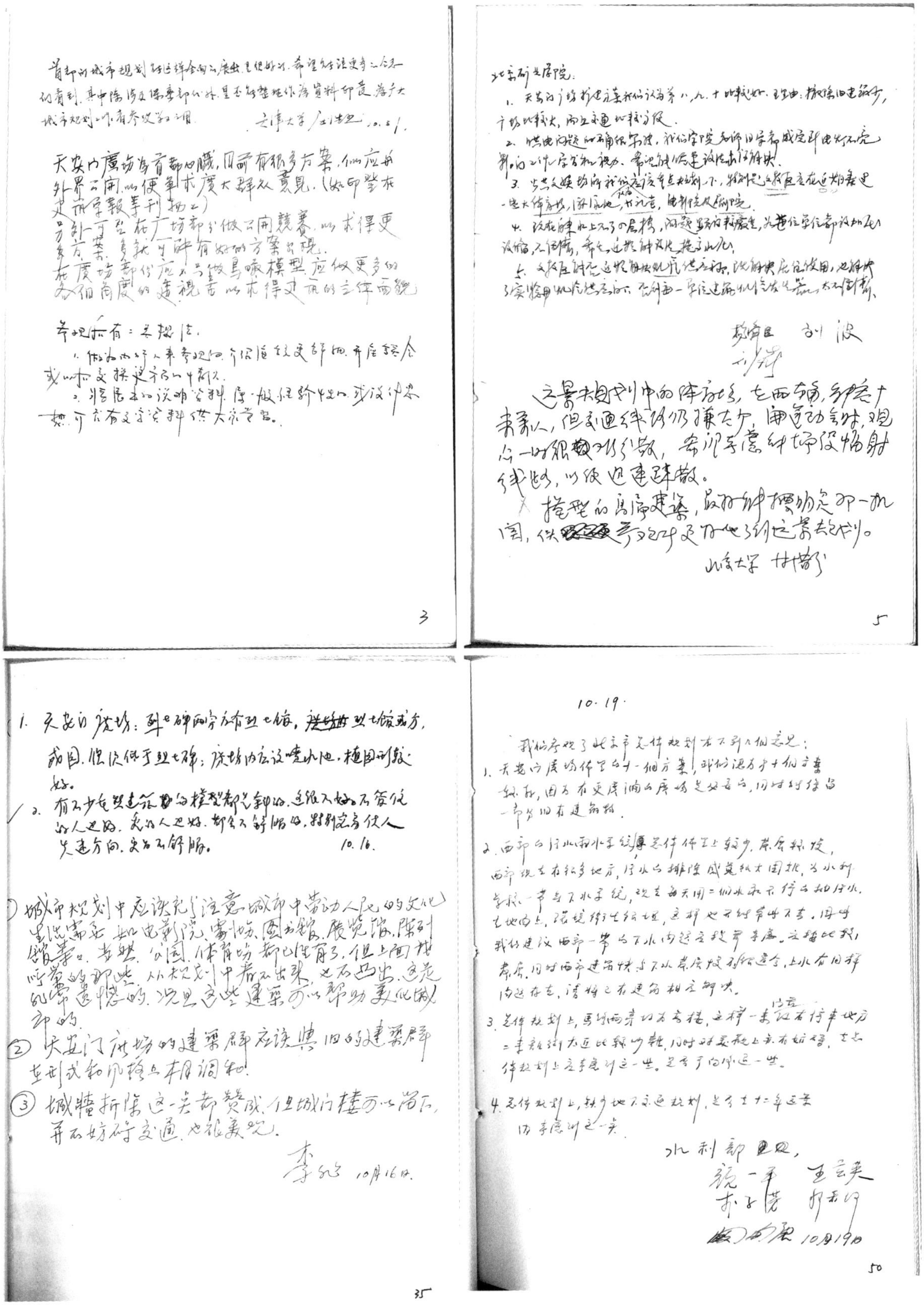

图 13-7　北京城市规划展览期间搜集到的部分群众意见和建议（1956 年）

资料来源：北京市城市规划管理局．规划展览观众书面意见［Z］．北京市城市建设档案馆，档号：C3-397-1．1956．

13.2 北京市领导对北京城市总体规划的重要意见

在北京城市总体规划逐步研究推进以及规划展览的过程中，中共北京市委和市人民政府也多次召开会议，对有关规划问题进行研究和讨论。就此而言，最重要的当属中共北京市委主要领导的一次重要讲话。

中共"八大"结束后，中共北京市委于1956年10月10日召开的一次常委会上，市委主要领导着重强调了立足城市发展远景来开展城市规划的指导思想问题："一切建设，应为长远着想，要看到社会主义的远景，不要为现在的条件所局限。""规划不考虑远景，终是要挨骂的。"①

关于城市人口规模，市委领导指出："这问题，第一看必要，第二看可能。人的主观想法很多，最后还得由客观所规定。"② 他谈道：

> 人口规模问题，就是要看看现在和将来。譬如长安街的房子要从三层加高到七层，如果地基打牢一点，还有办法可想，将来不会拆掉重搞一条街，一定要考虑原有基础。到实在不得已时，要拆掉一条街，那就累死你。正如吴老③所说的，要高瞻远瞩，要考虑一千年、一万年以后的事，要留下将来发展的余地，不要把子孙的手足捆住。

> 市区远景城市人口提500万人左右，不要说500万到600万，免得费口舌，人家说490万或者610万就不行了？我们说还有个左右嘛！毛主席说："不要一千万！？将来人家都要来，你怎么办？"问题很简单，就这两句话，我们实行"法西斯"（限制人口）也不好。

> 我们提个意见：城市人口近期（12年）发展到500万人左右，远景（全市）要到千把万人。

> 有人说这是大城市主义。离开时间、地点、条件，就没有什么主义。

> 上海给山东的压力就是问他们要猪肉嘛，将来运输便利了，600万人的城市不见得比供应现在的300万人口的城市更困难。

> 现在所以不搞大城市，主要是怕原子弹、氢弹，怕给搞烂了。工业当然是集中比较节约，工业分散一些也是因为这个问题，我们三个"五年计划"搞好了就不怕了。但现在一定说（第三次〔世界〕大战）打不起来，太早了，不要后悔无及。

> 莫斯科现在就感到苦恼，对工业是采取"关门"主义，这是我们的未来。我们现在是搞工业，将来大家一定都要往这里塞，工业的将来会有1000万人，现在已经有380万了，有什么办法？人口规模是一个客观需要的问题，当然，毛主席的话不一定就是结论，但应该考虑一下，这里面是不是有几分道理。像天安门前跳舞一样，群众都要去，要他们不去也不行。群众的事，不要这样主观，是要满足大家的需要呢？还是要让大家服从你？

---

① 北京规委会. 在北京市委常委会上关于城市规划问题的发言〔Z〕. 北京市档案馆，档号：151-001-00017.1956.
② 同上.
③ 指吴玉章。

......

现在莫斯科是 800 万人，纽约 1200 多万人，伦敦 900 多万人，东京 700 万人，布达佩斯 200 万。匈牙利全国人口才 1000 万人，首都却占了 20%。当然这不一定对，如果我们也来个 20%，北京就得有 1 亿人口，2% 就得 1 千多万人口。

......

人口规模问题不是要不要这么大的问题，而是大势所趋，势所必至。①

关于工业发展问题，市委领导指出："当然要搞工业。但是现在不适于过多，是早一天晚一天的问题，有人反对放工业，他反对他的，你们看反对半天，工业还是发展了这么多。石景山钢铁厂要扩建，是确定了的，政治局讨论过。但是不宜太大，太集中了。现在打起仗来，什么原子能、远距离控制、导弹，到时候我们检讨是小事，党与国家怎么办？检讨也后悔莫及。中央常委会讨论决定的方针是不可太集中，搞九十个点，百万把吨铁、十来万吨铁都是一个点，将来一翻，就是几百、几千万吨。北京不是什么工业都欢迎，得有一点控制，可以要一些重型的机械、精密仪器等。要学习莫斯科的经验，是首都，大家都会要来的。"②

对于主要工业区的位置，市委领导在这次会议上强调："东郊：东郊作为北京主要工业区是合适的，因为它在主要风向西北风的下风，有通惠河作为水运及排水系统，有现有铁路、公路交通线，且向东有发展余地（现在已有一部分工业为基础，东郊地下水虽较西郊为高，但对一般工业建筑还没大妨碍）。""西北郊：西北郊在风向的上风，如建设工业区将妨害本市环境卫生，往西是山区，无发展余地，且破坏了风景游览及文教区的环境，不适合工业区的发展。""北郊：北郊部分仍在上风，不适合建工业区（且目前没有交通条件作为工业区的基础）。"③

除此之外，对于道路宽窄问题、用有轨电车还是发展无轨电车的问题、停车场的问题、城市电气化和煤气化的问题、天安门广场的大小问题、引水入北京的问题、卫星镇的问题、建筑物的层数问题和绿化美化问题等，北京市委领导也发表了具体意见。以城市电气化和煤气化的问题为例，市委领导指出："这问题有不同意见。有主张电气化，将来长江三峡可以发电 2 000 万瓦。水力资源，中国是第一位，将来全国可以结成一个统一的电网。""第一期煤气供应，要钢铁不过 4 万多吨，不算多，投资才 6 亿多，也不多，完全可以下决心。小锅炉就不要搞了。用原子能还是发电，这个问题再搜集一些资料。"④

北京市委领导的这次讲话，使北京城市总体规划的指导思想得到进一步明确，有力推动了规划制订工作的顺利开展。1956 年第四季度，北京城市总体规划制订工作加速推进。

---

① 北京规委会. 在北京市委常委会上关于城市规划问题的发言［Z］. 北京市档案馆，档号：151-001-00017. 1956.
② 同上.
③ 同上.
④ 北京规委会. 彭真同志在北京市委常委会上关于城市规划问题的发言［Z］. 北京市档案馆，档号：151-001-00017. 1956.

图 13-8　苏联规划专家组集体研究讨论北京城市总体规划方案（1957 年 2 月）
资料来源：郑天翔家属提供。

13.3　1957 年 3 月完成的《北京市总体规划初步方案》

经过第三批苏联规划专家近两年的技术援助（图 13-8），1957 年 3 月初，北京规委会完成北京城市总体规划的初步成果。除了一批规划图纸之外，最核心的规划文件主要有两份，即《关于北京市总体规划初步方案的说明》（四稿）和《关于北京城市建设总体规划初步方案的要点》（五稿），两者的落款时间分别为 1957 年 3 月 8 日和 3 月 11 日（图 13-9）。

与此同时，北京规委会还在苏联专家的指导和帮助下，完成了一系列专项规划成果，如《城市水源问

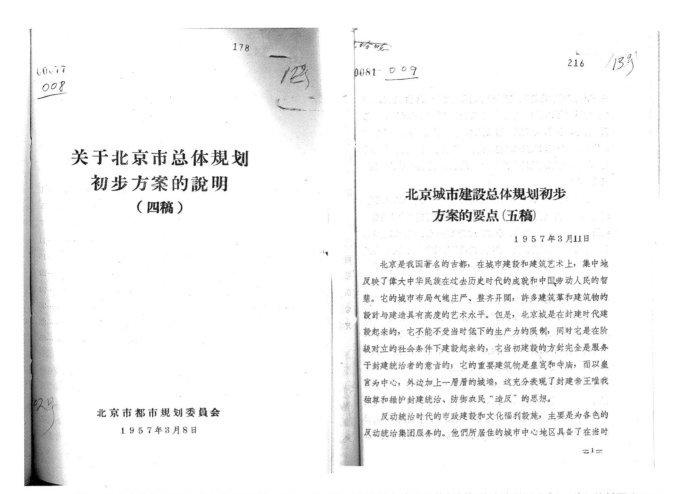

图13-9 《关于北京市总体规划初步方案的说明》(四稿) 和《关于北京城市建设总体规划初步方案的要点》(五稿) 的封面（1957年3月）

资料来源：[1] 北京市都市规划委员会. 关于北京城市建设总体规划初步方案的要点（五稿）[R]. 北京市都市规划委员会档案. 1957.
[2] 北京市都市规划委员会. 关于北京市总体规划初步方案的说明（四稿）[R]. 北京市都市规划委员会档案. 1957.

题》《河湖系统规划》《供水初步规划方案》《污水排除初步规划方案》和《煤气、电力和集中供热初步规划方案》等。①

　　1957年3月14日，中共北京市委召开常委会，听取北京城市总体规划成果汇报，讨论通过了北京市总体规划初步方案，后以内部文件形式下发有关单位参照执行。②

　　《关于北京市总体规划初步方案的说明》(四稿) 具有规划说明书的性质，具体内容包括10个方面："北京市总体规划初步方案制定的经过""首都建设的基本方针""关于北京的发展规模和布局问题""关于市区规划中的几个问题""关于建筑层数和城市用地问题""关于城市的交通问题""关于城市的水源问题""关于城区的改建问题""关于天安门广场的规划问题"和"关于规划方案的修正和补充问题"。

---

① 北京市城市建设档案馆，北京城市建设规划篇征集编辑办公室. 北京城市建设规划篇 "第一卷：规划建设大事记"（上册）[R]. 北京市城市建设档案馆编印，1998：64.

② 同上：63-64.

《关于北京城市建设总体规划初步方案的要点》（五稿）具有规划文本的性质，提出了"城市的发展规模和布局""城市的总平面布置""道路和广场""居住区的组织和商业服务业的分布""绿地系统和体育设施""水源、河湖和水的综合利用""供水和排水""对外交通""城市交通""城市动力供应""地下管道的综合布置"和"近期发展"等 12 个方面的规划要点。

为便于讨论，下文将《关于北京市总体规划初步方案的说明》（四稿）和《关于北京城市建设总体规划初步方案的要点》（五稿）分别按《1957 年版规划说明》和《1957 年版规划文本》加以代称。

13.3.1　城市性质及发展规模

《1957 年版规划文本》提出："北京是我们伟大祖国的首都，它现在是我国的政治中心和文化教育中心，我们还要把它逐步地建设成为一个现代化的工业城市和科学技术的中心。"[①]

在城市规模方面，"1956 年底，北京市的城市人口是三百万左右，包括郊区的农村在内，总人口是四百万左右。到 1967 年，即我国第三个五年建设计划完成或者稍多一点的时候，北京市区的人口要尽可能控制在四百万左右，包括周围的市镇和郊区农村的总人口要尽可能控制在五百五十万左右。在远期，即大约五六十年以后，北京市区的人口要控制在五百多万，最多不超过六百万人；包括周围的市镇和郊区农村，整个北京地区的总人口可能要达到一千万左右。"[②]

关于城市发展规模，《1957 年版规划说明》中有如下解释：

这个预计的规模是不是太大了？

从许多国家的首都来看，都是人口很多，发展很快的。例如，1951 年伦敦市区的人口是三百三十五万人，包括郊区的大伦敦是八百三十四万人；1954 年巴黎市区的人口是二百八十五万人，包括郊区是五百一十五万人；1956 年东京的人口是八百一十九万人；1953 年柏林的人口是三百四十八万人。此外，美国的纽约，在 1950 年市区人口是七百八十四万人，包括附近的卫星城达到一千二百九十万人。从这些城市的发展速度来看，大伦敦从 1801 年到 1851 年的五十年间，人口增加了 1.6 倍；从 1851 年到 1911 年的六十年间，人口增加了 1.7 倍；只是在 1911 年到 1951 年的近四十年间，人口增长速度才缓慢下来，只增长了 15%（在此期间，伦敦市区的人口减少了 36%）。巴黎从 1851 年到 1901 年的五十年间，人口增加了 1.6 倍；从 1901 年到 1954 年的五十三年间，人口增加了 40%。柏林从 1900 年到 1953 年的五十三年间，人口增加了 86%。纽约市区从 1900 年到 1950 年的五十年间，人口增加了 1.3 倍。总起来看，这些城市在 19 世纪下半世纪、20 世纪上半世纪，每五六十年间，人口增加 1 倍到 1 倍半左右。社会主义国家的城市则发展得更快。莫斯科市区的人口

---

①　北京市都市规划委员会. 关于北京城市建设总体规划初步方案的要点（五稿）[R]. 北京市都市规划委员会档案. 1957.
②　同上.

在 1917 年是一百七十万人，1956 年是四百八十四万人，三十九年间增加了 1.8 倍，特别是在社会主义工业化时期，1926 年人口是二百零三万人，1939 年即增加为四百一十三万人，十三年间就增加了 1 倍多。

我们首都的规模是不是要同这些外国大城市相比，要赶过它们？我们认为，这是不需要的。问题是，城市的发展决定于许多客观的条件，虽然可以控制，也不能完全按照主观愿望控制得住。对于六亿人口的首都的发展规模，预计得小了不合实际。

从北京的人口增长情况来看。解放初期，人口是二百万左右，1956 年底已经增加到四百一十二万人（其中城市人口从一百六十五万人增加到三百零九万人），八年之中增加了 1 倍以上。这个增长速度是空前的。人口增加的原因，除了扩大市界划入了六十五万人以外，主要有两个方面：一是迁入多于迁出，即机械增长；二是出生多于死亡，即自然增长。

在机械增长方面：解放后由于北京作为首都，新建了大量机关、高等学校和中等专业学校，恢复和发展了生产，进行了大规模的基本建设，因此，从外地迁入了大批干部、职工、学生及一部分家属。从 1949 年至 1954 年，平均每年增加八万五千人。1955 年大力疏散人口，还增加了四万多人，1956 年稍一放松，就增加了近二十万人。今后对人口的迁入必须大大加以限制，有些不需要设在北京的机关，还要迁移出去一些，但是，由于北京是首都，随着国家建设事业的发展，总还要迁来一些人口，完全停止人口的迁入是不可能的。

在自然增长方面：根据 1954 年的调查，我国的自然增长率是千分之二十五，比起世界各国要大得多（例如在 1954 年，苏联是千分之十七点六；美国是千分之十五点七；英国是千分之四点二；法国是千分之六点八），而北京的自然增长率又高于全国的平均数。从 1954 年以来每年都超过千分之三十，每年生死相抵，净增加十万多人。如果按自然增长千分之三十来计算，市区人口 1962 年可能达到三百五十多万人，1967 年可能达四百多万人，在五十年以后，会达到一千多万人。当然，要提倡节制生育，进行劳动力的调配，大力组织移民。如果估计自然增长和机械增长的因素，要在近期把北京市区的人口控制在四百万左右，在第二个、第三个"五年计划"期间，平均每年就需要移出七八万人，这是一个相当严重的困难任务。

因此，尽管要加以控制，人口还会有不断增长，如果不加控制，我们的首都就会发展得更大。[①]

13.3.2 用地布局结构

与城市人口增长及用地扩展相适应，1957 年版北京总规提出了区域化的空间布局结构："北京今后的城市布局仍然要保持和发展现有的特点：以北京城为中心向四面扩展，形成了北京市的市区，在市区的周

---

① 北京市都市规划委员会. 关于北京市总体规划初步方案的说明（四稿）[R]. 北京市都市规划委员会档案. 1957.

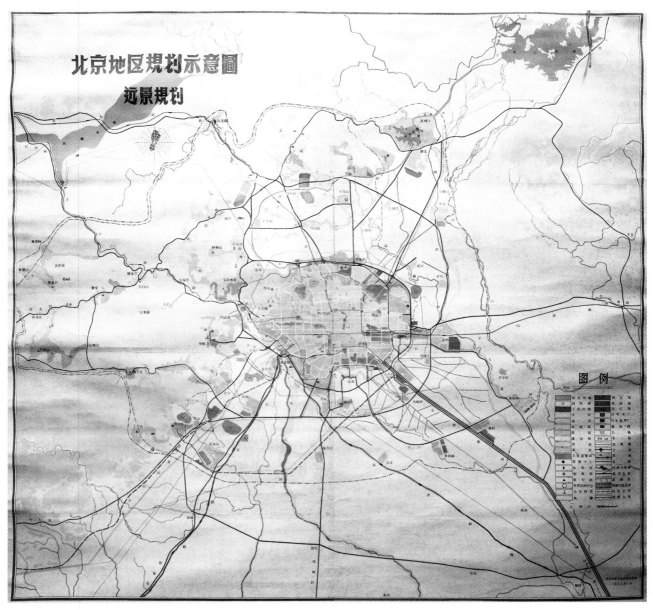

图 13-10 北京地区规划示意图：远景规划（1957 年 3 月）
资料来源：北京市都市规划委员会. 北京地区规划示意图：远景规划［R］. 北京市都市规划委员会档案. 1957.

围，有大大小小的市镇，和北京的市区组成'子母城'的形式。"① （图 13-10 ~ 图 13-12）

　　"在远期，当市区的人口发展到五百多万人的时候，市区的用地将要扩大到六百平方公里，主要是向西、向北扩展。市区的规划界限东到定福庄，西到永定河，东西三十五公里；南到大红门，北到清河镇，南北二十六公里。""在离市区中心四五十公里半径以内的地区，发展几十个市镇，包括南口、昌平、小汤山、温泉、门头沟、长辛店、坨里、良乡、琉璃河、通县等，在这些市镇上，有的发展工业，有的安排科学研究机关，有的是休养区，它们和市区保持直接的交通联系，是市区的发展备用地。"②

---

① 北京市都市规划委员会. 关于北京城市建设总体规划初步方案的要点（五稿）［R］. 北京市都市规划委员会档案. 1957.
② 同上.

294

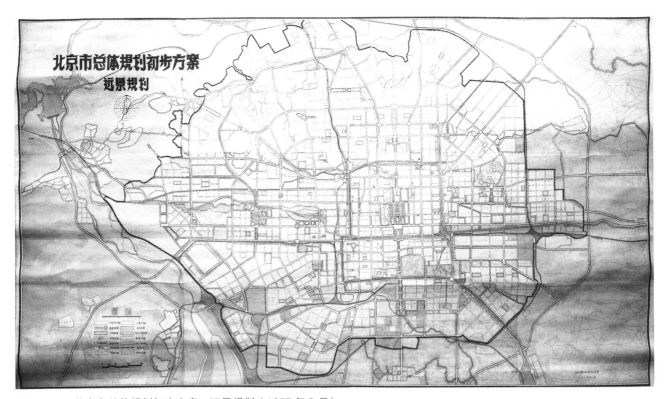

图 13-11　北京市总体规划初步方案：远景规划（1957 年 3 月）

资料来源：北京市都市规划委员会. 北京市总体规划初步方案：远景规划［R］. 北京市城市建设档案馆，档号：C1-00038-1. 1957.

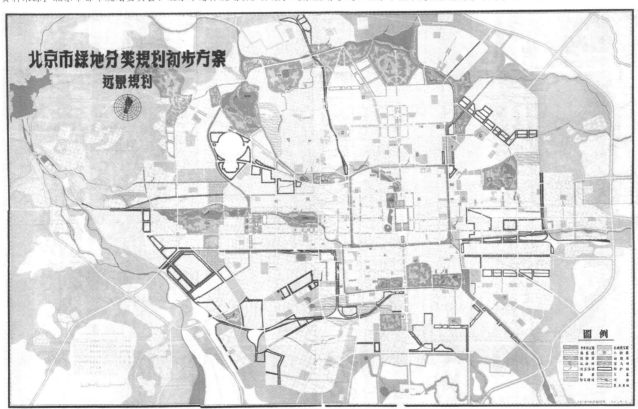

图 13-12　北京市绿地分类规划初步方案：远景规划（1957 年 3 月）

资料来源：北京市都市规划委员会. 北京市绿地分类规划初步方案：远景规划［R］. 城市建设部档案，中国城市规划设计研究院档案室，档号：0258. 1957.

"为了供应城市的蔬菜、水果、肉类和乳类，在市区和市镇周围还要有广大的郊区。1956年底，北京市的总面积是四千五百多平方公里，在今后的发展中，还要逐渐扩大，在远期，可能扩大到七千平方公里左右。"①

关于工业区，1957年版规划提出"东北部、东部、东南部、石景山等四个规模较大的工业区和清河、丰台等规模较小的工业区"②：

（三）工业区将充分考虑现状基础，分散布置在风向和工程地质条件比较适宜的市区的边缘。

东部工业区，在现有的纺织厂、汽车附件厂、北京农业机械厂一带发展，这是轻工业和一般机械工业的工业区；

东北部工业区，在电子管厂附近地区继续发展，成为精密仪器和精密机械工业为主的工业区；

石景山工业区，以石景山钢铁厂为基础，发展成为以冶金和重型机械工业为主的工业区；

东南部工业区，将来也是一个轻工业和一般机械工业的工业区；

在清河镇附近，在丰台附近，分别安排规模较小的工业区，前者以轻工业为主，后者以铁路的附属企业为主；

有些重大的工业将要分布在市区周围的市镇上；

某些对居民卫生无害、运输量和用地都不大的服务性工业和少数精密仪器等工业，将根据不同的情况，适当布置在居住区里边；

容易引起爆炸或引起火灾的工业，对居民卫生极其有害的工业，不允许设置在一般的工业区内，而应该放在离市区更远的地方。

对于城内现有的工业企业，应该根据不同的情况分别加以处理：对于居民卫生极其有害，即使采取了积极的措施仍然无法消除其危害的，必须迁出城去；对于居民卫生无大妨害，或者目前虽然有害，在采取一定的措施以后就可以解决问题的，则可以保留，但是因为用地条件的限制，这些工厂的扩建，必须十分慎重，以免造成浪费。③

关于文教区，《1957年版规划说明》指出："在最初提出的几个规划草案中，曾经有过'文教区'的说法。但是，这些方案并没有定下来。1953年秋的规划草案中，也曾经有过'文教区'，主要是承认了当时已经形成的事实。在1954年修改那个草案时，就正式废除了'文教区'这个名词，因为高等学校和大工厂不同，无需和居住区隔离。但是，这并不是说某些学校之间、学校与科学研究机关之间因为有密切的协作关系不可以靠得近些；也不是说，在北京西北部集中地建设了二十几个高等学校以后，就对整个城市或对

① 北京市都市规划委员会. 关于北京城市建设总体规划初步方案的要点（五稿）[R]. 北京市都市规划委员会档案. 1957.
② 北京市都市规划委员会. 关于北京市总体规划初步方案的说明（四稿）[R]. 北京市都市规划委员会档案. 1957.
③ 北京市都市规划委员会. 关于北京城市建设总体规划初步方案的要点（五稿）[R]. 北京市都市规划委员会档案. 1957.

学校的教学工作造成了什么严重的恶果。"[1]

城墙存废问题与北京城的规划布局具有一定的联系，对此，《1957年版规划说明》在"关于市区规划中的几个问题"中有如下说明："对于城墙的意见，一向很多。有人主张全部拆掉；有人主张全部保留；有人主张利用它建设高架电车；有人主张拆掉城墙，保留一些城楼。""我们认为，城墙现在已经开了三十多个豁口，有几处已经塌掉，很难利用作高架电车。从长远来看，保留城墙是没有必要的，而且在某些方面对城市生活还会有些妨碍，因此，在将来必要的时候把城墙拆掉是适宜的。从目前的实际生活来看，城墙对于减少环城铁路的噪声和防御风沙还有一些作用，只要在妨碍交通的地方再开豁口就行了，没有必要马上把它拆除。这不是当前首都改建中的急迫问题，还可以继续研究。至于城楼，把它组织在交通广场中间，对交通无大妨碍，将来也可以保留一些。"[2]

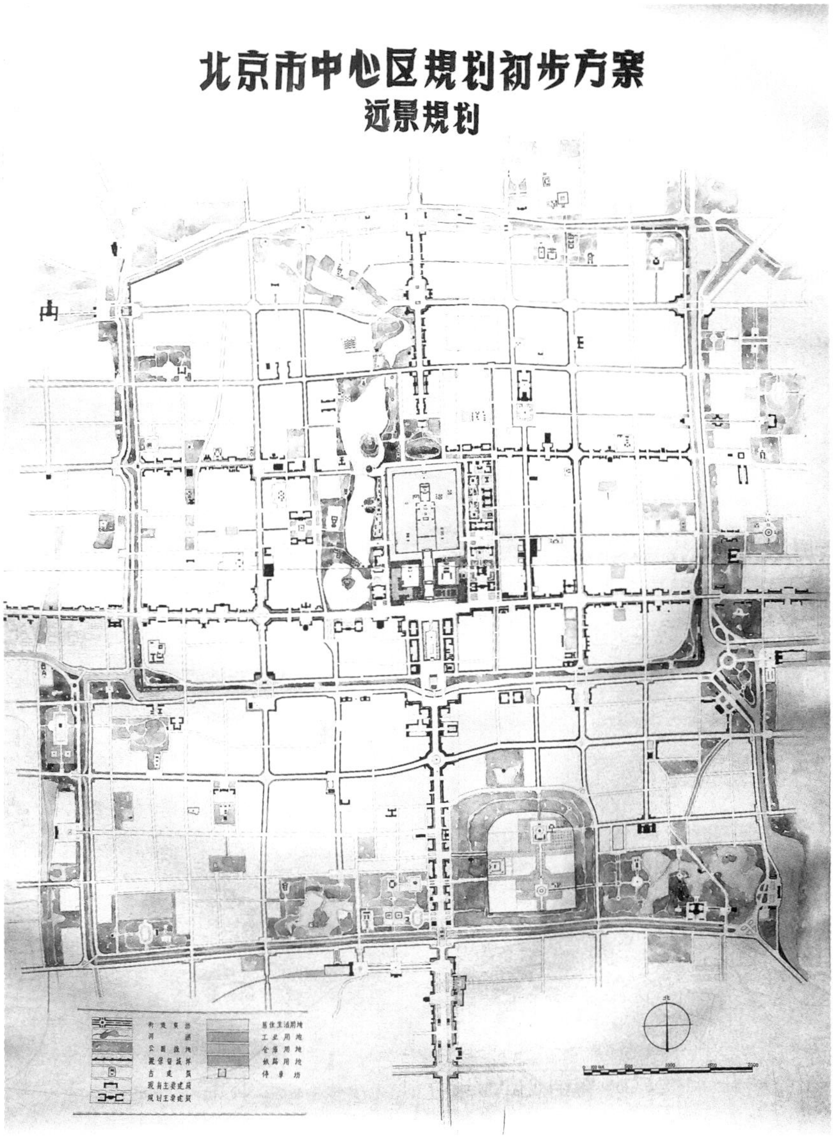

图13-13　北京市中心区规划初步方案：远景规划（1957年3月）
资料来源：北京市都市规划委员会. 北京市中心区规划初步方案：远景规划［R］. 北京市城市建设档案馆，档号：C1-00039-1. 1957.

13.3.3　城市中心区及天安门广场规划

《1957年版规划文本》指出："北京城将来仍然是首都的中心地区（图13-13），天安门广场是首都的

---

[1]　北京市都市规划委员会. 关于北京市总体规划初步方案的说明（四稿）［R］. 北京市都市规划委员会档案. 1957.
[2]　同上.

中心广场。天安门广场要改建得更加开阔，以容纳盛大的游行队伍和群众活动。在广场里边或广场周围，要建设我国革命博物馆和历史博物馆，全国人民代表大会的大厦和会堂也要建在它的附近。现在广场的面积是十二公顷，将要扩大到二十至三十公顷左右。"[1]

关于首都行政机关的布局，规划提出将"中南海及其东面和西面的地区，作为中央首脑机关所在地。中央的其他部门可以沿着东西长安街—复兴门外大街，朝阳门大街—阜成门大街—阜成门外大街等主要干道分布，有的可以分散布置在其他地区"[2]。

对于天安门广场改建规划方案，《1957年版规划说明》中在第九部分有专门说明，内容如下：

（九）关于天安门广场的规划问题

关于天安门广场的规划，各方面都很关心。1954年，我们曾做了十四个方案，在华北城市建设展览会上展览。根据所提意见，北京市设计院又在苏联专家的帮助下，陆续做了十一个方案（图13-14）。这些方案中主要是考虑了以下几个问题：

第一，天安门广场是首都的中心广场，应当具有庄严、朴素的风格。

第二，广场必须很开阔，使它能够容纳盛大的游行、检阅行列和广大的群众活动。

第三，在广场里面，可以建设革命博物馆之类的建筑，也可以不放建筑；在广场周围建设一些国家机关的办公楼和其他适当的公共建筑。

第四，广场里面和周围的建筑物，不要压倒天安门和人民英雄纪念碑。

第五，广场本身和广场附近的交通必须既方便又安全。

第六，广场的规划要便于分期建设。

根据以上各点所拟方案，天安门广场扩展的范围，大体上是：东到原东三座门，西到原西三座门，南到前三门护城河，约七十公顷。广场中的集会广场一般为二十至三十多公顷，个别小于二十公顷。

对这些方案，在去年两次展览中，各方面所提的意见还很不一致。主要的争论是：

第一是广场的大小。有的认为广场太大、太空旷了。有的则主张广场应该尽量大些，并且广场当中可以不盖建筑。

第二是广场里盖什么样的建筑？有的主张盖博物馆性质的建筑，有的主张盖中央机关办公楼，或者是人民代表大会会堂。

第三是对旧有建筑的处理。有的主张箭楼应该保留，有的主张拆掉。有的主张广场范围内现有的一些质量较好的多层建筑物应该保留，有的认为全中国只有一个天安门广场，这几幢房子可以拆掉。

---

[1]　北京市都市规划委员会. 关于北京城市建设总体规划初步方案的要点（五稿）[R]. 北京市都市规划委员会档案. 1957.
[2]　同上.

图 13-14　苏联规划专家正在讨论北京天安门广场改建规划方案（1956 年）
注：左侧两图为建筑专家阿谢也夫在发表意见，右侧两图为规划专家勃得列夫和兹米耶夫斯基在发表意见。巴拉金（上右图中左 2，下左图中正面坐姿者右 1）也参加了讨论。
资料来源：郑天翔家属提供。

　　在这两次展览中，有较多一部分同志赞成第八、第九和第十方案（图 13-15～图 13-18），即在广场里面盖两座博物馆：革命博物馆和历史博物馆，保留箭楼，保留现有一些质量较好的多层建筑，并且把它们和新的建筑组织在一起，广场两侧建办公楼，集会广场二十公顷左右，整个广场范围七十公

图 13-15　北京天安门广场改建规划模型在规划展览会上展出的现场留影（1956 年）
资料来源：郑天翔家属提供。

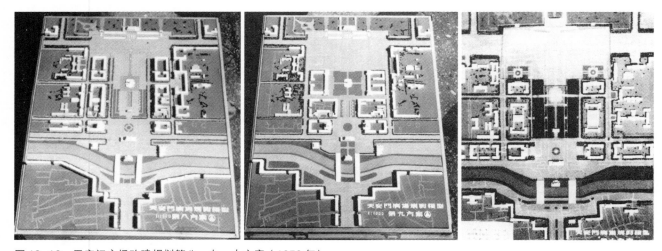

图 13-16　天安门广场改建规划第八、九、十方案（1956 年）
资料来源：董光器. 古都北京五十年演变录［M］. 南京：东南大学出版社，2006：163-165.

　　顷左右①。我们认为可以拿这些方案做基础继续研究，并且建议向全国建筑师发起天安门广场设计的竞赛，广泛地征求各方意见，以便提出更好的方案。②

---

① 当时的天安门广场规划，主要由 3 部分组成，即北部的集会广场、中部的纪念绿化广场和南部的交通广场。资料来源：张凤岐 2020 年 10 月 20 日对本书征求意见稿的审阅意见。
② 北京市都市规划委员会. 关于北京市总体规划初步方案的说明（四稿）［R］. 北京市都市规划委员会档案. 1957.

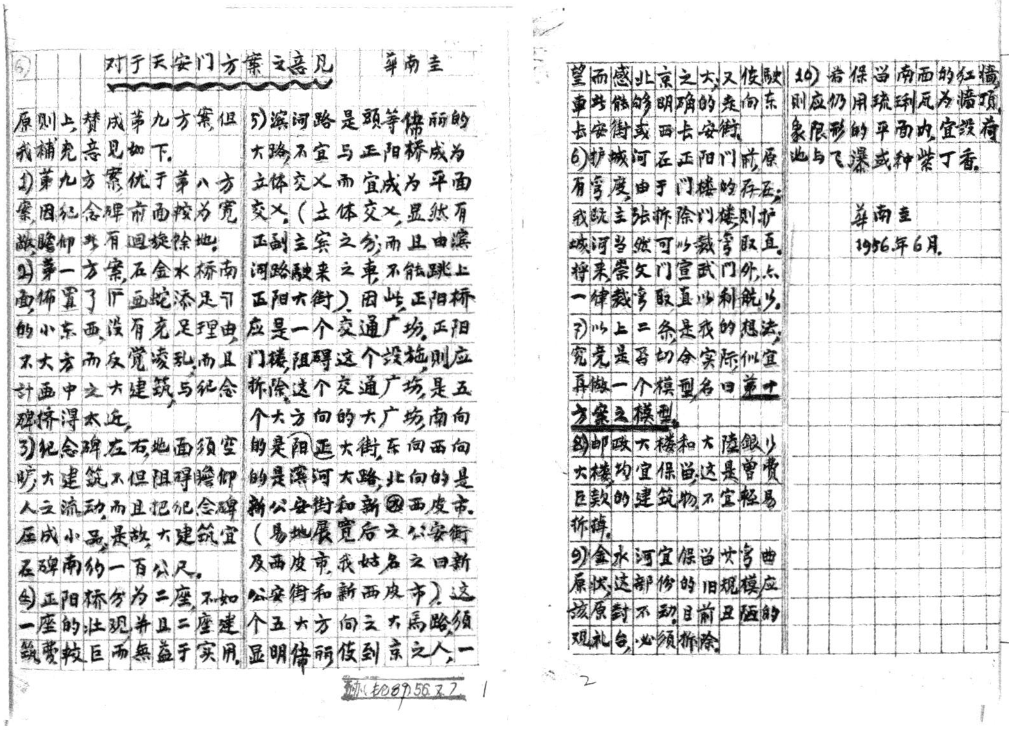

对于天安门方案之意见　华南圭

原则上赞成第九方案，但我补充意见如下。

1）第九方案优于第八方案，因纪念碑前面较为宽敞，瞻仰者有回旋余地。

2）第一方案在金水桥南面布置了一些蛇添足了的小东西，没有充足理由，不大方而反觉凌乱，而且计画中之大建筑与纪念碑挤得太近。

3）纪念碑左右地面须空旷，大建筑不但阻碍瞻仰人之流动，而且把纪念碑压成小品，是故，大建筑宜在碑南约一百公尺。

4）正阳桥分为二座，不如一座的壮观，并且二座建筑费较巨而无益于实用。

5）滨河路是头等伟丽的大路，不宜与正阳桥成为立体交叉，而宜成为平面交叉。（立体交叉，显然有正副主宾之分，而且由滨河路驶来之车，不能跳上正阳大街）。因此，正阳桥应是一个交通广场。正阳门楼阻碍这个设施，则应拆除，这个交通广场，是五个大方向的大广场，南向的是阳（正）大街，东向西向的是滨河大路，北向的是新公安街和新西皮市。（易地展宽后之公安街及西皮市，我姑名之曰新公安街和新西皮市），这个五大方向之大马路，须显明伟丽，使到京之人，一望而感北京之大，又使驶车者能够明确的走向东长安街或西长安街。

6）护城河在正阳门前，原有弯度，由于门楼的存在，我既主张拆除门楼，则护城河当然可以截弯取直，将来崇文门宣武门外，亦一律截弯取直，少利航行。

7）以上二条是我的想法，究竟是否切合实际，似宜再做一个模型名曰第十方案之模型。

8）邮政大楼和大陆银行大楼均宜保留，这是曾费巨款的建筑物，不宜轻易拆掉。

9）金水河宜保留其弯曲原状，这部份的旧规模应该原封不动，目前丑陋的观礼台，必须拆除。

10）若保留南面的红墙，则应仍用琉璃瓦为墙顶，象限形的平面内，宜设荷池与飞瀑，或种紫丁香。

华南圭
1956年6月。

图 13-17　华南圭对天安门广场规划的意见（1956 年 6 月）
资料来源：华南圭．对于天安门方案之意见［Z］．北京市城市建设档案馆，档号：C3-394-1．1956.

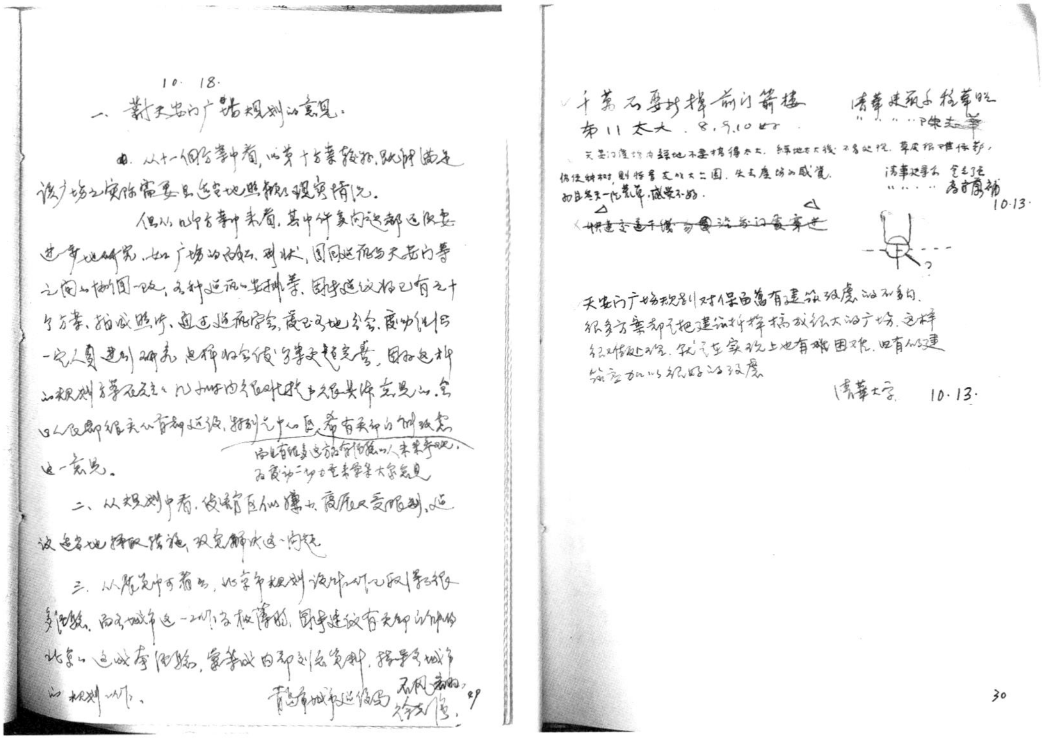

千万不要拆掉前门箭楼　清华建筑系 程华照
第11大大．8，9，10好。

天安门广场规划对保留旧有建筑考虑的不够，很多方案都是把建筑拆掉搞成很大的广场，这样很难处理，就是在实现上也有很困难，旧有的建筑应加以很好的考虑

清华大学　10.13.

图 13-18　北京城市规划展览期间搜集到的关于天安门广场规划的意见和建议（1956 年）
资料来源：北京市城市规划管理局．规划展览观众书面意见［Z］．北京市城市建设档案馆，档号：C3-397-1．1956.

13.3.4　道路网络系统

《1957年版规划文本》提出："北京历史上形成的棋盘式道路系统，虽然有整齐、对称、便于分散交通和容易辨别方向等优点，但是宽阔的干道过少，小胡同太多，交叉口过密，许多道路又碰上层层障碍互不连贯，愈来愈不能适应城市交通的需要。因此，必须在已经形成的道路的基础上，采取加宽、打通、减少交叉口等办法加以改造，并且增加放射路、环状路，以逐步形成完善的道路系统。"①

1957年版规划提出对原有棋盘式道路进行扩建的思路是："将贯通城市中心的东西干道（东西长安街）和南北干道（前门大街—鼓楼大街）延长和加宽，构成北京整个道路系统的骨干。""在城区棋盘式道路系统的基础上，把一些东西、南北方向的干道，如：朝阳门—阜成门，平安里—铁狮子胡同，前三门滨河路，菜市口—蒜市口，北新桥—蒜市口，新街口—菜市口等，向外延长和加宽，形成沟通东西、南北纵横交错的干道网。同时，平行这些干道，再开辟一些次要的干道。"②

除了棋盘式道路网之外，规划提出了开辟4条放射线以及5条环路的设想。"从东直门、西直门、广安门、左安门等处开辟通向东北、西北、西南、东南的四条主要放射线；此外，再开辟一些辅助的放射线。"③

"沿着前三门滨河路—正义路和南河沿—黄城根和平安里大街—府右街和南新华街，开辟中心区的第一环状路"；"将新街口—菜市口—蒜市口—北新桥的干道构成第二环路，担负中心区的主要交通"；"沿护城河两岸修建滨河环路，即第三环路"；"把北京主要的火车站、客运码头以及天坛、陶然亭、动物园等大公园连接起来，担负中心地区外围的主要交通"；"开辟第四、第五环路，它们连结各个方向的放射线，并且通过各个工业区、仓库区、工人住宅区、大公园、大运动场、中国科学院及西北部的高等学校，担负着巨大的客货运量，避免更多的交通穿过市中心区。"④

此外，"在市区的西部再增加三个辅助环路"；"在河道两岸，开辟滨河路。利用有利的地形，布置几条快速干道"；"在市区边缘修建一个公路环，和通往天津、保定、太原、沙城、张家口、承德、山海关、开封、大同等城市的公路联系起来，并且提高公路车辆的行驶速度。"⑤

关于道路宽度，《1957年版规划文本》指出："首都道路的宽度，原则上不能太窄。这不仅是为了便于埋设地下管网，保证街道有好的阳光、通风和绿化，更重要的是要考虑到将来车辆的增加，应该留下一些机动的余地，以免束缚后代子孙的手脚。""全市最主要的干道宽100~110公尺，全市性干道宽60~90公尺，次要干道宽40~50公尺，支路宽30~40公尺。"⑥

此外，《1957年版规划说明》在"关于城市的交通问题"中指出，"大大增加交通广场的数量，并且在群众活动集中的地方，留下适当的停车场，在全市要保留相当数量的车库用地"。"在发展公共交通方

---

① 北京市都市规划委员会. 关于北京城市建设总体规划初步方案的要点（五稿）[R]. 北京市都市规划委员会档案. 1957.
② 同上.
③ 同上.
④ 同上.
⑤ 同上.
⑥ 同上.

图 13-19 勃得列夫和尤尼娜与北京市规委会总图组及绿地组部分人员的留影（1957 年 12 月 19 日）

注：欢送勃得列夫和尤尼娜的座谈会后所摄。

第 1 排左起：潘家莹、陈干、勃得列夫、尤尼娜、何定国。

第 2 排左起：叶克惠、王怡、岂文彬、沈其、徐国甫。

第 3 排：朱竹韵、孙红梅、崔凤霞、陈业、张凤岐、李嘉乐、孟凡铎。

第 4 排：赵光华、程炳耀。

资料来源：张凤岐提供。

面，必须采取电气化的方针，在近期优先发展无轨和有轨电车，使之担负最大的客运量。在远期，小汽车将要得到很大的发展，还要采用直升飞机等新的交通工具，特别要尽早修建地下铁道。"[1]

除了上述内容之外，1957 年版北京城市总体规划对首都的绿地系统、水源与河湖、供水与排水、对外交通、城市交通、城市动力供应和地下管道的综合布置等都进行了较为详细的规划安排。

13.4 1957 年版《北京市总体规划初步方案》的划时代意义

1957 年 3 月的北京城市总体规划成果，是在中央有关领导及各部委大力支持和配合，苏联规划专家组进行专门的技术援助（图 13-19），社会各方面和首都各界群众广泛参与的情况下制定出的规定成果，也是北京历史上第一份内容较为完善、较为规范的城市总体规划，对于北京城市规划史而言具有重要的划时代意义。

显然，1953 年畅观楼小组提出的《改建与扩建北京市规划草案》，是 1957 年版规划的重要基础。"由于在苏联专家派出之前，苏共中央就明确指示工作组要服从北京市委的领导，因而 1957 年版规划方案的基本思路与 1953 年版规划大体一致。同时，规划的内容更加具体，各专业规划更加系统、科学。"[2] "1957 年版规划比 1953 年版规划更加深入，更加现实。"[3]

---

[1] 文件中同时说明，"要进行上述一系列的根本改造，需要很大投资和很长时间，特别是道路系统的改造，牵涉到大量拆房和迁移居民等复杂问题；而旧的道路系统如果不进行改造，单靠大量增加车辆，对于交通的改善也是有限的。因此，在相当长的时期内，我们还不可能摆脱交通紧张的状况。并且还要尽可能利用自行车、三轮车这些比较落后的交通工具；对于现在已经破旧的有轨电车，也还要利用一个时期"。
资料来源：北京市都市规划委员会. 关于北京市总体规划初步方案的说明（四稿）[R]. 北京市都市规划委员会档案. 1957.

[2] 董光器 2018 年 3 月 19 日与笔者的谈话。

[3] 张凤岐 2020 年 10 月 20 日对本书征求意见稿的审阅意见。

董光器指出："现在回顾，我感到北京 1957 年版的规划，作为北京市对现代城市的认识，还是比较实事求是的，还是讲科学的。""1957 年版规划在当时解决了几个重大问题。在行政中心确定放在老城以后，对于城市风貌的保护跟古建筑的关系，北京市提出了明确的方针，即不能一概保留，也不能一概否定，拟采取拆、改、迁、留四种方式。实在妨碍交通的牌楼什么的，该拆就拆；有的可以进行适当的改造，如天安门广场、北海大桥；有的可以迁移，像东长安街的牌楼迁到了陶然亭；重要的文物要保留。"①

"1957 年的城市建设总体规划方案，经受了时间的检验。它确定的北京城市总体布局，对市内道路骨架、铁路枢纽、电源分布、供水排水骨干工程等城市基础设施的设计，之后没有大的改动。'文化大革命'之前，一直是北京市各项建设的基本规范。"②

---

① 董光器 2018 年 3 月 19 日与笔者的谈话。
② 《彭真传》编写组. 彭真传（第二卷：1949—1956）[M]. 北京：中央文献出版社，2012：815-816.

城市总体规划的具体化：
分区规划

1957 年 3 月北京城市总体规划成果完成后，北京市并未将其立即上报中央审查，从规划技术的角度，这其中有一些缘由。一方面，当时的城市总体规划的某些内容还需要继续深入研究，正如该版规划说明中所指出的："总图上还存在着一些问题，需要有重点地进行加工"[①]，"这个初步方案只是对市区部分仔细一些，对于周围各个市镇和广大郊区的规划，还需要根据轻重缓急，分批地从头进行工作。"[②] 另一方面，城市总体规划成果的正式上报须印制大量的城市总体规划图纸和专业图纸，也需要很多时间准备。当年在北京规委会总图组工作的张凤岐指出："1957 年的规划方案，为什么拖了一年才上报中央？这个问题就是出在图上：因为规划图是上报文件的重要附件，必不可少。可是 1957 年规划的展览总图是1/ 万比例，整幅宽 4 米、高 2.8 米，还不算十公分左右边框，而图纸是裱在图板上（为了绘制时不伸缩、膨胀，当时每块图板宽 1.0 米、高 2.8 米，四块图板拼成整个图，现状图也是四块。八个图板铺满在楼中厅和会议厅内，场面相当壮观）。专业图也是 1∶25 000 比例，无法进行汇报，故只能将图缩小后，才好呈报"[③]。

　　除此之外，还有另一项原因：为了切实发挥规划成果对城市规划建设和管理工作的指导价值，还需要

---

① "如东便门外、永定门外、广安门外、西直门外的交通枢纽很拥挤；从西直门到颐和园和西山，由于解放后已经建了许多新建筑物，越来限制越大，西北放射线还不很畅通；大公园的分布，由于现状或地形的限制，还有些偏于一方，需要加以分工。"资料来源：北京市都市规划委员会. 关于北京市总体规划初步方案的说明（四稿）［R］. 北京市都市规划委员会档案. 1957.

② 北京市都市规划委员会. 关于北京市总体规划初步方案的说明（四稿）［R］. 北京市都市规划委员会档案. 1957.

③ 关于规划图处理的具体操作，张凤岐回忆指出："首先将 1∶10 000 规划方案用铅笔缩放在 1∶25 000 地形图上，由 12 小幅图（每幅图长 50 公分，高 40 公分）组成（为了使图在照相、制版时不伸缩膨胀，将每幅小图裱在木板或铅板的中心处），再将铅笔线上成墨线，因图幅小，不能搞人海战术，最多只能每人画一张，墨线上好还要接边修好，如果不修好容易造成图拼接不上，有许多错口，此项工作要十分认真、仔细才成，非常费事，即用硫酸透明纸，用铅笔画清这幅边（右边）内所有规划线，再画清相接图左边内所有规划线，然后分析如何修，究竟是改哪个边的线好，有时两边线条均要改。改也非常费工，先得用刀片把墨线条削掉，然后再画上墨线。上完后还要接一遍，整幅图共 17 个边要接。此项接边工作，有的人能干，有的人还干不了。图纸全都画、修好后，送制印厂，照相成玻璃版，玻璃版再晒制成铅皮版。有规划线则开始上机印刷，先印上地形图，再印刷规划线后，1∶25 000 比例的规划素图完成。再将图拼接成整图，然后照相缩制 1∶100 000 玻璃版，还要上述过程，印 1∶100 000 素图。有了 1∶25 000 比例和 1∶100 000 比例的素图后，才能上色画图。专业图画 1∶100 000 比例，画好后还要送制印，印制成单色彩图。1∶25 000 比例的总图，1957 年没有印成彩色。如果印刷彩图，更费工、费时，一幅图几个色彩，要制几种版，再要上印机印刷几次等，故时间拖得更长。（以上情况可去市档案部门查证，1957 年总图和 1∶100 000 比例的专业图集。）具体多少时间，没有记录，我估计即使用不了一年，也得十个月。"资料来源：张凤岐 2020 年 10 月 20 日对本书征求意见稿的书面意见及谈话。

将城市总体规划方案进一步具体化，这就是分区规划工作——"根据重点建设计划进行分区规划，使总体规划方案具体化，给进行综合的或成街成片的设计创造条件。"[①]

14.1 分区规划的目的和任务

1956 年 9 月 10 日，规划专家勃得列夫在指导北京市规划工作时指出："规划工作已经进入一个新的阶段。""根据领导的指示，下一阶段开始分区规划工作，要逐步地实践总图。在万分之一总图上很难把规划工作做得更具体、更细致，在分区规划中就能够做到。"[②]

在 1950 年代时，对于中国城市规划界而言，分区规划无疑还是一个崭新的命题，它的工作要求和技术方法主要是由苏联专家介绍和讲解的。

1956 年 9 月 10 日、17 日、24 日及 10 月 8 日，勃得列夫做了关于分区规划的系列报告，全面介绍了苏联分区规划编制办法、分区规划的内容与任务，制定建筑草图、竖向规划图、街道横断面图、地下管网干线分布图及规划工作的程序，以及莫斯科分区规划工作的历史过程等。1956 年 9 月 14 日和 20 日，经济专家尤尼娜分两次讲述了关于分区规划中经济工作者的任务。

14.1.1 分区规划的主要目的

勃得列夫指出，"分区规划工作是把总体规划具体化，同时在某些部分修改总体规划。工作程序是：先做总体规划，再做分区规划，用分区规划来校正总体规划""分区规划也和其他规划一样，包括居住用地、工业用地等，对北京来说还要考虑高等学校及科学研究机构的用地，同样还要考虑仓库用地。有的仓库区很复杂，如莫斯科市南港仓库区就是一个复杂的问题。除了这些问题以外，还要考虑建筑期限与建筑顺序的问题。分区规划工作的目的，就在于具体决定各种用地，以便进一步肯定总图。"[③]

勃得列夫讲述："在把总体规划转到分区规划工作时，要有一个过渡阶段，必须制订建筑分布规划。""分区规划工作要与建筑分布工作同时进行。这样会使分区规划工作的质量好些。"[④] 这里所讲的"建筑分布规划"，即主要限于近期建设范围的"第一期规划方案"。"建筑分布是一个很繁重的工作。建筑分布设计的好坏，对城市第一期建设与将来发展有着重大的影响。因此必须把近期有关的技术经济方面的问题，如建筑规模、建筑分布、规划用地等，加以肯定，并当作法律一样地执行。""在苏联，建筑分布规划制定好了以后，必须送交有关部门批准，这样无论中央、市级机关皆须按批准的建筑规划进行建筑，对于

---

① 北京市都市规划委员会. 关于北京市总体规划初步方案的说明（四稿）[R]. 北京市都市规划委员会档案. 1957.
② C. A. 勃得列夫. 关于分区规划 [R] // 北京市都市规划委员会. 城市建设参考资料汇集第九辑：有关城市规划的几个问题, 1957：27–51.
③ 同上.
④ 同上.

规划的变更，也必须经过有关部门的同意。"①

开展分区规划，首先需要确定规划范围。"为了制定分区规划，在规划任务书上必须提出这一任务。做分区规划要肯定用地范围和分区界线，在分区规划的范围内决定在哪些地方进行建筑，所以分区规划的范围大于建筑设计的范围。例如：北京东部的分区规划，一面靠城墙，一部分到工业区；而建筑只是在工业发展地段附近进行。又如在莫斯科西南区（文化教育区域），规划范围是 800 公顷，而建筑设计范围只是 100 公顷。"②

14.1.2　分区规划的任务和要求

1956 年 9 月 17 日规划专家勃得列夫讲课时，介绍了分区规划的工作内容，重点是要完成 5 张图纸："（1）红线平面图——这是最基本的图。另外还需要有适用现场放线的定线图（带有坐标）。（2）建筑草图——准备进行建筑地区的草图。首先要把街道宽度、交叉口表示出来。并用红线来表示出街道形状和街坊形状。（3）竖向规划示意图——表示规划地形的情况。可根据具体情况，有的做全区的，有的只做部分的（特别是在复杂的地区）。竖向规划示意图可以与红线图在一起，也可以单独画出。（4）街道横断面图——我们现在仅主要干道有断面图，次要干道只有标准断面图，而分区规划是要把所有的街道横断面图都制定出来。（5）工程设施网平面图——工程设施管网图表示街坊外面的干线（户线支线可不表示）。但对这种说法有争论，因为也有干线穿过街坊的。"③

分区规划需要完成的文字材料，主要有两项："（1）说明书；（2）现状介绍。"④

上述规划图纸及文字材料中，需要上报审批的文件主要是"红线图和分区规划的基本情况说明"，"其他资料，仅作为附件而已。"⑤

在分区规划要求完成的一系列成果中，最核心的内容当属"红线平面图"和"建筑草图"。在 1956 年 9 月 17 日的报告中，勃得列夫详细介绍了这两张图纸的内涵及技术要求。

14.1.3　分区红线图的内涵与要求

"什么是红线平面图？红线平面图在规划中是非常重要的文件，它指出街道、街坊、滨河路、绿地的处理。""这个图是非常吝啬的，只给我们长度和宽度的数字。但事实上城市规划各部分都和红线图有关，定好红线就决定了交叉口与街坊的布局，决定了建筑艺术、卫生条件以及交通条件等。""例如 60 公尺宽的街道，根据横断面肯定了交通情况，也就决定了通风和日照的问题。在建筑艺术方面，如果街道短，路

① C. A. 勃得列夫. 关于分区规划［R］// 北京市都市规划委员会. 城市建设参考资料汇集第九辑：有关城市规划的几个问题，1957：27–51.
② 同上.
③ 同上.
④ 同上.
⑤ 同上.

宽就不好；如果街道长，路窄也不好。道路横断面宽度的大小，应由交通情况来决定。"[1]

所谓红线平面图，最核心的即"红线"一词。关于这一术语的来历，勃得列夫介绍说："过去红线就是限制建筑物的线，它在中世纪的封建时代到资本主义时代的过渡时代就产生了。在沙皇大彼得时代，就用这一名词；当时他要把城市的秩序整顿一下，在城市建筑方面规定出来了所有建筑物不许突出的线。因为线是用红颜色画在旧图上的，所以在18世纪，称之为红线。一直到现在这个名词还在使用。"[2]

"红线"是一个约定成俗的说法，但在分区规划中，红线并不都是用红色来表示的。"莫斯科的红线，有些地方有了新的发展，有的地方画了不同颜色的线。"[3]勃得列夫强调："红线在苏联是一条法律，一切建筑必须根据红线进行建筑，用红线来实现规划。当然，在制定规划过程中，是要有变动的；但如果一经批准，就要按红线建筑，并要尽量避免红线的自由变动，因为这会给实现规划造成很大麻烦。"[4]

在报告中，勃得列夫详细讲解了绘制红线平面图的具体方法及注意事项：

> 红线图应画在二千分之一的地形图上；莫斯科就是画在二千分之一的地形图上的。在某些情况下，尤其在地形很复杂时，可用一千分之一的地形图。红线是限制建筑的线，单独依靠红线表示建筑艺术处理是不够的，还必须有建筑草图，它可以指出沿干线建筑的分布原则和广场上建筑分布的原则。建筑草图包括街坊、小区的处理及其内部的建筑艺术的布局。利用建筑草图能帮助我们解决红线问题，帮助规划管理局提出建筑规划任务。

> 另外，如何制定城市主干线两旁小胡同的红线呢？在规划名词上有封闭街道的说法，就是按规划和交通的要求封闭一些小胡同，而在这里建筑起建筑物来。在莫斯科有一条街道，很短（约一公里），但中间有10个道口，这必然影响交通，于是封闭了9个，只留下了一个。当然，有时因地下管线很多，就不能完全封闭，而在建筑房屋时留下一个拱门。

> 红线图上应画哪些东西呢？在莫斯科，在二千分之一的地形图上，用水彩画上一些线：用墨线画城市现状的建筑线，如现有的工业、居住建筑、公共建筑、学校、服务设施用地范围；并且在车行道方面，要表明路面性质（永久性还是临时性）；上下水道、煤气、电热、高压线及高压线走廊、铁路线都应在图上以粗线表示出来。用蓝色表示水面与陆地的分界线。制定蓝线不单纯是建筑师来做，要有工程师来参加。第三种颜色的线是绿线，用来表示公共绿地、街心花园和楔入街坊的绿地。在绿地范围内不准许划为建筑用地。用这几种颜色就明确地表示出建筑用地、水面、绿地等情况。

> 在莫斯科，除建筑物用红线表示以外，有时街坊内部的小工业、仓库建筑用地，也用红线画出。这样就把街坊内部的功能肯定下来了。现在有一个争执问题，就是学校的位置，要不要用红线

---

① C. A. 勃得列夫. 关于分区规划［R］// 北京市都市规划委员会. 城市建设参考资料汇集第九辑：有关城市规划的几个问题，1957：35–39.
② 同上.
③ 同上.
④ 同上.

来表示？这问题尚未决定（现在没有用红线表示）。而托儿所、幼儿园、商业机构由建筑设计部门来解决。①

除了上述内容之外，关于工业区等方面的内容也需要在红线平面图中加以表示。②

14.1.4　城市空间及建筑艺术处理——建筑草图

在 1956 年 9 月 17 日的报告中，勃得列夫曾指出："红线是限制建筑的线，单独依靠红线表示建筑艺术处理是不够的，还必须有建筑草图。"对此，在 9 月 24 日的另一次报告中，勃得列夫又详细讲解了"建筑草图"的内容和要求。

所谓建筑草图，主要是从建筑艺术的角度落实对某一片区用地建设的规划控制要求。"利用建筑草图，可以帮助把建筑艺术规划工作做好，并且可以把红线和功能分区处理好。建筑艺术规划对整顿城市是很重要的，它的内容很广泛，包括道路规划、绿化、建筑物和福利设施的分布等。仅靠红线图还不能把街坊内部的布局确定下来，所以必须要有建筑草图，它可以确定建筑原则和建筑艺术的布局。"③

值得注意的是，建筑草图只是规划研究的一种设计方法，"建筑草图中的建筑物是假定的"④。"建筑草图里不仅表示出新的建筑物，还要把旧建筑的保留、拆除表示出来，并要确定那个地区建什么建筑物，如何建，以及街坊内部的建筑分布和用地等。建筑草图并不包括红线图所包括的整个地区，只包括最近几年要大量建设的地区。规划示意图确定了广场、中心、街道等的位置，在建筑草图中就要把广场、中心、街道周围整个地区的面貌确定下来。沿街的建筑不仅要考虑沿街立面，而且要考虑纵深的一面和街坊内部的问题。"⑤

对于建筑草图的具体绘制，勃得列夫有如下讲述：

什么是建筑草图？

1. 图上应表示建筑艺术规划的布局（分区的、小区的、街坊的）、居住房屋、文化福利设施和绿化等用地地段，分区、小区、街坊的道路系统，还有广场、轴线和它们周围的主要建筑物。

---

① 为便于阅读，该文转录时做了一些分段处理。资料来源：C. A. 勃得列夫. 关于分区规划［R］// 北京市都市规划委员会. 城市建设参考资料汇集第九辑：有关城市规划的几个问题，1957：35–39.
② "除表示已有的企业外，还需表示将要发展的及新建的企业，企业所需仓库需放在一起时，仓库也要表示出来。通入企业的交通道路，铁路支线与干线的交接点也应表示出来，并应确定电力与市政设施的网络。有些工业需要高压线，高压线及其走廊均应表示出来。另外，对防空方面的要求，在分区红线中也应考虑到。对大型工业企业应考虑入口问题，同时要考虑怎样入口；应考虑汽车停车场所用地段；应考虑交通问题，因为大型企业常常有人流集中的现象。"资料来源：C. A. 勃得列夫. 关于分区规划［R］// 北京市都市规划委员会. 城市建设参考资料汇集第九辑：有关城市规划的几个问题，1957：35–39.
③ C. A. 勃得列夫. 关于分区规划［R］// 北京市都市规划委员会. 城市建设参考资料汇集第九辑：有关城市规划的几个问题，1957：40–45.
④ 同上.
⑤ 同上.

2．标明全市性建筑物的分布及其用地地段（可参考苏联《城市建设问题》第 4 集）。确定合理的布局，特别是绿化方面，合理布置公共绿地、街坊绿地和房屋周围的绿化（可参考重建华沙的资料）。

3．确定街道、人行道、停车场、公共交通车站。特别要确定建筑物的建设顺序，用不同的颜色表示出来。

4．街道和广场展开图（比例 1∶500，莫斯科也有用 1∶200、1∶100 的）。在苏联，处理 1 个新建筑的立面时，先要研究全街道已有建筑的展开照片（都是垂直照相）。有了这样的照片，建筑师可作对比参考，可以考虑新建筑如何与原有建筑配合统一。这样的照片还可以保持城市未改造前的面貌，有城市历史沿革的意义。有些建筑物有很好的立面，拆除后就没有了，可以在照片上保留下来。莫斯科主要街道在 1934 年都照了，现在看看，可以看出 20 年来有多大的变化。当然还可以采用绘图、着色的办法，不致太复杂，用照片比较快，如用五彩照片，则价值更大。

有了建筑平面图及立面展开图，对建筑师来讲还不够，还要提出远景发展的情况——这是很有价值的工作。建筑草图应附有现状和远景的透视图，当然有模型就更好了。北京有中心区的模型。莫斯科做模型很普遍，在设计中就采用，有 1∶1000、1∶2000 的。材料用木、石膏、塑料、塑土。设计者在设计过程中经常用塑土。

5．还要有计算方面的资料，主要由经济工作者担任，但建筑师也要做。应计算全区的经济造价，分区、小区、街坊的面积，与总图有关的功能计算，本地区的住宅、文化福利设施、建筑密度、人口密度、建筑造价等。[①]

如前文所述，分区规划重点针对第一期规划方案的范围进行，但就建筑草图而言，由于其研究的目的及假定的性质，就不能仅仅关注近期建设，而应当充分考虑到城市建设发展的远景。勃得列夫强调指出："分区规划和建筑草图都提出了近期的建筑，但同时也要决定远景的建筑。做建筑分布工作的同志常担心现在拨了地，到将来是否会犯了错误，所以做建筑草图时，必须有勇气做到远景；当然做远景的并不要求绝对正确，只是要考虑到远景一定的发展方向。最近冯［佩之］局长说到华沙的规划只做近期而不做远景的，我和尤尼娜[②]、兹米耶夫斯基都认为是不正确的。朝鲜代表团看了北京规划展览后说：平壤的建筑只考虑近期而没有考虑远景，有些建筑今后也可能要拆去。对这个问题我们是有争论的。在北京，1952—1953 年时，在东长安街南侧所建的 3、4 层办公楼，现在看来太低了，有一些已在加高，增加了困难，造成经济上的浪费。"[③]

勃得列夫还特别强调："制定建筑草图和红线图一样，要做几个方案来比较。""工作中要参考许多文献和参考书。有些建筑师不喜欢看参考书，只是用自己的脑子，这是不好的。有一些建筑大师，在解决一

①　С. А. 勃得列夫. 关于分区规划［R］// 北京市都市规划委员会. 城市建设参考资料汇集第九辑：有关城市规划的几个问题，1957：40–45.
②　原稿为"尤妮娜"。
③　С. А. 勃得列夫. 关于分区规划［R］// 北京市都市规划委员会. 城市建设参考资料汇集第九辑：有关城市规划的几个问题，1957：40–45.

些小问题时也参考很多书籍、图片，这是好的工作方法，当然不是抄袭而是创造性的运用。在中国各大城市如上海、鞍山、抚顺，我都看到很多工人村的好例子，都可作为参考。"①

对于分区规划的其他几张图纸，如竖向规划图、街道横断面图、街区外部工程管网布置图和红线放样图等，苏联专家勃得列夫和尤尼娜在 1956 年的报告中也有详细讲解，在此不予赘述。

14.2　分区规划的经验借鉴

通过以上的一些简要介绍，我们对分区规划工作有所了解。那么，苏联是从什么时候开始分区规划实践的？在苏联的城市规划体系中，分区规划占据什么样的地位呢？对此，苏联规划专家在报告中也有介绍。

据勃得列夫介绍，"莫斯科市的分区规划工作，开始于 1930 年"，"莫斯科市苏维埃很重视分区规划工作，分区规划在没有总图的情况下就进行了"。"1931 年 6 月，联共（布）中央全会作了制定莫斯科市总体规划的决定"，"为了适应总体规划和分区规划的需要，1932—1935 年，展开了勘察测量工作，制成了 1∶100 000、1∶50 000 和 1∶25 000 的地形图，有了这些图，就可以制定总图，但有些地区必须更详细些，因而又制成更大比例的 1∶10 000 和 1∶5 000 的地形图。为了制定更具体的规划，如建筑地下管道和道路、拨给业主建筑用地、规定业主建筑红线等，还制成了 1∶500 的地形图"，"与制定总图同时进行的分区规划是在 1∶2 000 的图上进行的，当时画的红线质量不高，只能算是概略的草图"。②

1950 年代时，苏联对分区规划工作相当重视。就莫斯科城市总体规划设计研究院而言，其下属有十个规划设计工作室，除了第一室专做规划总图综合工作之外，第二室、第三室、第四室、第五室和第六室即分别专门承担城市中心区、西南部、西北部、东北部和东南部的分区规划工作。③

1956 年 9 月 10 日作报告时，勃得列夫谈道："在苏联，整个规划工作都有一定的章程。最近苏联城市建设委员会在总结了过去经验的基础上，又制定了一个统一的全苏城市建设及城市规划的章程。""尤尼娜专家已把这一资料带来了，待翻译后大家就可以研究。"④

勃得列夫谈到的规划章程，即 1956 年 5 月 21 日由苏联部长会议国家建设委员会颁布的《城市规划编制办法》（*Инструкция по составлению проектов планировки и застройки городов*，编号为 "И 115-56"，图 14-1）。该编制办法规定，苏联的城市规划包括城市总体规划方案、近期建设布局方案、分区规划方案以及片区（住宅区、街区、街道和广场）建筑方案等 4 个阶段。关于分区规划，该办法中规定："为城市

---

① C. A. 勃得列夫. 关于分区规划［R］// 北京市都市规划委员会. 城市建设参考资料汇集第九辑：有关城市规划的几个问题，1957：40-45.
② 同上：27-51.
③ 第七室负责郊区规划，第八室负责工程设施（上下水道等），第九室负责绿地系统规划，第十室负责对外交通（如铁路、公路、飞机场等）。资料来源：C. A. 勃得列夫. 关于分区规划［R］// 北京市都市规划委员会. 城市建设参考资料汇集第九辑：有关城市规划的几个问题，1957：27-51.
④ C. A. 勃得列夫. 关于分区规划［R］// 北京市都市规划委员会. 城市建设参考资料汇集第九辑：有关城市规划的几个问题，1957：27-51.

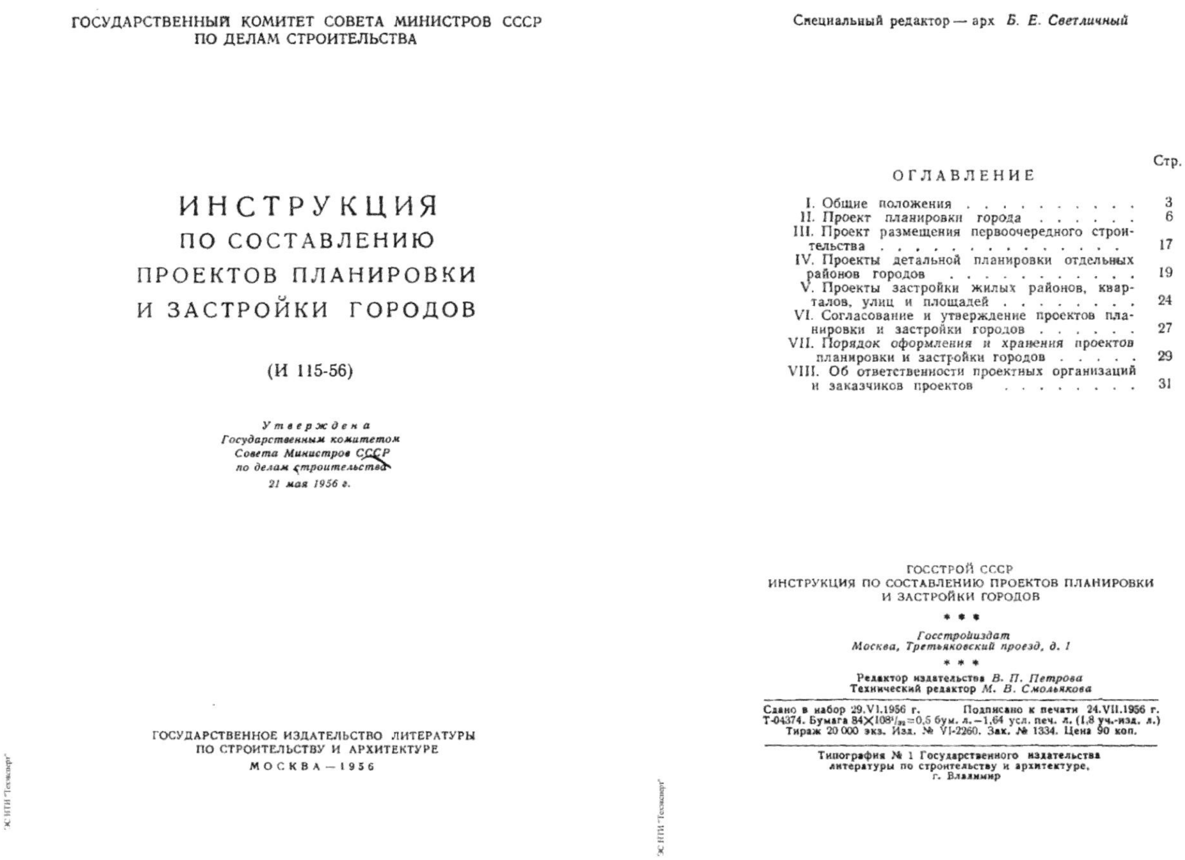
ГОСУДАРСТВЕННЫЙ КОМИТЕТ СОВЕТА МИНИСТРОВ СССР
ПО ДЕЛАМ СТРОИТЕЛЬСТВА

ИНСТРУКЦИЯ
ПО СОСТАВЛЕНИЮ
ПРОЕКТОВ ПЛАНИРОВКИ
И ЗАСТРОЙКИ ГОРОДОВ

(И 115-56)

Утверждена
Государственным комитетом
Совета Министров СССР
по делам строительства
21 мая 1956 г.

ГОСУДАРСТВЕННОЕ ИЗДАТЕЛЬСТВО ЛИТЕРАТУРЫ
ПО СТРОИТЕЛЬСТВУ И АРХИТЕКТУРЕ
МОСКВА—1956

Специальный редактор — арх *Б. Е. Светличный*

ОГЛАВЛЕНИЕ

Стр.

I. Общие положения 3
II. Проект планировки города 6
III. Проект размещения первоочередного строительства 17
IV. Проекты детальной планировки отдельных районов городов 19
V. Проекты застройки жилых районов, кварталов, улиц и площадей 24
VI. Согласование и утверждение проектов планировки и застройки городов 27
VII. Порядок оформления и хранения проектов планировки и застройки городов 29
VIII. Об ответственности проектных организаций и заказчиков проектов 31

ГОССТРОЙ СССР
ИНСТРУКЦИЯ ПО СОСТАВЛЕНИЮ ПРОЕКТОВ ПЛАНИРОВКИ
И ЗАСТРОЙКИ ГОРОДОВ

* * *

Госстройиздат
Москва, Третьяковский проезд, д. 1

* * *

Редактор издательства *В. П. Петрова*
Технический редактор *М. В. Смольякова*

Сдано в набор 29.VI.1956 г. Подписано к печати 24.VII.1956 г.
Т-04374. Бумага 84×108[1]/[32]=0,5 бум. л.—1,64 усл. печ. л. (1,8 уч.-изд. л.)
Тираж 20 000 экз. Изд. № VI-2260. Зак. № 1334. Цена 90 коп.

Типография № 1 Государственного издательства
литературы по строительству и архитектуре,
г. Владимир

图 14–1　苏联部长会议国家建设委员会于 1956 年 5 月 21 日颁布的《城市规划编制办法》(俄文版，封面及目录页)
注：该法规自 1966 年 7 月 1 日起被另一份编号为“CH 345-66”的新法规所替代而废止。
资料来源：李文墨提供。

的住宅区和工业区制定分区规划方案，作为对城市总体规划方案的扩充。根据城市个别区域的建设顺序，为其制定分区规划方案。”“分区规划方案的目的是确定街道和广场的红线及其垂直标高，并确定如何对城市个别部分进行建筑规划设计。明确城市总体规划方案中的规划设计方案，并扩充规划设计方案，使其达到下发编制建筑规划方案任务书所需的程度。”[①]

由此可见，在苏联的城市规划体系中，分区规划工作具有承上启下的重要传导地位，是城市总体规划得以具体落实的一个关键环节（图 14–2）。

值得进一步追问的是，苏联的分区规划工作，其思想的渊源又何在？

资料表明，早在苏联关于社会主义城市建设的理论思想形成之前，莫斯科的城市管理部门就曾于

① 苏联部长会议国家建设委员会．城市规划编制办法（Инструкция по составлению проектов планировки и застройки городов）[Z]．1956 年 5 月 21 日颁布，编号：И 115-56.

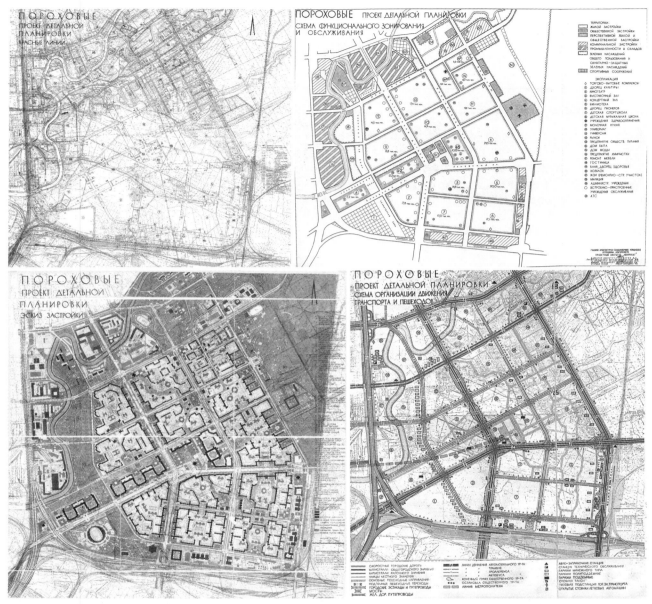

图 14-2　苏联列宁格勒市巴拉霍夫分区规划图纸（上面两图为红线规划图和功能分区图，下面两图为建筑草图和道路交通规划图，1977 年）

资料来源：https://www.aroundspb.ru/index.php?mact=News,m07ffd,default,1&m07ffdnumber=10&m07ffddetailpage=news&m07ffdpagenumber=8&m07ffdreturnid=172&m07ffdreturnid=172&page=172.

1920 年初派遣重要官员到柏林、巴黎和伦敦等城市学习地铁和排水系统等知识，他们完成的题为《西欧大城市》的考察报告成为当时最新技术信息和比较数据的权威书籍[①]。苏联关于分区规划的理论思想，显然主要源自于西欧，特别是规划控制思想最主要的发源地——德国。而在 1930—1940 年代，苏联的分区

---

① ［英］凯瑟琳·库克. 社会主义城市：1920 年代苏联的技术与意识形态［J］. 郭磊贤，译. 城市与区域规划研究，2013（1）：213–240.

图 14-3 北京规委会分区组的同志与规划专家兹米耶夫斯基在一起的留影（1957 年）
第 1 排左起：周桂荣、许方、温如凤、章之娴、郭月华、孙琦、温春荣。
第 2 排左起：诸葛民、岂文彬、傅守谦（分区组副组长）、兹米耶夫斯基（规划专家）、沈其（分区组副组长）、李准（分区组组长）、周佩珠、徐鸣生。
第 3 排左起：李秀儒、蒋淑贞、贾秀兰、杨景媛、王文燕、杜文燕、徐俊凤、张丽英、韩蔼平、王希平。
第 4 排左起：陈璐、张承源、芦济昌、窦焕发、赵知敬、赵炳时、王群、董光器、张国樑、石毓莉。
资料来源：董光器提供。

规划实践中，自然也对这样的规划控制思想进行过一定的适应性改造，从而具有了一定的本土特点，它们在 1950 年代经苏联规划专家的技术援助而被引入中国的城市规划界。

14.3 北京市分区规划的开展情况

早在 1956 年第三季度，即城市总体规划制订工作趋于完成时，北京市的分区规划工作逐步开始启动。

1956 年 8 月 25 日，北京规委会在对首都规划工作进行研究和部署时，明确提出"总图组分成几个组，转入分区规划"[①]。图 14-3 为北京规委会分区组的同志与苏联规划专家兹米耶夫斯基在一起的留影。

1956 年 9 月，在听取了规划专家勃得列夫和经济专家尤尼娜关于分区规划的多次授课以后，北京规委会正式开始分区规划试点工作。

1956 年 10 月 8 日和 9 日，北京规委会分区组的有关人员对分区规划工作进行汇报和讨论。当时规划人员曾提出进一步调查城市现状、加强对拟保留现状的研究、对备用地的考虑，以及"红线、绿线、蓝线"的画法、"抓住当前问题，划成小区"和修改规划总图等方面的问题。

---

① 郑天翔. 1956 年工作笔记［Z］. 郑天翔家属提供. 1956.

1957 年 1 月 15 日，北京规委会召开干部大会，对 1956 年的规划工作进行总结。规委会领导在总结报告中指出，1956 年下半年主要开展了 3 个方面的工作："1. 举行规划工作展览会；2. 结合当前建设及近期建设，进行分区规划；3. 编写、绘制上报图件。"① 对于分区规划工作，总结报告中指出："分区规划工作是一项完全新的工作，过去从来没有做过，不懂，又没有人力，但是迫于形势，不能不做分区规划，光凭总图不能适应需要，因此仓率应战，组织了 20 来个人，从十月份，开始了这项工作。""在专家指导下，经过了这一阶段的摸索前进，也摸索到了一些办法，工作已经有了初步的开展，也起了一定的作用，因为工作时间还短，一时也不可能有非常显著的工作成果。"②

关于当时分区规划工作的成绩，总结报告中有如下概括：

主要的成绩，有下列四点：

1. 分区规划工作的方针现在基本明确了。由于这项工作是完全新的，工作同志、领导上都没有经验，因此同志们不可避免对工作的认识相互之间不一致，会产生许多争论。

现在来看，根据目前我们总图工作的深度、工作干部的力量以及当前建设对规划工作所提出要求的迫切性，这样的方针是正确的，就是：哪③里要进行建设，哪④里出现矛盾，就规划那里。密切结合当前建设，决不能丢开当前建设不管，而是慢条斯理、按部就班、全面铺开，或者是故意回避矛盾，从当前并不急于解决的地方着手。同时，根据我们目前条件，工作只能是粗线条的，工作的进程是"由粗到细"，而具体工作中则又是"粗中有细"。

"密切配合当前建设""由粗到细、粗中有细"这是分区规划工作中坚定不移的方针，这个方针，通过实践证明，是完全正确的。

方针明确、思想统一，工作前进才有可能。这是第一个收获。

2. 专家对分区规划工作进行了系统的讲课，有关的同志们都参加了听课，并进行了学习，专家讲课对我们帮助是很大的，譬如专家提出分区规划要六个图，现在我们的工作就以此为根据；另外，在专家指导下，进行了典型地区的分区规划工作，以便系统地学会了一套分区规划工作的方法。（下月中旬可以结束）

3. 由于与规划局、规划局设计院加强了联系、配合，分区规划的工作过程中对当前建设已起了一定的控制作用。如建立了对口会，总图对建设用地的划拨工作，逐渐起到它的控制作用。

---

① 北京规委会. 北京规委会 1956 年下半年计划执行情况及 1957 年第一季度工作计划要点报告［Z］. 1957：3. 北京市档案馆，档号：151-001-00042.
② 北京规委会. 北京规委会 1956 年下半年计划执行情况及 1957 年第一季度工作计划要点报告［Z］. 1957：10. 北京市档案馆，档号：151-001-00042.
③ 原稿中为"那"。
④ 同上.

4．对1957年建设用地计划中的用地，都已经提出了有关的分区规划资料。[①]

在同一时期（1957年1月），北京规委会在《1957年第一季度规划工作要点》中，将"结合当前建设进行分区规划和部分初步设计工作"作为规划工作要点之一。就具体工作而言："会同规划局设计院及其他有关部门进行下列地区的分区规划方案：①西长安街到复兴门；②科学院西北部分；③永定门、西直门、东便门、广安门等几个铁路枢纽附近地区。""选择典型地区，在专家指导下，全面地学会分区规划工作。除已选定广渠门附近地区的分区规划工作应于2月中旬结束外，分区组应于2月初开始陆续抽出人力进行东长安街到建国门纵深地带的分区规划工作。"[②]

1957年3月北京城市总体规划成果完成后，北京规委会的工作重点转移到分区规划上，技术力量得到进一步加强。1957年4月初，北京规委会在《1957年第二季度工作计划要点》中提出："大力进行分区规划工作。结合当前建设，对目前已建、正［在］建［设］地区进行规划整理工作。工作主要内容如下：土地使用性质的确定、公共建筑、住宅、福利设施建筑之间比例关系的确定，市政工程设施的安排，小区界限的划定，红、绿、蓝[③]线位置的确定，在可能条件下对建筑调度线位置提出意见。"[④]这项工作仍由分区组负责，其具体计划如下：

1．对已建、正［在］建［设］地区进行规划整理工作。首先是对现状进行比较详尽的调查研究，然后进行分区规划。

在第二季度内开始分区规划的有下列几个地区：

①外城崇文区及前门区东部地区；

②广渠门外大街以南、典型分区规划地区以东地区；

③东直门、朝阳门、东便门外，三环以西和朝阳门外的大街以南、通惠河以北、铁路环线以西地区；

④和平里一带，安定门外大街以东、三环以南地区；

⑤阜成门外大街以北、西颐路以南、三环以东地区。

在第二季度内只做现状调查的有下列地区：

①德清路以东、安定门外大街以西、三环以南地区；

②阜成门外大街以南，玉渊潭以西、以南，公主坟以东，西便［门］外铁路线以北地区。

2．对规划局设计院提供草拟建筑草图所需的规划资料。[⑤]

---

① 北京规委会. 北京规委会1956年下半年计划执行情况及1957年第一季度工作计划要点报告［Z］. 1957：11-14. 北京市档案馆，档号：151-001-00042.

② 北京规委会. 北京规委会1957年第一至第三季度工作计划要点［Z］. 1957：2-3. 北京市档案馆，档号：151-001-00040.

③ 原稿为"兰"。

④ 北京规委会. 北京规委会1957年第一至第三季度工作计划要点［Z］. 1957：7-8. 北京市档案馆，档号：151-001-00040.

⑤ 北京规委会. 北京规委会1957年第一至第三季度工作计划要点［Z］. 1957：9-10. 北京市档案馆，档号：151-001-00040.

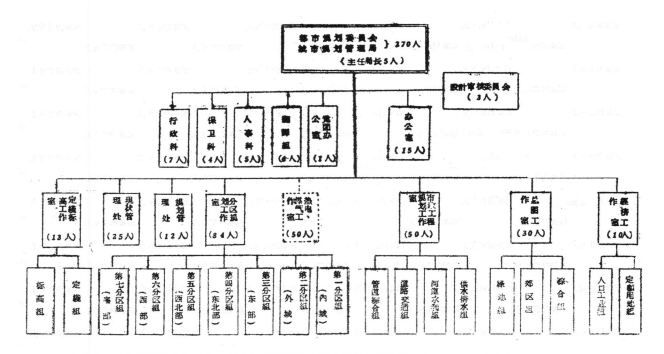

图 14-4　北京市都市规划委员会与北京市城市规划管理局合署办公后的机构设置方案（1957 年底）
资料来源：北京规委会．关于都委会、规划局合署办公后的工作职责问题给北京市人委的报告 [Z]．北京市档案馆，档号：131-001-00304. 1957：12.

郑天翔日记表明，在 1957 年的北京市规划工作中，分区规划是一项重要内容，并进行了多次的研究和讨论。

1957 年底，北京市都市规划委员会开始与北京市城市规划管理局合署办公，当时的机构设置对分区规划工作也极为重视，设置的分区组多达 7 个（图 14-4）。

14.4　1950 年代的分区规划：控制性详细规划思想的重要源头之一

综上所述，早在 1956—1957 年前后，首都北京的城市规划工作中已经启动了分区规划的实践探索。分区规划工作的开展，使得北京的城市总体规划成果不再只是一种对城市各项建设活动的粗略的、框架性安排，而是解决了很多实际操作性的具体规划问题，从而成为可以切实指导首都各项建设及城市空间布局的蓝图。

另一方面，1950 年代北京市的分区规划工作，对于中国改革开放后逐渐兴起的控制性详细规划工作的认识也有重要的科学意义。在 1991 年颁布的《城市规划编制办法》明确控制性详细规划的法律地位以后，经过 1990 年代以后的大规模实践，到 2000 年代时，控制性详细规划已成为中国最核心的规划类型之一，其法律地位和重要性甚至已经超过了城市总体规划[①]。但是，谈论到控制性详细规划，学术界的一般认识却

---

① 譬如，在城市规划督察工作中，即较多依据控制性详细规划成果。

只是源自于 1980 年代美国区划法向中国的引入。从规划史研究的角度，这是相当"无知"的一种认识。

其实，早在近代的民国时期，中国许多城市的建设活动中，已经有诸多以建筑界限、建筑高度和建筑退让等为要素表征的建筑规则及城市导控要求[①]，它们虽然并非以控制性详细规划为名，但两者的实质性内涵是一样的。而在以上海为代表的一些开放型城市中，区划的概念更是早就产生，并对城市建设产生重要影响[②]。

1956—1957 年经苏联专家介绍引入的分区规划工作，同样如此，它在规划内容、成果要求及有关技术方法等方面，与控制性详细规划基本上是一致的。可以说，近代城市管理中的建筑规则，1950 年代的分区规划实践，以及改革开放初期欧美"区划"方法的引入，是中国控制性详细规划思想的三个重要源头。

与中国近代城市管理中的建筑规则相比，由苏联专家介绍引入的分区规划的显著特点是以城市规划工作的视角和方式予以关注、表达和呈现，切实融入城市规划体系之中。就中国"一五"时期的详细规划制度设计而言，也有专门的"红线设计"程序（图 14-5）。

换言之，在中国 1950 年代的城市规划工作中，已经产生了控制性详细规划的思想观念，并且经由苏联规划专家的技术援助而获得了相对较为成熟的规划程序和技术方法，进行了相当规范化的规划实践。这一点，是中国现代城市规划史以及北京规划建设史研究中值得特别关注的一个重要事实。

[①] 该方面最新的一篇研究论文参见：石狄雯. 民国建筑规则中的城市导控研究（1912—1949）[D]. 南京：东南大学，2020.

[②] 柴锡贤 2017 年 4 月 16 日与笔者谈话时指出："区划的英文名字叫 zoning"，"zoning 这个词很难翻译，有的人翻译成'分区规划'"，"这个事情你们要纠正一下，不是改革开放后才引入的。在 1916 年前后，上海的规划工作中早就有区划的概念了，提出者是赵祖康"。"比如，1931年 11 月，当时的上海市政府编制了《大上海都市计划》，在这张'大上海计划图'中，上部偏右有一片地块划分比较细、路网比较密集的区域，这些一块一块分得很小的地块，就是 zoning"，"zoning 的最早使用是在 1916 年，为什么？zoning 是资本主义国家搞出来的，划分了地块以后，可以拍卖。使用 zoning 的时候，在建筑密度和建筑高度等方面都有些规定，这样一来，在土地分块卖出去了以后，还可以有一定的规划秩序。上海应用 zoning 的时间是相当早的，中国人的吸收能力是很强的，吸收起来也很快。""上海市在福州路和江西路转弯的地方，有两三栋房子，都是'蛋糕式'的设计，房子越高、平面面积越小。当时，根据马路的宽度确定建筑高度，同时规定，在达到一定的高度以后，建筑平面就要后退。这样的建筑控制手段，是美国人 1916 年规定的。早在 1930 年代，上海的房屋建造就使用了'蛋糕式'的设计。"

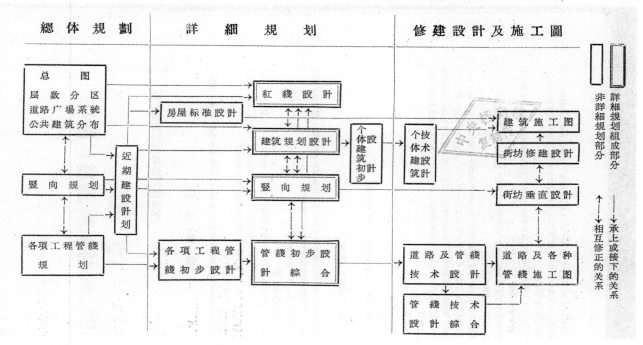

図 14-5 中国 "一五" 时期详细规划中的 "红线设计" 及与相关规划的相互关系
资料来源：城市建设部．城市详细规划编制暂行办法（草案）：全国城市建设工作会议文件［Z］．中央档案馆．档号：259-2-16：1. 1956.

第 15 章

技术援助工作的其他方面

1955 年 4 月来华的第三批苏联规划专家，其核心使命是帮助首都北京制订城市总体规划方案，正是在他们的大力援助下，1957 年 3 月完成的北京城市总体规划成果的科学性和规范性得以保障，为首都各项建设及规划管理活动的顺利开展提供了基本的规划遵循。然而，第三批苏联规划专家对中国城市规划工作的贡献并不仅限于北京城市总体规划的制订，他们对我国城市规划人才的培养以及对其他一些城市的规划工作的帮助也是不容忽视的，本章略作解读。

15.1 城市规划人才的教育和培养

第三批苏联规划专家在援助北京城市规划工作的过程中，发表了大量的谈话，其中又有许多内容是较为系统化的学术报告与授课（图 15-1、图 15-2）。苏联专家的谈话和报告不仅对北京城市总体规划制订具有重要指导意义，同时也潜移默化地对城市规划工作者及有关领导同志进行了城市规划教育，从而培养出一大批具有"实战"能力的新中国第一代城市规划师。

作为共和国首都，北京市具有相当优越的城市规划工作条件。正因如此，规划专家对北京城市规划的技术援助也较其他城市更为规范化。仅以苏联专家谈话的记录和整理这一具体工作为例，第三批苏联专家的绝大多

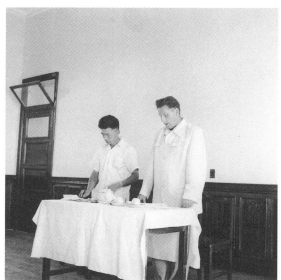

图 15-1　勃得列夫（上）和阿谢也夫（下）正在讲课（1956 年）
资料来源：郑天翔家属提供。

图 15-2　在北京都委会听规划专家讲课的留影（1956 年）
注：勃得列夫讲课时所摄，前排左 1 为苏联专家尤尼娜。
资料来源：李浩收藏。

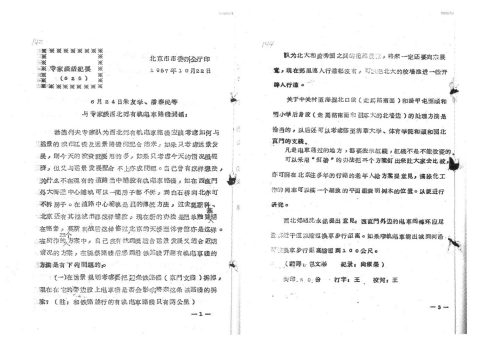

图 15-3　北京规委会整理的苏联专家谈话纪要第 625 期首尾页（1957 年 10 月 22 日编印）
资料来源：中共北京市委办公厅编印. 专家谈话纪要（625）[Z]. 关于道路、铁路、公路规划方面的谈话纪要，北京市城市建设档案馆，档号：C3-00096-2. 1957：142，143.（专家谈话文件标题大部分为《专家谈话记要》，个别为《专家谈话纪要》，本图为其中一例）

数技术援助活动，几乎都在第一时间内进行了较为系统的记录和整理，并汇编上报。据笔者所掌握的部分档案资料，到 1957 年 10 月 22 日时，由北京规委会整理、中共北京市委办公厅编印的《专家谈话记要》^①已达到 625 期（图 15-3），这还并非最后一期。

① 个别记录文件的标题为《专家谈话纪要》。

1955—1957 年，中共北京市委专家工作室暨北京规委会的各项工作具有一定程度的开放性，即接受中央有关部委及各地有关城市派遣规划人员前来进修或学习。据不完全统计，当年到北京规委会学习的人员，包括由国家建委派遣的宗育杰和柳道平，国家城建总局派遣的赵瑾，天津市派遣的王士忠、王作锟、杜文燕和陈海扬，武汉市派遣的黄竹筠、闫钟一、刘国美和徐鸣生，清华大学派遣的赵炳时和程敬琪，南京工学院派遣的齐康，同济大学派遣的史玉雪和顾荣官，等等。各单位派遣学习人员绝大多数为党员，个别为团员。

关于齐康[①]到北京规委会进修一事，亲历者张其锟曾回忆：

> 当时齐康听说清华大学要派人到都市规划委员会来学习，就找我，说他听到苏联专家要来，他也要来学习。那时候他是杨廷宝的研究生。我对他说：你以个人名义来学习恐怕不行，虽然你是党员，即使拿着你们学校的介绍信，也很难接受；你要来的话，得有南京市委的介绍信。他回去后，由南京市委开到了介绍信，经天翔同志批准后，才到北京来学习的。齐康刚来时，党组织关系是在市委办公厅，跟我们在一起过党组织生活。苏联专家来了以后，他的党组织关系才转走，才调到北京市都市规划委员会工作。
>
> 那时候，天津市委书记黄火青同志给彭真同志写信，说要派人来学习。上海市委书记柯庆施同志听说了，也要派人来。他们说苏联专家组是中央请的，你们北京市不能"私有"。彭真同志说，那都同意，都来。国家计委城市建设计划局的一些干部也来学习，处长们也来听过课。其中柳道平同志就在北京市都市规划委员会工作、学习过。[②]

苏联规划专家所作的一些专题报告或授课，不少都是公开的，这给在北京工作或学习的城市规划人员，特别是中央城市设计院的规划技术人员，提供了难得的学习机会，当时在该院工作的邹德慈就曾对经济专家尤尼娜的讲课有深刻印象和高度评价[③]。

另外，为了给城市规划工作者创造良好的学习条件，北京规委会还有意识地编选和印制了一批《城市建设参考资料汇集》（图 15-4），内容涵盖苏联专家建议、规划文献、专家谈话或讲课记录等，成为规划工作者系统学习城市规划理论知识的重要教材（表 15-1）。

---

① 齐康，1931 年生，1949—1952 年在南京大学工学院（今东南大学）建筑系学习，毕业后留校任教。1993 年当选中国科学院院士。
② 张其锟 2018 年 3 月 20 日与笔者的谈话。
③ 邹德慈曾回忆："国家很重视咱们城院，派了一个组来，这个组里有专家组的组长，还有建筑规划的专家、工程规划的专家、电力方面的专家和经济专家，组长是经济专家，我后来就在那个研究室的经济组。要说起来，当时直接在苏联专家组长的带领下，应该说还是学了一些东西，因为苏联专家里头经济专家我觉得是最实在的，他可没有像现在的经济学家那样那么多的经济学理论。同时，在北京规划委也有一个苏联专家组，那里头也有一位经济专家，是女的，叫尤尼娜，我觉得比我们院的经济专家还要有学问一点，有些教材我现在不知道扔哪里去了，但是确实很好，我们对苏联的建筑专家不太'感冒'，他那个空间布局什么的非常套式化，我们有时候背后就议论，不大服气，总体规划永远一个模式，其实包括像吴良镛、李德华这些先生们都有看法，经济专家比较实在，研究一些规模、人口、标准等等。"资料来源：邹德慈口述. 李浩整理. 邹德慈口述历史系列之"《城乡规划》教科书"[R]. 2010 年 7 月 30 日口述，2015 年 3 月 3 日整理，经邹德慈审定。

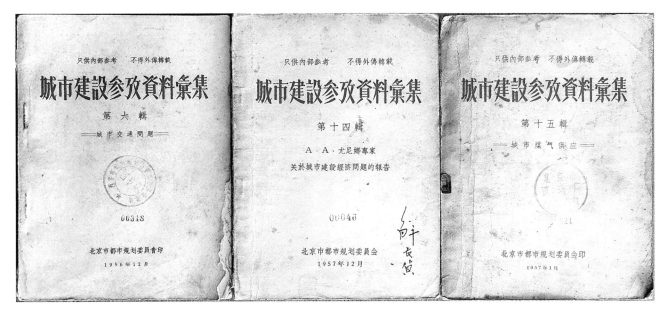

图 15-4　北京规委会编印的部分《城市建设参考资料汇集》
资料来源：李浩收藏。

北京规委会编印的《城市建设参考资料汇集》一览表（不完全统计）　　　　表 15-1

序号	书名	印刷时间	主要内容
第一辑	苏联专家建议	1956 年 5 月	苏联专家组集体名义及个人方式提出的各种意见和建议
第二辑	改建莫斯科总体规划报告书（摘录）	1956 年 8 月	1935 年 7 月苏联审议通过的莫斯科改建总体规划的文本
第三辑	地下铁道	1956 年 12 月	关于地铁规划建设的苏联专家谈话记录、一些译文及莫斯科、巴黎、伦敦、纽约和柏林的地铁平面图
第四辑	Г. Н. 施拉姆珂夫专家关于建筑施工的报告与建议	1956 年 11 月	建筑施工专家施拉姆珂夫所作的专题报告及部分谈话记录
第五辑	Г. Н. 施拉姆珂夫专家关于发展北京市建筑业和建筑材料工业远景规划的建议	1957 年 5 月	建筑施工专家施拉姆珂夫关于发展北京市建筑业和建筑材料工业远景规划的专项建议
第六辑	城市交通问题	1956 年 12 月	城市电气交通专家斯米尔诺夫所作的专题报告、部分谈话记录以及相关的一些译文
第七辑	城市公共交通的基本知识	1957 年 1 月	城市电气交通专家斯米尔诺夫所作的专题报告、部分谈话记录以及相关的一些译文
第九辑	有关城市规划的几个问题	1957 年 1 月	规划专家勃得列夫及兹米耶夫斯基所作的专题报告及部分谈话记录
第十辑	城市供热的基本知识（上册）	1957 年 1 月	城市供热专家格洛莫夫讲课记录，共 74 讲，本辑为前 20 讲
第十一辑	城市供热的基本知识（中册）	1957 年 6 月	城市供热专家格洛莫夫讲课记录，共 74 讲，本辑为第 21 ~ 50 讲
第十二辑	城市供热的基本知识（下册）	1958 年 8 月	城市供热专家格洛莫夫讲课记录，共 74 讲，本辑为第 51 ~ 74 讲

序号	书名	印刷时间	主要内容
第十三辑	关于上下水道的几个问题	1958 年 2 月	上下水道专家雷勃尼珂夫所作的专题报告及部分谈话记录
第十四辑	A. A. 尤尼娜专家关于城市建设经济问题的报告	1957 年 12 月	经济专家尤尼娜所作的专题报告及部分谈话记录
第十五辑	城市煤气供应	1957 年 1 月	煤气专家诺阿洛夫关于煤气供应的讲课记录
第十六辑	城市煤气供应问题	1956 年 12 月	关于城市煤气供应问题的一些译文
第十七辑	电气交通的基本知识	1958 年 8 月	城市电气交通专家斯米尔诺夫所作的专题报告

注：各辑出版时序并不统一。

资料来源：作者整理。

15.2 对相关城市的一些规划工作的指导

第三批苏联规划专家是专门对口援助北京的，但对其他城市也进行过一些技术援助。这主要包括两种情况：一是有关城市的规划工作者到京向苏联专家组汇报规划工作，听取指导意见；二是苏联专家组赴有关地区考察和调研时，对有关城市的规划工作进行过指导和帮助。

15.2.1 有关城市赴京请教——以天津市为例

就第一种情况而言，以天津市为例，1957 年 4 月 8 日，天津市派遣王山工程师等赴京，向规划专家勃得列夫和经济专家尤尼娜汇报了天津市的城市发展情况、规划工作设想及规划方案（图 15-5、图 15-6），后于 4 月 10 日，两位苏联专家在北京规委会的会客厅，对天津市的规划工作发表了指导意见[1]。

4 月 10 日的谈话分上午、下午两个时段进行。在上午的谈话中，尤尼娜指出当时天津城市规划方案的缺点主要是"对城市现状了解不够，对天津远景发展经济资料的研究、依据不足，就人口来说，远景发展为 300 万 ~ 400 万也不是根据天津经济发展来考虑，而是依据人口的机械增长和自然增长"。[2] 对此，尤尼娜重点对城市规划中所需要开展的技术经济分析工作及城市发展方向的研究工作进行了指导。

随后，勃得列夫对天津城市规划方案进行了比较全面的分析和评价。勃得列夫指出："天津城市所处的位置非常复杂，常受洪水的威胁，但一个城市分布在沿河，又接近海，在建设上也是有许多优越性的。""水系的规划是这次总图规划中的一个重点，天津考虑这个问题是对的。天津建筑得非常混乱，所以在改建城市上是非常困难的，但是建筑已形成的地方，即都是有价值的东西，所以我们在规划时最好能利用原有基础来改善现状。"[3]

---

[1] 在专家谈话记录中，两位专家的译名分别为尤妮娜和包德列夫。
[2] 天津市建设局. 尤妮娜、包德列夫两专家对天津城市规划工作所提的意见 [Z]. 天津市档案馆，档号：X0154-Y-000988. 1957：132-145.
[3] 同上.

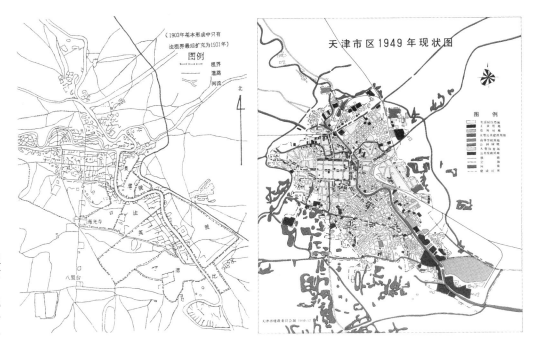

图 15-5 天津市八国租
界位置图（左）及天津市
区 1949 年现状图（右）
资料来源：天津市城市规
划志［M］．天津：天津科
学技术出版社，1994：42．

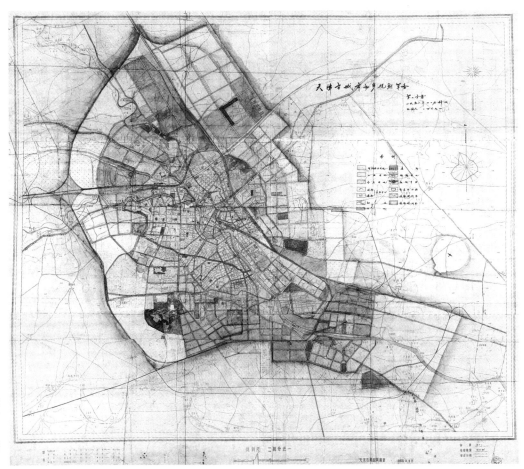

图 15-6 天津市城市
初步规划草图（第一方
案，1956 年 11 月）
资料来源：天津市城市建
设档案馆提供。

天津是中国近代的一个开放城市，曾经有多个国家在此设立租界，客观上形成了一种"各自为政"的用地布局结构，这使"一五"时期的城市规划工作存在许多困难。勃得列夫指出："关于城市功能分区也是一个复杂的问题，从目前来看，工业[1]是已均匀地分布在城市中，要想把它提出来成立区（指工业区）这是非常困难的，故现在我们这次规划中只是考虑如何使其改善的问题。"[2]

关于天津市的中心区，天津市规划人员当时曾向苏联专家汇报了两个设计方案，勃得列夫评价："关于中心区的问题，这两个方案的轴线依据性不大，中轴应沿海河来考虑，一般不考虑河流做中轴线，这是过去资本主义国家的建筑方式（为了在沿河建仓库码头），在莫斯科规划时起初亦是这样做而实际没有起到作用。"[3]

当日下午，"在专家未到会前，天津的规划工作者先开了个小会，提出了下面四个问题请专家能帮助解决：①天津城市是向长形发展，还是向圆形发展？向长形发展的优点何在？②关于功能分区问题？天津市应采用怎样的布局？③关于新旧区的衔接问题？④水的处理问题？"[4]下午的会议即主要围绕这些问题而展开。

就天津城市发展形态而言，勃得列夫主张天津向长形发展为好，他认为"应该计算出向长形发展及向圆形发展的用地大小，从现状看来，工业区和住宅区太分散，而在规划工作中便应解决这个问题"。尤尼娜指出"城市沿海河及铁路往长形发展，如按 400 万人口考虑则须 360 平方公里用地，城市用地按 90 平方米 / 人太小了些，这样须增加新用地约目前的三倍，这样市区要发展到那里（指大挂图）"。[5]

勃得列夫强调，"我提出向长形发展是根据天津交通路线和工业区现状分布，现在呈长形的发展是否继续这样妥当，应做一方案比较，关于长形方案也应该做几个草图，计算比较。"[6]

15.2.2 专家组赴外地考察并指导规划工作

除了接受规划人员上门请教之外，第三批苏联专家还利用一些机会，赴北京以外的地区考察调研，并对当地的城市规划工作进行指导和帮助。

1956 年 1—2 月，苏联城市电气交通专家斯米尔诺夫和煤气专家诺阿洛夫一同赴上海考察调研，并与上海市有关方面的同志进行交流和座谈。据档案记载，有关活动主要包括：1 月 14 日，斯米尔诺夫与上海市交通局顾局长等进行座谈和交流，诺阿洛夫听取上海市煤气公司经理程达青汇报上海煤气供应事业的概况并进行交流；1 月 16 日，上海市交通局向斯米尔诺夫介绍上海市交通一般情况及变流系统情况，斯米尔诺夫解答了上海市交通局所提关于变流等问题；1 月 18 日，诺阿洛夫参观上海市煤气公司所属煤气

① 该档案中原稿为"工叶"。
② 天津市建设局. 尤妮娜、包德列夫两专家对天津城市规划工作所提的意见［Z］. 天津市档案馆，档号：X0154-Y-000988. 1957：132-145.
③ 同上.
④ 同上.
⑤ 同上.
⑥ 同上.

图 15-7　勃得列夫和尤尼娜考察南京中山陵时与陪同人员的留影（1957 年 5 月）

左 1 至右 4 依次为：朱友学、郑祖武、徐继林、储传亨、尤尼娜、岂文彬、杨念、勃得列夫。右侧 3 人为南京市规划局陪同人员。

资料来源：北京城市规划学会. 岁月影像：首都城市规划设计行业 65 周年纪实（1949—2014）[R]. 北京城市规划学会编印，2014：51.

表及用具修造工场，并进行了交流；1 月 20 日，斯米尔诺夫解答了上海市交通局所提城市公共交通数据计算、交通工具选择、交通线路设计等 18 个方面的问题；1 月 21 日，上海市煤气公司经理程达肯、计划科副科长任家宽向诺阿洛夫专家汇报上海市煤气供应远景规划草案；1 月 24 日，诺阿洛夫向上海市煤气公司的负责干部等讲解了制订城市煤气供应规划的原则、方法和步骤，并对上海煤气供应规划初步草案提出原则性的建议；1 月 28 日，斯米尔诺夫听取了关于上海市公共交通现状资料汇报，发表了指导意见；2 月 3 日，诺阿洛夫听取了上海煤气厂的情况汇报，就一些具体问题进行了解答和交流。[①]

　　1957 年 2 月底，在北京城市总体规划的成果基本完成的情况下，苏联煤气专家诺阿洛夫专门赴武汉调研，先后多次听取武汉市煤气供应规划工作的汇报，并进行指导和帮助。[②]

　　1957 年 3 月中共北京市委常委会审议通过北京城市总体规划方案以后，规划专家勃得列夫和经济专家尤尼娜一道，于 1957 年 4 月中旬至 5 月中旬先后赴武汉、广州、杭州、上海和南京（图 15-7）考察调研，并对各市的规划工作进行指导。

　　以杭州为例，勃得列夫和尤尼娜于 1957 年 5 月初自广州至杭州，经过考察调研后，杭州市于 5 月

① 北京规委会. 苏联专家组在武汉、广州、上海、南京等地规划座谈会上的发言 [Z]. 北京市城市建设档案馆，档号：C3-00103-1.1956.
② 同上.

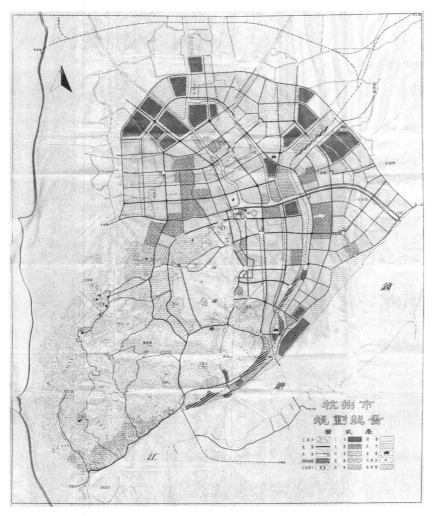

图 15-8　杭州市规划总图（1950 年代）
资料来源：杭州市城建局. 杭州市规划总图
[Z]. 中国城市规划设计研究院档案室，档号：
0433.

7 日举办了一次城市规划座谈会，对杭州市的规划发表了指导意见；5 月 9 日，两位苏联专家又与杭州市周副市长进行了一次专门的座谈。

　　在两次座谈中，两位专家对杭州市的规划工作给予了好评："我们游览了杭州这个美丽的地方，但是有的地方还需要改造。总图基本上做得很好，城市规划中没有铁路与城市的矛盾（其他很多城市是有的），可能是你们对铁路太客气了，铁路用地还可以压缩，自钱塘江大桥到六和塔需要道路，但因为铁路的关系不能开通。今后要做详细规划，要很好地保留古迹。"[1] "我看了天津、武汉、广州的规划，他们不易使居住区接近江河，杭州处理得很好，江堤有两条，这样可使城市发展与河结合起来，去上海的公路是否要走堤上？这样使居住区与江岸被干线隔开，如果能在江岸上做些建筑则更好了，地基可用泥沙填起。"[2]（图 15-8）

① 北京规委会. 5 月 9 日杭州市周付［副］市长与勃得列夫、尤妮娜专家座谈会记录［Z］// 中共北京市委办公厅. 专家谈话记要（621）. 1957.
② 北京规委会. 5 月 7 日勃得列夫、尤妮娜专家在杭州市城市规划座谈会上的发言［Z］// 中共北京市委办公厅. 专家谈话记要（620）. 1957.

关于杭州的城市性质，勃得列夫指出："杭州是历史上形成的游览地区，也是研究中国历史的地方，同时又是个工业城市，所以杭州应该是有游览价值的城市，也应该是个工业城市，因为现在已经有不少工业，这些工业一定要发展的，但原有工业发展规模及建设哪些新工业，并非城市规划工作者的工作，要由中央国家计委和省计委来拟定，规划工作者只能从技术上考虑，而不能掌握全面，所以要有国家计委、卫生监督机构、人防机关和市内共同研究决定。""杭州市中 50% 用地为游览休养地区，所以要发展服务性和生活供应必需品的工业比较合适，至于要［安］排什么工业呢？规划工作者提不出意见。杭州的工业，我个人的意见是应该考虑本地生产原料的工业。"①

针对杭州作为旅游城市的鲜明特点，勃得列夫建议："曾看到游人（步行人）到古迹游玩去不大方便，应该给他们创造条件，不要使汽车威胁他们，要增建行人便道，用钱不多，因为坐汽车的人是少数。""在苏联及中国其他城市，公共游览区要收一些维修费，杭州是否考虑过？这样对游人负担并不大，而可以减少政府投资。""西湖是否要考虑游泳？可以开辟游泳场，北京昆明湖虽然水并不很干净，也开辟了游泳场，西湖更有条件。"②

关于城市人口规模，尤尼娜指出："杭州 90 万人口，已经不算小了，因为是游览休养地区，世界上各个角落都要有人来，总体中明确发展游览区是正确的，杭州又是个工业城市，现状人口结构中工人占 10%，而规划的规模大了，到［19］67 年工业人口增长 2.5 倍是很大的，当然远景可能要增加 12% 或更多一些。总图中工业用地规模很大，如按总图实现，人口还要加多，［19］67 年工业人口占 14%，廿年后占 15%，已经很合适了，苏联在游览和休养城市中一般不发展工业，工业人口一般只占 5%～7%，其他则为游览和休养的服务人口。"③"杭州是全国游览中心之一，对于这些游览人口要好好考虑，你们包括了疗养院、休养所及大型饭店是对的，但是服务人口则考虑不够，凡非地方性休养疗养机构的服务人员一律计入基本人口。"④

关于城市中心，勃得列夫指出："杭州市中心距湖远了一些，在钱塘门附近很好，但规划新中心距湖有一公里多，在山后，可向南移一些。"⑤"可以考虑自市中心开一条路至湖滨，但不要行使贯穿的交通工具，在宝石山上看到省的机关，地方虽然很好，但是像到深山中去了，放在市区与游览区之间的滨湖地带最好。"⑥

① 北京规委会. 5 月 9 日杭州市周付［副］市长与勃得列夫、尤妮娜专家座谈会记录［Z］// 中共北京市委办公厅. 专家谈话记要（621）. 1957.
② 同上.
③ 同上.
④ 北京规委会. 5 月 7 日勃得列夫、尤妮娜专家在杭州市城市规划座谈会上的发言［Z］// 中共北京市委办公厅. 专家谈话记要（620）. 1957.
⑤ 同上.
⑥ 北京规委会. 5 月 9 日杭州市周付［副］市长与勃得列夫、尤妮娜专家座谈会记录［Z］// 中共北京市委办公厅. 专家谈话记要（621）. 1957.

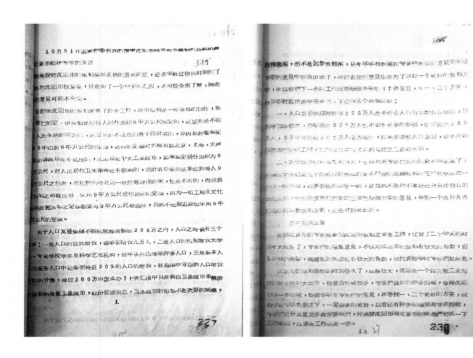

图 15-9 第三批苏联规划专家参加国家建委组织的沈阳市初步规划审查会议的记录档案（1956年10月，首尾页）

资料来源：沈阳市城建委. 勃得列夫、尤尼娜等在国家建委沈阳规划预审会议上的报告[Z]. 沈阳市档案馆，档号：Z12-1-134. 1956.

在"一五"时期，杭州和北京一样也规划建设了文教区，对此，勃得列夫发表意见如下："在中国两年工作［期间］，发现中国很多城市有文教区，这个问题我到现在还研究不透，而在莫斯科不是这样的，可能是教授缺人，共同使用。把学生与家庭分开是否合适呢？我还没有研究好，还不敢提出原则性的意见。广州把工、农学院放在风景好的地方当然是好，但是远离了城市。杭州文教区安排得也不坏，外有干线围绕，交通方便。以后除了学校还有科学研究机构，不要再像文教区那种形式了。"①

15.3 中央层面一些城市规划活动的参与

第三批苏联规划专家在华工作期间，除了对有关城市的规划工作进行过一些指导和帮助之外，还曾参与到中央政府层面的一些城市规划活动之中。譬如，1956年10月下旬，国家建委组织对沈阳市初步规划进行审查时，即邀请了第三批苏联规划专家组进行指导，沈阳市规划档案中记载了规划专家勃得列夫、经济专家尤尼娜、煤气专家诺阿洛夫、上下水道专家雷勃尼珂夫、电气交通专家斯米尔诺夫和供热专家格洛莫夫等发表的有关意见（图15-9）。

发表意见时，尤尼娜首先声明："如果说对沈阳市的规划提出正确意见的话，必须要经过很长时间的了解，因为沈阳市很复杂，只是听了一个半天的汇报，不可能全面了解，因而提出的意见可能不全面。"随后，尤尼娜表达了对人均居住面积定额指标的不同意见：

---

① 北京规委会. 5月9日杭州市周付［副］市长与勃得列夫、尤妮娜专家座谈会记录［Z］//中共北京市委办公厅. 专家谈话记要（621）. 1957.

图 15-10　沈阳市初步规划总图
（1956 年 4 月，复制件）
资料来源：拍摄于沈阳市城市规划设
计研究院档案室。

　　"看起来沈阳市的规划［委员］会做了许多工作，城市规划是一件集体的创作，规划方案已制定，但规划是按每人居住面积 6 平方公尺制定的，这显然是不能满足人民生活的要求的，这显然是不应当咎于设计者的，原因是［国家］建委规定了 30 年达到 6 平方公尺的定额，这样的定额对大城市如北京、上海、天津、沈阳等城市是不适应的，沈阳市是个大工业城市，如果规定居住面积为 6 平方公尺，对人民居住卫生条件是有影响的，设计者尽量设法要达到每人 9 平方公尺之标准，而机械地将北边一块空地连接起来，也是不对的，而应当在规划之初就采用 9 平方公尺居住面积的定额，因为一切工程及文化福利设施规划之定额都要与 9 平方公尺相适应，当然不是说近期也采用 9 平方公尺的定额。"①

　　尤尼娜指出："关于人口发展规模，不能机械地限制在 200 万之内，人口之增长有三个因素：一是人口的自然增长，每年要增长几万人；二是人口的机械增长大学生、专业学校学生及科学艺术机构，每年从外边进来许多人口；三是基本人口与服务人口中还需要将近 20% 的人口的增长，在总图中考虑到人口增长时如何分布，超过 200 万后怎么办？上次汇报中只谈到由卫星城市来解决，但如何布置卫星城市，经济依据缺乏，卫星城市的规划不是次要的问题，正确的方法是卫星城市与中心城市需要统一考虑之。"②

　　对于沈阳市的城市规划总图（图 15-10），尤尼娜提出了比较尖锐的意见："对总图方面的意见，如果提得尖锐一些，可以说总图只是近期规划措施图，而看不出是远景规划，绿化面积每人 9 平方公尺的标准太低，没有考虑到美化城市与改善环境卫生之要求，住宅用地太紧凑，人口密度过高，没有考虑到人民良好的居住条件，将来修建起来可能处于被动地步，生活用仓库用地太少，每人只是不到 2 平方公尺，比苏

---

①　沈阳市城建局. 10 月 31 日国家建委召开的预审沈阳市城市初步规划的会议纪录［Z］. 沈阳市档案馆，档号：Z12-1-134. 1956：15-27.
②　同上.

联的每人 4 平方公尺少了一倍，将来会感觉不够用的。"①

尤尼娜和其他几位苏联专家发言结束后，是规划专家勃得列夫的发言。他首先谈道："［对］沈阳市整②个规划图纸提意见是很容易的，因为别的专家已谈过很多，另外是中共沈阳市委对规划提出了书面意见，这些意见是原则性的，正确的，有价值的，是值得欢迎的，根据市委的意见我可以签字，从市委的意见中可以看出市委的工作是深入的、具体的，希望根据市委的意见，另行考虑规划方案。"③

对于沈阳城市规划总图，勃得列夫发表了与尤尼娜较为接近的观点："制定总图应当分近期与远景，北京市的规划分近期 1962—1967 年与 30 年的远景，近期规划可以现实一些，多迁就现状，多考虑目前的情况；远景可以理想一些，远景的总图对设计者来说可以有勇气的理想去制定，但这二者兼顾是有困难的。""关于人口问题，其他专家与市委的意见是对的，如限制在 200 万人是不适宜的，如果要限制人口之发展，那么超过 200 万人以上之人口，即需要设法安置，比如说移到卫星城市去的措施是正确的。"④

继勃得列夫之后，当时受聘在国家建委的克拉夫秋克发表了具有总结性质的讲话，内容如下：

> 同意以上专家们的意见，沈阳市在规划工作上，做了许多工作，遗憾的是过去之方案未带来，过去所做的方案与今天的比较一下，是走了两个极端：过去的方案做得很大，不结合现实，今天做的方案又太小了，只照顾了现实情况，而没有照顾到远景。过去方案中之优点，没有在今天之方案中体现出来。大城市做规划之经验，如北京市，对沈阳市来说是可以学习的，在今年上半年建委视察小组去沈阳时，我曾建议沈阳市向北京学习一番，遗憾的是你们没有做。
>
> 周总理说：基本建设的方针是"好、多、快、省"，这个原则在城市规划上也是适用的，坚决降低非生产性建筑的造价，但也应当保证质量，城市规划从近期到远景，既保证质量也应当经济、适用。检查你们过去之方案，只考虑了远景，未考虑近期，今天送审之方案却只考虑了近期，而忽略了远景，所以同意北京市专家们的意见：看起来你们的规划图只是近期工程措施图，而不是远景规划图。从今年年初到现在，专家们所提的意见，完全在市委的意见中体现出来了，我过去提的意见也是为了寻找一个更好的规划方案，所以你们下一步的工作应当根据市委的 17 条意见，做一两个方案，经市委讨论后送中央审批。下边说几个具体问题：
>
> 一、人口发展规模控制在 200 万人是不符合人口自然增长规律的，自然增加率很大，市委提出 230 万人也不会有更多的根据，也可能是 250 万人，30 年限制在 200 万人是困难的，如果要限制人口发展，须做种种措施进行安排工作，如解决劳动力之出路与建立卫星城市等。
>
> 二、关于城市结构与布局方面，勃得列夫专家已提出的，就不再重复了，问题在于将过去几个历

---

① 沈阳市城建局. 10 月 31 日国家建委召开的预审沈阳市城市初步规划的会议纪录［Z］. 沈阳市档案馆，档号：Z12-1-134. 1956：15-27.
② 原稿为"正"。
③ 沈阳市城建局. 10 月 31 日国家建委召开的预审沈阳市城市初步规划的会议纪录［Z］. 沈阳市档案馆，档号：Z12-1-134. 1956：15-27.
④ 同上.

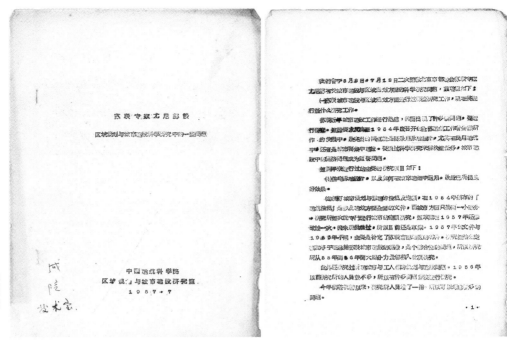

图 15-11　经济专家尤尼娜关于城市建设与区域规划科学研究问题的谈话记录（1957 年）
资料来源：李浩收藏。

史时期形成的互不衔接的道路结构，将它们组织成为一个统一的整体，远景要搞得理想一些。这当然不是说不考虑经济只是很贵的去搞规划，而是要发挥设计者的创造性，根据市委的意见，编制一个既好且省的理想的远景规划方案，这是可能做到的。[①]

在这次会议的最后，国家建委城市规划局局长蓝田作了总结讲话："邀请北京市的专家组参加沈阳市规划之审查工作，花费了两个半天的时间，今天结束了。专家们的宝贵意见，不仅对沈阳市的规划有很大的帮助，而且对我们建委、城建部的同志也有很大的帮助，我代表建委向专家们致谢意。""沈阳市的规划，编制的时间很久了，成绩很大，沈阳是一个以机械工业为主的综合性的大城市，很复杂，问题很多，专家们提出的许多问题，值得沈阳市进一步研究，根据市委及专家们的意见，再寻找一两个更好的方案，我相信在专家帮助之下，一定会做得更好。以后还有许多问题要向专家请教，专家们有什么意见亦希告诉我们，并希望沈阳市与北京市的同志们交流一下工作经验，以便将工作提高一步。"[②]

除了这次沈阳市规划审查工作之外，1957 年 6 月 8 日和 7 月 12 日，中国建筑科学院[③]区域规划与城市建设研究室的有关人员曾经向经济专家尤尼娜多次请教有关城市建设与区域规划方面的科学研究问题（图 15-11），内容涉及"苏联城市建设与区域规划方面进行过哪些研究工作，现在将进行些什么研究工作""关于研究城市人口问题"和"关于区域规划中建筑师的作用问题"等几个主要方面。[④]

---

① 沈阳市城建局. 10 月 31 日国家建委召开的预审沈阳市城市初步规划的会议纪录［Z］. 沈阳市档案馆，档号：Z12-1-134.1956：15-27.

② 同上.

③ 当时该院尚处于筹建中.

④ 区域规划与城市建设研究室. 苏联专家尤尼娜谈区域规划与城市建设科学研究中的一些问题［Z］. 中国建筑科学院，1957.

第三批苏联专家组在华工作一段时间后，1 位专家（煤气专家诺阿洛夫）因特殊原因于 1957 年 3 月提前结束技术援助协议并返回苏联，6 位专家（规划专家兹米耶夫斯基、建筑专家阿谢也夫、电气交通专家斯米尔诺夫、上下水道专家雷勃尼珂夫、建筑施工专家施拉姆珂夫和供热专家格洛莫夫）于 1957 年 10 月返回苏联，其余两位专家（规划专家勃得列夫和经济专家尤尼娜）则于 1957 年 12 月返回苏联。

第四篇

地铁专家组和规划专家组
（1956—1959 年）

第 16 章

第四批地铁专家组（1956—1957年）及北京地铁规划

在第三批苏联规划专家帮助制订北京城市总体规划的工作过程中，另一个更加专业化的苏联地铁专家组也来到了北京，他们的明确任务是对北京地下铁道修建问题进行规划研究及第一期方案设计，按照来华时间的先后次序而被称为第四批苏联专家，他们在北京工作的时间比较短暂，且与第三批苏联规划专家组在华工作时间相重叠，具有协同工作的特点。

尽管第四批苏联地铁专家组是在1956年10月才来到中国的，但北京地铁规划问题却早就已经提出和讨论。

16.1　地铁专家组来华的缘起

早在1952年9月首次全国城市建设座谈会期间，穆欣即介绍过莫斯科地下铁道的建设情况，此后在指导西安、沈阳、上海和杭州等市规划工作时，他又呼吁中国部分大城市应及早考虑地铁建设问题。穆欣的建议产生了重要影响。1953年3月3日，北京市领导在中共北京市委会议上的讲话中即指出："说要搞地下的［铁道］，为交通，为防空，将来研究。"[①]1953年8月10日，中央城市工作问题座谈会第4份简报《关于旧的大城市的改造和扩建中的一些问题》中指出："四百万以上人口的大城市，仅靠地面交通是不能解决问题的，将来应尽可能修建地下铁道（地下电车道）。在首都，应尽早考虑地下铁道的修建问题。"[②]但在1953年秋季畅观楼规划小组工作之初，却并未深入考虑地铁规划问题，因为地铁规划是一个专业性特点和技术要求相当高的特殊问题，需要专业人士来做专门的研究及规划。

1953年12月，中共北京市委在向中央呈报《改建与扩建北京市规划草案》的文件中指出："为了提供城市居民以最便利、最经济的交通工具，必须及早筹划地下铁道的建设。"[③]"对于地下铁道的建设问题，

① 郑天翔. 1953年工作笔记［R］. 郑天翔家属提供. 1953.
② 会议秘书处. 关于旧的大城市的改造和扩建中的一些问题［Z］. 城市工作问题座谈会简报之四. 1953.
③ 中共北京市委. 市委关于改建与扩建北京规划草案的要点［R］// 中共北京市委政策研究室. 中国共产党北京市委员会重要文件汇编（一九五三年）. 1954：46-52.

图 16-1　中共北京市委关于邀请苏联地下铁道专家向中央的报告（1954 年 11 月 30 日）

资料来源：中共北京市委.市委关于聘请苏联专家、为专家抽调翻译人员和关于苏联大使馆新建使馆地址问题的请示［Z］.北京市档案馆，档号：001-005-00125.1954：15-16.

亦请中央考虑可否指定专门机构并聘请苏联专家，着手勘察和研究。"[1]1954 年 10 月，中共北京市委在向中央呈报修订后的规划草案时，再次强调了及早筹划地铁建设的必要性[2]。之后不久，中共北京市委于1954 年 11 月 30 日向中央专门呈报《市委关于邀请苏联地下铁道专家向中央的报告》（图 16-1），报告中指出："从长远的国防上及公共交通的要求上来看，北京市必须有大规模的地下铁道，现在就应该积极地进行准备工作"，"我们认为有必要邀请一组地下铁道的苏联专家工作组，来京短期工作，具体部署和指导我们和中央铁道部进行地下铁道的收集资料工作及其他准备事项。待准备工作进行到一定程度时，再正式聘请地下铁道设计和施工方面的专家"。[3]

　　1956 年 1 月，国家计委主要领导在莫斯科向苏共中央提出的第二个五年援助方案中提到："请求苏联政府于一九五六年第一季度内派遣一个地下铁道建设的专家小组来中国，希望这个小组包括深部地质勘查专家和地下铁道选线专家若干名。"[4]但是，苏方研究后认为，中国"提的要求还不十分明白，不好确定专家专业和人数"，故而，"具体要求我们将建设北京地下铁道的初步打算、目前准备工作情况、要求苏联

---

① 中共北京市委.市委关于改建与扩建北京市规划草案向中央的报告［R］//中共北京市委政策研究室.中国共产党北京市委员会重要文件汇编（一九五四年下半年）［R］.1955：97-98.

② 1954 年 9 月修改重印的《改建与扩建北京市规划草案的要点》中指出："为了提供城市居民以最便利、最经济的交通工具，还必须及早筹划地下铁道的建设。为此，应及早着手收集设计地下铁道所必需的资料。"资料来源：中共北京市委.市委关于改建与扩建北京市规划草案的要点（1954 年 9 月修改重印）［R］//中共北京市委政策研究室.中国共产党北京市委员会重要文件汇编（一九五四年下半年）.1955：101-108.

③ 中共北京市委.市委关于聘请苏联专家、为专家抽调翻译人员和关于苏联大使馆新建使馆地址问题的请示［Z］.北京市档案馆，档号：001-005-00125.1954.

④ 李富春.关于请苏联专家协助建设地下铁道问题给彭真、刘仁的函［M］//北京市档案馆.北京档案史料（2003.1）.北京：新华出版社，2003：63.

在哪方面进行援助、所需专家的专业、人数、来华及主要解决什么问题、来华时间等告诉他们"。① 收到苏方这一反馈建议的次日（1956年5月22日），国家计委领导致函中共北京市委领导，告知了有关情况。随后，北京市有关领导与苏联规划专家勃得列夫交换了意见，提出"先聘请一位精通地下铁道业务的专家来华，首先帮助我国研究首都建设地下铁道的计划和如何进行准备工作等问题"，以及"聘请一个地下铁道专家小组来京工作"两个方案，于1956年5月30日向国家计委领导提交报告，并指出"我们认为采取第二方案是比较妥当的"。②

北京地铁修建问题，也是中央领导非常关心的一件大事。1956年2月21日听取国家城建总局工作汇报时，谈到地下铁道，中央领导即询问："多深才能避免原子弹？"有关人员回答后，中央领导又询问何时修建，有关人员回答说大约在第二或第三个"五年计划"期间，对此，中央领导表示："太晚了吧？第一个'五年计划'能否修？""催一催吧。"③（参见图11-7）

1956年7月20日，中共北京市委向中央呈交关于北京地下铁道筹建问题的请示报告，文件中指出："关于聘请苏联地下铁道专家的问题，据7月18日莫斯科中国驻苏大使馆来电话称：苏联政府已经同意给我们派一个地下铁道专家组（共4人，1个组长、1个地质工程师、1个线路工程师、1个钢筋混凝土管道结构工程师），8月底或9月初就可以到达北京，来华工作期限暂定半年"，"北京地下铁道的建设工作究竟由哪个部门负责进行，急需决定"，"希望中央尽快指定有关部门来负责主持，以便加紧进行准备"。④ 8月18日，中共北京市委再次向中央呈送请示报告。⑤

1956年9月3日，中央作出关于北京地下铁道筹建问题的批复，内容如下：

北京市委、铁道部党组、地质部党组、城市建设部党组：

　　八月十八日函悉。关于北京地下铁道筹建问题，同意暂由北京市委负责。筹建所需行政、技术干部，北京市无法解决者可分别由铁道部、地质部、城市建设部等有关单位抽调支援。

中央

1956年9月3日 ⑥

---

① 李富春. 关于请苏联专家协助建设地下铁道问题给彭真、刘仁的函［M］// 北京市档案馆. 北京档案史料（2003.1）. 北京：新华出版社，2003：63.

② 中共北京市委. 中共北京市委关于聘请苏联地铁专家问题向李富春的报告［M］// 北京市档案馆. 北京档案史料（2003.1）. 北京：新华出版社，2003：63-65.

③ 郑天翔. 1956年工作笔记［Z］. 郑天翔家属提供. 1956.

④ 中共北京市委. 中共北京市委关于北京地下铁道筹建问题的请示［M］// 北京市档案馆. 北京档案史料（2003.1）. 北京：新华出版社，2003：65-66.

⑤ 中共北京市委. 中共北京市委关于筹备地下铁道工作向中央的请示［M］// 北京市档案馆. 北京档案史料（2003.1）. 北京：新华出版社，2003：66-67.

⑥ 中共中央. 中共中央关于北京地下铁道筹建问题的批复［M］// 北京市档案馆. 北京档案史料（2003.1）. 北京：新华出版社，2003：67.

中央作出这一批复后，北京地下铁道规划的各项筹备工作即抓紧进行。1956 年 10 月 9 日，地下铁道专家组正式到京。①

16.2 专家组技术援助工作概况

第四批苏联地铁专家组由来自莫斯科地下铁道设计局的 5 位苏联专家组成，该局总工程师、苏联建筑科学院院士 A. И. 巴雷什尼科夫（Барышников Александр Иванович）为专家组组长，成员包括地质总工程师、主任地质工程师、线路总工程师、结构总工程师各 1 名（表 16-1），"他们都是从 1931 年就参加了莫斯科地下铁道的建设工作的，经验很丰富"。②

目前，网络上也可查阅到该批苏联专家的部分信息。以专家组组长 A. И. 巴雷什尼科夫（Барышников Александр Иванович，1893.8.20—1976.5）为例，他 1920 年毕业于列宁格勒工程技术学院（Петроградский политехнический институт），1924—1931 年指导第聂伯罗彼得罗夫斯克的铁路隧道工程（巴库 – 朱利法铁路线）建设，1932—1938 年为莫斯科地铁工程第一、第二阶段车站建设负责人，1939—1943 年先后任莫斯科某地铁设计机构的总工程师、机构负责人。1944—1949 年任苏联隧道与地铁建设管理总局（Главтоннельметрострой）总工程师，1949—1952 年任莫斯科市地下铁道设计局总工程师，1952—1961 年为苏联国家地铁与交通设施建设设计与测量研究所首席专家。③

巴雷什尼科夫是苏联隧道建设工程领域的权威专家，曾将隧道的盾构法引入莫斯科地铁建设中，于 1935 年获得列宁勋章（орден Ленина），1947 年获得斯大林二级奖章（Сталинская премия второй степени），1956 年当选为苏联建筑科学院院士（Действительный член АСА СССР）。④

苏联地铁专家组"来华工作期限半年，将要完成下列工作：1. 编制北京地下铁道远景规划方案；2. 制定第一期工程即第一条线路的计划任务书，为第一期工程的初步设计作好准备工作"⑤（图 16-2）。

1956 年 10 月 24 日，国家建委副主任王世泰召集铁道部、地质部和北京市有关领导共同商谈地下铁道的筹备工作，会议决定"由铁道部、地质部、北京市分头抽调干部，组成'北京地下铁道筹建处'"，"采取分工包任务的办法：地质勘探方面由地质部负责，线路、结构方面由铁道部负责，同北京城市总体规划有关的工作和日常领导工作由北京市负责"，"筹建处已经在 10 月底建立，并且已调集了六十多名干部（其中技术干部四十多人）开始了工作"。⑥

---

① 中共北京市委. 中共北京市委关于北京地下铁道筹备工作情况和问题的报告［M］// 北京市档案馆. 北京档案史料（2003.1）. 北京：新华出版社，2003：67-69.

② 同上.

③ https://www.peoplelife.ru/25919.

④ 同上.

⑤ 中共北京市委. 中共北京市委关于北京地下铁道筹备工作情况和问题的报告［M］// 北京市档案馆. 北京档案史料（2003.1）. 北京：新华出版社，2003：67-69.

⑥ 同上.

第四批来华的苏联地铁专家组成员   表 16-1

编号	专家姓名及其俄文本名	在苏工作单位及职务	专长
1	亚·伊·巴雷什尼科夫 （Александр Иванович Барышников）	莫斯科地下铁道设计局总工程师，苏联建筑科学院院士	专家组组长，地铁专家
2	拉·费·米里聂尔 （Владимир Федорович Мильнер）	莫斯科地下铁道设计局地质总工程师	地质专家
3	亚·格·马特维也夫 （Александр Григорьевич Матвеев）	莫斯科地下铁道设计局主任地质工程师	地质专家
4	阿·伊·谢苗诺夫 （Алексей Иванович Семёнов）	莫斯科地下铁道设计局总结构师	地下铁道结构专家
5	亚·米·果里科夫 （Александр Михайлович Горьков）	莫斯科地下铁道设计局线路总工程师	地下铁道线路专家

注：依据郑天翔日记以及北京市档案馆有关档案资料整理。

另据地铁专家组于 1956 年 11 月 3 日向苏联在华经济联络总局主任提交的报告，地铁专家组抵京后，第三批苏联规划专家组组长勃得列夫等向他们详细介绍了北京市城市总体规划的有关情况，并提供了北京市远景交通线路规划示意图等基础资料，这为地铁专家各项工作的顺利开展提供了相当便利的条件。[①]

按照一般程序，城市地下铁道的规划本应该首先进行地质勘探，然后才能研究线路和结构等问题，但由于地铁专家组来京以前"准备的地质勘探资料很少，因而专家组来了以后，首要的工作是进行地质勘探，同时了解北京市总体规划，研究交通流量的规律和我国现有建筑材料的性能等"。[②]

截至 1956 年 11 月底，"地质部已经抽调来十台钻机，在 11 月上旬，已经有四台钻机开钻。线路选择和结构问题的研究工作也已开始。同时专家们还对工作干部举办了专题讲座"。[③]

地下铁道的规划涉及地铁站的建筑设计问题。地铁专家组"估计到要设计一个综合的建筑工程，只有对所要设计的工程在结构及工艺特征方面概念很明了的工作人员才能胜任"，因而"和中国同志组织了关于地下铁道建筑物的结构和计算这部分的系统学习，这些中国同志是根据我们［苏联地铁专家组］的请求而分配来的"。[④]

1956 年 11 月至 1957 年 3 月，地铁专家组对北京地下铁道规划的有关问题进行了专项研究，他们在北京地下铁道筹建处有关同志的配合下，与北京城市总体规划制订工作相结合，研究制订出北京地下铁道远景规划方案，以及北京地铁第一期规划建设方案。

1957 年 3 月初，在 1957 年版北京城市总体规划成果完成的同时，地铁专家组的技术援助工作也宣告结束。1957 年 3 月底，地铁专家组结束技术援助协议并返回苏联。

[①] 苏联地铁专家组. 地下铁道专家向经济联络总局主任的报告［Z］. 北京市档案馆，档号：151-001-00004. 1956：20-23.
[②] 中共北京市委. 中共北京市委关于北京地下铁道筹备工作情况和问题的报告［M］// 北京市档案馆. 北京档案史料（2003.1）. 北京：新华出版社，2003：67-69.
[③] 同上
[④] 苏联地铁专家组. 地下铁道专家向经济联络总局主任的报告［Z］. 北京市档案馆，档号：151-001-00004. 1956：20-23.

图 16-2　地铁专家和规划专家正在一起研究北京地铁规划（1956 年）

注：左图中左 1 为张光至（站立者），左 2 为地铁专家果里科夫，右 1 为电气交通专家斯米尔诺夫。右图中左 1 为斯米尔诺夫，左 2 为果里科夫，左 3 为建筑专家阿谢也夫。

资料来源：郑天翔家属提供。

16.3　北京地铁规划的初步方案

1957 年 3 月 14 日，中共北京市委向中央呈报《关于北京地下铁道问题的请示报告》，简要报告了北京地下铁道远景线路规划布局以及第一期工程线路的选择、埋设深度、隧道结构等问题，并将《北京地下铁道筹备处党组关于北京地下铁道第一期工程线路方案的报告》作为附件呈报。[①] 通过这两份报告，我们可以对当时北京地铁规划的初步方案有所了解。

16.3.1　地铁线路平面布局规划方案

就北京地铁规划的整体布局而言，当时北京地下铁道筹备处在苏联地铁专家组的指导下，根据北京远景城市总体规划等技术经济资料，于 1957 年初"编制了十三个北京地下铁道远景线路总布置方案，并从其中选出了两个较好的方案：第一方案由七条线路组成，全长一百七十公里，车站一百一十四个；第二方案由六条线路组成，全长一百六十八公里，车站一百一十一个"[②]（图 16-3）。

1957 年完成的北京地铁规划，重点内容是近期可以投入建设和实施的第一期规划方案。根据当时初

---

① 中共北京市委. 中共北京市委关于北京地下铁道问题的请示报告［M］//北京市档案馆. 北京档案史料（2003.1）. 北京：新华出版社，2003：69-71.

② 北京地下铁道筹备处党组. 北京地下铁道筹备处党组关于北京地下铁道第一期工程线路方案的报告［M］//北京市档案馆. 北京档案史料（2003.1）. 北京：新华出版社，2003：71-77.

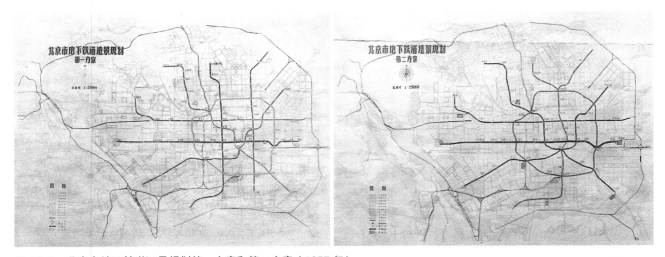

图 16-3　北京市地下铁道远景规划第一方案和第二方案（1957 年）

资料来源：张光至．回忆我一生所从事的北京地铁建设事业［R］//北京市规划委员会，北京城市规划学会．岁月回响：首都城市规划事业 60 年纪事（上）．北京城市规划学会编印，2009：281.

步确定的远景线路总布置方案，10 年期（到 1967 年）城市规划总图的人口分布及客流资料，特别是考虑人防的需要，北京地下铁道筹备处和有关部门共同研究了北京地铁的第一期工程线路，并提出两个设计方案上报中央：

"第一方案是从东郊红庙（在即将兴建的热电站附近）起，经建国门，沿东西长安街直到西郊五棵松（即'新北京'附近），全长十八公里（开始不一定修这么长）；第二方案是从龙潭起，经天安门广场、南长街、西四、西直门，到达颐和园，全长二十一公里（开始时可以从天安门广场修起）。"[1]

这两个方案，又被称为"东西线方案"和"东南—西北线方案"。它们的区别主要在于："第一方案线路所经过的地区，中央机关多，交通量也集中，建成以后，对防空和交通都能起很大的作用，但是，在战争情况下只能利用隧道掩护居民，不能使地下铁道同西山联系。第二方案的好处是能够直接同西山联系，但是中间有一段线路，平时的交通量不很大。"[2]

中共北京市委在向中央的请示报告中提出："苏联地下铁道专家组认为第一方案较好。总参谋部认为，从战略上考虑应先修建通往西山的路线。我们认为，这个问题主要应服从战略部署的要求，即采用第二方案。"[3]

16.3.2　地铁线路埋设深度方案

北京地下铁道的规划建设涉及一个相当关键的工程地质问题，即第一期线路埋设深度的选择。当时的

---

[1] 中共北京市委．中共北京市委关于北京地下铁道问题的请示报告［M］//北京市档案馆．北京档案史料（2003.1）．北京：新华出版社，2003：69-71.

[2] 同上．

[3] 同上．

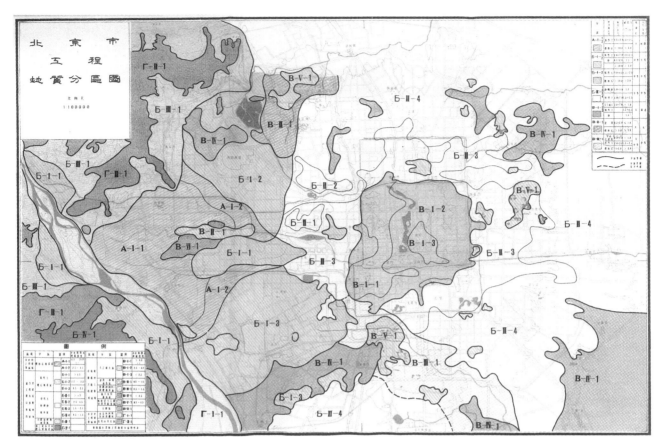

图 16-4　北京市工程地质分区图
资料来源：北京市都市规划委员会编印. 北京的自然地理和地质［R］. 李浩收藏. 1958：21.

地铁建设主要有战备（防空）和交通两项功能，地铁线路的埋设深度"应该从满足城市防空（包括防原子弹）和城市交通的需要出发。单独建设防空洞，投资大，平时的利用率不高，还要经常维修。建设地下铁道既可以解决城市防空，又可以解决城市交通，算起总账来是合理的"[1]。

　　但是，北京的地质条件并不理想，这给地下铁道埋设深度的确定带来困难。"北京位于华北平原西北端，永定河冲积扇上。地质特点是第四纪地层非常厚，而位于第四纪地层以下的第三纪基岩埋藏得很深。"[2]（图 16-4）

　　根据当时的勘探资料，"北京的地质条件对于修地下铁道来说是不好的，主要是松散的土层很厚，并且愈往东愈厚"，"地下铁道如果深埋，在西郊地区比较适宜（如东西线在复兴门到公主坟一段，可以埋在三十至四十公尺的深处，东南—西北线在西直门到颐和园一段，可以埋在六十至八十公尺的深处），在

①　北京地下铁道筹备处党组. 北京地下铁道筹备处党组关于北京地下铁道第一期工程线路方案的报告［M］//北京市档案馆. 北京档案史料（2003.1）. 北京：新华出版社，2003：71-77.
②　同上.

城区就需要埋得很深。在天安门、东单一带，需要埋在一百一十至一百二十公尺的深处，往东还要更深，投资较大，修建时间较长，而且施工问题很复杂。""这都是讲利用天然地质条件修地下道；如果在地质不好的地层，用其他方法修隧道，不一定埋这样深，但苏联专家无此经验，我们既无经验也还没认真研究。""但是，如果浅埋（离地面二至五公尺），就只能解决交通问题，不能解决防空问题，如果浅埋、加固结构使隧道具有较大的防护能力，则投资增加很多，防护能力仍然有限。"[①]

根据第一期线路既解决城市交通问题又满足防空要求的基本原则，北京地铁规划工作者在苏联地铁专家的指导下，提出了若干隧道埋设深度的方案，进行了初步比较。其中，针对地铁平面布局一号方案（"东西线方案"），共提出 6 个埋深方案[②]；针对平面布局二号方案（"东南—西北线方案"），共提出 4 个埋深方案[③]。

关于隧道埋深问题，中共北京市委在向中央的请示报告中指出："总参谋部认为，应当深埋，我们也认为近期修建地下铁道主要是为了战略上的需要，应当采取深埋或者一段深埋、一段浅埋的方案。待中央定了方针后，我们再找专家（中国的和外国的）研究施工问题。"[④]

16.4 北京地铁建设的研究讨论及后续发展

16.4.1 国家有关部门的研究与讨论

1957 年 3 月 14 日，中共北京市委将北京地铁第一期建设的请示报告呈报中央后，中央批转国家计委予以研究。1957 年 4 月 16 日，国家计委负责人"召集北京市委、北京地下铁道筹备处、国家建委及军委张爱萍同志座谈了一次"，对北京地铁建设的有关问题进行了专门研究，并于次日（1957 年 4 月 17 日）将有关意见向中央报告。[⑤]

国家计委向中央的报告，包括北京地铁第一期建设的需要与可能性、地铁建设方案的选择以及后续工作的建议等 3 部分内容。关于北京修建地铁的需要，报告中指出："从解决将来的市内外交通需要看，就

---

① 中共北京市委. 中共北京市委关于北京地下铁道问题的请示报告［M］//北京市档案馆. 北京档案史料（2003.1）. 北京：新华出版社，2003：69-71.

② 第一方案是将全线隧道浅埋在街面以下二至五公尺深处的方案。第二方案是全线隧道浅埋，加强结构使隧道能起二等防空洞作用的方案。第三方案是将全线隧道埋设在距地面三十至四十公尺深处的方案。第四方案是将全线隧道埋设在第三纪地层中的方案。第五方案是混合埋设隧道的方案，在复兴门以西将隧道埋设在距地面三十至四十公尺深处的第三纪地层内，在复兴门以东为埋浅，加强隧道结构，使具有二等防空洞的防护能力。第六方案也是混合埋设隧道的方案，和第五方案的差别是缩短了浅埋线路，将深埋线路延长到东单（或天安门），东单以东仍为浅埋。

③ 第一方案是全线浅埋，隧道离地面二至五公尺，隧道结构采用钢筋混凝土，结构厚度在五十公分左右，用明挖法施工。第二方案是全线都浅埋，加强结构，使隧道能具有二等防空洞的作用。第三方案是全线隧道埋设在三十至三十五公尺深处，全部都处在第四纪多水的、松散的砂砾卵石和砂质黏土中。第四方案是将全线隧道埋设在第三纪的岩层中，在西北郊的一段线路埋深六十至八十公尺，城内的一段线路埋深八十至一百一十公尺。

④ 中共北京市委. 中共北京市委关于北京地下铁道问题的请示报告［M］//北京市档案馆. 北京档案史料（2003.1）. 北京：新华出版社，2003：69-71.

⑤ 李富春. 关于北京地下铁道的第一期工程问题向中央的报告［Z］. 国家计委档案，中央档案馆，档号：150-5-151-1. 1957.

最近十五年内的情况，北京交通问题仍可发展地面交通而不必建设地下铁道。如从更长远说，即十五年之后如何，则要决定于北京市将来城市规划和建设规划。就中国的实际情况和从国防观点说，城市的发展和建设必须加以控制，特别是北京市城市规划为五六百万人的大城市，是值得很好研究的；如果北京附近需要发展，不如就现有城市周围再建一些卫星城市更为合适。这几年来的建设经验，城市太庞大了其管理及服务事业也不易办好。另外，现有大城市的服务业和中小学校若能布置得适当分散一些，居民能就近解决生活上的很多需要，也就可以适当减少交通的紧张状况。所以，从十五年到二十年内情况说，如果北京市采取上述的城市建设的方针，从交通上说即不必修建地下铁道。"①

关于地下铁道建设的可能性，报告中指出："既然按防空需要线路应深埋。据现知地质资料，需放置于第三纪的岩层中，最深处离地面150公尺以上"，但是，"据苏联专家说，这样的地质情况是他知道的世界上几个大城市所没有的，且因第三纪以上地层土质松散、多水关系，苏联专家认为尚无成熟经验（莫斯科地下铁道深度只几十公尺。柏林及巴黎地下铁道建得早是从解决交通着眼，离地面均浅），所以，从技术上来说，尚未得到解决。"另外，"据北京市报告的各个方案，其造价的初步估算，最少得需要2亿9千万元，最多的需要15亿7千万元（实际上是不止此数目的）。建成时间，若连同设计及施工准备在内，浅埋需7~10年，深埋则需10年以上。因为我们地质条件复杂，技术上无把握、无经验，投资的估算还不可靠，材料的需要也还需搞清楚，上马后发生困难时，国家会处于进退两难的地步。如采取浅埋方案，则究竟需拆毁多少房屋、道路及现有地下管道，影响市民多大、多广，亦尚待计算。因此，这些问题均有进一步摸清的必要。而苏联设计专家向我们的建议，主张浅埋，主张派人到苏联考察。"②

基于上述考虑，国家计委建议："如北京地下铁道需要建设时，就线路设置深度说，不外浅埋、深埋及一部分浅埋一部分深埋等三个方案。其中还以既照顾防空和交通，又照顾国家财力、物力的负担能力，根据地质情况采取第三方案为宜。至于采取东西线或东南至西北线，则看是否需要早期与西山联系而定。若城市规模不再扩大，地面交通已足应付的情况下建设，则宜于采取东南至西北线为宜。"报告中还提出："也还可以设想，由于建设的地质、技术问题还难以解决，加上国家财力、物力的不足，而且建设时间要长，因而可以不建，另在防空方面采取其他办法解决。如可以采取分散办法多建筑一些隐蔽点；某些地段的地面交通线逐渐适当加宽，加强车辆的通过能力和只建设西山隧道等。"报告还就地铁筹备处的后续工作安排和赴苏联考察等事宜提出若干建议。③

16.4.2　后续发展及实际建设

1957年8月15日，中共北京市委向中央呈报"关于地下铁道筹备工作的请示报告"，主要内容是关

---

① 李富春. 关于北京地下铁道的第一期工程问题向中央的报告［Z］. 国家计委档案，中央档案馆，档号：150-5-151-1. 1957.
② 李富春. 关于北京地下铁道的第一期工程问题向中央的报告［Z］. 国家计委档案，中央档案馆，档号：150-5-151-1. 1957.
③ 同上.

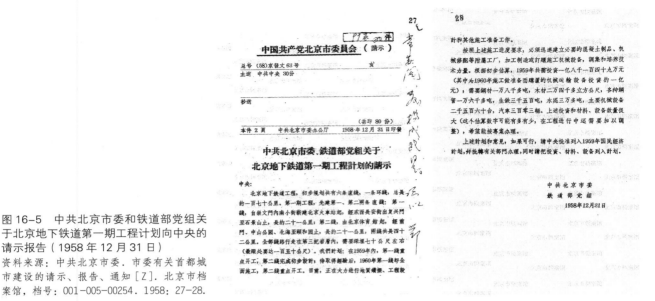

图 16-5 中共北京市委和铁道部党组关于北京地下铁道第一期工程计划向中央的请示报告（1958 年 12 月 31 日）

资料来源：中共北京市委. 市委有关首都城市建设的请示、报告、通知［Z］. 北京市档案馆，档号：001-005-00254. 1958：27-28.

于北京地下铁道筹备工作是否继续进行的两个方案（即保留北京地下铁道筹备处或机构撤销）。[1] 中央于 9 月 23 日作出批复："8 月 15 日关于北京地下铁道建设问题所提出的两个方案的报告阅悉，可先采取第一方案，并同意于明年派人去苏考察，对于现有组织机构、技术干部应压缩一下，技术干部留少一点，明年出国考察人员亦不要过多。同时应继续将地质情况勘探清楚。待各方面情况弄清后再定。"[2]

中央作出关于保留北京地下铁道筹备处建制的决定后，关于北京地铁规划建设的有关研究及设计工作得以继续推进。

1958 年 12 月 31 日，中共北京市委和铁道部党组联合向中央呈报关于北京地下铁道第一期工程计划的请示报告，在该报告中，北京地铁规划的初步方案已修正为"一条环线"和"六条直线"，"总长约一百七十公里"[3]（图 16-5）。

1959 年以后，北京地铁规划的有关工作继续推进，计划于 1961 年 7 月 1 日开工建设。[4] 就地铁建设早期一直争论的埋设深度问题而言，经过 5 年左右的反复研究和论证，到 1960 年上半年，经国务院领导

① 中共北京市委. 中共北京市委关于地下铁道筹备工作的请示报告［M］// 北京市档案馆. 北京档案史料（2003.1）. 北京：新华出版社，2003：78-79.
② 中共中央. 中央批复北京市委关于地下铁道筹备工作的请示报告［M］// 北京市档案馆. 北京档案史料（2003.1）. 北京：新华出版社，2003：81.
③ "第一期工程，先建第一、第二两条直线：第一线，自崇文门内南小街新建北京火车站起，经东西长安街出复兴门至石景山止，长约二十一公里；第二线，由北京体育馆起，经前门、中山公园、北海至颐和园止，长约二十一公里，两线共长四十二公里。全部线路行走在第三纪岩层内，需要深埋七十公尺左右（最深处要达一百五十公尺）。"资料来源：中共北京市委. 市委有关首都城市建设的请示、报告、通知［Z］. 北京市档案馆，档号：001-005-00254. 1958：27-28.
④ 柯焕章 2019 年 10 月 29 日与笔者的谈话。

批准，北京地铁建设确定采取浅埋方案，早期设想的深埋方案被证明"根本行不通"。①

1961年初前后，曾邀请南京工学院等单位进行地铁站的建筑设计。后因国家经济困难，北京地铁建设下马。②

到1965年，由于时局复杂，战备成了当务之急，同时，国家经济状况有所好转，中央又决定上马北京地铁。1965年2月4日，中央领导曾对北京地铁建设问题作出重要批示："精心设计，精心施工。在建设过程中，一定会有不少错误和失败，随时注意改正。"③

当时，北京市城市规划管理局成立了一个地铁规划组，专门负责地铁规划工作。经过反复研究，当时制订出的北京地铁第一期建设的总体方案是"一环""两线"。"沿着内城老城墙是'一环'；沿着长安街是'一线'，另外一条是从西直门到颐和园后面西山那条线"④。

正是在1965年十分严峻的战备形势下，为了修建地铁，在规划部门经过慎重研究以后，北京内城的老城墙开始被拆除。1971年，北京地铁二期工程开始施工，北京内城城墙被完全拆除。⑤

当年在北京市城市规划管理局地铁规划组工作的柯焕章曾回忆：

> 当时为什么考虑"一环"呢？一是位置适中，二是考虑经济和施工条件，采用明挖施工占地很大。那时候城墙外侧的护城河两边的地很宽，护城河基本也没有什么水了，考虑把它做成"盖板河"。当时我们做过一些方案，看能不能不拆城墙，但如果不拆城墙的话，用地确实比较紧张，护城河盖了以后也得给它留个位置，而且盖板河离地铁太近了也不行，万一炸弹一炸，把盖板河炸断了，水淹到地铁怎么行？
>
> 决定拆城墙后，我们又作了方案比较。拆了城墙，修完地铁后，上面不可能按原样恢复城墙了。梁思成先生不是建议过城墙上面做公园吗？我们做过一个方案，就是在新城墙上面做公园，还有一个方案是在上面做城市快速路。最后，领导决定还是在地面上修快速路，就是现在的二环路，这样既简单又省钱。
>
> 当时，我们的老专家陈干同志，还有搞交通的郑祖武同志，他们带着我们几个年轻同志，把整个城墙走了一圈。几个比较完整的城楼，我们专门搞了测绘。当时我们三四个搞建筑的年轻同志，把几个比较完好的城门楼，如宣武门、崇文门、安定门等城门楼做了测绘，画了图纸，这些测绘资料后来都归档了。

---

① 张光至. 回忆我一生所从事的北京地铁建设事业［R］// 北京市规划委员会，北京城市规划学会. 岁月回响：首都城市规划事业60年纪事（上）. 北京城市规划学会编印，2009：285.
② 柯焕章 2019年10月29日与笔者的谈话.
③ 张光至. 回忆我一生所从事的北京地铁建设事业［R］// 北京市规划委员会，北京城市规划学会. 岁月回响：首都城市规划事业60年纪事（上）. 北京城市规划学会编印，2009：285.
④ 柯焕章 2019年10月29日与笔者的谈话.
⑤ 《彭真传》编写组. 彭真传（第二卷：1949—1956）［M］. 北京：中央文献出版社，2012：822.

拆城墙修地铁是从 1965 年开始。首先是修建地铁一期工程，先拆了前三门的宣武门和崇文门。前门为什么没拆呢？当时周恩来总理说：前门位置很重要，能不能不拆？尽量把它留下。有了周总理的指示，就将地铁线路稍改移了一下，从正阳门与箭楼之间通过，这样就把前门给留下了。

外城墙拆得比较早，好像是 1950 年代后期就陆续拆了。

就拆城墙而言，其实临近城墙的老百姓也拆了一些，过去做蜂窝煤、摇煤球，煤沫里要掺土，老百姓就近直接挖城墙上的土，还有的拆了城砖修房子、修猪圈。

所以，北京城墙的拆除，也是在一定的历史背景下，逐步形成的。

很多人很感慨：要是听梁思成先生的话，把城墙留下来，现在该有多好。其实，这样说是容易，实际上作为一个城市或国家，对于社会发展的历史过程，完全一厢情愿确实是很难的。[1]

改革开放后，北京规划工作者对地铁规划问题又进行了多次的研究和规划设计（图 16-6），首都的地铁建设取得了长足的发展，并成为这一巨型城市正常运行的重要支撑系统之一。

16.5 地铁专家组的主要贡献

综上所述，1956 年启动的北京地铁规划，重点内容在于地铁建设的第一期规划方案，而北京地铁规划问题之所以被提出，主要是战备（防空）以及城市交通运输两方面的需求，其中又以前者为主导性因素，北京地铁的第一期工程也是在战备需求较为突出的时代背景下正式开工建设的。

就 1956 年 10 月来华的第四批苏联地铁专家组而言，他们在为期 5 个月左右的技术援助工作过程中，主要是帮助中国初步梳理了北京能否建设地下铁道以及相关的一些工程技术问题，由于地铁设计和施工问题的复杂性，在他们的指导和帮助下所完成的北京地铁规划初步方案及第一期设计方案更多体现出研究性质，而并未被立即投入实施。

尽管如此，苏联地铁专家组的贡献也是不容小觑的，正是在具有地铁建设实际经验的苏联专家的大力支持和帮助下，影响深远的北京地铁的规划建设迈出了至为关键的第一步。

同时，地铁专家组的各项工作是与 1957 年版北京城市总体规划的制订工作同步推进的，北京的地铁建设在其规划设计之初，与城市的总体规划和布局取得了良好的协调与配合。

---

[1] 柯焕章 2019 年 10 月 29 日与笔者的谈话。

图 16-6　北京市地下铁道规划方案（1981 年 4 月）

资料来源：北京市城市规划管理局．北京市地下铁道规划方案［Z］．北京市城市建设档案馆，档号：C2-00016-1．1984．

第 17 章

北京城市总体规划的修订与呈报（1958 年）

随着第三批规划专家组和第四批地铁专家组于 1957 年 3—12 月先后离开中国，苏联专家大规模技术援助北京城市规划工作的状态趋于结束。与此同时，自 1958 年起中国进入"大跃进"的新时期，包括城市规划在内的各领域工作开始对中国国情和中国道路有更加突出的强调，试图摆脱以往对苏联经验过度依赖的状况。在此背景下，北京市先后两次对城市总体规划方案进行修订并向中央呈报，获得了中央的原则同意。

17.1　1958 年 6 月向中央呈报的北京城市总体规划方案

17.1.1　规划修改及呈报情况

北京市于 1957 年 3 月提出城市总体规划初步方案以后，又开展了一些深化研究及分区规划工作，城市总体规划成果得到进一步的补充和完善。同时，第三批苏联规划专家组和第四批苏联地铁专家组开始陆续返回苏联。1955 年 2 月成立的中共北京市委专家工作室暨北京市都市规划委员会，逐渐完成了其历史使命。

自 1957 年 10 月起，北京市都市规划委员会开始与北京市城市规划管理局合署办公，两个机构于 1958 年 1 月正式合并。[①] 1958 年 11 月，北京市都市规划委员会的建制被撤销。[②] 由此，以 1953 年夏成立的畅观楼规划小组为起点，由中共北京市委直接领导城市规划工作的特殊体制，在运行了 5 年左右的时间以后，宣告结束。

1957 年底，北京城市规划工作者对 1957 年版城市总体规划成果进行了修改，于 1958 年 2 月 4 日完成新一版《北京城市建设总体规划初步方案的要点》，1958 年 4 月 17 日完成《北京市 1958—1962 年城市建设纲要》（图 17-1）。

---

① 北京市城市建设档案馆，北京城市建设规划篇征集编辑办公室. 北京城市建设规划篇 "第一卷：规划建设大事记"（上册）[R]. 北京市城市建设档案馆编印，1998：70–73.
② 中共北京市委组织部，等. 中国共产党北京市组织史资料 [M]. 北京：人民出版社，1992：496.

图 17-1 《北京城市建设总体规划初步方案的要点》及《北京市 1958—1962 年城市建设纲要》封面（1958 年 2 月及 4 月）

资料来源：中共北京市委等. 北京市城市规划文件资料［Z］. 国家计委城市规划研究院档案，中国城市规划设计研究院档案室，档号：0323. 1958：34，41.

1958 年 4 月 29 日，中央书记处第六十八次会议讨论北京改建规划等事宜。由于中央书记处总书记该日正在自广州返回北京的途中①，这次会议由兼任中央书记处书记的中共北京市委主要领导主持，他在发言中指出："这几年北京盖的房子，等于两个旧北平，现在要盖点像样的建筑，如人大的礼堂，长安街盖点高层建筑，再盖点宿舍等，铁路和公路交叉的地方，应建设立体交叉道口。"②

据郑天翔日记，主持本次会议的北京市委领导在发言中提出"规划，送总理看一下。送中央"，"人大礼堂，8 000 ~ 10 000 人"。③

1958 年 6 月 23 日，中共北京市委正式向中央呈报《中共北京市委关于北京城市规划初步方案的报告》，《北京城市建设总体规划初步方案的要点》和《北京市 1958—1962 年城市建设纲要》为报告的两个附件。

17.1.2　规划内容的简要解读

中共北京市委于 1958 年 6 月 23 日向中央的报告中指出："北京市都市规划委员会在苏联城市规划专家组的帮助下，已经于 1957 年春天编制了北京城市建设总体规划的初步方案。现在又根据 1957 年的工作经验，做了一些修改，并且制定了 1958—1962 年城市建设纲要。这个初步方案是在 1953 年底向中央报送的规划草案的基础上制定的。在这次工作中，比较注意了对现状的调查研究，强调了苏联先进经验和北京具体情况相结合，比 1953 年的方案进了一步。兹将初步规划方案的要点和 1958—1962 年城市建设纲要送

---

① 中共中央文献研究室. 邓小平年谱（第三卷）［M］. 2 版. 北京：中央文献出版社，2020：91.

② 《彭真传》编写组. 彭真年谱（第三卷）［M］. 北京：中央文献出版社，2012：305.

③ 郑天翔. 1958 年工作笔记［R］. 郑天翔家属提供. 1958.

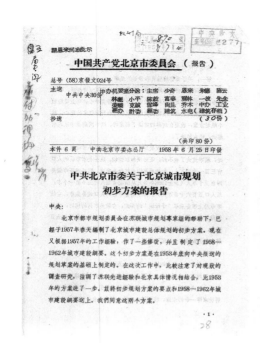

设、统一分配、统一管理），而六统的关键在于统一投资。1958年开始对一部分住宅实行统一投资建设，已经显示出很多好处。今后需要扩大统一投资建设的范围。除除了国防建设、工业建筑、及其他特殊性的建设以外，所有住宅、办公用房、高等学校、科学研究机构、中小学校、商业服务业设施等，都可以采取投资统一交市，由市根据各方面的需要，统一规划、统一安排和建设的办法。

对上述几个问题，请中央作原则指示。

中共北京市委

1958年6月23日

附：1、北京城市建设总体规划初步方案的要点
　　2、北京市1958—1962年城市建设纲要

图17-2　中共北京市委向中央呈报关于北京城市规划初步方案的报告（首尾页，1958年6月23日）

资料来源：中共北京市委，等. 北京市城市规划文件资料［Z］. 国家计委城市规划研究院档案，中国城市规划设计研究院档案室，档号：0323. 1958：34，41.

上。我们同意这两个方案。"①（图17-2）

中共北京市委强调，"在这个规划方案中有几个基本问题，请中央指示"。这里的"几个基本问题"，首要一项即首都的性质和发展规模。报告指出"北京要建成什么样的城市？这是制定总体规划的前提。我们认为，北京不只是我国的政治中心和文化教育中心，而且还应该迅速地把它建设成一个现代化的工业基地和科学技术的中心。这个规划方案，就是在这样的前提下制定的。这个问题多年来没有解决，现在解决了"。②

在对城市性质予以明确的基础上，报告提出对城市人口规模的考虑主要是："现在北京市区的人口有三百一十多万人，包括周围的农村和长辛店、门头沟等市镇是四百三十万人（加上1958年3月从河北省划入的五个县一个市，总人口五百六十多万人）。为了避免市区的人口过分集中，在城市布局上准备采取'子母城'的形式，在发展市区的同时，有计划地发展一批卫星镇。北京市区的人口准备控制在五百万到六百万人，包括卫星镇和郊区，北京地区的总人口将要有一千万人。将来郊区如果扩大，还可能更多一些。"③

这段文字，向我们透露了1958年北京城市总体规划修改工作的一个重大变化，即北京市域范围的扩大——"1958年3月，第四次扩大市界，将原河北省通县、顺义、大兴、房山、良乡五县划入北京市，净增土地面积4 040平方公里，市域总面积为8 860平方公里"；"1958年10月，第五次扩大市界，将原河北省的平谷、密云、怀柔、延庆四县划入北京市，净增土地面积7 948平方公里，市域面积为16 808平

---

① 中共北京市委. 中共北京市委关于北京城市规划初步方案的报告［Z］. 建筑工程部档案，中国城市规划设计研究院档案室，档号：0323. 1958.

② 同上.

③ 同上.

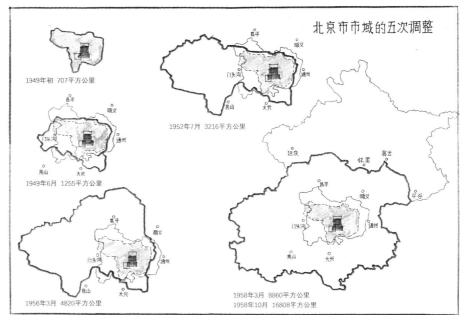

图 17-3　北京市市域范围的五次调整示意图
注：底图由北京市城市规划设计研究院提供，数据取自《北京志．城乡规划卷．规划志》一书。
资料来源：北京市地方志编纂委员会．北京志．城乡规划卷．规划志［M］．北京：北京出版社，2007：29-30.

方公里"[①]（图 17-3）。

由此，《北京城市建设总体规划初步方案的要点》中提出了在北京市域范围内进行区域化布局的方案："背靠西山，以北京城为中心向四面扩展，形成北京市的市区；在市区周围，有大大小小的卫星镇，和北京的市区组成'子母城'的形式。""在远期，北京市区的用地将要扩大到六百多平方公里。东到定福庄，西到永定河，东西三十五公里；南到大红门，北到清河镇，南北二十五公里。""卫星镇，包括南口、昌平、顺义、门头沟、长辛店、坨里、房山、良乡、琉璃河、通州等约四十多个。""在市区和卫星镇的周围，还要有广大的农业区。"[②]

在道路交通系统方面，规划提出："第一，充分利用现有道路的基础，并且采取展宽、打通、取直等办法把它们加以改建。第二，开辟一些放射路和环状路，和原有的棋盘式道路结合起来，组成首都新的道路网。""东西长安街、前门大街和地安门大街都是首都主要的街道，将要展宽到一百到一百一十公尺，并且向外伸长出去。""从中心地区向外放射的主要道路共有十八条，有的和通往山海关、承德、张家口、沙城、太原、大同、石家庄、开封、天津等城市的公路相联，有的通往首都附近的卫星镇。把联结城区的菜市口、新街口、北新桥、蒜市口的道路展宽、改建成为第一环路，把城墙拆掉，改建成为第二环路。在城外还要开辟两个环路和一些辅助环路。这些放射路和环状路的宽度是六十到一百公尺。""在市区外围，还要修建三个公路环，把各个卫星镇联系起来"。[③]

关于工业发展，《北京市 1958—1962 年城市建设纲要》提出："首都工业发展的方针是：第一，以钢铁工业、机械和电机制造工业、有机合成化学工业为基础，以高级的、精密的、大型的、技术复杂的工业

①　北京市地方志编纂委员会．北京志．城乡规划卷．规划志［M］．北京：北京出版社，2007：30.
②　中共北京市委．北京城市建设总体规划初步方案的要点［Z］．建筑工程部档案，中国城市规划设计研究院档案室，档号：0323.1958.
③　同上．

为骨干，建立起现代工业的体系，站在技术革命的最前线，适应国家建设和城乡人民生产和生活多方面的要求。第二，大中小型的工业互相结合，市区、卫星镇和农村同时并举，遍地开花，而以市区的建设为重点。"①

17.2　更加强调中国情况和中国道路

在前文所述中共北京市委 1958 年 6 月 23 日向中央呈报的文件中，有这样一段表述："在这次工作中，比较注意了对现状的调查研究，强调了苏联先进经验和北京具体情况相结合，比 1953 年的方案进了一步。"② 这里所谓"比 1953 年的方案进了一步"，究竟是何含义呢？

让我们再来看文件中"关于规划方案的实行"问题的说明：

> 现在这个规划方案只是表明首都发展的轮廓和建设方针。在规划工作的过程中，注意了学习苏联先进经验和北京的具体条件相结合，在主要问题上不是照抄苏联（如马路的宽度、居住区的组织、工业分布、对待古建筑的态度、计算城市人口的方法等，都和苏联专家有不同的意见），但是，在具体规划设计上，在一些技术规范上，教条主义和经验主义的毛病必定不少，需要加以检查和改正。同时，随着我国经济建设的飞速发展和人民物质文化生活的不断提高，随着世界科学技术的进步，在城市生活和城市建设中必定会不断提出新的要求、新的问题和新的经验，需要我们的城市规划不断地补充和发展。因此，今后的任务应当是：在首都的建设实践中，坚持规划，随时修正错误，补充不足，不断地学习和采用新的经验来丰富和发展这个初步方案。③

值得注意的是，上述文字中特别提出"如马路的宽度、居住区的组织、工业分布、对待古建筑的态度、计算城市人口的方法等，都和苏联专家有不同的意见""在主要问题上不是照抄苏联""在规划工作的过程中，注意了学习苏联先进经验和北京的具体条件相结合"。这些文字，折射出中国向苏联"一边倒"的方针政策在 1958 年所出现的重大变化。而导致这一变化的深层原因，则在于 1953 年以后中苏关系的发展和变化。

1953 年 3 月苏联最高领导人发生变动以后，为了获得社会主义阵营内部的支持而调整了部分对华政策；与此同时，中共中央于 1953 年 9 月 9 日印发《中共中央关于加强发挥苏联专家作用的几项规定》，这使得苏联专家对中国的技术援助活动迎来一个高潮时期。随着中国大规模建设活动的展开，各方面问题

---

① 中共北京市委. 北京市 1958—1962 年城市建设纲要 [Z]. 建筑工程部档案，中国城市规划设计研究院档案室，档号：0323. 1958.
② 中共北京市委. 中共北京市委关于北京城市规划初步方案的报告 [Z]. 建筑工程部档案，中国城市规划设计研究院档案室，档号：0323. 1958.
③ 同上.

和矛盾的出现，国家领导人对向苏联学习的方针政策也在不断地进行反思。1956年4月25日，中央领导在中共中央政治局扩大会议作《论十大关系》的报告，这是中国共产党比较系统地探索中国自己的建设社会主义道路的开始，报告论述的十大问题（即十大关系），一方面是从总结我国经验、研究我国建设发展的问题中提出来的，另一方面是以苏联经验为鉴戒提出来的。中央领导强调："最近苏联方面暴露了他们在建设社会主义过程中的一些缺点和错误，他们走过的弯路，你还想走？过去我们就是鉴于他们的经验教训，少走了一些弯路，现在当然更要引以为戒"；"我们要学的是属于普遍真理的东西，并且学习一定要与中国实际相结合。"①

正是在这样的时代背景下，自1956年开始，城市规划领域也开始反思和调整向苏联学习规划经验的基本政策②。作为共和国的首都，北京市对此有着高度的敏感，随之率先对城市规划工作方针进行了战略性的调整。

上述中共北京市委向中央的报告中所谓"学习苏联先进经验和北京的具体条件相结合"，对实际规划工作的导向性意义在于，要逐渐摆脱苏联城市规划理论思想以及苏联专家有关言论对于城市规划建设工作的束缚，更加强调立足于自身条件的一种自主性的发展模式，或称之为中国道路的追求。

而这样的一种自我追求，在1958年这个特殊年份，显然就是要体现出"跃进"和"赶超"的基本思想。

17.3 北京城市总体规划的再次修改及呈报（1958年9月）

应该说，在中共北京市委于1958年6月23日向中央呈报的北京城市总体规划文件中，北京市规划已经体现出一些"跃进"和"赶超"的基本思想。但是，这样一种思想只是在近期规划文件（《北京市1958—1962年城市建设纲要》）中有所体现③，就城市总体规划成果整体而言，则仍然延续了1957年版北京城市总体规划相对客观、理性的思想理念和基调。其中的缘由也不难理解——在1958年6月时，"大跃进"的形势刚刚出现，尚未在全国范围内正式发动并产生深远影响。

换言之，北京市于1958年6月向中央呈报的北京城市总体规划文件，其"跃进"和"赶超"的思想，是不完整、不充分、不彻底的。

1958年8月17—30日，中共中央政治局扩大会议在北戴河举行，会议通过了《关于在农村建立人民

① 中共中央党史研究室. 中国共产党历史（第2卷，1949—1978）[M]. 北京：中共党史出版社，2011：380.
② 1957年1月，城市建设部在1956年度苏联专家工作总结中曾指出："最近一个时期来，我们已察觉到专家们在接近我们时，非常审慎，说话很注意，不轻易发表什么见解或意见。"这表明，苏联专家在1956年时对向苏联学习的方针政策的重要变化已经有所了解。详见：城市建设部. 关于专家工作（1956年终总结材料）[Z]. 中央档案馆，档号：259-2-27-10. 1957.
③ 纲要提出："我们当前的主要任务是：争取在五年内，把首都建设成一个现代化的工业基地。城市建设的主要任务是：第一，为工农业生产服务，促进生产力的发展，特别要为加快首都的工业化服务；第二，进一步解决水电供应，建立新的市政设施，大力改变城市交通和供热方面的落后状态；第三，加强对城市建设的通盘规划，改善城市建设的管理，首先是城市建设投资的管理，提高城市建设和建筑的质量，有计划地改建城区，进一步改变首都特别是中心区的面貌。"资料来源：中共北京市委. 北京市1958—1962年城市建设纲要[Z]. 建筑工程部档案，中国城市规划设计研究院档案室，档号：0323. 1958.

公社的决议》，正式作出"大跃进"的重大决策。① 急速发展的政治和社会形势，促使首都规划工作者第一时间对北京城市总体规划进行相应的修改。

于是，在1958年8月底前后极短的时间内，由中共北京市委主要领导亲自过问，在刘仁和郑天翔的主持下，对总体规划初步方案作了重大修改，"于1958年9月草拟了《北京市总体规划说明（草稿）》提交市人民委员会审核"②，后再次上报中央审查。

关于这次规划修改工作，据当时在北京规委会总图室工作的张凤岐回忆，"其过程是：北戴河会议期间，刘仁同志回京，找沈其讲了上述精神，要求急速修改总图（出快意图），莘耘尊（当时为总图室市区组组长）等立即在1957年素规划线图（简称白图）上，抹掉一些规划建设用地和支次道路，增加绿地，原规划绿地均画为绿地后，送给刘仁看。刘说：不够，不像。再次扩大、增加绿地后，又送给刘仁看后，认为：差不多有点像。回来后又略加修改，就成为1958年总体规划方案。经过向中央书记处汇报，原则上给予肯定后，方进行综合用地平衡，又适当修改后，提出了城区40%、近郊60%绿地的1959年总体规划方案。"③

当时同在总图室工作的崔凤霞曾回忆："一天④，总图组组长陈干同志对我们说：'今天要加班画图，有主要任务……要赶画出一张建设区不要连成一片的总体规划图'，并布置了怎么画法。记得在第一张总图上，比较多地考虑了现状因素，基本上还是偏重于市区一张大饼式的总图。陈干同志拿去汇报，并要我们等待听候指示。当时，我们几个同志商量，如果通不过，还要早点做准备，我们就又在图板上贴了一张1∶25000的市区现状图。陈干同志汇报回来已是深夜两点多钟了，他说：市委领导指示，总体规划要再理想一些，近郊内建设区分成几个组团，用绿化隔开，这样城市便于发展，又可以保证城市有更多的绿化空间，创造优美的城市环境，还能更好地保证战时的安全，损失少一些。战略思想很明确，陈干同志布置完怎么画法后，我们立即按指示精神又画了一张中心一个大圈、外边十几个小块，很粗糙地反映出领导'意图'的总体规划示意图。等到五点多钟，陈干同志回来高兴地说：'通过了，就在这张示意图指导下，具体制定一份北京市区总体规划'。"⑤

另外，当时在北京规委会总图室工作任地区组组长的钱铭也曾回忆：

记得在1958年夏天的一个晚上，总图室主任陈干、副主任沈其召集大家布置说，今晚有紧急任务，市委领导对规划方案要进行重大修改，修改的主要内容为：

一、对1958年6月方案已提出的在市区周围发展卫星城镇的"子母城"形式⑥进一步肯定，并把

① 金春明. 中华人民共和国简史（1949—2007）［M］. 北京：中共党史出版社，2008：80.
② 董光器. 北京城市规划建设史略［M］// 董光器. 北京规划战略思考. 北京：中国建筑工业出版社，1998：334.
③ 张凤岐2020年10月20日与笔者的谈话以及对本书征求意见稿的书面意见.
④ 原稿为"1956年11月的一天"，这里的日期应回忆有误，应为1958年.
⑤ 崔凤霞. 分散集团式总体规划布局的形成［M］// 北京市城市建设档案馆，北京城市建设规划篇征集编辑办公室. 北京城市建设规划篇"第五卷：规划建设纵横"（中篇）. 北京市城市建设档案馆编印，1998：43.
⑥ 原稿为"成".

地区范围扩大到 16800 平方公里。

二、缩小市区（中心城）的规模，由 500［万］～600 万人减少为 350 万人。包括郊区城镇和农村的地区总人口仍为 1000 万人左右。

三、市区建设用地采用分散集团式布局，即根据就近工作、就近居住原则划分若干集团，集团与集团之间用绿化、农田隔开。

四、在市区东到定福庄、南到南苑、西到石景山、北到清河约 600 多平方公里范围内，旧城区（约 61 平方公里）的绿化用地要占 40%，其余地区要占 60%。绿化用地内除种植树木花草外，还包括适量的菜地和农田。

根据上述要求，要我们尽快修改出一张新的市区总图来。由于时间紧迫，我们立即把一张印好的［19］57 年规划图裱到图板上，经过粗略计算，对照现状图，在主要道路骨架不动的情况下，减少了工业用地，把代表工作居住用地的黄块缩小改为绿色的绿地和农田，把城市建设用地分割为大小不等的二十多个相对独立的城市集团。就这样，一张分散集团式的规划图很快完成了，陈干他们立即拿去向市委禀报，经市里讨论通过后再次上报中央，1959 年规划局又作了一些补充和完善。①

关于市区人口规模缩减至 350 万人的缘由，陈干曾回忆："1958 年工农业'大跃进'使北京的城市规划工作进入了一个空前的新境界。当时所谓的共产主义畅想，从积极方面讲，实际上是一次思想解放，推动人们提出了'城市园林化'和'大地园林化'的理想。根据这种理想对北京规划市区的规模和局部做了一次大幅度的修改。市区城市规模的限度，由原来的 500 万人、不超过 600 万人的标准，缩减至 350 万人。这不能不说是一次重大而积极的变革。这是当时中央许多新的方针政策在北京城市规划中得到贯彻的结果。"②

根据中央权威文献，1958 年，北京市曾"对一九五七年的规划方案又作了若干修改、补充"，"同年九月，中央书记处听取了北京市的汇报，原则上批准了这个方案"③。

史料表明，在 1958 年 9 月份，中央书记处领导曾于 9 月 2 日、5 日和 8 日主持中央书记处会议（9 月 10 日至 29 日在东北地区视察工作），其中 9 月 2 日和 5 日的会议内容与北京城市规划建设有关。④ 进而考察郑天翔日记，可确定中央书记处对北京市规划进行研究和讨论的日期为 1958 年 9 月 5 日。在这次会议上，中央领导讲话的重点是 1959 年国庆工程的建设问题。⑤

中央书记处的这次会议，郑天翔是参会者，并作了关于北京城市总体规划工作的汇报。在这次会议的笔记之前，郑天翔曾写下这次规划工作汇报的几个要点，内容如下：

---

① 钱铭. 集团式布局：北京市区规划布局的重大变革［R］// 北京市规划委员会，北京城市规划学会. 岁月回响：首都城市规划事业 60 年纪事（上）. 北京城市规划学会编印，2009：130.
② 陈干. 北京城市的布局和分散集团式的由来［R］// 陈干. 京华待思录. 北京城市规划设计研究院，1996：19-20.
③ 《彭真传》编写组. 彭真传（第二卷：1949—1956）［M］. 北京：中央文献出版社，2012：815.
④ 中共中央文献研究室. 邓小平年谱（第三卷）（第二版）［M］. 北京：中央文献出版社，2020：115-123.
⑤ 郑天翔. 1958 年工作笔记［Z］. 郑天翔家属提供. 1958.

（一）原来规划：

城市，乡村。

大城市中心，集中的城市。卫星镇。

（二）现在修改：

工业更加分散。

卫星镇数量增加，容量减小，山里多搞。

城区分割，田园化。

市区人口减少，[由原来的] 500～600 [万]，[减少为] 350[①][万] 左右。

绿地：60 [%] ～70%。

（三）马路：

更宽一些。

（四）问题：

大车站。水源。铁路西线，山前 [还是] 山后？

大运动场。[②]

通过以上简略文字，可以体会到，1958 年 9 月呈报中央的北京城市总体规划，显著的变化是"工业更加分散""市区人口减少""城区分割"，绿地比例大大提高（60%～70%），"田园化"，马路也"更宽一些"。同时，第三批苏联规划专家曾经争论过的一些问题，譬如西郊铁路环线究竟走山前或山后（见第 12 章的讨论）等，到 1958 年 9 月时仍然悬而未决，乃至于提到中央书记处会来研究和讨论。

17.4　1958 年 9 月版《北京市总体规划》的时代烙印

毫无疑问，经再次修改后于 1958 年 9 月呈报的《北京市总体规划》（图 17-4），与 1958 年 6 月呈报的规划文件相比，其时代烙印要更加鲜明。《北京市总体规划说明（草稿）》中指出："我们的规划和建设不仅要从当前国家生产水平出发，最大可能地满足现实的需要，而且应该看得更远，要考虑到将来共产主义时代的需要，为后辈子孙留下发展余地。在目前，城市建设将着重为工农业生产服务，特别为加速首都工业化、公社工业化、农业工厂化服务，要为工、农、商、学、兵的结合，为逐步消灭工农之间、城乡之间、脑力劳动与体力劳动之间的严重差别提供条件。"[③]

---

① 原稿为"450"，应属笔误。

② 郑天翔. 1958 年工作笔记 [Z]. 郑天翔家属提供. 1958.

③ 中共北京市委. 北京市总体规划说明（草稿）[R] // 北京建设史书编辑委员会编辑部. 建国以来的北京城市建设资料（第一卷：城市规划）. 1987：205-213.

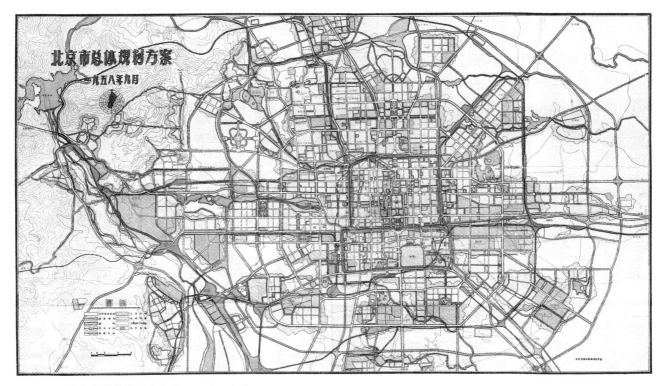

图 17-4 北京市总体规划方案（1958 年 9 月）

资料来源：北京市都市规划委员会. 北京市总体规划方案［Z］. 国家计委城市规划研究院档案，中国城市规划设计研究院档案室，档号：0261. 1958.

在人口规模方面，规划提出："北京市总人口现在是六百三十万人，将来估计要增加到一千万人左右。市区现在约有三百二十多万人，今后要控制在三百五十万人左右。中心区，现有人口约一百五十多万人，随着郊区生产的发展、工作和居住地点的合理调整、城市园林化的逐步实现以及城区进一步的改建，将有七八十万人迁到郊区居民区去，人口将控制在六十五万人左右。"①

关于城市发展模式，《北京市总体规划说明（草稿）》中指出："几年来，市区的改建和扩建已经具有相当的规模。今后布局上不宜过于集中，必须采取分散的、集团式的布局。集团与集团之间是成片的绿地。中心区，要以百分之四十的土地进行成片的绿化，城外的成片绿地将至少占土地的百分之六十。绿地内，除树林、果木、花草、河湖、水面之外，还要种植农业作物，并在城里星罗棋布地发展小面积丰产田。""远郊区，在全面发展农、林、牧、副、渔的同时，要大力发展工业。今后，在北京新建大工厂，主要地将分散布置到远郊区去。这些工厂将成为农村工业网的骨干，并且以此为重点，形成许多大小不等的新的市镇和居民点，分散地围绕着市区。"规划强调："这种布局的实现，将大大有利于人民公社工、农、商、学、兵的全面结合，有利于城乡结合。"②

---

① 中共北京市委. 北京市总体规划说明（草稿）［R］//北京建设史书编辑委员会编辑部. 建国以来的北京城市建设资料（第一卷：城市规划）. 1987：205-213.

② 中共北京市委. 北京市总体规划说明（草稿）［R］//北京建设史书编辑委员会编辑部. 建国以来的北京城市建设资料（第一卷：城市规划）. 1987：205-213.

工农业发展是规划修改的一项重要内容，《北京市总体规划说明（草稿）》中提出如下方案：

工业要根据大、中、小结合的方针，在市区、郊区市镇和农村同时并举，分散而又有重点地分布。密云、延庆、平谷、石景山等地将发展为大型冶金工业基地；怀柔、房山、长辛店、衙门口和南口等地将建立大型机械、电机制造工业；门头沟一带的煤矿要充分开发；建筑材料工业应接近原料产地发展；大灰厂、周口店、昌平等处建立规模较大的建筑材料工业；主要的化学工业安排在市区东南部；顺义、通县、大兴等地，布置规模较大的轻工业；一些对居民无害、运输量和用地都不大的工业，可以布置在居住区内；郊区人民公社将根据本地资源情况，就地设厂，建立一套完整的农村工业网。

市区内已经发展起来的工业区，除石景山、长辛店、东南部化工区以外，还有通惠河两岸工业区（一般机械工业、轻工业为主）、酒仙桥工业区（无线电工业、精密仪器、精密机械工业为主）、清河工业区（纺织工业为主）和丰台工业区（铁路附属企业为主）等。

郊区耕地，将逐步做到大体上以三分之一用于耕种、三分之一用于轮休、三分之一用于植树种草。山区要充分开发，并迅速全部绿化。北京地区的粮食、肉类、鱼类、食油、乳类、蔬菜及水果等在数量上要逐步做到自给。[①]

关于市区的用地布局，《北京市总体规划说明（草稿）》指出："天安门广场是首都中心广场，将改建扩大为四十四公顷，两侧修建全国人民代表大会的大厦和革命历史博物馆。""中南海及其附近地区，作为中央首脑机关所在地。中央其他部门和有全国意义的重大建筑如博物馆、国家大剧院等，将沿长安街等重要干道布置。""市区工业区已成定局，并已基本饱和，这些地区今后一般不再安排新工厂，并作必要调整，一些为农村所需要的工厂，将根据可能迅速迁往郊区。"[②]

关于道路交通系统，规划提出："道路宽度不能太窄，一般干道宽八十公尺到一百二十公尺，次要干道宽六十公尺到八十公尺。""东西长安街、前门大街、鼓楼南大街是首都的主要干道，要展宽到一百二十公尺至一百四十公尺，并向外延伸出去。""发展民用航空。除已建的天竺首都机场外，还要在大兴庞各庄修建一个机场。市区和主要市镇都要有直升飞机场。"[③]

对于北京老城的改建问题，修改后的规划方案提出了加快推进的指导思想："一方面要保留和发展合乎人民需要的风格和优点；同时，必须坚决打破旧城市对我们的限制和束缚，进行根本性的改造。以共产主义的思想与风格，进行规划和建设。把北京早日建成一个工业化的、园林化的、现代化的伟大社会主义首都。"[④]

① 中共北京市委. 北京市总体规划说明（草稿）[R] // 北京建设史书编辑委员会编辑部. 建国以来的北京城市建设资料（第一卷：城市规划）. 1987：205-213.
② 同上.
③ 同上.
④ 同上.

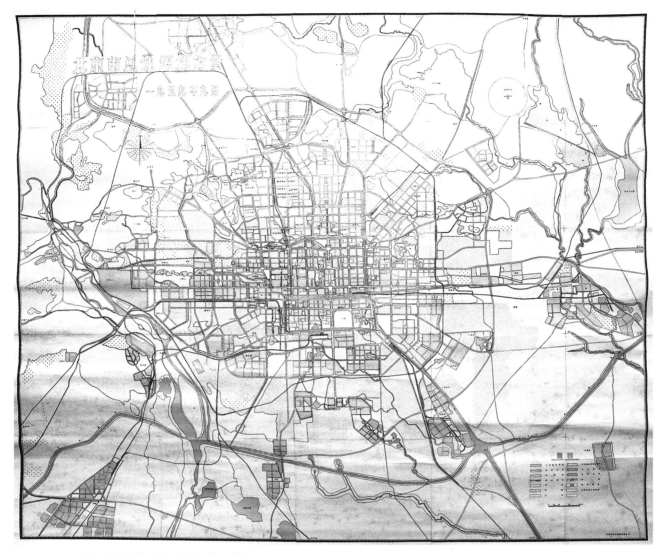

图 17-5　北京市总体规划方案（1959 年 9 月）
资料来源：北京市城市规划管理局 . 北京市总体规划方案［Z］. 北京市城市规划管理局档案 . 1959.

就具体措施而言，规划明确提出："要迅速改变城区面貌。在五年内，天安门广场、东西长安街以及其他主要干道要基本改建完成，并逐步向纵深发展。宣武区及崇文区也要成片地进行改建。拆些房屋，进行绿化。""展宽前三门护城河，拆掉城墙，充分绿化，滨河路北侧修建高楼。故宫要着手改建。把天安门广场、故宫、中山公园、文化宫、景山、北海、什刹海、积水潭、前三门护城河等地组织起来，拆除部分房屋，扩大绿地面积，使成为市中心的一个大花园，在节日作为百万群众尽情欢乐的地方。"[1]

到 1959 年 9 月，北京城市总体规划又进行过一次修改，基本延续了 1958 年 9 月版规划的总体布局（图 17-5），当时的规划方案曾在全国工业交通展览会上展出（图 17-6）。

---

[1]　中共北京市委 . 北京市总体规划说明（草稿）［R］// 北京建设史书编辑委员会编辑部 . 建国以来的北京城市建设资料（第一卷：城市规划）. 1987：205-213.

图 17-6　全国工业交通展览会上正在介绍
北京城市总体规划方案（1959 年 10 月）
注：3 位讲解人员中，右为章之娴（女），中为
张友良，左为孙红梅（女）。
资料来源：张友良提供。

　　由上不难理解，1958 年 9 月修改后的《北京市总体规划说明（草稿）》，比较鲜明地体现出了"跃进"
和"赶超"的思想。由于当时中国社会经济发展的现实条件，特别是"大跃进"开始后又出现的经济困难
局面，《北京市总体规划说明（草稿）》中的不少规划内容其实并未全面付诸实施，而更多地具有畅想的
性质。

　　尽管如此，"大跃进"时期北京城市总体规划修改方案的部分实施，依然给城市布局带来一定的混乱，
譬如"在文教区和旧城区发展了一批工厂，给后来的城市环境带来干扰"等；但另一方面，"分散集团式
布局有效地压缩了市区规模，绿地与城市用地互相穿插有利于环境保护和生态平衡，避免了'大跃进'形
势下城市过大发展"①。

　　同时，正是在"大跃进"时期，为了迎接中华人民共和国成立 10 周年，北京市对天安门广场进行了
大规模改扩建，大力兴建了以人民大会堂、中国历史博物馆与中国革命博物馆（两馆属同一建筑内）、中
国人民革命军事博物馆、民族文化宫、民族饭店、钓鱼台国宾馆、华侨大厦、北京火车站、全国农业展览
馆和北京工人体育场等"十大建筑"为代表的一批大型公共建筑，首都城市风貌得到很大的改观，这一批
建筑也成为中华人民共和国最具标志性的现代文化遗产和规划遗产之一。

---

① 董光器. 北京城市规划建设史略［M］// 董光器. 北京规划战略思考. 北京：中国建筑工业出版社，1998：334.

第 18 章

第四批规划专家组
(1956—1959 年)

1956 年来华对城市规划工作进行技术援助的第四批苏联专家，除了地铁专家组之外，还有另外一个规划专家组，他们虽然并非受聘于北京市，但也曾经对北京市的城市规划工作进行过一些技术援助，本章略作讨论。

18.1　第四批规划专家组概况

第四批规划专家组主要受聘于城市建设部及其下属的中央城市设计院。专家组共 6 名成员，其中来自莫斯科城市总体规划设计研究院的 Я.А. 萨里舍夫为城市建设部顾问（图 18-1），接替巴拉金在部机关工作，其余 5 人在城市设计院工作，包括经济专家 М.О. 什基别里曼、建筑专家 В.П. 库维尔金、工程专家 М.С. 马霍夫、电力专家 Л.С. 扎巴罗夫斯基和建筑专家 А.И. 玛娜霍娃。

该批专家中，萨里舍夫、什基别里曼和库维尔金于 1956 年 5 月底来华，马霍夫和扎巴罗夫斯基来华时间较早（1955 年 6 月和 11 月，图 18-2），原为重工业部和第二机械工业部聘请的苏联专家，于 1955 年 9 月和 12 月转聘至国家城建总局城市设计院工作。1956 年 7 月，玛娜霍娃跟随受聘于清华大学的丈夫阿凡钦珂一同来华，并在城市设计院工作。

这样，中央城市设计院就形成了一个多工种的苏联专家团队，为了配合 5 位苏联专家的工作，城市设计院成立了一个专门的苏联专家组，经济专家什基别里曼为专家组组长。什基别里曼是一名犹太人，来华前在俄罗斯联邦共和国公用事业部城市设计院工作，结束援华工作返回苏联后，晚年转去以色列生活。

第四批苏联规划专家在华工作时间长短不一。最短的为建筑专家玛娜霍娃，聘期 1 年，于 1957 年 7 月与阿凡钦珂（聘期 2 年）一同回苏。工程专家马霍夫、电力专家扎巴罗夫斯基和建筑专家库维尔金的聘期均为 2 年，于 1957 年 6 月至 1958 年 7 月先后回苏（图 18-3）。而规划专家萨里舍夫和经济专家什基别里曼在华工作时间均为 3 年（聘期 2 年，延聘 1 年），于 1959 年 5 月回苏（表 18-1）。

图 18-1 规划专家萨里舍夫、经济专家什基别里曼在青岛考察时的留影（1958年 4 月）

前排左起：青岛市陪同人员、什基别里曼、萨里舍夫、高峰（时任建工部城建局副局长）、青岛市陪同人员。

后排左起：靳君达、赵士修。

资料来源：赵士修提供。

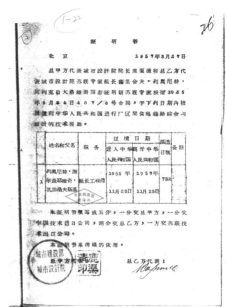

图 18-2 苏联专家在华技术援助工作证明书（电力专家扎巴罗夫斯基，1957 年 3 月）

注：证明书中扎罗夫斯基的译名为"扎伯洛夫斯基"。

资料来源：城建部. 苏联专家援助证明书 [Z]. 城市建设部档案，中央档案馆，档号：259-3-19-2. 1957.

图 18-3 中央城市设计院欢送马霍夫回国留影（1957 年 6 月）

前排左起：安永瑜（左 1）、李蕴华（左 2）、玛娜霍娃（左 3）、扎巴罗夫斯基（左 4）、王天任（左 5）、什基别里曼（左 6）、鹿渠清（左 7，中央城市设计院院长）、马霍夫（右 7）、史克宁（右 6）、库维尔金（右 5）、程世抚（右 4）、谭璟（右 3）、姚鸿达（右 2）、归善继（右 1）。

后排左起：赵允若（左 1）、王慧贞（左 3）、夏素英（左 4）、杜松鹤（左 5）、高殿珠（左 6）、王进益（左 7）、刘达容（左 8）、陶振铭（左 9）、王乃璋（左 10）、凌振家（右 5）、黄树（右 4）、徐道根（右 3）、陈卓铨（右 2）、冯友棣（右 1）。

资料来源：高殿珠提供。

来华时间	回苏时间	专家姓名及其俄文本名	在苏工作单位及职务	专长
1956 年 5 月	1959 年 5 月	雅·阿·萨里舍夫 （Я.А. Салишев）	莫斯科城市总体规划设计研究院	规划专家，顾问
1956 年 5 月	1959 年 5 月	米·奥·什基别里曼 （Михаил Ограмавич Штибельман）	俄罗斯联邦共和国公用事业部城市设计院	经济专家，专家组组长
1956 年 5 月	1958 年 7 月	瓦·彼·库维尔金 （Валериан Петрович Кувырдин）	莫斯科城市总体规划设计研究院，建筑规划室副主任	建筑专家
1955 年 6 月	1957 年 6 月	米·沙·马霍夫 （Михаил Саввич Махов）	苏联工业交通运输国家设计院，总工程师	工程专家
1955 年 11 月	1957 年 11 月	列·谢·扎巴罗夫斯基（Леонет Сергейвич Забаровский）	苏联电力工业部设计院，总工程师	电力专家
1956 年 7 月	1957 年 7 月	阿·伊·玛娜霍娃 （А.И. Монахова）	列宁格勒城市设计院	建筑专家

注：根据中央档案馆有关档案整理，经早年担任苏联专家翻译的一些老专家审阅校正。

第四批规划专家在华期间的工作性质类似于第二批规划专家，他们受聘在中央机关，工作面十分广泛，需要对中国各地区和各主要城市的规划业务工作进行普遍的技术指导。同时，由于他们在华工作时间是在 1956 年以后，技术援助工作的对象转向与我国第二个"五年计划"相配合的联合选厂和城市规划，并启动区域规划试点。这一批规划专家对中国区域规划制度的建立、一大批中小城市和县城规划，以及农村人民公社规划等作出了重要贡献，但由于受到中国"大跃进"运动等特殊时代背景和政治形势的影响，部分规划工作未能取得理想的实际成效。

以规划专家萨里舍夫为例，早年为其担任专职翻译的靳君达曾回忆："如果专门谈萨里舍夫，其实也没什么好谈的。他在华工作的这段时间，遇上'反右''大跃进'和人民公社化运动的高潮，'左'的思想盛行，建筑业在'反四过''反浪费'，还推行'四不用'建筑，城市规划工作受到很大冲击，工作陷于停滞。与巴拉金相比，萨里舍夫的工作很少。我虽然是他的专职翻译，但留下的印象都不太深。""1957年'反四过'以后，萨里舍夫有些抵触情绪，他认为大炼钢铁是瞎胡闹，好多事情他想不通。但那时候中国人也不大听，觉得苏联专家保守。再加上跟苏联论战，就放到了对立地位了。""那时候，我们的工作也不那么默契……谈起来不大可能谈拢，即使当面不顶撞，有些话也言不由衷。"[1]

18.2 对北京城市规划的技术援助

1955—1957 年，对北京城市总体规划的技术援助工作主要由第三批规划专家承担。第三批规划专家返回苏联以后，自 1958 年开始，第四批规划专家中回国较晚的规划专家萨里舍夫和经济专家什基别里曼，

---

[1] 靳君达 2015 年 10 月 12 日与笔者的谈话。

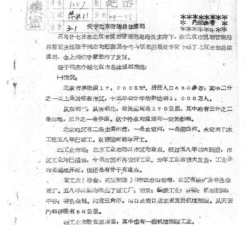

图18-4　北京市城市规划管理局向萨里舍夫和什基别里曼汇报北京市规划工作的谈话记录档案（1959年3月27日，第1页和第4页）

资料来源：建工部城建局. 关于北京市的总体规划［Z］//建工部城建局. 北京市城市规划文件资料. 中国城市规划设计研究院档案室，档号：0323. 1959：21，24.

对北京城市规划工作也进行过一些技术援助。

譬如，1959年3月27日，"在北京市规划管理局周［永源副］局长主持下，由北京市规划管理局总图室主任陈干同志向部萨里舍夫与什[①]基别里曼专家介绍了北京市的总体规划，会上两位专家都作了发言"[②]（图18-4）。

在这次会议上，陈干较为详细地汇报了1958年修改后的北京城市总体规划方案，并介绍了当时共计12项的国庆工程[③]计划。随后，萨里舍夫、什基别里曼和周永源分别发言。其中，萨里舍夫和什基别里曼的谈话记录如下：

萨里舍夫专家的发言

北京的规划比较熟悉，现在的规划比过去大大地提高了一步，采用的原则很明确，和最近在莫斯科召开的建筑师会议精神相符，能够满足社会主义的要求。

（一）成功的第一点是将内城的改建和郊区的城镇建设结合起来，同时进行。将大城市本身和郊

---

① 原稿为"斯"。

② 建工部城建局. 关于北京市的总体规划［Z］//北京市城市规划文件资料. 1959：21-26. 中国城市规划设计研究院档案室，档号：0323.

③ 内容包括："1. 民族宫（西单）. 2. 长安饭店（复兴门外）. 3. 电影宫（广播大楼对面）. 4. 军事博物馆（公主坟）. 5. 迎宾馆. 6. 科学技术宫. 7. 艺术馆（沙滩，北大）. 8. 农业展览会（东北郊）. 9. 国家剧场（天安门）. 10. 车站. 11. 人大常委会. 12. 革命历史博物馆。"资料来源：建工部城建局. 关于北京市的总体规划［Z］//北京市城市规划文件资料. 中国城市规划设计研究院档案室，档号：0323. 1959：21-26.

区独立工人镇及卫星城市三级结合考虑发展和进行建设的做法，是先进的。不但使之又集中又分散，又使工作地接近居住区。

（二）明确的看出，采取综合的办法，即经济、技术、艺术综合考虑的做法，对城市交通条件、卫生条件的改善都是有利的。

（三）同时发展中心区和郊区居民点的办法，相距50～60公里，这是原则理论与实际相结合的作法。

第二环路，是否可以考虑修建绿化带；供作游憩地带，既有利卫生，又能更好地体现整体与分散相结合。

环形，放射路是大城市解决交通问题的最好办法，既能联系，又能分散交通量。北京市采取棋盘式和放射式结合起来的办法很好，但应该注意两个问题，一是放射路的交叉口不宜太多，交叉口之距离一般应在1000米以上。第二，交叉口应该建一些好房子，但要注意留出适当的空地，以便将来考虑修建立体交叉。

城市采取集团式布置，每个集团200～250公顷，这样便于组织生活福利设施。这样的规划手法，对于百万以上的大城市是适宜的。

铁路引入城市的做法是正确的，便于城市旅客。对于铁路是否引入城市，在苏联争论过很久，最后结论，还是车站在市内。但是铁路引入市内，应该注意：铁路应与地下铁道结合考虑；减少车站、铁路对居民的干扰。

四条运河是件大事，大城市没有水陆运输，就不可能得到充分的发展。

什①基别里曼专家的发言

今天北京市的规划介绍，对我帮助很大。

市界范围的扩大，从规划上讲有很大的好处。首先帮助解决了居民的分布问题，大城市发展方向的选择，规划布局的伸缩性就更大一些。

中心区与郊区卫星镇距离50～60公里很恰当，可以保证不会连起来；如果是10多公里就有可能要连上。这种做法是区域规划的性质。如果用1∶50 000地形图来做，可能有些问题能解决得好一些。如贵阳、包头、昆明的做法一样。

远景人口控制在350万，不一定要肯定，可以根据用地容量考虑。②

这份谈话记录表明，对于"大跃进"时期的北京城市总体规划方案，苏联规划专家基本上持一种称赞和表扬的立场与态度，同时，他们也以一种比较委婉的方式提出了一些不同意见，如什基别里曼所讲到的

① 原稿为"斯"。
② 建工部城建局. 关于北京市的总体规划［Z］// 建工部城建局. 北京市城市规划文件资料. 中国城市规划设计研究院档案室，档号：0323.
1959：21-26.

图 18-5　建筑工程部欢送萨里舍夫和什基别里曼回国留影（1959年5月9日）

前排：什基别里曼（左1）、萨里舍夫（左2）、刘秀峰（左3、时任建筑工程部部长）、萨里舍夫夫人（女，左4）、什基别里曼夫人（女，左5）.

后排：鹿渠清（右4、时任中央城市设计院院长）、王进益（右2、翻译）、靳君达（右1、翻译）.

资料来源：建工部. 苏联专家萨里舍夫回国留念［Z］. 中央档案馆，档号：255-8-155-1. 1959.

"远景人口控制在 350 万，不一定要肯定，可以根据用地容量考虑"，对此，周永源副局长在发言时也作了一些解释[1]。

由此也可以讲，1958 年之后，苏联专家对中国城市规划工作的技术援助活动，在科学技术层面已经受到很大的压制和局限，而没有太多实质性的帮助，乃至于仅流于一种表面的形式。

1959 年 5 月底，第四批规划专家组中最后两位专家萨里舍夫和什基别里曼也离开了中国并返回苏联（图 18-5）。

18.3　专家的撤回及对中国城市规划的影响

中苏两国在经历了 1950 年代早期的蜜月阶段以后，有关的一些分歧和矛盾日益凸显。1960 年 8 月前后，在一个多月的时间内，苏联将在华担负重要任务的 1390 名专家全部撤回国。[2]

无疑，苏联专家的撤回给中国造成了巨大影响。然而，各领域的情况也不能一概而论。就苏联专家撤回对中国城市规划工作的影响而言，一个基本事实是，在 1959 年 5 月底时，指导中国城市规划工作的最后一批专家已经结束技术援助协议，返回苏联。因而，在 1960 年撤回的专家队伍中，并没有城市规划方

---

① 周永源指出："考虑北京市市区远期控制 350 万人口，主要是：一、市区工业和中央机关工作人员；二、是用地的容量。城市人口控制是个大问题，如果把生产力布置好，城郊关系搞好，则人口发展数是可以控制的。[19] 57 年以前搞过规划，那时把人口控制在 550 万，我们感到太大了，不方便。因此，考虑控制在 350 万。"资料来源：建工部城建局. 关于北京市的总体规划［Z］// 建工部城建局. 北京市城市规划文件资料. 中国城市规划设计研究院档案室，档号：0323. 1959：21-26.

② 中共中央党史研究室. 中国共产党历史（第 2 卷，1949—1978）［M］. 北京：中共党史出版社，2011：643.

面的专家。

再就实际的城市规划工作而言，应当承认，它并没有高深莫测的专业技术门槛。从 1949 年来华的首批专家算起，到 1959 年时，苏联专家对中国城市规划工作的技术援助已经长达 10 年之久。在这 10 年间，为了配合国家的工业化建设和首都建设等，中国开展了大量城市规划工作，通过这些实际城市规划工作的锻炼，新中国第一代城市规划师得以较快成长起来，并逐渐能够相对独立地承担规划工作任务。1956 年 5 月 9 日，国家城建总局在《四年来的专家工作检查报告》中曾明确指出："正是因为我们虚心地向专家进行了学习，在工作上有很大收获，如在城市规划方面，一般问题现已能够自己独立进行工作，凡是问专家的都是较大的原则性问题。"[①] 据不完全统计，截至"一五"末期时，全国从事城市规划的工作人员已达到 5000 多人。[②]

在这个意义上，1960 年苏联专家的撤回，对中国城市规划业务工作而言，其实并没有太大的实际影响。

不过，就 1960 年这个年份而言，对于中国城市规划事业发展，却是相当不幸的一个年份，正是在这一年的 11 月，第九次全国计划工作会议上提出"三年不搞城市规划"，后续的一系列相关举措，给中国城市规划事业发展造成了难以挽回的巨大重创。而之所以提出"三年不搞城市规划"，其重要指导思想之一即试图摆脱苏联规划的影响，因为中国 1950 年代的城市规划工作是在苏联专家的大力倡导和帮助下建立和发展起来的，1960 年专家的撤回正提供出反思苏联城市规划理论的时代契机。

这样，也就有了 1961 年以后新中国第一本《城乡规划》教科书的组织编写、各地区城市规划建设工作的历史总结，以及以大庆工矿区"非城市化的工业化道路"探索为代表的"中国特色"城市规划建设实践，中国的城市规划发展由此而进入另一个特殊的新时代。

---

①　国家城建总局. 四年来的专家工作检查报告 [Z]. 中央档案馆，档号：259-2-27-4. 1956.
②　《当代中国》丛书编辑部. 当代中国的城市建设 [M]. 北京：中国社会科学出版社，1990：147.

首都规划工作的再认识

本书关于新中国成立初期以苏联规划专家技术援助活动为考察视角的北京城市规划历史（1949—1960年）的专题研究，是苏联专家技术援助中国城市规划的一个缩影。通过北京的案例研究，使我们对中国现代城市规划的起源及苏联专家在华的技术援助活动获得一种更加鲜活的认识，同时也对首都城市规划建设的复杂性和困难性有了更加深刻的理解。

一、北京现代城市规划起步阶段规划工作者的不同角色及贡献

自 1949 年 1 月底北平和平解放以来，北京的城市规划建设与发展已经走过 70 多年的历程（1961 年以后首都规划的后续发展参见"附录"）。70 多年来，北京的城市面貌发生了翻天覆地的变化，从一个百余万城市人口、主要聚居在内外城范围的封建帝都，一跃而成为一个规模达 2 000 多万人、传统风貌与现代化设施并存，且具有重要知名度和影响力的国际大都市。70 多年来，对首都各项建设活动起到重要引导与调控作用的，无疑正是城市规划，特别是各时期大力开展的多轮城市总体规划制订工作。其中，共和国成立之初的前 10 年是至为关键的奠基阶段，也可称为北京现代城市规划的起步阶段，而对这一阶段的规划工作起到重要导向性作用的，正是苏联规划专家。

1949—1960 年，先后有 40 多位苏联规划专家对北京的城市规划工作进行过技术援助，由于在华工作时间及北京市规划工作进展的不同，他们对北京城市规划发展的影响及贡献也存在显著的差异。

1949 年 9 月抵京的首批苏联市政专家团，主要着眼于北京的市政建设，他们以附带建议的性质对北京城市规划问题所发表的一些意见，是苏联城市规划理论思想向中国的首次正式输入，迈出了中国向苏联学习城市规划经验的第一步。苏联专家巴兰尼克夫的建议报告，为北京未来的城市规划发展指明了基本方向，也可称之为第一份北京现代城市规划纲要，其内容尽管相对简略而并不具体化，但对于首都北京从近代的城市建设基础向现代城市规划的转型却具有相当重要的思想性引导作用。换言之，首批苏联规划专家帮助北京明确了现代城市规划的发展方向。

自 1952 年 3 月起以个别方式先后来华的第二批苏联规划专家（穆欣、巴拉金和克拉夫秋克），主要受

聘于中国中央一级的规划机构，他们以非专职、非连续的方式对北京城市规划进行过多次的技术援助，其影响主要体现在帮助北京规划工作者建立了现代城市规划的思想观念、基本程序和技术方法，并制订出第一份具有正式意义的城市总体规划方案——1953年版《改建与扩建北京市规划草案》。尽管该版城市总体规划方案的内容不尽完善，国家有关部门的意见还存在分歧，但它却为新中国的首都建设及未来发展提供出一个基本的雏形，该版规划所确定的北京城市空间结构、道路网骨架及用地布局模式，对70多年来首都城市建设与发展起到了重要的形塑作用，对北京城市规划发展的影响是宏观的、系统性和结构性的。

1955年4月来京的第三批苏联规划专家组专职帮助北京制订城市总体规划，具有人员众多、实力雄厚和多工种配合的鲜明特点，正是在他们手把手的指导和大力援助下，北京规划工作者得以在当时极为有限的时代条件下，按照相当正规化的方式和规范化的技术要求推进城市总体规划的制订工作，而各个专业方面的苏联专家的密切配合与协作，使北京城市总体规划所涉及的诸多具体问题在科学技术层面得到了较充分的论证及相当合理的解决。正因如此，由该批苏联专家帮助完成的北京城市总体规划成果——1957年版《北京市总体规划初步方案》，具有相当程度的科学性、系统性和可操作性，从而为首都各项城市建设活动以及规划管理工作的有序推进提供出了基本的遵循。而有关区域（北京地区）规划、分区规划等思想和方法的引介及典型规划实践，不仅为北京城市规划体系的建立和完善提供了基本框架，也为首都规划工作向宏观和微观两端延伸指明了方向，探索了道路。简言之，第三批苏联规划专家的技术援助，使北京城市总体规划达到了相对成熟的质量和水平，有力推动了首都城市规划工作从规划制订阶段向规划实施管理阶段的战略性转移。

1956年10月来京的第四批苏联地铁专家组，针对北京地下铁道建设这一专门问题，在实地考察及地质分析等扎实工作的基础上，提出了北京地铁建设的可行性研究报告、北京地铁线路远景规划方案及第一期设计方案，这使得曾一度困扰中国领导人的北京能否建设地下铁道、存在哪些主要困难等症结问题初步获得了权威性的解答。正是由于该批苏联专家的技术援助，使北京地铁规划建设这一对城市长远发展具有潜在而重大影响的战略性问题，在城市总体规划方案研拟之初的第一时间内得以较充分的论证和谋划，实现了地铁规划与城市总体规划的相互配合与协调，显著增强了1957年版北京城市总体规划的前瞻性、预见性和战略性。

综上所述，先后来华的4批苏联规划专家，对北京城市规划工作进行了各不相同的技术援助，他们以一种类似于"接力跑"的方式，一步一步地分阶段提供指导，最终帮助北京制订出了相对成熟与完善的城市总体规划方案。正是这样的一个技术援助的成果，对70多年来中华人民共和国首都的城市建设与发展发挥了相当重要的引导和调控的作用。

需要指出的是，苏联专家在华的技术援助工作，并非他们单方面的独立工作行为，在苏联专家的背后，还有专业多样、人员众多的规划团队力量提供支撑，作为后盾。据不完全统计，1956年上半年时，北京市都市规划委员会和北京市城市规划管理局的人员已超过300人[①]，该年下半年又有一大批新生力量加入规划队伍之中。广大的中国城市规划工作者，以受业者的谦虚姿态，根据苏联专家的指导意见，具体搜集各方面的基础资料，进行专业化的统计、分析和研究，永无休止地绘制内容各异、形式多样的巨幅城市规划图纸，默默无闻地完成了许多工作。因而，在苏联专家对北京城市规划作出的重要贡献当中，也包含着首都规划工作者的心血和付出！而北京城市规划工作的主体力量或主要完成者，仍然是中国的城市规划工作者！

　　论及中国同志，应当强调的还有以彭真、刘仁、郑天翔、万里、张友渔和薛子正等为代表的一批城市领导者，他们是北京城市规划工作的组织者和推动者，正是由于他们的杰出领导，及时解决了众多的实际问题，协调了各方面的矛盾，才使新生的共和国首都的城市规划事业在刚起步的第一阶段少走了很多弯路，避免了大量损失或遗憾。尤为可敬的是，在苏联专家援助北京的过程中，对于不少规划问题，如城市人口规模、道路（长安街）宽度和规划标准等，中国领导者并非为苏联规划专家的意见所唯命是从，而是有相当的独立思考意识和精神，并与苏联专家进行反复沟通和商议，不少情况下最终的决策都是以中国方面的意见为准。这些情况也以事实表明，苏联规划专家对中国的援助只是顾问或咨询的性质，中国城市规划决策的权力仍然牢固地掌握在中国人自己的手中。援助北京的规划专家于1957年先后返回苏联后，1958—1959年前后，中国同志们更是在相当短暂的时间内多次提出城市总体规划的修改方案，而1958年9月经中央书记处原则批准的《北京市总体规划》尽管具有一定的时代烙印，但毫无疑问，它已经与1957年版《北京市总体规划初步方案》具有相当大的差异，而体现出一定的中国特色。可以讲，中国方面对苏联规划专家的聘请和咨询是礼貌的、敬重的，同时也是有分寸、有原则、有底线的（当然，苏联规划专家也大都具有较强的政策意识，善于尊重并支持中国方面的一些政策或决策）。

　　总的来看，1949—1960年苏联专家对北京城市规划工作的技术援助，表现为一个相当长期的持续推进的历史过程。在这一过程中，不论就中国规划工作者、领导决策者或苏联专家而言，有关的规划工作都并非一帆风顺，而是经历过种种问题和困难，发生过许多分歧、争议乃至争吵，这一点，也充分表明了首都城市规划工作相当突出的综合性、复杂性和矛盾性。共和国成立之初，新生的人民政权在城市工作方面经验不足，而国家的财政经济又十分困难，首都北京的城市建设存在诸多的制约性矛盾，由此，当时的城市规划工作也存在一定的时代局限性，这是不可避免的。回顾历史，我们应当多一份设身处地的理解。

二、政策研究的城市规划与技术研究的城市规划

　　本书对北京城市规划工作的历史回顾，其根本目的在于更深入地认识城市规划工作的内在本质及其客观规律。就此而言，尚有诸多问题值得作进一步的思考和讨论。笔者体会最深的，莫过于首都人口规模及

---

① 统计时间为1956年7月。资料来源：城建部办公厅. 给各局、司负责同志送去全国城市建设基本情况资料汇集的函 [Z]. 城市建设部档案. 中央档案馆，档案号259-2-34: 1. 1956.

工业发展的争议性问题。

就城市人口规模而言，1949年首批苏联市政专家团援京时，巴兰尼克夫曾预测"在一五至二十年的期间，人口可能增加一倍"，规划人口约260万[①]。1953年第二批规划专家巴拉金指导畅观楼小组的规划工作时，由于缺乏国民经济计划等基础资料，在不得已的情况下采用了一个假定的500万城市人口规模作为规划工作的一个基本条件；对此，国家计委审查研究《北京市改建与扩建规划草案》时提出不同意见，认为"从发展的速度看，要在十五年至二十年内达到这个规模，似还大了点"[②]。国家计委与北京市的意见分歧，曾一度僵持不下。

1955年4月第三批苏联规划专家组抵京后，为了城市总体规划的顺利开展，在北京市向中央的一再汇报和请示下，国家计委和国家建委于1955年12月联合向中央呈报，"建议规划区以内以五百万人作为远期（四五十年）规划的控制指标"[③]，这标志着国家计委、国家建委和北京市对首都城市人口规模问题终于达成了一致意见。

然而，事态的发展并未就此结束。在中央领导于1956年2月21日对首都规划问题作出重要指示后，北京的城市总体规划便开始"按1000万人规划"[④]，1957年3月完成的《北京市总体规划初步方案》提出远期"整个北京地区的总人口可能要达到一千万左右"[⑤]。值得注意的是，中央领导作指示时，北京市域范围尚未进行大规模的调整（当时的市域面积共3 216平方公里）。

北京市于1958年6月向中央呈报的城市总体规划初步方案中，提出"北京市区的人口准备控制在五百万到六百万人"，"包括卫星镇和郊区，北京地区的总人口将要有一千万人"[⑥]。1958年9月再次呈报修改后的《北京市总体规划》时，城市人口规模的提法又有变化：北京市总人口"将来估计要增加到一千万人左右"；市区"今后要控制在三百五十万人左右"；中心区"将控制在六十五万人左右"[⑦]。与此同时，北京市域范围在1958年得以大规模调整，扩大到了1.64万平方公里。

考察北京城市总体规划中城市人口规模不断变化的这样一个历史过程，如果以局外人来看，简直有些戏剧化的色彩，但仔细分析，其背后则体现出中华人民共和国成立初期首都人口快速增长、国民经济计划制订及其不断调整、中国政治和社会形势不断变化等多方面因素的影响，因而是一个相当复杂的问题。在当年的时代背景和技术条件下，城市人口规模长期难以定案，或存在各种分歧，不断变化，都是十分正常

---

① "除郊区人口暂不计算外"，"估计在一五至二十年间人口可能增加到二六〇〇〇〇人。"资料来源：巴兰尼克夫. 苏联专家［巴］兰呢［尼］克夫关于北京市将来发展计划的报告［Z］.岂文彬，译. 北京市档案馆，档号：001-009-00056.1949：3.

② 国家计委. 对于北京市委"关于改建与扩建北京市规划草案"意见的报告［Z］. 中央档案馆，档号：150-2-131-2.1954.

③ 中共北京市委. 市委有关北京市城市规划向中央的请示和报送北京市人口情况的资料［Z］. 北京市档案馆，档号：001-005-00167.1955：42-45.

④ 中共北京市委. 中共北京市委关于城市建设和城市规划的几个问题［Z］. 北京市档案馆，档号：001-009-00372.1956.

⑤ 北京市都市规划委员会. 关于北京城市建设总体规划初步方案的要点（五稿）［R］. 北京市都市规划委员会档案. 1957.

⑥ 中共北京市委. 中共北京市委关于北京城市规划初步方案的报告［Z］. 建筑工程部档案，中国城市规划设计研究院档案室，档号：0323.1958.

⑦ 中共北京市委. 北京市总体规划说明（草稿）［R］// 北京建设史书编辑委员会编辑部. 建国以来的北京城市建设资料（第一卷：城市规划）. 1987：205-213.

的，并无可厚非。

如果对北京工业发展问题进行历史考察，大致也可得出类似的结论。

那么，对于城市规划工作者而言，我们要追问的是，在早年的北京城市总体规划工作中，究竟应当采取多大的城市人口规模比较合适呢？

反观 1954 年国家计委对北京市规划的审查意见，近万字的篇幅，全面分析，层层解剖，大量的统计数据，不可谓不认真、不严谨，但是，其研究结论却指向比 500 万更小的城市人口规模，它是否是科学、正确的结论呢？与之相对应，中共北京市委畅观楼规划小组按 500 万进行假定的做法，是否就是伪科学、不足取呢？

当中央领导发表意见时，北京的城市人口规模翻倍至 1 000 万，这恐怕是国家计委和北京市万万不曾预料的，以当年的规划工作情形而论，难免有人对此感到困惑和不解。推想起来，中央领导当年恐怕没有太多的现代城市规划的观念，但他对历史有浓厚的兴趣，中国历史上国都的人口规模往往远大于其他一些城市的历史情况，想必他是清楚的；另就中苏两国而言，中国总人口（当时 6 亿多）远大于苏联（近 2 亿），中国的首都的人口大概也会超过苏联首都的人口（1935 年莫斯科规划人口为 500 万）。再加上国家领导人的国际视野和战略眼光（见第 11 章有关讨论），或许正是其提出北京 1 000 万人口规模的基本出发点。如果我们能够有此思考，中央领导提出 1 000 万人口，也是有一定的考虑或依据的。

进一步思考，中央领导提出的 1 000 万人口，只是一个战略意义的概念，并不是一个规划意义上的具体指标。同时，它没有明确的地域范围限定，而是具有一定的区域内涵——"会把天津、保定、北京连起来"①——这其实就是最早的京津冀协同发展思想。而如果我们把眼光再放长远一点，今天北京市的人口早就超过了 2 000 万。如果按 1956 年 2 月时的北京市域范围来计算，人口差不多正是 1 000 万左右。考虑到这些情况，再来反观中央领导当年的指示，有谁还不为他的远见卓识和战略眼光而倍感敬佩呢？

那么，我们可以再进一步追问，中央领导所指示的 1 000 万人口规模，又是否就是科学、可靠的依据或结论呢？……

对于上述一连串的疑问，笔者认为，第二批苏联规划专家克拉夫秋克的观点是值得反思的——"城市人口发展规模问题，应由国家计划委员会研究，建设委员会不应代管"，"在苏联，建委从不插手解决城市人口发展规模问题，只负责审查城市规划设计。因为城市在向建委报送审查规划之前，即已将人口发展规模和国家计划委员会取得协议"②。依克拉夫秋克看来，对于北京的城市人口规模，其实应当由国家计委来研究并提出方案，以此作为北京规划制订的一个先决条件，而不应当由北京市的规划工作者来研究和提出。

这一点，正反映出城市规划工作的内在本质及固有特点。正如徐钜洲所指出的："就城市规划工作来

---

① 中共中央文献研究室. 毛泽东年谱（一九四九——一九七六）第二卷 [M]. 北京：中央文献出版社，2013：535.

② 国家建委城市局. 克拉夫秋克专家关于城市规划定额问题的谈话纪要 [Z]. 国家建委档案. 中国城市规划设计研究院图书馆，档号：AJ9. 1955：1–6.

讲，应该分为两个部分，一个是规划的政策研究结论，一个是技术研究结论"；"规划的政策研究，也就是和政治结合最密切的阶段。所谓政策研究，主要是城市规划的政策、原则、方向"，"都是原则性的一些内容，是和政治密切结合的，是党的整个方针政策在规划工作方面的一个深化"，"与此同时，才是城市规划的手法，或者叫技术方法、技术手段"[①]。

城市规划工作中的人口规模，当然有一定的分析和预测方法，除了计划经济时期常用的"劳动平衡法"，还有趋势外推法、"联合国法"、综合平衡法等多种技术方法。然而，熟悉这些技术方法的内行可以清楚，这些人口分析和预测方法仅仅只能提供出一些参考数字而已，由于城市发展的长期性及诸多不可预见因素，人口规模预测的结果很难做到科学和准确，而一些参数选择中人为因素的影响更会使预测结果大相径庭。从根本上说，城市人口规模问题更多地属于城市规划政策研究的范畴，并非单纯的专业技术问题，应该从政策研究的角度予以综合研究和确定。

长期以来，由于对"政策研究的城市规划"和"技术研究的城市规划"缺乏必要的区分以及相应的制度设计，导致实际城市规划工作中一些混乱无序现象的发生。仍以城市人口规模问题为例，1978年中国实行改革开放后，城市规划工作开始舍弃计划经济时期的一些传统做法，转向与社会主义市场经济体制的密切配合，而在各地区快速城镇化的发展过程中，某些城市的规划工作在实际上扮演了为有关城市扩大建设用地规模的"圈地运动"提供技术支持进而谋求政策红利（获取更多的建设用地指标）的角色，城市规划工作者为此而耗费了大量的时间和精力，反而更加专业化的一些规划技术问题（如用地合理布局、多方案比选和城市空间设计等）却没有得到应有的重视及智力投入。有人说，城市规划工作早已成为"忽悠"，城市规划已成为"金钱规划"。这实在是巨大的悲哀。

对"政策研究的城市规划"和"技术研究的城市规划"作出合理的区分，一个现实的途径即加强城市总体规划上位的区域性规划工作，对于一定区域内各个城市的建设与发展的基本政策（如城市性质和发展规模等），在上位区域规划中予以研究和明确，并赋予其法律地位，从而将相关的一些政策研究结论作为各个城市制订城市总体规划的前提条件。1990年代以来，我国曾先后开展过多轮城镇体系规划等相关工作，此方面的规划技术问题已经有成熟的应对方案，目前所缺少的只是规划工作体制机制的合理化设计。

试想，如果能够对"政策研究的城市规划"和"技术研究的城市规划"作出合理的区分，城市规划工作的开展一定会规避掉许多扭曲的成分乃至"忽悠"的嫌疑，学术界长期呼吁的城市规划科学化水平的提升，必将可以获得显著的改进。

需要说明的是，笔者在这里所讨论的对"政策研究的城市规划"和"技术研究的城市规划"作出合理的区分，是从改进规划工作操作机制的角度的一些思考。如果就城市规划工作的整体而言，无疑是迫切需要加强城市规划的政策研究工作的，规划政策的拟定必须科学合理，否则一旦规划政策出现失误，规划技

[①] 徐钜洲2015年10月20日与笔者的谈话。资料来源：李浩. 城·事·人：新中国第一代城市规划工作者访谈录（第二辑）[M]. 北京：中国建筑工业出版社，2017：207–208.

术的走向将后患无穷。但从规划程序的角度来看，规划政策是城市规划技术工作的重要前提，城市规划技术研究工作的开展必须以一定的规划政策为依据，在一定的"游戏规则"下开展进一步具体化、精细化和科学化的规划设计与研究工作，那么在规划技术研究工作开展之前，总要在规划政策方面有一个相对明确和稳定的说法，从而有所遵循。笔者的基本观点是，不应把"政策研究的城市规划"和"技术研究的城市规划"混为一谈，更不能由于规划政策方面的一些非理性之举而干扰、破坏到城市规划技术研究工作无法合理推进。简而言之，我们应当呼吁建立一种新的、更合理的规划工作机制，一方面要加强城市规划的政策研究工作，为城市规划工作的正常开展提供可靠的前提和依据；另一方面，要为城市规划的技术研究创造有利的专业工作条件，切实保障其扎实的推进，从而全面提升城市规划工作的科学化水平。

当然，进一步讨论，如果跳出规划程序的思维，那么规划政策的合理拟定，也需要立足于对各方面现实情况的充分洞察和对各类规划实践经验与客观规律的深刻总结，同样也需要规划科学技术的支撑，为其服务。在这个意义上，城市规划的政策研究与技术研究不应当是完全割裂的。但这里所谓城市规划的技术研究，是为规划政策提供服务和支撑的规划技术，是政策科学意义上的规划技术，与上文所谈规划程序上的规划技术研究并不是一个等同的概念，不能混为一谈。

总之，城市规划工作的政策（或政治）、技术、科学和艺术等，其性质、内涵、相互关系和内在作用机制与规律等，是城市规划工作者需要长期探究的一个永恒命题，必然也是一个十分重大的哲学问题，绝非本书研究的使命所在。笔者就这一话题的讨论到此为止。

三、关于"照搬苏联规划模式"

回顾苏联规划专家对中国的技术援助，另一个值得讨论的话题即如何看待早年对苏联城市规划理论的学习和借鉴。"时至今日，规划界的一些人士，包括［19］80年代以后上大学或参加工作的同行们，往往对改革开放以前30年的规划工作历程有一种偏见：似乎那一段时光是在苏联规划理论模式的不良影响下的历史，是僵化的计划经济体制下的历史，因而抱有否定态度。在一些学术论文中，不乏为了论证自己观点的正确性，动辄将'计划经济体制下'或'苏联规划理论沿袭下'的某些做法，当成反面教材。"[1] 一些文献中评价，"'一五'计划时期，城市规划的编制原则、技术经济分析的方法、构图的手法，以至编制的程序，基本上是照搬苏联的作法"[2]，"照搬苏联的规划建设模式"[3]，"照抄苏联和东欧一些国家的作法"[4]，

① 刘诗峋. 启蒙老师不能忘［M］// 中国城市规划学会. 五十年回眸：新中国的城市规划. 北京：商务印书馆，1999：142–147.
② 《当代中国》丛书编辑部. 当代中国的城市建设［M］. 北京：中国社会科学出版社，1990：147.
③ 张宜轩，侯丽. 计划经济指标体系下的"生产"与"生活"关系调整：对1957年反"四过"的历史回顾［M］// 董卫. 城市规划历史与理论01，南京：东南大学出版社，2014：119–137.
④ 《当代山西城市建设》编辑委员会. 当代山西城市建设［M］. 太原：山西科学教育出版社，1990：12.

"行政性照搬型"规划模式①，等等。对此，刘诗峋曾旗帜鲜明地指出："这是不够公允的。"②

几年前对八大重点城市规划进行历史研究的过程中，笔者曾对"照搬苏联规划模式"的问题产生过关注和初步研究③。本书是关于苏联规划专家在华技术援助活动的专题研究，有必要对此问题作更进一步的讨论。笔者认为，应当从几个不同的角度来加以认识。

首先是苏联专家技术援助活动的发展阶段问题。1949年来华的首批苏联市政专家团向中国初步引介了苏联的城市规划理论，可称之为中国学习苏联城市规划理论的第一阶段，其后一段时间则又经历了几个不同的阶段。据建筑工程部（当时国家的城市规划主管部门）于1960年10月所作《关于苏联专家工作的总结报告》，1952—1954年为第二阶段，"是从技术到各项企业管理制度全面学习苏联的阶段"，1955—1957年为第三阶段，是"由过去模仿翻版转向能够较多地创造出结合我国实际情况的设计"，1958—1960年为第四阶段，由于"多数专业技术已经基本掌握"而采取了"自力更生为主、争取外援为辅的方针"。④

在各个不同的阶段，中国方面对于苏联专家和苏联城市规划理论的态度存在一定的差异。在苏联城市规划理论向中国首次正式输入的第一阶段，以"梁陈方案"事件为标志，体现了中国知识精英对苏联专家和苏联城市规划理论的一种质疑的态度。而在1952—1954年的第二阶段，这样的态度则发生了逆转——一方面，中国逐步确立了全面向苏联学习的基本政治制度；另一方面，在对苏联城市规划理论缺乏深入了解、城市规划技术人员极度缺乏的情况下，对苏联专家及有关建议表现出了无条件执行的态度。

1956年5月，国家城建总局在一份检查报告中，对苏联专家技术援助工作进行过较全面的总结，其中关于"政治上强但不懂业务的老干部，拿专家建议奉为圣旨"的情况有如下描述："由于城市建设工作是在大规模的经济建设（141项工业项目⑤）开始后的情况下提出来的，而这些干部又都刚走上这门新生工作的岗位，对城市建设工作中的一些业务名词都不懂，如：什么是城市规划、什么是公用事业等。所以，在城市建设工作的初期，对专家的建议或意见都是无条件的执行"，"在工作中的具体表现是：大小事情问专家，大小工作过程，只有专家同意了才能通过。有对专家建议提出反面意见的，就加以批评，或进行极力保护，自己吃不透的建议也要硬执行"，"又如城市规划中的一切定额，都是从苏联抄来的，专家虽屡次提出这些定额仅做参考，但我们还是照办了，认为专家提出的建议、苏联的东西没有错"。⑥

如果仅就上述文字而言，"照搬""照抄"苏联城市规划理论或苏联专家建议的现象是真实存在的。但

① 李芸. 迈向现代化的中国城市规划 [J]. 中国市场，2002（1）：66.
② 刘诗峋. 启蒙老师不能忘 [M] // 中国城市规划学会. 五十年回眸：新中国的城市规划. 北京：商务印书馆，1999：142–147.
③ 专题研究表明，八大重点城市规划工作在学习借鉴苏联经验的肇始，即同步伴随着对中国现实国情条件的认识，在十分薄弱的技术力量状况和至为紧迫的形势要求下，还进行了一些有针对的"适应性改造"，并且不乏根植于中国本土的创新性探索和努力，虽然这些创新探索和努力可能是局部的和不系统的，仍然是弥足珍贵的，而为改善城市条件的科学规划愿景与极度困难的财政经济状况之间的矛盾对立，则是造成对这一时期规划工作产生"高标准规划"或"照搬'苏联模式'"等"误识"的症结所在。资料来源：李浩. "一五"时期的城市规划是照搬"苏联模式"吗？：以八大重点城市规划编制为讨论中心 [J]. 城市发展研究，2015（9）：C1–C5.
④ 建筑工程部. 中华人民共和国建筑工程部关于苏联专家工作的总结报告 [Z]. 建筑工程部档案，中央档案馆，档号：255–9–156–2. 1960.
⑤ 即苏联帮助援建的156个重点工业项目（实际施工150项），这些项目分批次签订，截至1954年6月时，前两批已签订协议的项目数量为141项。
⑥ 国家城建总局. 四年来的专家工作检查报告 [Z]. 中央档案馆，档号：259–2–27–4. 1956.

需要注意的是，上述文字是国家主管部门对苏联专家技术援助工作进行检讨的总结材料中出现的，其目的是剖析"两种干部对专家建议的两种态度"[①]。在中国向苏联学习城市规划理论的初始阶段，即便存在一些"照搬""照抄"的现象，也是完全正常的，合情合理的。正如李晓江所指出的，"中华民族是一个善于学习的民族，中国的规划师也从不排外。在不同的历史环境和经济体制下，经历过学习西方、学习苏联，再学习西方的变化，每一次的学习都始于虔诚的模仿照搬，进而思考改进，最终都会走向寻找、探索本土化的道路，或称之为中国特色道路。"[②]

其次，就苏联专家技术援助活动本身而言，本书中有大量事实足以表明，自 1949 年来华的首批苏联市政专家团开始，苏联专家在大量的技术援助工作中，都相当重视对中国国情和北京当地情况的了解，以及与苏联规划经验的结合；而对于中国的一些领导者而言，他们在配合苏联专家工作之初，也在第一时间明确强调"只要有问题都提出来，不要以为苏联专家提了就不好意思再提出相反的意见，他提的只是建议性的"[③]。在后续北京城市规划工作逐步推进的过程中，苏联规划经验与中国现实国情相结合的情况和案例比比皆是，不胜枚举。

再以城市人口规模这个具体问题为例，1953 年版北京总规中采取了 500 万人的假定人口规模，这一数字与1935 年版莫斯科改建总体规划的人口规模相同，如果仅从这一数字来看，批评北京市规划"照搬"了莫斯科规划也是事实。但是，如果对 1950 年代北京市规划中城市人口规模不断变化的有关情况有更全面的认识和了解（如上文所述），所谓北京市规划"照搬"了莫斯科规划，显然只是无稽之谈，也是历史虚无主义的表现。

从根本上讲，城市规划是一种面对社会现实的实践性工作，这样的一种工作性质其本身就决定了，在苏联专家技术援助工作的过程中，以及中国城市规划人员学习和运用苏联城市规划经验的过程中，天然地需要同时考虑苏联城市规划的理论方法以及中国的具体国情。至于能否在城市规划工作中因地制宜地将苏联规划经验加以灵活应用，灵活应用的程度和水平如何，则又要取决于规划工作者的实践阅历和专业造诣等。

从历史发展的角度看，正如第 17 章业已指出的，从全面学习苏联城市规划理论，到突出强调"苏联先进经验和北京具体情况相结合"，北京城市规划工作领域这样一种话语的转向最早发生在 1958 年，其根本诱因是自 1956 年中国领导人从政治高度对于向苏联学习政策调整的重要指示。换言之，中国城市规划领域关于向苏联学习思路的话语转向，其实是由政治方面的力量所推动的。而 1960 年苏联专家撤回，则又使这样一种话语的转向得到空前的明确和强化，一度成为对城市规划工作者的思想认识以及整个社会的舆论认知具有重要导向功能的政策意识和思想观念。进而，在 1978 年实行改革开放以后，特别是 1991年苏联解体之后，这样的一种政策意识和思想观念再次得到空前的强调和放大。

---

① 另外一种干部对苏联专家建议的态度是："比较老的一部分工程技术人员，对专家建议怀疑或当面接受背地修改。"
② 李晓江. 序二［M］// 李浩. 八大重点城市规划：新中国成立初期的城市规划历史研究. 2 版. 北京：中国建筑工业出版社，2019：Ⅷ.
③ 中共北京市委. 苏联专家对交通事业、自来水问题报告后讨论的记录［Z］. 北京市档案馆，档号：001-009-00054. 1949：17-25.

如果我们能够对这样的一个相当复杂的历史进程有相对系统的完整认知，那么，对于 1949—1960 年苏联规划专家在华的技术援助活动，便可以获得一种更加客观、理性的认识和理解。

笔者在此关于"照搬苏联规划模式"话题的一些议论，绝不是为苏联城市规划理论或苏联规划专家进行辩护。在数十年前的时代条件下，中国的一些城市规划活动及苏联专家的技术援助工作，都不可能是完美无缺的；时过境迁，计划经济条件下苏联城市规划工作的传统方式必然也有诸多并不能应用于中国当代城市规划实践的缺点和问题。对此，我们要有客观、理性的思想认识。但是，这也决不能影响到我们对于城市规划历史观念及科学问题所应具有的客观认识。中国的现代城市规划是在 1950 年代由苏联专家技术援助的背景条件下逐步建立和发展起来的，经过几十年潜移默化的影响，在当前我国城市规划工作的各项运行机制和政策制度中，依然蕴含着强烈的有关苏联规划经验的文化基因，只有对历史情况有足够的尊重，对这样的文化基因有充分的醒视和洞察，才能真正开启面向未来的规划改革与创新发展之路。

四、情谊难忘

1949—1960 年，苏联专家对中国城市规划进行技术援助的过程中，中苏两国的城市规划工作者结下了深厚的友谊。

就 1949 年来华的首批苏联市政专家团而言，在他们于 1950 年 5 月返回苏联之后，中国政府仍然与他们保持着经常性的沟通和联系。1951 年 12 月，根据市委主要领导的指示，中共北京市委经由中国外交部向首批苏联市政专家团的 17 名成员赠送了刚于 1951 年 10 月出版的《毛泽东选集》（第一卷）精装本各一册。苏联专家收到赠书后，于 1952 年 5 月致函中共北京市委，回赠刚出版的《毛泽东选集》（第一卷）俄文版 12 册。1952 年 7 月，中共北京市委又回函给苏联市政专家团成员，赠送刚于 1952 年 4 月出版的《毛泽东选集》（第二卷）精装本 17 册。[①]

在首批苏联市政专家团中，对北京城市规划问题发表意见的主要是建筑专家巴兰尼克夫。1951 年 4 月，北京都委会曾专门致函外交部请求协助，"拟聘苏联建筑专家巴兰尼克[②]夫同志为本市都市计划委员会名誉顾问"。[③]

就第二批来华的规划专家穆欣而言，他于 1953 年 9 月底返回苏联前，曾将其携带来华的一些规划技术资料留给了中国同志，部分资料迄今仍在中国的档案机构有完好的保存（图 19-1）。回到苏联后，穆欣一直保持着与中国同志的联系。1954 年下半年，穆欣将他新撰写的《港口城市规划》研究论文辗转交给

① 中共北京市委. 关于赠送苏联专家阿巴拉莫夫等人毛泽东选集的文件、工商联、北京市粮食公司庆祝中共诞生三十一周年给彭真同志的贺信［Z］. 北京市档案馆，档号：001-006-00688. 1951：11-22.
② 原稿中为"可"。
③ 北京市都委会. 关于聘请及任用专家、工程技术人员的报告及有关文件［Z］. 北京市都市计划委员会档案，北京市档案馆，档号：150-001-00050. 1951：5.

中国同行 [①]，作为参考资料。1955年10月14日至11月18日，中国建筑师代表团赴苏联考察，期间穆欣与中国代表进行了友好的交流（参见图4-3），并于11月17日在列宁格勒旅馆作了题为《城市建设问题》的学术报告 [②]，后来他还向中国同志赠送了代表团在苏联的一些留影。这次会议结束后不久（1955年11月25日至12月6日），中国又派出代表出席全苏建筑师第二次代表大会，穆欣于1955年11月24日设家宴欢迎早年与他一起共事过的中国代表王文克、蓝田和刘达容（穆欣的专职翻译）等，后来又将一些照片邮寄给中国的朋友（图19-2）。1958年7月，梁思成、汪季琦、王文克和易锋等赴苏联访问，穆欣同样十分热情地接待了他们并邮寄照片（参见图4-4）。

不仅如此，每逢一些重要节日，如"五一"国际劳动节、中国的国庆节和春节、苏联的"十月革命"纪念日等，穆欣经常会给中国朋友邮寄贺卡，表达节日的祝福（图19-3）；每当苏联有一些重要的规划著作出版，也会在第一时间邮寄给中国同志作为学习材料（图19-4）。

1959年3月，穆欣有机会第二次来到中国，他在前往广州旅行的途中，先后在北京和上海短暂停留。在上海时，上海市城建局和规划院召开了专门的座谈会，"很多关心城市规划的局和院的领导都亲自参加了这个会议。会上介绍了上海在'大跃进'以来的工作，并展出了许多最近的规划图纸"，穆欣"在参观途中、在座谈会上，就上海市规划和城市建设发表了许多深刻而具体的宝贵意见" [③]。这次座谈会结束时，上海市规划系统赠送给穆欣3本图书作为纪念，穆欣答谢说："收到你们很多礼物了，很感谢大家，这些资料对我的研究工作有很大的帮助，我写了有关中国城市规划的论文，尚未付印。在平时我也经常作有关中国建筑和城市规划的报告。以后我将选择这三本书中的材料制成幻灯片，放映给更多的苏联同志看，因此，你们给我的这些礼物对我们将有很大的帮助。谨致衷心的感谢！" [④]

第二批苏联规划专家巴拉金曾于1953年下半年对畅观楼规划小组进行过大力的指导和帮助，对第一版北京城市总体规划的制订有重大的贡献。巴拉金在华工作整整3年时间，且适逢中国"一五"计划最关键的时期，对中国城市规划事业倾注了大量心血。1956年5月中旬（即将回国前），巴拉金赴长三角地区巡回指导规划工作时，曾在南京长江岸边绘制过一幅水彩画，将它赠予了长期与他一起工作过的中国规划同行王文克。1956年5月31日巴拉金回国时，包括城市建设部部长在内的许多领导和规划工作者为他送行，场面相当隆重（图19-5）。在巴拉金返回苏联后，早年为他担任专职翻译的靳君达到苏联参加国际建

---

① 1954年12月7日，穆欣的继任者苏联专家巴拉金对湛江市规划进行指导时，曾经谈道："穆欣同志，写了一篇海港城市规划，他想在海港城市规划方面创造出一套理论……希望大家都学一学，我也看看。"资料来源：国家城市建设总局. 湛江市规划资料 [Z]. 中国城市规划设计研究院档案室，档号：0682. 1956：103-105.
② 穆欣. 城市建设问题 [Z]. 城市建设部档案，中央档案馆，档号：259-1-54-17. 1954.
③ 上海城建局规划设计院. 穆欣同志对大跃进以来上海市城市规划工作的一些意见 [Z]. 上海市城市规划设计研究院档案室，档号：102-2-26. 1959.
④ 同上.

协年会时，与他曾有过一次难忘的偶然会面①。

第三批来华的苏联规划专家组专门对口援助北京制订城市总体规划方案，他们与北京城市规划工作者结下了深厚的友谊。以深受大家欢迎的规划专家兹米耶夫斯基为例，他"患肾结石，曾经多次治疗未能奏效。来京后，［北京市都市］规划委员会找北京的中医名家为他治病，服用中药，终于把肾结石化解了。他高兴的心情，不言而喻"②。每逢节日，苏联专家与中国同志们一起联欢，留下了许多温馨的回忆（图 19-6 ~ 图 19-10）。

1957 年 3 月、10 月和 12 月，第三批苏联规划专家和第四批苏联地铁专家分几次陆续返回苏联，中共北京市委书记、副书记及副市长等领导为苏联专家专门设宴送行，中共北京市委常委、书记处书记、市委秘书长兼北京市都市规划委员会主任郑天翔代表国务院向苏联专家颁发"中苏友好奖章"，一大批首都城市规划工作者为苏联专家送行（图 19-11 ~ 图 19-29）。

这两批专家返回苏联后，1958 年 7 月，北京市人民政府接受莫斯科市苏维埃的邀请，派出第一个城市建设访问团（北京市城市规划管理局局长冯佩之任团长，共 12 名成员），赴苏联参加了在莫斯科举办的第五届国际建筑师代表大会，会后又在莫斯科、列宁格勒、斯大林格勒、明斯克、基辅和索契等 6 个城市进行了深入的实地考察（图 19-30），于当年 9 月初回到北京。③

改革开放后，北京和莫斯科这两座城市的规划工作者再次握手，延续了交流互访的传统。1986 年 8 月，北京市派出以市长为团长的代表团访问苏联，时任北京市城市规划管理局副局长的柯焕章（图 19-31）等为团员，期间特别访问了莫斯科城市总体规划设计研究院，就城市规划工作与苏联专家交流了经验。此后，在 1990 年、1991 年、1992 年、1996 年和 2012 年，北京市城市规划设计研究院和莫斯科城市总体规划设计研究院的有关人员又多次互访和交流（图 19-32、图 19-33）。这样的一些学术交流和互相访问的机制，对北京和莫斯科这两个城市的规划工作水平的提高发挥了重要的促进作用。④

1960 年 10 月 15 日，建筑工程部在《关于苏联专家工作的总结报告》中明确指出："苏联专家在我国建设事业中，表现了崇高的国际主义精神，付出了辛勤的劳动，作出了一定的贡献，并且在与我国工作人员的共同工作中，建立了深厚的兄弟般的友谊，对增进中苏两国人民的友好团结，起了良好的作用。"⑤

---

① 靳君达曾回忆："那是在 1964 年，也就是赫鲁晓夫下台的那年，但我们去的时候，赫鲁晓夫还没下台。国际建筑师协会在列宁格勒召开年会，中国建筑学会派代表参加，我是翻译，作为随员参加了这个会议。白天，在会议中间休息的时候，我去洗手间，进去时，正好巴拉金出来。至于究竟是他有意在那儿等我，还只是邂逅？我就不知道了。巴拉金第一句话就叫我名字。他说：你还认识我吗？我说：怎么能不认识呢！学生还敢不认老师吗？我过去握手，又鞠一躬。向他和他夫人问好。他说家人都好。又问我和家人如何，他走后我又做了什么工作等。随后，问到万里部长、孙敬文副部长等，以及几位技术人员，让我见到他们代他问好。然后便匆匆离去。匆忙到甚至没跟我握手，就走向会场去了。看上去神情惊慌，不自然。但说话语气还是友好的。"靳君达 2016 年 1 月 7 日与笔者的谈话。详见：李浩. 城·事·人：新中国第一代城市规划工作者访谈录（第一辑）［M］. 北京：中国建筑工业出版社，2017：80-82.
② 梁凡初. 都市规划委员会经济资料组工作情况回顾［R］. 1994. 北京市城市规划管理局，北京市城市规划设计研究院党史征集办公室. 规划春秋：规划局规划院老同志回忆录（1949—1992）. 1995：141.
③ 杨念. 关于北京市第一次派出的赴苏城市建设访问团的情况简介［R］. 杨念手稿，2012-06-12.
④ 北京市城市规划设计研究院. 北京·莫斯科：规划 60 年［R］. 北京市城市规划设计研究院编印，2012：37-53.
⑤ 建筑工程部. 中华人民共和国建筑工程部关于苏联专家工作的总结报告［Z］. 建筑工程部档案，中央档案馆，档号：255-9-156-2. 1960.

时光荏苒，岁月无情。1949—1960 年来华开展技术援助工作时，苏联规划专家大多是 50 岁左右的年龄，随着时间的推移，他们返回苏联后，陆续步入老年的行列，并逐渐退出了历史的舞台。

据目前所掌握的十分有限的资料，1949 年来华的建筑专家 М.Г.巴兰尼克夫（Михаил Григорьевич Баранников）于 1958 年逝世，享年 55 岁 [1]；1952 年来华的建筑专家 А.С. 穆欣（Александр Сергеевич Мухин）于 1982 年逝世，享年 82 岁 [2]；1955 年来华的规划专家 В.К.兹米耶夫斯基（Змиевский Василь Кузьмич）于 1993 年逝世，享年 84 岁 [3]；1956 年来华的地铁专家 А.И. 巴雷什尼科夫（Александр Иванович Барышников）于 1976 年逝世，享年 83 岁 [4]……

在此，谨献上对早年帮助过我们的苏联规划专家们的感恩和怀念。

---

[1] 巴兰尼克夫的墓地位置为：Москва，Новодевичье.кл-ще，1-уч。资料来源：https：//rosgenea.ru/familiya/barannikov/page_2.

[2] http：//tramvaiiskusstv.ru/grafika/spisok–khudozhnikov/item/3408–mukhin–aleksandr–sergeevich–1900–1982.html?nsukey=g24IeILpSCSaimZfbaJPKY OFKZJJAkxjAsufxRjoBziplDk7C6fX%2F6gWThIIj%2BsFAIYHbF9ljjVTE%2BwPs8Kq%2Bau%2BTwp5F3XlQXvENNOkGD7lc%2FS1460JBwF2vtueiL %2FSmvoWwm23%2BJ%2BIlwQiFlsXUO%2F%2F78mr8OL%2F9hOTkLgeIN6ciwlzKOO7ETzTFkReD1hfKueHsQazLu1KLdtj404nDw%3D%3D.

[3] http：//www.antik–forum.ru/forum/showthread.php?t=63818.

[4] 巴雷什尼科夫埋葬在莫斯科费解恩斯基墓地（а Введенском кладбище）（19 号地块）。资料来源：http：//wiki-org.ru/wiki/%D0%91%D0%B0 D1%80%D1%8B%D1%88%D0%BD%D0%B8%D0%BA%D0%BE%D0%B2,_%D0%90%D0%BB%D0%B5%D0%BA%D1%81%D0%B0%D0%BD%D0% D0%B4%D1%80_%D0%98%D0%B2%D0%B0%D0%BD%D0%BE%D0%B2%D0%B8%D1%87.

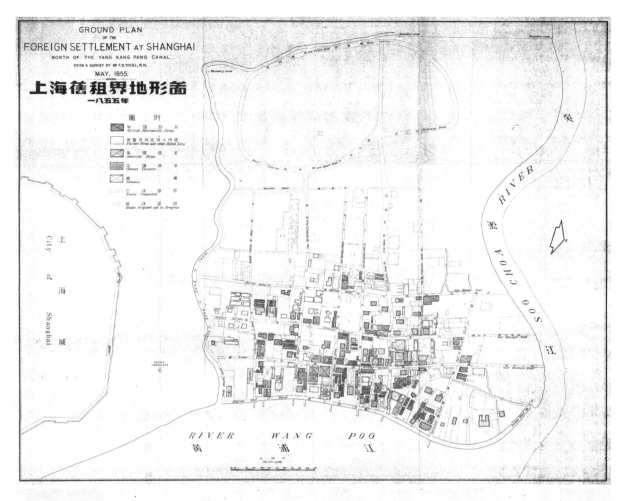

图 19-1　穆欣 1953 年 9 月底返回苏联前留给中国同行的"上海旧租界地形图（1855 年）"（上）及图纸背后的信息（下）

资料来源：穆欣. 上海市旧租界地形图 [Z]. 城市建设部档案. 中国城市规划设计研究院档案室，案卷号：0006.

图 19-2　穆欣给中国规划工作者王文克邮寄的照片（上左）、照片背后穆欣的亲笔签名（上右）以及照片袋的正、反面（下）

注：左上方为穆欣本次邮寄的多张照片中的一张，系中国代表团出席全苏建筑师第二次代表大会期间与苏联专家穆欣的留影（1955 年 11 月 24 日）。前排左 1 为蓝田（时任国家建委城市规划局副局长）、右 2 为穆欣，右 1 为王文克（时任国家城建总局城市规划局副局长）。后排右 1 为刘达容（曾任苏联专家穆欣的专职翻译）。照片可能摄于穆欣家中，照片中的其他人应为穆欣的家属。穆欣赠送，王文克收藏。

资料来源：王大矞提供。

图 19-3　穆欣赠给中国规划工作者的部分贺卡

资料来源：吕林提供（陶宗震收藏）。

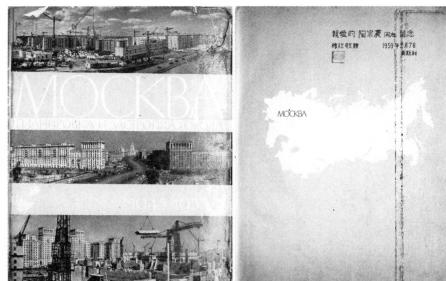

图 19-4　穆欣赠给中国规划工作者的俄文版规划新著的封面（左）及扉页（右，穆欣签名页）

注：书名为《1945—1957 年间莫斯科的城市规划与建筑》(*Москва: планировка и застройка города*：1945—1957)，该书于 1958 年 9 月 17 日出版，穆欣签名落款时间为 1959 年 2 月 7 日。陶宗震收藏。

资料来源：吕林提供。

图 19-5　欢送巴拉金回国留影（1956 年 5 月 31 日）

前排：俞耀堂（左 1）、刘学海（左 2）、秦志杰（左 3）、刘欣泰（左 4）、靳君达（左 5）、刘达容（左 6）、石成球（右 5）、赵金堂（右 3）。
后排：陈寿樑（左 1）、邱以让（左 2）、徐钜洲（左 3）、欧阳之真（左 4）、赵瑾（左 5）、贾云标（左 7）、花怡庚（左 8）、王文克（左 9）、巴拉金（左 10）、高峰（左 11）、什基别里曼（右 10，经济专家）、巴拉金夫人（女，右 8）、何瑞华（女，右 7）、王凡（右 6）、冯良友（右 3）、高仪（右 2）、康润生（右 1）。
资料来源：王大矞提供。

图 19-6 十月革命节北京规划工作者与第三批苏联规划专家在西郊友谊宾馆联欢时的留影（1955 年 11 月 7 日）
资料来源：郑天翔家属提供。

图 19-7 苏联专家与中国同志游览长城时的一张留影（1956 年春）
左起：赵世五（左 1）、兹米耶夫斯基（左 2）、佟铮（左 5）、雷勃尼珂夫（左 6）、斯米尔诺夫（左 8）、诺阿洛夫（右 8，后排）、勃得列夫（右 6，后排）、格洛莫夫（右 4）。
资料来源：郑天翔家属提供。

图 19-8 苏联规划专家与北京规划战线上的女同志欢度"三八节"（1956 年 3 月 8 日）
资料来源：郑天翔家属提供。

图 19-9 第三批苏联专家组组长勃得列夫在 1957 年元旦团拜会上致辞（1957 年 1 月 1 日）
左起：佟铮（左 1）、张友渔（左 2）、斯米尔诺夫（左 3）、兹米耶夫斯基（左 7）、尤尼娜（左 8）、谢苗诺夫（右 7）、巴雷什尼科夫（右 6）、郑天翔（右 3）、勃得列夫（右 2）、岂文彬（右 1）。
资料来源：郑天翔家属提供。

图 19-10　北京市领导张友渔和郑天翔等与第三批苏联规划专家和第四批苏联地铁专家出席 1957 年元旦团拜会留影（1957 年 1 月1 日）

前排左起：阿谢也夫（左 2）、诺阿洛夫（左 3）、斯米尔诺夫（左 4）、勃得列夫（左 5）、张友渔（左 6）、巴雷什尼科夫（右7）、郑天翔（右7）、果里科夫（右 6）、谢苗诺夫（右 5）、米里聂尔（右 4）、雷勃尼珂夫（右 3）、格洛莫夫（右 2）、佟铮（右 1）。

后排左起：黄昏（左 1）、施拉姆珂夫（左 6）、沈勃（左 7）、冯佩之（左 8）、岂文彬（左 9）、兹米耶夫斯基（右 12）、朱友学（右 10）、杨念（右9）、尤尼娜（右 7）、傅守谦（右 6）、储传亨（右 4）、赵世五（右 2）。

资料来源：郑天翔家属提供。

北京市都市規劃委員會全體干部與蘇聯專家顧問合影　一九五七年三月二十九日

图 19-11　北京市都市规划委员会全体干部与苏联专家合影（上）及局部放大（下）（1957 年 3 月 29 日）

下图（局部放大）第 2 排左起：王世忠（左 1）、傅守谦（左 2）、陈干（左 3）、辛耘尊（女，左 4）、佟铮（左 5）、兹米耶夫斯基（左 6）、尤妮娜（女，左 7）、郑天翔（左 8）、勃得列夫（右 7）、斯米尔诺夫（右 6）、阿谢也夫（右 5）、雷勃尼珂夫（右 4）、钟国生（右 3）、朱友学（右 2）、黄昏（女，右 1）。

资料来源：赵知敬提供。

图 19-12　铁道部部长滕代远
和梁思成与苏联地铁专家交谈中
（1957 年 3 月 30 日）
左起：谢苗诺夫（苏联地铁线路专家）、
翻译、米里聂尔（苏联地铁地质专家）、
梁思成、滕代远。
资料来源：郑天翔家属提供。

图 19-13　欢送苏联专家回国的宴会
上的一张留影（1957 年 3 月 30 日）
注：勃得列夫（左 1）、郑天翔（左
2）、施拉姆珂夫（左 4）。
资料来源：郑天翔家属提供。

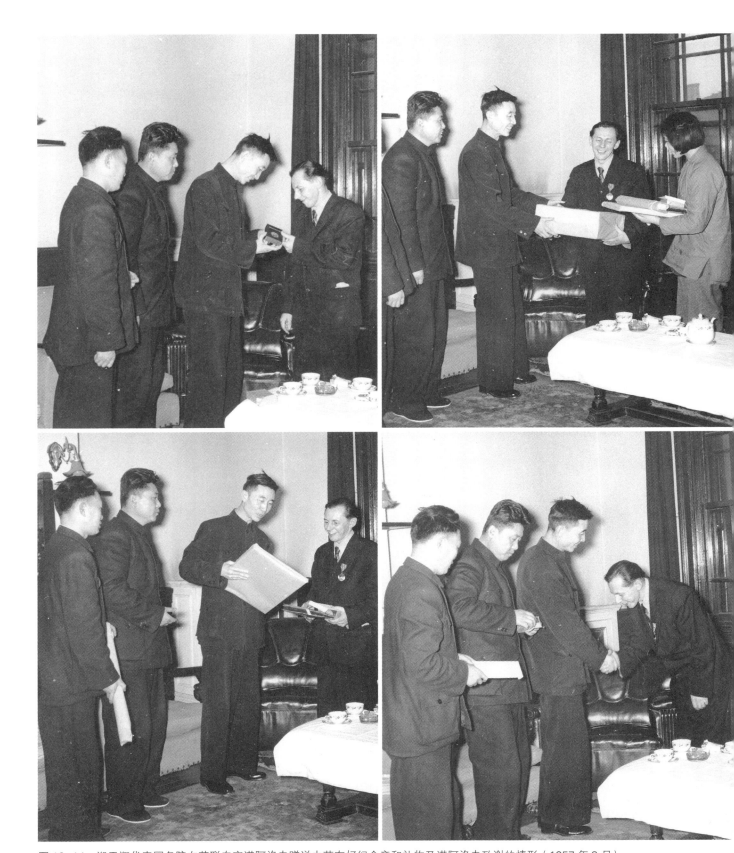

图 19-14　郑天翔代表国务院向苏联专家诺阿洛夫赠送中苏友好纪念章和礼物及诺阿洛夫致谢的情形（1957 年 3 月）

上左图左起：冯佩之、佟铮、郑天翔、诺阿洛夫。

资料来源：郑天翔家属提供。

图 19-15 苏联专家诺阿洛夫回国
前与郑天翔等座谈（1957 年 3 月）
左起：冯佩之、佟铮、郑天翔、诺阿
洛夫。
资料来源：郑天翔家属提供。

图 19-16 煤气组全体同志欢送苏联专家诺阿洛夫回国时在北京站的留影（1957 年 3 月）
资料来源：郑天翔家属提供。

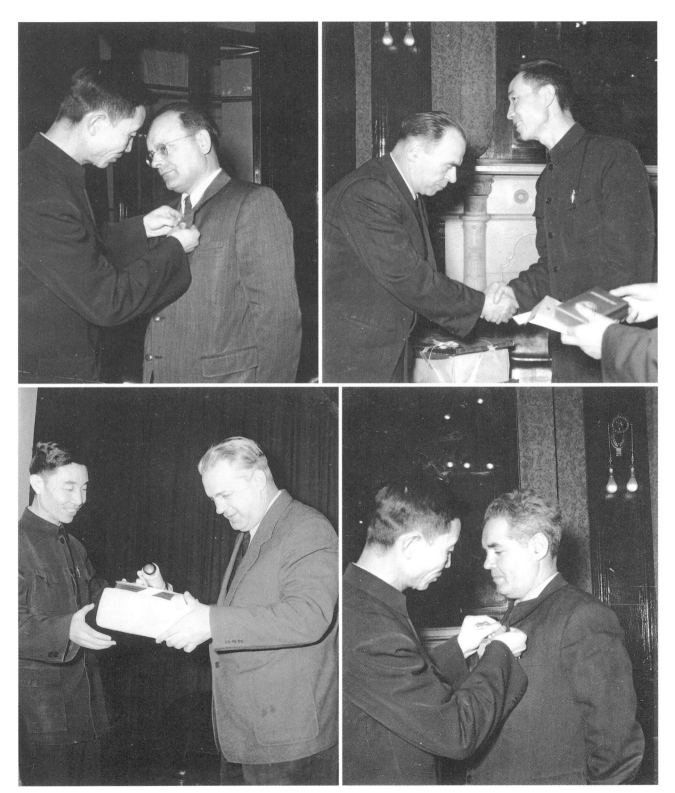

图 19-17　郑天翔代表国务院向苏联专家兹米耶夫斯基、斯米尔诺夫、施拉姆珂夫和雷勃尼珂夫赠送中苏友好纪念章和礼物（1957 年 10 月）

资料来源：郑天翔家属提供。

图 19-18　在北京前门火车站送别苏联专家兹米耶夫斯基时的留影（1957 年 10 月）
资料来源：董光器提供。

图 19-19 给排水组全体同志欢送苏联专家雷勃尼珂夫回国时的留影（1957 年 10 月）
资料来源：郑天翔家属提供。

图 19-20　庆祝十月社会主义革命四十周年留影（1957 年 11 月 7 日）

左起：岂文彬（左 2）、勃得列夫（左 6）、郑天翔（左 7）、冯佩之（左 9）、尤尼娜（左 10）、梁思成（右 3）、佟铮（右 1）。

前排 3 个小朋友依次为：郑洪（郑天翔之女）、萨沙（勃得列夫之子）、郑易生（郑天翔之子）。

资料来源：郑天翔家属提供。

图 19-21 庆祝十月社会主义革命四十周年联欢会节目表演（1957 年 11 月 7 日）

注：上右图表演节目为南斯拉夫舞"寿仆"。下左图中勃得列夫夫人（左 3）正在为表演者鼓掌。下右图左起：冯佩之、岂文彬、郑洪、勃得列夫、宋汀（郑天翔夫人）、勃得列夫夫人。

资料来源：郑天翔家属提供。

图 19-22 庆祝十月社会主义革命四十周年联欢会留影（1957 年 11 月 7 日）
注：上方两图为苏联专家勃得列夫和尤尼娜与表演者亲切握手，下方两图为中苏两个小朋友交换礼物和纪念章，左起：黄昏、勃得列夫夫人、萨沙（勃得列夫之子）、郑易生（郑天翔之子）、郑天翔。
资料来源：郑天翔家属提供。

图 19-23　郑天翔、梁思成和苏联专家同联欢会的全体演出者们合影（1957 年 11 月 7 日）

照片中中间几位左起：尤尼娜（女）、崔凤霞（女）、梁思成、郑天翔、周佩珠（女）、勃得列夫。

资料来源：郑天翔家属提供。

图 19-24　送别苏联专家勃得列夫和尤尼娜的座谈会（1957 年 12 月 19 日）

注：上图为冯佩之（站立者左）讲话，岂文彬（站立者右）在翻译。下图为勃得列夫（站立者右）讲话，岂文彬（站立者左）在翻译。

资料来源：郑天翔家属提供。

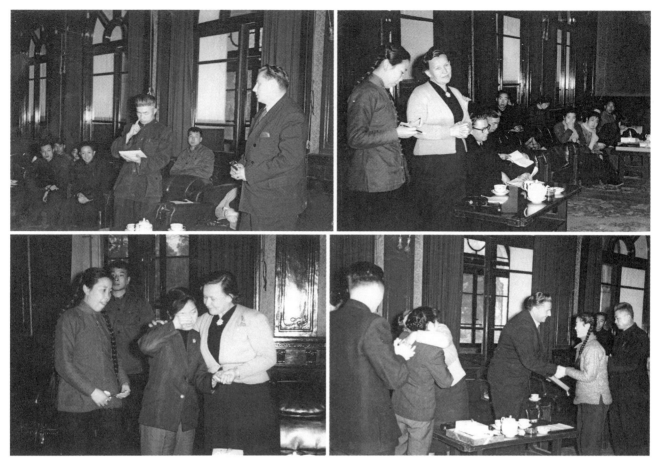

图 19-25 送别苏联专家勃得列夫和尤尼娜的座谈会留影（1957 年 12 月 19 日）
资料来源：郑天翔家属提供。

图 19-26 苏联专家尤尼娜为大家
拍照（1957 年 12 月 19 日）
资料来源：郑天翔家属提供。

图 19-27 座谈会留影（1957 年 12 月 19 日）

前排左起：赵冬日（左 1）、杨念（左 2）、勃得列夫（左 3）、尤尼娜（右 2）。

后排左起：陈干（左 1）、储传亨（右 3）、岂文彬（右 2）。

资料来源：郑天翔家属提供。

图 19-28　北京市领导刘仁、张友渔和郑天翔等设宴送别苏联专家勃得列夫和尤尼娜时的留影（1957 年 12 月 19 日）

前排左起：郑天翔（左 1）、宋汀（女）、萨沙（左 3，勃得列夫之子）、勃得列夫夫人（左 4）、张友渔（左 5，时任北京市副市长）、勃得列夫（右 4）、刘仁（右 3，时任中共北京市委副书记）、尤尼娜（右 2）。

后排左起：陈干（左 2）、沈勃（左 3）、冯佩之（左 4）、佟铮（左 6）、朱友学（右 4）、黄昏（右 3）、岂文彬（右 1）。

资料来源：郑天翔家属提供。

图 19-29　欢送苏联专家勃得列夫和尤尼娜乘火车回国（1957 年 12 月 24 日）
注：上左图为郑天翔（中）与勃得列夫（右）和尤尼娜（左）合影。上右图为北京规划工作者向苏联专家勃得列夫献花。下左图为尤尼娜（右 2）与
北京规划工作者罗栋（左 1）在交谈，右 1 为杨念（翻译）。下右图为已登上火车的苏联专家尤尼娜（右）和勃得列夫夫人（左）向送行的同志挥手告别，
后方为勃得列夫。
资料来源：郑天翔家属提供。

图 19-30　北京市城市建设代表团访问苏联时的留影（1958 年 7 月）
资料来源：杨念提供（储传亨收藏）。

图 19-31　北京市代表团访问苏联时与基辅市市长等的留影（1986 年 8 月 25 日）
注：摄于基辅，右 3 为柯焕章。
资料来源：柯焕章提供。

图 19-32　莫斯科市总规划师及莫斯科城市总体规划设计研究院院长一行访问北京市城市规划设计研究院（1990 年）
左起：冯文炯（左 2）、王东（左 3）、瓦瓦金（左 6，莫斯科市总规划师）、柯焕章（左 7，时任北京市城市规划设计研究院院长）、戈尔巴涅夫（右 6，莫斯科城市总体规划设计研究院院长）、董光器（右 4）、范耀邦（右 3）、武绪敏（右 1）。
资料来源：北京市城市规划设计研究院. 北京·莫斯科：规划 60 年［R］. 2012：44.

图 19-33　北京市城市规划设计研究院代表团访问莫斯科城市总体规划设计研究院（1990 年）
左起：冯文炯（左 1）、董光器（左 3）、范耀邦（右 2）、武绪敏（右 1）。
资料来源：北京市城市规划设计研究院. 北京·莫斯科：规划 60 年［R］. 2012：45.

北京城市规划大事纪要
（1949—1960 年）

1949 年

1 月 31 日，北平和平解放。

3 月 5—13 日，中国共产党七届二中全会在河北省平山县西柏坡举行，毛泽东在 3 月 5 日所作的报告中提出"成立联合政府，并定都北平"。

3 月底，中共中央驻地迁至北平西郊香山。

4 月 1 日，北平市建设局成立。

4 月，中直修建办事处成立，"新六所"设计工作随即启动。

5 月 8 日，北平市建设局组织召开都市计划座谈会，梁思成在发言中提出北平西郊建设首都行政中心区的规划设想，即"新北京计划"。

5 月 22 日，北平市都市计划委员会成立大会在北平市北海公园画舫斋召开，北平市市长叶剑英任主任委员。

6 月 21 日，中共中央代表团离开北平赴苏联访问，代表团于 6 月 26 日到达莫斯科。

8 月 14 日，中共中央代表团携 200 多位苏联专家（其中包括首批苏联市政专家团的 17 名成员）一道，离开莫斯科回国。

8 月 19 日，聂荣臻任北平市市长兼军管会主任。

9 月 16 日，首批苏联市政专家团到达北平。

9 月 27 日，中国人民政治协商会议第一届全体会议通过决定，以北平为国都，即日起北平改称北京。

10 月 1 日，中华人民共和国成立。

10 月 2 日，苏联与中国建交。

10 月 5 日，中苏友好协会总会成立并通过《中苏友好协会章程》。

10 月 6 日，北京市领导与苏联专家阿布拉莫夫、巴兰尼克夫和凯列托夫等进行座谈。

11 月 14 日，北京市人民政府举行苏联专家巴兰尼克夫的报告会，巴兰尼克夫对北京未来发展提出若干规划建议，梁思成和陈占祥在会上发表了不同意见。

11 月 20 日前后，苏联专家巴兰尼克夫提出书面建议《北京市将来发展计画的问题》（《巴兰建议》）。

11 月 25 日前后，首批苏联市政专家团提出《苏联专家团关于改善北京市政的建议》。

11 月 28 日，首批苏联市政专家团离开北京转赴上海工作。

12 月 19 日，北京市建设局局长曹言行和副局长赵鹏飞联名提出《对于北京市将来发展计划的意见》。

1950 年

1—2 月，北京市都市计划委员会进行改组，并肩负起原由北京市建设局负责的规划管理和审批职能。

2 月 7 日，北京市人民政府委员会通过了北京市都市计划委员会新的组成人员名单，聂荣臻任主任委员，张友渔和梁思成任副主任委员。

2 月 14 日，中国和苏联在莫斯科共同签署了《中苏友好同盟互助条约》《中苏关于中国长春铁路、旅顺口及大连的协定》和《中苏关于贷款给中华人民共和国的协定》等文件，明确苏联帮助援建的首批"156 项工程"共 50 个项目。

2 月，梁思成和陈占祥提出《关于中央人民政府行政中心区位置的建议》（《梁陈建议》），该建议于 3 月中旬前后经由北京市人民政府呈报给中央有关领导，材料中附有梁思成、林徽因和陈占祥撰写的《对于巴兰尼克夫先生所建议的北京市将来发展计划的几个问题》（《梁林陈评论》）。

同月，中央批准了北京市以北京旧城为中心逐步扩建的方针。

4 月 20 日，朱兆雪和赵冬日提出《对首都建设计划的意见》。

5 月中旬，首批苏联市政专家团结束技术援助协议并返回苏联。

12 月前后，北京市都市计划委员会制订出北京总图方案及行政中心甲、乙方案。

1951 年

2 月 18 日，中共中央发出《政治局扩大会议决议要点》的党内通报，强调在城市建设计划中，应贯彻为生产、为工人服务的观点。

2 月 28 日，中共北京市委书记彭真在北京市第三届第一次各界人民代表大会上当选北京市市长（兼任）。

12 月 19 日，中央人民政府政务院第 112 次政务会议任命彭真兼任北京市都市计划委员会主任委员。

12 月 28 日，梁思成代表北京市都市计划委员会在北京市第三届第三次各界人民代表会议上作《关于首都建设计划的初步意见》的报告。

1952 年

3 月底，第二批苏联规划专家 A.C. 穆欣来华，受聘在中财委（中央人民政府政务院财政经济委员会），同年 12 月转聘至建筑工程部。

6 月 6 日，北京市都市计划委员会派员到中财委，请苏联专家穆欣对修改后的复兴门关厢计划提出意见。

6 月 13 日，北京市人民政府召开北京城市规划工作座谈会，苏联专家穆欣等在会上发表了意见。

7 月 2—16 日，中财委组织召开第一次全国建筑工程会议。

8 月 7 日，中央人民政府委员会第十七次会议决定成立建筑工程部。

8 月，苏联专家穆欣帮助我国拟定出《城市规划设计程序试行办法（草案）》（后改名为《城市规划设计程序（初稿）》）。

9 月 1 日，建筑工程部正式成立。

9 月 1—9 日，建筑工程部以中财委名义召开第一次全国城市建设座谈会，苏联专家穆欣于 9 月 6 日作报告。

11 月 15 日，中央人民政府委员会第十九次会议决定设立国家计划委员会。

11 月，郑天翔从包头调京工作，自 1953 年 3 月起任中共北京市委委员、秘书长（1952 年 12 月到职）。

12 月 22 日，梁思成在《人民日报》上发表《苏联专家帮助我们端正了建筑设计的思想》。

1953 年

1 月，华南圭提出《关于北京市规划总图的建议》等建议报告。

2 月 12 日，建筑工程部、国家计委和北京市的有关领导共同研究北京市城市规划建设问题，建筑工程部副部长周荣鑫提出"党内搞个组织"开展城市规划工作的建议。

3 月初，建筑工程部城市建设局成立，孙敬文任局长，贾震任副局长；局下设城市规划处，主管全国的城市规划工作。

5 月 4 日，中共北京市委向中央提交关于改善阜成门和朝阳门交通办法的请示报告。中央于 5 月 9 日作出批示，明确"把朝阳门和阜成门的城楼及瓮城均予拆掉，交通取直线通过"。

5 月 9 日，中共北京市委向中央呈报关于建筑工程情况的请示报告。中央于 5 月 27 日对请示报告作出批示，明确提出"希望市委能提出一个城市规划的草案交中央讨论"。

5月15日，中苏两国签订第二批"156项工程"共91目。前两批"156项工程"合计141项。

5月31日，苏联专家 Д.Д.巴拉金来华，受聘在建筑工程部。

6月初，北京市都市计划委员会由华揽洪和陈干主持提出了北京市总体规划甲方案，陈占祥和黄世华主持提出了乙方案。

6月10日，北京市领导向政务院领导呈报《关于留聘苏联城市规划专家穆欣同志的请示》。

7月4日至8月7日，根据政务院领导批示，由中共北京市委书记牵头组织召开了中央城市工作问题座谈会（又称全国大城市市委书记座谈会），会议形成"关于城市街道组织和居民委员会、经费问题的意见""关于城市干部问题的意见""关于市委对城市工作的领导问题的意见""关于旧的大城市的改造和扩建中的一些问题"以及"关于城市规划问题"共5份简报。

7月13日，国家计委设立城市建设计划局；局下设城市规划处，是全国城市规划工作的主管部门之一。

7月，中共北京市委成立畅观楼规划工作小组。

8月12日，中共北京市委邀请苏联专家穆欣和巴拉金等座谈北京市城市规划问题。

8月14日，苏联专家巴拉金正式加入畅观楼规划工作小组。

9月3日，苏联专家巴拉金在畅观楼对北京规划草图发表指导意见。

9月4日，中共中央下发《关于城市建设中几个问题的指示》。

9月9日，中共中央下发《关于加强发挥苏联专家作用的几项规定》。

9月17日，苏联专家巴拉金在畅观楼对北京市规划工作进行指导。

9月29日，中共北京市委听取畅观楼规划小组的工作情况汇报。

9月底前后，苏联专家穆欣结束技术援助协议并返回苏联。

11月22日，《人民日报》发表《改进和加强城市建设工作》的社论。

12月9日，中共北京市委向中央呈报《关于改建与扩建北京市规划草案向中央、华北局的请示报告》，呈报材料包括《市委关于改建与扩建北京市规划草案向中央的报告》《改建与扩建北京市规划草案的要点》《市委关于改建与扩建北京市规划草案的说明》，以及"北京市规划草图——总图""北京市规划草图——郊区规划"和"北京市规划草图——道路宽度"等7张规划图纸。

1954 年

5月20日至6月3日，华北行政区在北京召开华北城市建设工作座谈会，北京市市政建设委员会副主任佟铮于5月21日作了关于北京市建筑管理工作的汇报，会议期间举办了城市规划展览，北京市规划草案及天安门广场改建规划模型参加了展览。

6月初，苏联专家 Я.Т.克拉夫秋克来华，受聘在建筑工程部，同年11月国家建委成立后转聘至该委。

6月10—28日，经中共中央批准，建筑工程部和国家计委共同主持召开全国第一次城市建设会议，苏联规划专家巴拉金、克拉夫秋克以及卫生部苏联专家包德列夫分别于6月15日、18日和19日作了题为"苏联城市规划一般问题及中国城市建设的若干问题""关于建筑艺术与城市建设中的传统与革新问题"以及"苏联城市规划及建筑的卫生要求"的主题报告，国家计委领导于28日出席会议并作总结报告，会议印发《城市规划编制程序试行办法（草案）》《城市规划批准程序（草案）》《关于城市建设中几项定额问题（草稿）》和《城市建筑管理暂行条例（草案）》等文件。

8月11日，《人民日报》发表《贯彻重点建设城市的方针》的社论。

8月22日，《人民日报》发表《迅速做好城市规划工作》的社论。

8月26日，中共北京市委向中央请示，希望能派遣苏联专家帮助开展首都规划工作。经国家计委研究并提出意见，中央于1954年9月13日予以电复。

8月，建筑工程部城市建设局升格为建筑工程部城市建设总局。

9月8日，国家计委下发《关于新工业城市规划审查工作的几项暂行规定》（五四计发申十二号）。

9月15—28日，第一届全国人民代表大会第一次会议通过《中华人民共和国宪法》，原政务院改为国务院。中央人民政府建筑工程部改称为中华人民共和国建筑工程部。同时决定成立国家建设委员会。

10月10日至12月10日，国家计委、国家建委和建筑工程部共同组织，对西安、太原、包头、兰州、洛阳、武汉、成都和大同等重点新工业城市的规划编制成果进行了集中审查。

10月12日，中苏两国签订第三批"156项工程"共15项。至此，中苏两国共签署了156个援建项目。

10 月 16 日，中共北京市委将《北京市第一期城市建设计划要点（1954—1957 年）》及附图上报中央审查。

同日，国家计委向中央呈报《对于北京市委"关于改建与扩建北京市规划草案"意见的报告》。

10 月 18 日，建筑工程部城市建设总局城市设计院（中国城市规划设计研究院的前身）正式成立。

10 月 22 日，国家计委发出《关于办理城市规划中重大问题协议文件的通知》（五四计发酉 116 号）。

10 月 24 日，中共北京市委将修订后的"改建与扩建北京市规划草案"再次向中央呈报，呈报材料包括《关于改建与扩建北京市规划草案中几项修改和补充的说明》、修改后的《改建与扩建北京市规划草案的要点》、修改后的《关于改建与扩建北京市规划草案的说明》及修改后的"北京市规划草图"四套。

10—12 月，苏联专家克拉夫秋克在清华大学作了关于"苏联城市建设与建筑艺术"的系列讲座。

11 月 8 日，国家建设委员会正式成立，国家计委城市建设计划局划归国家建委领导。

11 月 30 日，中共北京市委向中央呈报《市委关于邀请苏联地下铁道专家向中央的报告》。

12 月 7 日，国家计委和国家建委向中央呈报《对于"北京市第一期城市建设计划要点"的审查意见》。

12 月 18 日，中共北京市委向中央呈报《北京市委对于国家计划委员会对北京市规划草案的审查报告的几点意见》。

1955 年

2 月，为配合第三批来华的苏联规划专家组的工作，中共北京市委成立了专家工作室暨北京市都市规划委员会，郑天翔任北京市都市规划委员会主任委员，佟铮、梁思成、陈明绍和冯佩之任副主任委员。

2 月，北京市人民政府成立北京市城市规划管理局，原北京市都市计划委员会撤销。

3 月 28 日，《人民日报》发表题为《反对建筑中的浪费现象》的社论。

4 月 5 日，专门援助北京制定城市总体规划的第三批苏联规划专家组中的 7 位苏联专家（规划专家 C.A. 勃得列夫、规划专家 B.K. 兹米耶夫斯基、建筑专家 Г.A. 阿谢也夫、电气交通专家 Г.M. 斯米尔诺夫、上下水道专家 M.3. 雷勃尼珂夫、建筑施工专家 Г.H. 施拉姆珂夫和煤气供应专家 A.Φ. 诺阿洛夫）到京，专家组组长为勃得列夫，该批苏联专家受聘于北京市，在中共北京市委专家工作室开展工作。

4 月 9 日，第一届全国人民代表大会常务委员会第十一次会议批准国务院设立城市建设总局，作为国务院的一个直属机构。

4 月 11 日，北京市都市规划委员会主任委员郑天翔到国家城建总局，汇报苏联规划专家来华工作的有关情况，国家城建总局于 14 日设宴欢迎苏联规划专家组。

4 月 28 日，中共北京市委向中央呈报《中共北京市委关于北京市城市规划工作中的几个基本问题向中央的请示报告》。

5 月 3 日和 13 日，苏联专家克拉夫秋克就城市规划定额问题发表意见。

5 月 20 日，中共北京市委向中央呈报《中共北京市委关于北京市 1954 年人口情况向中央的报告》。

6 月 13 日，国家计委领导在中央各机关、党派、团体的高级干部会议上作"厉行节约，为完成社会主义建设而奋斗"的报告。

6 月，中共中央发出《坚决降低非生产性建筑标准》的指示，要求"在城市规划和建筑设计中，应做到适用、经济、在可能条件下美观"。

同月，《城市建设译丛》杂志创刊。

同月，郑天翔任中共北京市委常委、书记处书记。

同月，苏联工程专家 M.C. 马霍夫来华，受聘在重工业部，同年 9 月转聘至国家城建总局城市设计院工作。

7 月 3 日，国务院发出《国务院关于一九五五年下半年在基本建设中如何贯彻节约方针的指示》。

7 月 4 日，中共中央发出《中共中央关于厉行节约的决定》。

7 月 30 日，第一届全国人大第二次会议正式通过国民经济发展的第一个"五年计划"。

7 月，苏联供热专家 H.K. 格洛莫夫（第三批苏联规划专家组成员）到京。

8 月 7 日，中共北京市委向中央呈报《关于请中央早日决定首都发展规模的请示》。

8—11 月，中国派出建筑工程部部长刘秀峰参加的建筑工作考察团赴苏联，开展了为期 3 个月的考察活动。

9 月，第三批苏联规划专家组提出《北京市都市规划委员会及其组织机构暂行条例（草案）》。

同月，苏联规划专家勃得列夫提出《关于在北京可以设立的一些服务性工业的初步建议》以及《对于 1955—1957 年铺装北京主要干道的人行道计划的意见》。

10月13日，北京市都市规划委员会有关人员参加了铁道部组织的北京铁路枢纽规划问题讨论会议。北京市都市规划委员会总图组和交通组的规划人员向规划专家勃得列夫和兹米耶夫斯基汇报铁路规划和东西长安街的红线问题。

10月14日至11月18日，应苏联建筑师协会的邀请，中国派出林克明、李干臣、蓝田、王文克、花怡庚、冯纪忠、陈登鳌、安永瑜和何瑞华等赴苏联访问。

10月，苏联建筑专家阿谢也夫提出《关于改进北京市设计院标准设计组织工作的建议书》。

11月7日，北京规划工作者与第三批苏联规划专家在西郊友谊宾馆举行十月革命节联欢会。

11月25日至12月6日，应苏联建筑师协会的邀请，中国派出焦善民、蓝田和王文克3人赴苏联出席了全苏建筑师第二次代表大会。

11月，苏联电力专家 Л.С.扎巴罗夫斯基来华，受聘在第二机械工业部，同年12月转聘至国家城建总局城市设计院工作。

12月12日，国家计委和国家建委向中央呈报《关于首都人口发展规模问题的请示》。

12月21日，北京市都市规划委员会主任郑天翔和苏联规划专家兹米耶夫斯基与铁道部的苏联专家、铁道部设计总局以及华北设计分局的有关人员座谈北京铁路枢纽规划问题。

12月，苏联煤气供应专家诺阿洛夫提出《对设计未来北京市装置煤气用具的浴室和厨房的意见》和《北京市住宅、公共建筑物和公用生活福利建筑物煤气设备的设计、安装和交付使用技术规范（草案）》。

1956年

1—2月，苏联城市电气交通专家斯米尔诺夫和煤气专家诺阿洛夫赴上海考察调研，并与上海市有关方面的同志进行交流和座谈。

2月9日，北京市城市规划管理局局长冯佩之与规划专家勃得列夫和兹米耶夫斯基讨论西长安街红线及十二年道路发展规划方案。

2月21日，中央领导听取城市建设总局和第二机械工业部的汇报，对首都规划问题作出重要指示，提出"北京会发展到一千万人"。

2月22日至3月4日，国家建委召开第一次全国基本建设会议，会议提出在工业项目分布比较集中的10个地区（包头—呼和浩特地区、西安—宝鸡地区、兰州地区、西宁地区、张掖—玉门地区、三门峡地区、襄樊地区、湘中地区、成都地区和昆明地区）开展区域规划工作。

2月23日，国家城建总局局长向郑天翔等传达毛泽东关于首都规划问题的重要指示。

2月，第三批苏联规划专家组提出关于《北京市建筑的分布情况及整顿建筑分布的必要措施》的建议。

同月，苏联建筑施工专家施拉姆珂夫提出《关于制定综合技术经济指标的提纲》。

4月6日，郑天翔等与苏联规划专家勃得列夫和兹米耶夫斯基等专门研究北京1000万人口规模问题。

5月12日，第一届全国人民代表大会常务委员会第四十次会议决定成立中华人民共和国城市建设部，撤销国家城市建设总局。

5月30日，城市建设部颁发《城市建筑管理试行条例》。

5月31日，苏联专家巴拉金结束技术援助协议并返回苏联，城市建设部部长等到火车站为巴拉金送行。

5月底，第四批苏联规划专家 Я.А.萨里舍夫、苏联经济专家 М.О.什基别里曼和苏联建筑专家 В.П.库维尔金来华，受聘在城市建设部及城市设计院。

6月3日，国务院领导到北京市都市规划委员会，听取北京市规划工作汇报并观看规划模型，对首都规划问题作出重要指示。

7月20日和8月18日，中共北京市委两次向中央呈交关于北京地下铁道筹建问题的请示报告，中央于9月3日作出关于北京地下铁道筹建问题的批复。

7月，苏联经济专家 А.А.尤尼娜（第三批苏联规划专家组成员）到京。

同月，苏联建筑专家 А.И.玛娜霍娃到京，受聘在城市建设部城市设计院。

同月，国家建委正式颁发《城市规划编制暂行办法》。

8月25日，北京市都市规划委员会在对规划工作进行部署时，提出"总图组分成几个组，转入分区规划"，分区规划工作随即逐步展开。

8月29日至10月7日，应中国建筑学会的邀请，苏联建筑师代表团一行10人来华开展学术交流。

8月，北京市人民代表大会代表、中共北京市第二次代表大会代表和首都各界群众代表共2300多人参观了北京城市规划展览。

9月10日、17日、24日及10月8日，苏联规划专家勃得列夫作了关于分区规划的系列报告。

9月12日至10月29日，30位中央委员和候补中央委员，中央各部门的负责同志，"八大"代表，35个国家的128位共产党和工人党的领袖，以及首都各界群众代表等共 4500 多人参观了北京城市规划展览。

9 月 14 日和 20 日，苏联经济专家尤尼娜分两次讲述了关于分区规划中经济工作者的任务。

10 月 9 日，第四批苏联地下铁道专家组正式到京，专家组共 5 名成员，专家组组长为 А.И. 巴雷什尼科夫。

10 月 10 日，彭真在中共北京市委常委会会议上对北京城市规划问题发表了重要意见。

10 月 24 日，国家建委副主任王世泰召集铁道部、地质部和北京市有关领导共同商谈地下铁道的筹备工作。

10 月 30—31 日，第三批苏联规划专家组受邀参加了由国家建委组织的对沈阳市初步规划的审查工作，并发表了意见。

1957 年

1 月 18 日，中共中央经济工作 5 人小组组长在全国省市自治区党委书记会议上发表题为《建设规模要与国力相适应》的讲话。

2 月 8 日，中央政治局通过《中共中央关于一九五七年开展增产节约运动的指示》。

2 月底，苏联煤气供应专家诺阿洛夫赴武汉调研，对武汉市煤气供应规划工作进行指导和帮助。

3 月 8 日，北京市都市规划委员会提出《关于北京市总体规划初步方案的说明》（四稿）。

3 月 11 日，北京市都市规划委员会提出《关于北京城市建设总体规划初步方案的要点》（五稿）。

3 月 14 日，中共北京市委召开常委会，听取北京城市总体规划成果汇报，讨论通过了北京市总体规划初步方案，后以内部文件形式下发有关单位参照执行。

3 月 14 日，中共北京市委向中央呈报《关于北京地下铁道问题的请示报告》。

3 月 30 日，中共北京市委书记、市长为即将回国的第四批苏联地铁专家组及第三批苏联规划专家部分成员举行欢送会。

3 月底，第四批苏联地铁专家组结束技术援助协议并返回苏联。

同月底，第三批苏联煤气供应专家 А.Ф. 诺阿洛夫结束技术援助协议并返回苏联，郑天翔代表国务院向诺阿洛夫赠送中苏友好纪念章和礼物。

4 月 8 日，苏联规划专家勃得列夫和经济专家尤尼娜在京对天津市规划工作进行了指导。

4 月 16 日，国家计委领导召集中共北京市委、北京地下铁道筹备处、国家建委和中央军委有关同志研究北京地铁建设的有关问题。

4 月 17 日，国家计委领导向中央提交《关于北京地下铁道的第一期工程问题向中央的报告》。

4 月中旬至 5 月中旬，苏联规划专家勃得列夫和经济专家尤尼娜先后赴武汉、广州、杭州、上海和南京考察调研，并对各市的规划工作进行指导。

5 月 1 日，国务院两位领导同志向中央和主席报告《关于解决目前经济建设和文化建筑方面存在的一些问题的意见》。中共中央于 5 月 19 日批转该报告。

5 月 24 日，《人民日报》发表《城市建设必须符合节约原则》的社论，批评城市建设规模过大、标准过高、占地过多及城市改扩建中的"求新过急"现象，即"反四过"。

5 月 31 日—6 月 7 日，国家计委、国家建委、国家经委联合召开全国设计工作会议。

6 月 3 日，国务院发出《关于进一步开展增产节约运动的指示》。

6 月 8 日和 7 月 12 日，苏联经济专家尤尼娜向中国建筑科学院（筹建中）区域规划与城市建设研究室的有关人员发表对有关城市建设与区域规划方面科学研究问题的意见。

6 月，第二批苏联规划专家克拉夫秋克结束技术援助协议并返回苏联。

同月，第四批苏联工程专家 М.С. 马霍夫结束技术援助协议并返回苏联。

7 月，第四批苏联建筑专家 А.И. 玛娜霍娃结束技术援助协议并返回苏联。

8 月 15 日，中共北京市委向中央呈报关于北京地下铁道筹备工作是否继续进行的请示报告，中央于 9 月 23 日作出批复，明确保留北京地下铁道筹备处机构设置。

10 月，北京市都市规划委员会开始与北京市城市规划管理局合署办公，1958 年 1 月正式合并。

同月，第三批苏联规划专家 В.К. 兹米耶夫斯基、建筑专家 Г.А. 阿谢也夫、电气交通专家 Г.М. 斯米尔诺夫、上下水道专家 М.З. 雷勃尼珂夫、建筑施工专家 Г.Н. 施拉姆珂夫和供热专家 Н.К. 格洛莫夫结束技术援助协议并返回苏联，郑天翔代表国务院向各位苏联专家赠送中苏友好纪念章和礼物。

11月7日，首都规划工作者与苏联专家勃得列夫和尤尼娜举行庆祝十月社会主义革命四十周年联欢会。

11月，第四批苏联电力专家 Л.C.扎巴罗夫斯基结束技术援助协议并返回苏联。

12月19日，北京市都市规划委员会举行送别苏联专家勃得列夫和尤尼娜的座谈会，中共北京市委副书记刘仁、副市长张友渔和北京市都市规划委员会主任郑天翔等为苏联专家设宴送行。

12月24日，第三批苏联规划专家 C.A.勃得列夫和经济专家 A.A.尤尼娜结束技术援助协议并返回苏联，郑天翔和冯佩之等领导及首都规划工作者前往火车站为苏联专家送行。

1958 年

2月4日，北京市都市规划委员会修改完成《北京城市建设总体规划初步方案的要点》。

4月17日，北京市都市规划委员会修改完成《北京市 1958—1962 年城市建设纲要》。

4月29日，中央书记处第六十八次会议讨论北京改建规划等事宜。

6月23日，中共北京市委正式向中央呈报《中共北京市委关于北京城市规划初步方案的报告》，《北京城市建设总体规划初步方案的要点》和《北京市 1958—1962 年城市建设纲要》以附件方式呈报。

7月20—27日，中国派出以杨春茂为团长的 19 人代表团赴莫斯科参加第五届国际建筑师大会，梁思成在会上作了"关于东亚各国 1945 年至 1957 年城市的建设和改建"的报告。

7月，苏联建筑专家 B.П.库维尔金结束技术援助协议并返回苏联。

8月17—30日，中共中央政治局扩大会议在北戴河举行，会议通过了《关于在农村建立人民公社的决议》，作出"大跃进"的重大决策。

8月底前后，北京市都市规划委员会对同年 6 月向中央呈报的城市总体规划初步方案作了重大修改，并于 1958 年 9 月初草拟出《北京市总体规划说明（草稿）》提交市人民委员会审核，后再次向中央呈报。

9月5日，中央书记处听取了北京市规划工作的汇报，原则上批准了北京市总体规划方案。

11月，北京市都市规划委员会的建制被撤销。

同月，中央领导审查天安门广场规划方案。

12月31日，中共北京市委和铁道部党组联合向中央呈报关于北京地下铁道第一期工程计划的请示报告。

1959 年

3月27日，苏联规划专家 Я.A.萨里舍夫和经济专家什基别里曼听取北京市城市总体规划工作的汇报，并发表了意见。

5月，第四批苏联规划专家 Я.A.萨里舍夫和苏联经济专家 M.O.什基别里曼结束技术援助协议并返回苏联。

9月，北京市城市规划管理局对北京城市总体规划方案进行再次修改。该方案于同年 10 月在全国工业交通展览会上展出。

1960 年

7月16日，苏联驻华使馆临时代办 H.Г.苏达利柯夫向中国外交部领导递交了关于撤走全部苏联专家的照会。

7月31日，中国政府向苏联驻华使馆递交了中国政府的复照。

8月26日，苏联驻华大使向中国递交了第二个照会。

8月前后，在中国各领域工作的苏联专家开始陆续返回苏联。

9月21日，中国政府向苏联驻华使馆递交了第二个复照。

11月6日，苏联驻华使馆向中国递交了第三个照会。

11月，第九次全国计划工作会议宣布"三年不搞城市规划"。

附录：首都规划的后续发展（1961 年以来）

1960 年苏联专家撤离中国后，首都北京的城市规划建设又经历了 60 多年的发展历程。在这 60 多年时间内，对首都建设发展起到重要引导和调控作用的规划工作，主要是 1961 年开展的"十三年总结"，以及 1973 年、1982 年、1992 年、2004 年和 2016 年开展的 5 次城市总体规划修改工作。

一、1961—1962 年的"十三年总结"

1958 年"大跃进"运动开始后，随着社会经济发展各种问题和矛盾的接续出现，我国进入经济困难时期。1960 年 11 月，第九次全国计划工作会议上宣布"三年不搞城市规划"。[①] 此后，规划工作者投入大量的精力开展城市规划建设的调查研究及历史总结。譬如，国家计委城市规划研究院（今中国城市规划设计研究院的前身）[②] 为全国各主要城市编撰了一大批"规划资料辑要"，主要内容即 1949—1960 年的城市规划工作总结；1961 年 12 月，清华大学、同济大学、南京工学院和重庆建筑工程学院在国家计委城市规划研究院的大力支持和配合下，联合编写出新中国第一本《城乡规划》教科书（上、下两册）[③]。

在这样的一种时代背景下，北京市城市规划管理局自 1961 年开始，经过一年多的努力，在开展多项专题调查研究（图 A-1）的基础上，于 1962 年 12 月提出了《北京市城市建设总结草稿》。这份文件是对北京市 1949 年至 1962 年共 13 年城市规划建设工作的历史总结，简称"十三年总结"。

"十三年总结"在对北京城市规划建设工作的成就进行肯定的同时，明确揭示了首都规划建设中存在的一些突出问题，主要包括 6 个方面：一是工厂过分集中在市区，占地过大，布局过乱，致使城市用地紧

---

① 李浩. 历史回眸与反思：写在"三年不搞城市规划"提出 50 周年之际 [J]. 城市规划, 2012（1）: 73-79.
② 1958 年城市建设部撤销后，中央城市设计院先后改属建筑工程部、国家建委和国家计委领导，1963 年 1 月改称"城市规划研究院"。
③ 李浩. 黄光宇先生与新中国第一本《城乡规划》教科书的编写 [J]. 西部人居环境学刊, 2016（05）: 27-28.

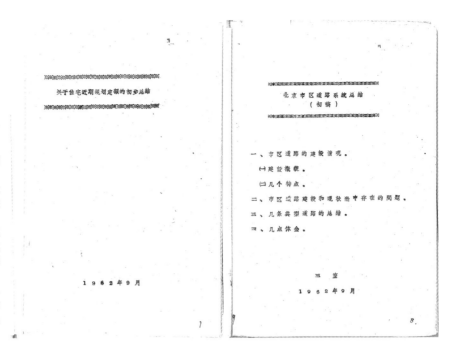

图 A-1　北京"十三年总结"期间的部分专题研究成果（封面，1962 年 9 月）

注：在规划工作总结的过程中，因北京解放后的时间尚不足 13 年，该项工作曾一度被称为"十二年总结"。

资料来源：[1]北京市城市规划管理局. 规划工作十二年总结之十六：关于住宅近期规划定额的初步总结 [Z]. 北京市城市建设档案馆，档号：C3-31-1. 1962.

[2]北京市城市规划管理局. 规划工作十二年总结之廿五：北京市区道路系统总结（初稿）[Z]. 北京市城市建设档案馆，档号：C3-40-1. 1962.

张，水源不足，交通混乱，工厂互相干扰；二是冶金、化学等工业对城市造成严重污染；三是不少工厂、单位挤占规划居住用地，搞乱了居住区的布局，造成工作和居住用地不平衡；四是分散建设，城区改建速度缓慢，形不成完整的城市面貌；五是卫星镇建设摊子铺得过大、过散；六是城市基础设施建设投资占整个基本建设总投资的比重过小，而且逐年递减，远不能适应需要。[①] 这些问题，主要属于城市规划的实施和建设管理层面。

对于"大跃进"时期的城市规划建设指导思想，"十三年总结"也进行了一些反思："由于工业区规模过大，工厂安排过多，尤其是'大跃进'以来，许多工厂不断扩建，发展规模远远超过当初的设想，加上几年来又硬挤进一些小工厂，结果造成工厂彼此密集相连，扩建都受到限制，有的想发展就得挤走别的工厂"，"从各个工业系统的布局来看，主要是冶金工业、化学工业的工厂，有的由于厂址不合适，造成有碍农业生产或城市安全卫生。对农业生产有影响的有 12 个工厂……对城市安全卫生有影响的有 16 个工厂。有些工厂十分易燃易爆，位于居民区或工厂集中的地方，形成重大隐患。"[②]

关于卫星城镇的规划建设，"十三年总结"中指出："1958 年以来，我们在远郊 37 个点上曾经安排过113 个建设项目。平均每个卫星城镇安排了约 5 个项目，因此当时远郊许多卫星城镇都大体摆满了。但开工建设的只有 60 个，将近一半的项目由于计划变更没有建设。因此，形成了 80 个项目分布在 31 处的极其分散的局面。不仅总的布局分散，而且在一个城镇中也不集中"，"这种分散局面，增加了基建的投资，也造成了生产上和生活上的困难。"[③]

---

① 北京建设史书编辑委员会. 建国以来的北京城市建设 [R]. 1985：48–49.
② 北京建设史书编辑委员会编辑部. 建国以来的北京城市建设资料（第一卷：城市规划）[R]. 1987：270–273.
③ 同上：282.

在 1960 年代初的时代条件下，"十三年总结"能够比较客观地认识到首都规划建设中存在的这些问题，是十分可贵的。

1964 年初，国务院领导提出《关于北京城市建设工作的报告》，将北京城市建设中存在的突出问题归纳为 4 个方面："一、国家建设占用近郊区农田同农民和城市蔬菜供应之间的矛盾"；"二、城市发展的规模同各单位发展计划之间的矛盾"；"三、统一规划同分散建设之间的矛盾"；"四、建筑任务同施工力量和地方建筑材料供应之间的矛盾。"针对这些问题，报告中提出"必须采取革命的措施，克服城市建设工作中的分散现象"，"严格控制城市和人口的发展"，"在现有的基础上，填平补齐，有计划地、有重点地进行城区改建"等一系列建议。①1964 年 3 月 6 日，中央批转这一报告，明确指出"中央认为必须下决心改变北京市现在这种分散建设、毫无限制、各自为政和大量占用农田的不合理现象"，"望即遵照执行。"②

1965 年，在"左"的思想不断发展的社会形势下，北京市城市规划管理局指示各处室将城市规划总图一律从墙上收起来，为了指导当时的城市建设工作，曾在建成区现状图的基础上配置部分发展用地，编绘了 1965 年城市总体规划草图（又称"猴皮筋方案"）。③

国务院领导的报告及中央的批示，为首都北京的城市规划建设提供了一个难得的转机。然而，1967 年 1 月 4 日，国家建委正式发出通知，北京的城市总体规划暂停执行④；1968 年 10 月，北京市城市规划管理局被撤销⑤……首都城市规划建设的整体部署再次被打乱，不少问题和矛盾不但未能及时解决，反而更加激化。

二、1973 年版和 1982 年版北京城市总体规划

1966 年后，首都各项建设在无规划的状态下进行，给城市建设造成极大混乱。譬如，"在旧城区出现 100 多处扰民工厂；大量房屋建在规划红线内，450 多处房屋压在城市各类市政干管上，在自来水干管上建厕所造成自来水被污染，在煤气中压管上建公共电车站造成煤气泄漏，酿成火灾；西山碧云寺风景区由于附近乱采煤堵塞了泉眼；400 多公顷绿地被占；数十万平方米墙薄、屋顶薄、无厨房、无厕所的简易住宅建成，增加了人口密度，生活环境极为恶劣。"⑥

面对首都建设的混乱局面，在国务院领导的一再批评和督促下，1971 年 6 月，北京市领导主持召开了北京城市建设和城市管理工作会议，提出了重新拟定首都城市总体规划的要求。1972 年 12 月，北京市城市规划管理局恢复建制。经过一年多的努力，北京市城市规划管理局于 1973 年 10 月 8 日提出了北京城

① 北京建设史书编辑委员会编辑部. 建国以来的北京城市建设资料（第一卷：城市规划）[R]. 1987：293–294.
② 同上：292.
③ 张凤岐 2020 年 10 月 20 日对本书征求意见稿的审阅意见.
④ 北京建设史书编辑委员会编辑部. 建国以来的北京城市建设资料（第一卷：城市规划）[R]. 1987：64.
⑤ 董光器. 北京城市规划建设史略 [M] // 董光器. 北京规划战略思考. 北京：中国建筑工业出版社，1998：379.
⑥ 董光器 2018 年 3 月 19 日与笔者的谈话.

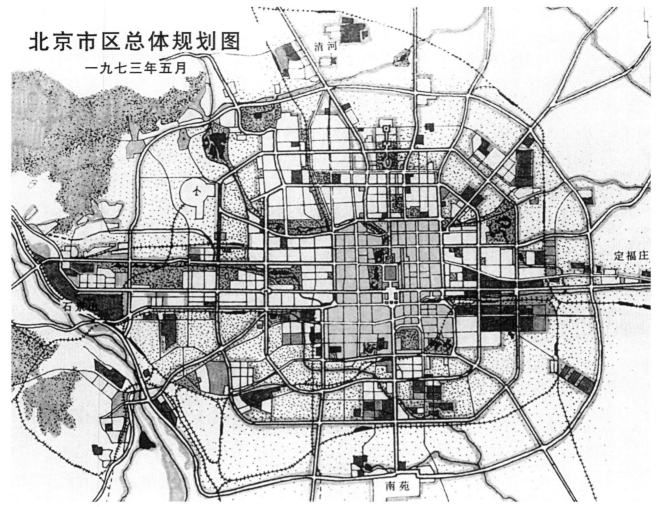

图 A-2　北京市区总体规划图（1973 年 5 月）
资料来源：赵知敬提供。

市总体规划方案（图 A-2），并草拟了《关于北京城市建设总体规划中几个问题的请示报告》上报中共北京市委。①1973 年完成的这版北京城市总体规划，简称 1973 年版北京总规。

　　1973 年版北京总规在研究和制订的过程中，比较认真地吸取了"十三年总结"中指出的问题和教训，在政策调整等各方面都表述得比较清楚。但是，这一版的规划在向中共北京市委汇报的时候，市领导却没有表态，等于规划搁浅了。②

　　尽管该版城市总体规划没有获得正式审批，但是，由它所反映的一些城市建设问题却得到了国家的重视。1975 年 6 月 11 日，国务院下发了关于《解决北京市交通市政公用设施等问题》的批复（国发〔1975〕85 号文），支持北京市建设按照统一规划执行，严格控制城市发展规模，凡不是必须建在北京的

① 北京建设史书编辑委员会编辑部. 建国以来的北京城市建设资料（第一卷：城市规划）〔R〕. 1987：66.
② 赵知敬 2018 年 3 月 22 日与笔者的谈话。

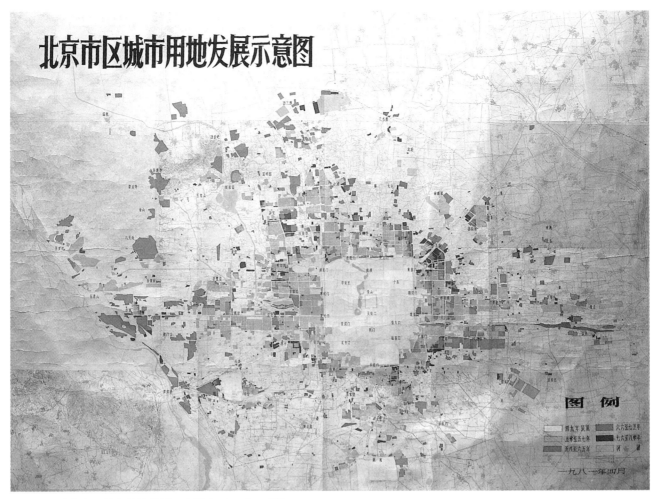

图 A-3　北京市区城市用地发展示意图（1981 年 4 月）
资料来源：北京市城市规划管理局. 北京市区城市用地发展示意图［Z］. 北京市城市建设档案馆，档号：C1-00015-1. 1981.

工程，不要在北京建设，必须建在北京的要尽可能安排到远郊区县，建设中注意处理好"骨头"与"肉"的关系，等等。"一五"时期主抓首都规划工作的郑天翔于 1975 年 2 月恢复工作，1977—1978 年任北京市委书记（当时设有第一书记）、市革命委员会副主任和市政协副主席等，推动了北京城市规划工作的逐步恢复。

　　1978 年 3 月召开的第三次全国城市工作会议提出恢复城市规划工作的要求（图 A-3、图 A-4）。1980 年 4 月，中央书记处分析了首都城市的特点，对首都建设方针作出 4 项重要指示：

　　（1）"要把北京建成为全中国、全世界社会秩序、社会治安、社会风气和道德风尚最好的城市"；

　　（2）"要把北京变成全国环境最清洁、最卫生、最优美的第一流的城市"；

　　（3）"要把北京建成全国科学、文化、技术最发达，教育程度最高的第一流的城市，并且在世界上也是文化最发达的城市之一"；

　　（4）"要使北京经济上不断繁荣，人民生活方便、安定。要着重发展旅游事业，服务行业，食品工业，

图 A-4　北京市区工业现状图（1980 年 3 月）
资料来源：北京市城市规划管理局. 北京地区现状图［Z］. 北京市城市建设档案馆，档号：C1-00014-1. 1980.

高精尖的轻型工业和电子工业。下决心基本上不发展重工业。"①

　　1981 年 11 月，为了加强对城市规划工作的领导，北京市成立了城市规划委员会，市长兼委员会的主任委员。在北京市城市规划委员会的主持下，于 1982 年 3 月提出《北京城市建设总体规划方案（草案）》（图 A-5），1982 年 12 月 22 日正式上报国务院。②

　　1983 年 7 月 14 日，中共中央、国务院作出关于《北京城市建设总体规划方案》的批复，批复指出："北京是我们伟大社会主义祖国的首都，是全国的政治中心和文化中心。北京的城市建设和各项事业的发展，都必须服从和充分体现这一城市性质的要求。要为党中央、国务院领导全国工作和开展国际交往，为全市人民的工作和生活，创造日益良好的条件。要在社会主义物质文明和精神文明建设中，为全国城市作

①　中共北京市委宣传部，首都规划建设委员会办公室. 建设好人民首都：首都规划建设文件汇编（第一辑）［M］. 北京：北京出版社，1984：6-7.
②　北京建设史书编辑委员会编辑部. 建国以来的北京城市建设资料（第一卷：城市规划）［R］. 1987：75.

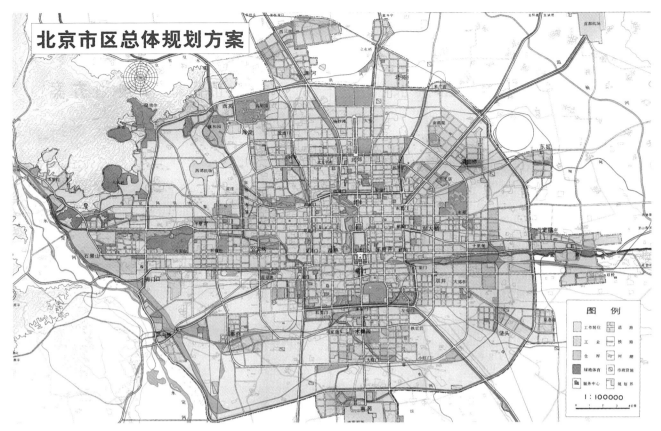

北京市区总体规划方案

图 A-5　北京市区总体规划方案（1982 年）
资料来源：赵知敬提供。

出榜样。"①

　　1982 年版的北京城市总体规划是一个比较实事求是的规划，一个拨乱反正的规划，也是第一次经中共中央、国务院正式批准的城市总体规划。②"这一版规划，在规划思路上全盘继承了之前 17 年规划与建设实践中一切好的经验"，同时也有一些重大的突破，特别是"鉴于北京已建立起较强大的工业基础，市区工业特别是重工业发展过大过多造成能源、水源、用地、交通的全面紧张，影响政治、文化中心功能的正常发挥，因此，城市性质中只提政治、文化中心，不再提经济中心，而是强调发展适合首都特点的经济，强调除工业外的多种经济事业的发展"。③

　　在对 1982 年版北京总规作出批复的同时，中共中央、国务院作出了关于成立首都规划建设委员会的重大决定。决定指出："北京是我们伟大社会主义祖国的首都，是我国面对世界的窗口。为了使北京的城市建设充分体现这个特点，符合这个要求，从根本上解决北京城市建设上存在的问题，必须有一个统一的规划，一套保证统一规划得以实施的法规，一个合理的建设体制，一个协调各方面关系的、具有高度权威

①　中共北京市委宣传部，首都规划建设委员会办公室. 建设好人民首都：首都规划建设文件汇编（第一辑）[M]. 北京：北京出版社，1984：9-10.
②　赵知敬 2018 年 3 月 22 日与笔者的谈话。
③　董光器 2018 年 3 月 19 日与笔者的谈话。

的统一领导。为此，中共中央、国务院在批准《北京城市建设总体规划方案》的同时，决定成立首都规划建设委员会。"①

1983 年 11 月 12 日，首都规划建设委员会正式成立。② 此后，于 1986 年又成立了"首都规划建设委员会办公室"，作为委员会的日常办事机构，简称"首规委办"。首都规划建设委员会的成立及运作，为北京城市总体规划的实施提供了强有力的体制保障。

此外，北京市人民政府还于 1984 年 2 月 10 日颁布了《北京市城市建设规划管理暂行办法》，进一步明确规定了城市规划管理的各项具体要求③。"这是北京市城市规划管理法制建设上的第一部地方性法规。对违法建设有了用经济手段处理，对遏制违章建设起了非常有效的作用。"④

三、1992 年版和 2004 年版北京城市总体规划

1982 年版北京城市总体规划获得批复以后，随着国家改革开放战略的顺利推进，首都各项建设进入一个快速发展的新时期。就城市人口规模而言，中共中央和国务院在对 1982 年版总规的批复文件中明确要求，"坚决把北京市到二〇〇〇年的人口规模控制在一千万左右"⑤，但到 1991 年时，北京市的人口已经达到 1 030 万。⑥ 同时，党的"十四大"明确了从计划经济到市场经济的改革要求。这样，就提出了对 1982 年版北京总规进行修改的形势要求。

1991 年 1 月，首都规划建设委员会和北京市人民政府决定启动城市总体规划的修改工作。⑦ 由于该版总体规划的规划期跨入了 21 世纪，又被称为一个"跨世纪"的城市总体规划。在规划修改的过程中，邓小平于 1992 年 1 月 18 日至 2 月 21 日南巡武昌、深圳、珠海、上海等地并发表了重要讲话，对北京城市总体规划修改工作的指导思想产生了重大影响。

1992 版北京总规修改工作的一个重要特点是"开门搞规划"，广泛发动各方面人士参加，"不仅是北京市的各个部门，还有中央有关部委及其下属的研究机构也都参与了，大概有七八十个单位参加做专题研

① 决定明确首都规划建设委员会主要任务是："负责审定实施北京城市建设总体规划的近期计划和年度计划，组织制定城市建设和管理的法规，协调解决各方面的关系。委员会由北京市人民政府、国家计委、国家经委、城乡建设环境保护部、财政部、国务院办公厅、中央军委办公厅、解放军总后勤部、中直机关事务管理局、国家机关事务管理局等单位的负责人组成，北京市市长任主任。"中共中央、国务院要求，中央党、政、军、群驻京各单位，都要从首都建设的大局出发，教育本单位所有有关工作人员，切实服从首都规划建设委员会的统一领导，模范地执行（而不是各自为政、各行其是地拒绝执行、拖延执行或阳奉阴违）北京城市建设总体规划和有关法规，与首都规划建设委员会通力协作，为首都建设成为社会主义高度文明的现代化城市而奋斗。"资料来源：中共北京市委宣传部，首都规划建设委员会办公室. 建设好人民首都：首都规划建设文件汇编（第一辑）[M]. 北京：北京出版社，1984：17.
② 董光器. 北京城市规划建设史略 [M] // 董光器. 北京规划战略思考. 北京：中国建筑工业出版社，1998：396.
③ 中共北京市委宣传部，首都规划建设委员会办公室. 建设好人民首都：首都规划建设文件汇编（第一辑）[M]. 北京：北京出版社，1984：44-55.
④ 赵知敬 2018 年 3 月 22 日与笔者的谈话.
⑤ 中共北京市委宣传部，首都规划建设委员会办公室. 建设好人民首都：首都规划建设文件汇编（第一辑）[M]. 北京：北京出版社，1984：10.
⑥ 赵知敬 2018 年 3 月 22 日与笔者的谈话.
⑦ 董光器. 北京规划战略思考 [M]. 北京：中国建筑工业出版社，1998：408.

图 A-6　北京市城市总体规划评审会留影（1992 年 12 月 25 日）
前排（坐姿）：汪光焘（左 1）、赵士修（左 2）、郑孝燮（左 4）、侯仁之（左 5）、周干峙（左 6）、张百发（左 7）、侯捷（左 8）、刘江（右 7）、张磐（右 6）、吴良镛（右 5）、宣祥鎏（右 4）、周永源（右 3）、陈干（右 2）、刘小石（右 1）；
后排（站立）：邹时萌（左 3）、柯焕章（左 6）、毛其智（左 7）、汪德华（左 9）、王健平（左 10）、王东（左 11）、钱连和（左 13）、董光器（左 15）、平永泉（右 13）、赵知敬（右 10）、曹连群（右 4）、孙洪铭（右 3）、武绪敏（右 1）。
资料来源：董光器提供。

究，最后提出了二十四份专题报告，做得非常有针对性。"① 规划成果完成后，建设部还组织一大批专家学者进行了深入的审议（图 A-6），对规划修改工作也起到了积极的促进作用。

经过两年的工作，北京市于 1992 年 12 月 18 日提出《北京城市总体规划（1991—2010 年）》（图 A-7）并上报国务院审批。1993 年 10 月 6 日，国务院作出关于北京城市总体规划的批复。

1992 年版北京城市总体规划是根据改革开放发展新形势，总结 1982 年版总体规划实践经验的基础上完成的，规划提出了新观念，体现了新特点："一是进一步提升了北京的城市性质定位，明确'北京是全国的政治中心、文化中心、世界著名古都、现代国际城市'；二是对首都北京人口的发展提出'有控制、有引导的发展方针'；三是提出发展适合首都特点的经济，大力发展高新技术产业和新兴第三产业；四是提出城市发展要实现两个战略转移的方针，即一是今后城市发展重点要从市区向广大郊区转移，二是今后市区发展重点要从外延扩展向调整改造转移；五是提出历史文化名城整体保护的理念及具体保护的内容和要求，等等。"②

继 1992 年版北京总规之后，2001 年底召开的北京市第九次党代会提出了北京城市总体规划修改的工作任务③。这次规划修改工作的背景是 1990 年代高速城镇化背景下首都人口快速增长，土地出让及房地产开发活动空前活跃，机动化水平剧增，城市建设与发展的问题和矛盾日益凸显，而 2001 年 7 月 13 日北京获得 2008 年夏季奥运会的主办权，对首都的城市功能又提出了新的要求。

为了做好本次规划修编工作，北京市规划委员会于 2002 年底委托中国城市规划设计研究院、清华大学和北京市城市规划设计研究院平行开展北京市空间发展战略研究，各单位于 2003 年 7 月完成战略规划研究成果并向北京市有关领导汇报。

---

① 柯焕章 2019 年 10 月 29 日与笔者的谈话。
② 柯焕章 2018 年 3 月 22 日与笔者的谈话。
③ 王凯. 从"梁陈方案"到"两轴两带多中心"[J]. 北京规划建设，2005（1）：32-38.

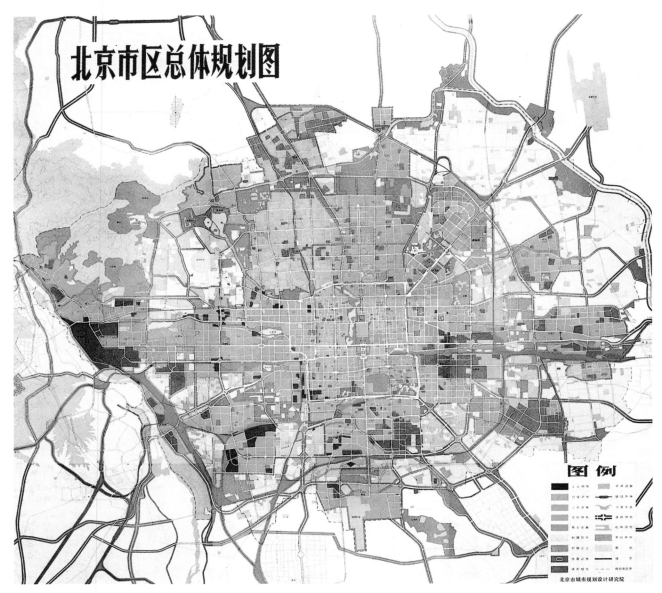

图 A-7　北京市区总体规划图（1992 年）
资料来源：赵知敬提供。

在此基础上，北京市人民政府于 2004 年 12 月完成《北京城市总体规划（2004—2020 年）》（图 A-8）并上报国务院。2005 年 1 月 27 日，国务院正式批复《北京城市总体规划（2004—2020 年）》。

2004 年版北京城市总体规划采取了"以城市问题为导向，以资源环境为基础，以产业发展为动力，以协调发展为目标"的规划技术路线，对城市发展阶段性目标、城市人口及用地规模、空间布局结构及城镇体系等进行了必要的调整，强化了资源节约保护与利用规划，增加了次区域空间管治、建设限制分区等规划内容，构成了适应新的历史发展时期要求的新的总体规划基本框架。[①]

――――――――――――

① 施卫良，赵峰. 北京城市总体规划的继承、发展与创新［J］. 北京规划建设，2005（2）：73-80.

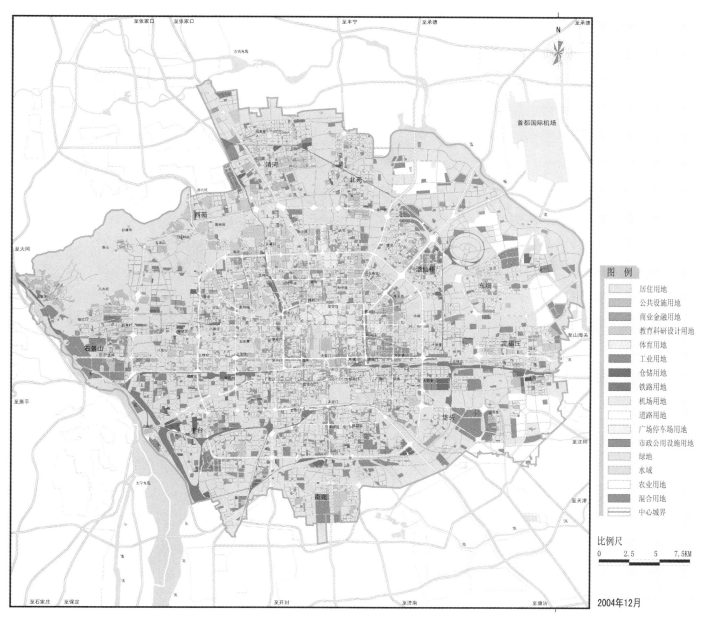

图 A-8 北京中心城用地规划图（2004 年 12 月）
资料来源：北京市人民政府. 北京城市总体规划（2004—2020 年）图集［R］. 北京市人民政府编印，2004：9.

四、2016 年版北京城市总体规划

在 2004 年版北京总规实施的过程中，首都经济社会发展与城乡建设取得了显著成效，但城市快速发展的一些深层次矛盾也日益凸显，特别是城市空间结构的战略调整遭遇严峻挑战，中心城区单中心过度聚集的状况仍在延续，新城疏解中心城人口的效果不够明显，城市"摊大饼"的蔓延方式没有发生根本性的改变。[①]2014 年 2 月和 2017 年 2 月，习近平总书记两次视察北京并发表重要讲话，为新时期首都发展指

---

① 施卫良，等. 新版北京城市总体规划的转型与探索［J］. 城乡规划，2019（1）：86-93，105.

明了方向。

在此背景下，为了贯彻落实习近平总书记视察北京重要讲话精神和治国理政的新理念、新思想、新战略，紧紧扣住迈向"两个一百年"奋斗目标和中华民族伟大复兴的时代使命，北京市于2015—2016年再次组织了北京城市总体规划的修改工作。

2017年6月，习近平总书记主持召开中央政治局常委会，专题听取北京城市总体规划修改工作汇报。2017年9月13日，中共中央、国务院正式批复《北京城市总体规划（2016—2035年）》。①

在该版北京总规修改的过程中，适逢中共中央、国务院于2015年6月批复《京津冀协同发展规划纲要》，京津冀协同发展上升为国家战略。因此，2016年版北京总规与前几版总规的一个重要不同点在于，城市总体规划首次具备了上位规划——《京津冀协同发展规划纲要》。站在京津冀协同发展的角度来解决北京的问题并谋划未来，是该版规划的鲜明特点。

2016年版北京总规提出打破行政辖区限制，着眼于区域尺度，优化功能布局，在半径50公里的核心区、半径150公里的辐射区、半径300公里的城市群尺度上，形成核心区功能优化、辐射区协同发展、梯度层次合理的城市群体系。其中，半径150公里左右的平原地区是带动京津冀协同发展的核心区域，要重点把握"一核"（首都功能核心区）与"两翼"（北京城市副中心、河北雄安新区）的关系，要发挥好北京"一核"的辐射带动作用，强化政治中心、文化中心、国际交往中心、科技创新中心的首都城市战略定位；明确"两翼"作为北京打造非首都功能疏解集中承载地的主要目标，实现北京中心城区、北京城市副中心和河北雄安新区功能分工、错位发展的新格局，推动京津冀中部核心功能区联动的一体化发展②（图A-9、图A-10）。

除此之外，2016年版北京总规在突出"四个中心"（全国政治中心、文化中心、国际交往中心和科技创新中心）保障、强调资源环境硬约束条件下的减量发展、突出要素配置优化和生态文明建设，以及"多规合———任务分解—体检评估—督察问责"统筹实施机制等方面，具有一系列的创新思维。③

经中共中央、国务院批准的《北京城市总体规划（2016—2035年）》，已经掀开了首都城市规划建设崭新的一页。

---

① 中国共产党北京市委员会，北京市人民政府. 北京城市总体规划：2016—2035年［M］. 北京：中国建筑工业出版社，2019：3.

② 施卫良，等. 新版北京城市总体规划的转型与探索［J］. 城乡规划，2019（1）：86-93，105.

③ 同上.

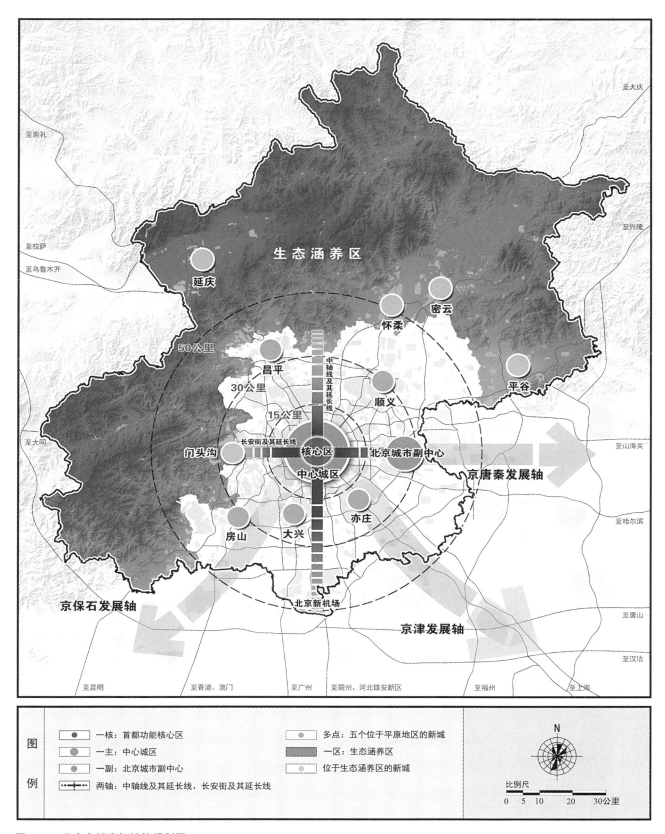

图 A-9　北京市域空间结构规划图

资料来源：中国共产党北京市委员会，北京市人民政府．北京城市总体规划（2016—2035 年）［M］．北京：中国建筑工业出版社，2019：100．

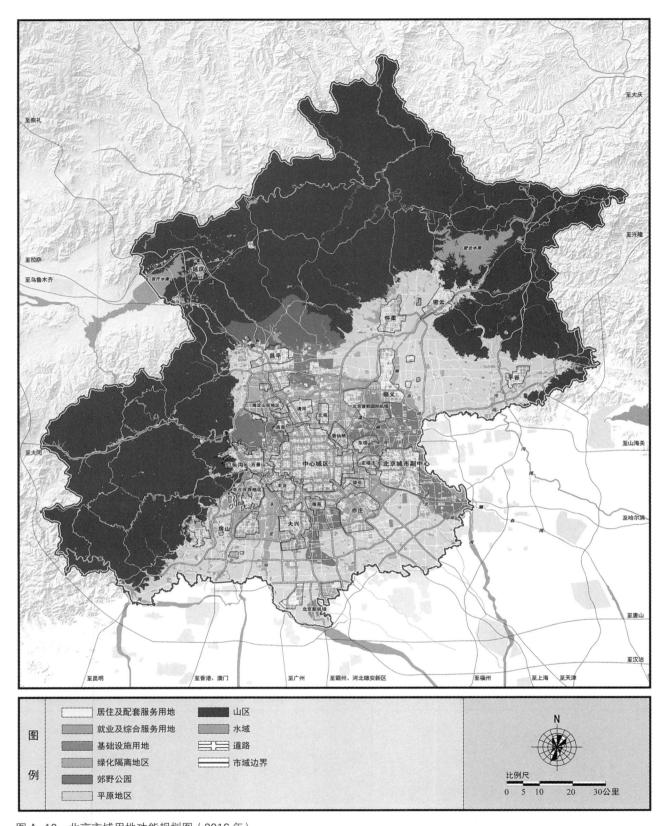

图例

☐	居住及配套服务用地	■	山区
☐	就业及综合服务用地	☐	水域
☐	基础设施用地	⊟	道路
☐	绿化隔离地区	☐	市域边界
☐	郊野公园		
☐	平原地区		

N

比例尺

0　5　10　　20　　30公里

图 A-10　北京市域用地功能规划图（2016 年）

资料来源：中国共产党北京市委员会，北京市人民政府. 北京城市总体规划（2016—2035 年）[M]. 北京：中国建筑工业出版社，2019：
122.

索 引

主要参考文献

[1] 《北京规划建设》编辑部.长安街及其延长线：63公里江山图［J］.北京规划建设，2019（5）：1.

[2] 《当代中国》丛书编辑部.当代中国的城市建设［M］.北京：中国社会科学出版社，1990.

[3] 《缅怀彭真》编辑组.缅怀彭真［M］.北京：中央文献出版社，1998.

[4] 《彭真传》编写组.彭真传（第二卷：1949—1956）［M］.北京：中央文献出版社，2012.

[5] 《彭真传》编写组.彭真年谱（第三卷）［M］.北京：中央文献出版社，2012.

[6] 《住房和城乡建设部历史沿革及大事记》编委会.住房和城乡建设部历史沿革及大事记［M］.北京：中国城市出版社，2012.

[7] 巴兰尼克夫.苏联专家［巴］兰呢［尼］克夫关于北京市将来发展计划的报告［Z］.岂文彬，译.北京市档案，档号001-009-00056.1949.

[8] 白思鼎，李华钰.中国学习苏联（1949年至今）［M］.香港：香港中文大学出版社，2019.

[9] 北京城市规划学会.马句同志谈新中国成立初期一些规划事（2012年9月7日座谈会记录）［Z］.北京市城市建设档案馆，2013.

[10] 北京都委会.报告（苏联专家谈话记录）［Z］.北京市档案馆，档号：150-001-0058.1952.

[11] 北京都委会.北京市都委会1952年工作总结［Z］.北京市档案馆，档号：150-001-00056.1953.

[12] 北京都委会.都市计划座谈会会议记录［Z］.北京市档案馆，档号：150-001-00003.1952.

[13] 北京都委会.关于古文物、城墙保存问题及建筑形式问题［Z］.北京市城市建设档案馆，档号：C3-80-2.1953.

[14] 北京都委会.薛子正同志主持召开北京市都委会有关同志座谈会记录［Z］.北京市档案馆，档号：150-001-00086.1955.

[15] 北京都委会.政治中心区计划说明［Z］.北京市城市建设档案馆，档号：C3-85-1.1950.

[16] 北京规委会.北京市远景规划初步方案说明（草案）［Z］.北京市城市建设档案馆，档号：C3-00011-1.1956.

[17] 北京规委会.彭真同志在北京市委常委会上关于城市规划问题的发言［Z］.北京市档案馆，档号：151-001-00017.1956.

[18] 北京规委会.苏联专家组在武汉、广州、上海、南京等地规划座谈会上的发言［Z］.北京市城市建设档案馆，档号：C3-00103-1.1956.

[19] 北京建设史书编辑委员会.建国以来的北京城市建设［R］.1985.

[20] 北京建设史书编辑委员会编辑部.建国以来的北京城市建设资料（第一卷：城市规划）［R］.1987.

[21] 北京市财经委.关于市府邀请苏联专家研究首都建设计划总图情况报告［Z］.北京市档案馆，档号：004-010-00729.1952.

[22] 北京市城市规划管理局，北京市城市规划设计研究院党史征集办公室.规划春秋：规划局规划院老同志回忆录（1949—1992）

［R］. 1995.

[23] 北京市城市规划设计研究院. 北京·莫斯科：规划 60 年［R］. 北京市城市规划设计研究院编印，2012.

[24] 北京市城市规划设计研究院，等. 长安街及其延长线：一幅 63 公里江山图，是为共和国发展复兴的宏伟画卷［J］. 北京规划建设，2019（5）：4.

[25] 北京市城市建设档案馆、北京城市建设规划篇征集编辑办公室. 北京城市建设规划篇"第二卷：城市规划（1949—1995）"（上册）［R］. 北京市城市建设档案馆编印，1998.

[26] 北京市城市建设档案馆，北京城市建设规划篇征集编辑办公室. 北京城市建设规划篇"第五卷：规划建设纵横"（中篇）［M］. 北京市城市建设档案馆编印，1998.

[27] 北京市城市建设档案馆，北京城市建设规划篇征集编辑办公室. 北京城市建设规划篇"第一卷：规划建设大事记"（上册）［R］. 北京市城市建设档案馆编印，1998：14.

[28] 北京市档案馆，中共北京市委党史研究室. 北京市重要文献选编（1948.12—1949）［M］. 北京：中国档案出版社，2001.

[29] 北京市档案馆. 北京档案史料（2003.1）［M］. 北京：新华出版社，2003.

[30] 北京市地方志编纂委员会. 北京志. 城乡规划卷. 规划志［M］. 北京：北京出版社，2007.

[31] 北京市都市规划委员会. 城市建设参考资料汇集第九辑：有关城市规划的几个问题［R］. 1957.

[32] 北京市都市规划委员会. 城市建设参考资料汇集第六辑：城市交通问题［R］. 1956.

[33] 北京市都市规划委员会. 城市建设参考资料汇集第十三辑：关于上下水道的几个问题［R］. 1958.

[34] 北京市都市规划委员会. 城市建设参考资料汇集第一辑：苏联专家建议［R］. 1956.

[35] 北京市都市规划委员会. 关于北京城市建设总体规划初步方案的要点（五稿）［R］. 北京市都市规划委员会档案. 1957.

[36] 北京市都市规划委员会. 关于北京市总体规划初步方案的说明（四稿）［R］. 北京市都市规划委员会档案. 1957.

[37] 北京市都委会. 北京市都委会 1952 年工作总结［Z］. 北京市档案馆，档号：150-001-00056. 1953.

[38] 北京市都委会. 关于聘请及任用专家、工程技术人员的报告及有关文件［Z］. 北京市都市计划委员会档案，北京市档案馆，档号：150-001-00050. 1951.

[39] 北京市规划委员会，北京城市规划学会. 岁月回响：首都城市规划事业 60 年纪事［R］. 北京城市规划学会编印，2009.

[40] 北京市建设局. 北京市将来发展计划的问题（单行本）［Z］. 北京市建设局编印. 1949.

[41] 北京市建设局. 苏联专家巴兰尼可［克］夫对北京市中心区及市政建设方面的意见［Z］. 北京市城市建设档案馆，档号：C3-85-1. 1949.

[42] 北京市人大. 北京市第三届第二、三次各界人民代表会议汇刊［Z］. 北京市档案馆，档号：002-020-01616. 1951.

[43] 北京市委. 市委有关北京市城市规划向中央的请示和报送北京市人口情况的资料［Z］. 北京市档案馆，档号：001-005-00167. 1955.

[44] 北平市建设局. 北平市都市计划座谈会记录［Z］. 北京市档案馆，档号：150-001-00003. 1949.

[45] 陈干. 京华待思录［R］. 北京城市规划设计研究院，1996：19-20.

[46] 城市建设部办公厅. 城市建设文件汇编（1953—1958）［R］. 北京，1958.

[47] 董光器. 北京规划战略思考［M］. 北京：中国建筑工业出版社，1998.

[48] 谷安林. 中国共产党历史组织机构辞典［M］. 北京：中共党史出版社，党建读物出版社，2019.

[49] 国家城建总局. 城市建设总局周报（第六号）［R］. 国家城建总局档案，中国城市规划设计研究院图书馆，档号：AM3. 1955.

[50] 国家城建总局. 四年来的专家工作检查报告［Z］. 中央档案馆，档号：259-2-27-4. 1956.

[51] 国家计委，国家建委. 对于北京市委"关于改建与扩建北京市规划草案"意见的报告［Z］. 中央档案馆，档号：150-2-131-2. 1954.

[52] 国家计委. 对于北京市委"关于改建与扩建北京市规划草案"意见的报告［Z］. 中央档案馆，档号：150-2-131-2. 1954.

[53] 国家建委. 第一次全国基本建设会议文件：中华人民共和国国务院关于加强新工业区和新工业因为建设工作几个问题的决定（草案）［Z］. 国家建委档案，中国城市规划设计研究院图书馆，档号：AA003. 1956.

[54] 国家建委. 关于"改建与扩建北京市规划草案"审查意见的报告（稿）［Z］. 国家建委档案，中国城市规划设计研究院图书馆，

档号：Ljing102. 1955.

[55] 国家建委. 国家建委关于苏联顾问专家四月份工作报告 [Z]. 中央档案馆，档号：G114A-2-84-7. 1955.

[56] 国家建委城市局. 克拉夫秋克专家关于城市规划定额问题的谈话纪要 [Z]. 国家建设委员会档案. 中国城市规划设计研究院图书馆，档号：AJ9. 1955.

[57] 韩林飞，В.А 普利什肯，霍小平. 建筑师创造力的培养：从苏联高等艺术与技术创造工作室（ВХУТЕМАС）到莫斯科建筑学院（МАРХИ）[M]. 北京：中国建筑工业出版社，2007：37.

[58] 洪长泰. 空间与政治：扩建天安门广场 [J]. 冷战国际史研究，2007（10）：138-172.

[59] 黄金生. 长安街的国家成长记忆 [J]. 领导之友，2015（1）：45-47.

[60] 会议秘书处. 关于旧的大城市的改造和扩建中的一些问题 [Z]. 城市工作问题座谈会简报之四. 1953.

[61] 会议秘书处. 关于市委对城市工作的领导问题的意见 [Z]. 城市工作问题座谈会简报之三. 1953.

[62] 建工部城建局. 北京市城市规划文件资料 [Z]. 中国城市规划设计研究院档案室，档号：0323. 1959.

[63] 建筑工程部. 中华人民共和国建筑工程部关于苏联专家工作的总结报告 [Z]. 建筑工程部档案，中央档案馆，档号：255-9-156-2. 1960.

[64] 金春明. 中华人民共和国简史（1949—2007）[M]. 北京：中共党史出版社，2008：80.

[65] 李百浩，等. 中国现代新兴工业城市规划的历史研究：以苏联援助的156项重点工程为中心 [J]. 城市规划学刊，2006（4）：84-92.

[66] 李富春. 关于北京地下铁道的第一期工程问题向中央的报告 [Z]. 国家计委档案，中央档案馆，档号：150-5-151-1. 1957.

[67] 李浩，李百浩. 北京长安街红线宽度确定过程的历史考察：兼谈苏联专家援华时期的中国规划决策 [J]. 建筑师，2021（6）：102-110.

[68] 李浩. "梁陈方案"未获采纳之原因的历史考察：试谈规划决策影响要素的分层现象 [J]. 建筑师，2021（2）：120-126.

[69] 李浩. "一五"时期城市规划技术力量状况之管窥：60年前国家"城市设计院"成立过程的历史考察 [J]. 城市发展研究，2014（10）：72-83.

[70] 李浩. "一五"时期的城市规划是照搬"苏联模式"吗？：以八大重点城市规划编制为讨论中心 [J]. 城市发展研究，2015（9）：C1-C5.

[71] 李浩. 八大重点城市规划：新中国成立初期的城市规划历史研究 [M]. 2版. 北京：中国建筑工业出版社，2019.

[72] 李浩. 城·事·人：城市规划前辈访谈录（第五辑）[M]. 北京：中国建筑工业出版社，2017.

[73] 李浩. 城·事·人：新中国第一代城市规划工作者访谈录（第二辑）[M]. 北京：中国建筑工业出版社，2017.

[74] 李浩. 城·事·人：新中国第一代城市规划工作者访谈录（第一辑）[M]. 北京：中国建筑工业出版社，2017.

[75] 李浩. 还原"梁陈方案"的历史本色：以梁思成、林徽因和陈占祥合著的一篇评论为中心 [J]. 城市规划学刊，2019（5）：110-117.

[76] 李浩. 黄光宇先生与新中国第一本《城乡规划》教科书的编写 [J]. 西部人居环境学刊，2016（05）：27-28.

[77] 李浩. 九六之争：1957年的"反四过"运动及对城市规划的影响 [J]. 城市规划，2018（2）：122-124.

[78] 李浩. 历史回眸与反思：写在"三年不搞城市规划"提出50周年之际 [J]. 城市规划，2012（1）：73-79.

[79] 李浩. 试论建筑规划口述史作品的可靠性 [J]. 新建筑，2022（2）：8-11.

[80] 李浩. 首都北京第一版城市总体规划的历史考察：1953年《改建与扩建北京市规划草案》评述 [J]. 城市规划学刊，2021（4）：96-103.

[81] 李浩. 苏联专家穆欣对中国城市规划的技术援助及影响 [J]. 城市规划学刊，2020（1）：102-110.

[82] 李浩. 郑天翔：共和国首都规划的奠基人 [J]. 北京规划建设，2021（5）：162-167.

[83] 李浩. 中国规划机构70年演变：兼论国家空间规划体系 [M]. 北京：中国建筑工业出版社，2019.

[84] 李强，刘放. 关于聘请苏联专家的情况和要考虑的问题 [Z]. 国家计委档案，中央档案馆，档号：150-2-455-2. 1954.

[85] 李文墨. 苏联模式影响下我国规划专业教育的"本土化"发展（1952—1961年）[J]. 城市规划学刊，2020（1）：111-118.

[86] 李扬. 20世纪50年代北京城市规划中的苏联因素 [J]. 当代中国史研究，2018（3）：97-105，127-128.

[87]　李越然.外交舞台上的新中国领袖［M］.北京：外语教学与研究出版社，1994.

[88]　李芸.迈向现代化的中国城市规划［J］.中国市场，2002（1）：66.

[89]　李准."中轴线"赞：旧事新议京城规划之一［J］.北京规划建设，1995（3）13-15.

[90]　李准.紫禁城下写丹青：李准文存［R］.北京市城市建设档案馆，2008.

[91]　梁思成，陈占祥.关于中央人民政府行政中心区位置的建议［M］.国家图书馆收藏，1950.

[92]　梁思成，陈占祥，等.梁陈方案与北京［M］.沈阳：辽宁教育出版社，2005：71-74.

[93]　梁思成，林徽因，陈占祥.对于巴兰尼克夫先生所建议的北京市将来发展计划的几个问题［Z］.中央档案馆，档号：Z1-001-000286-000001.1950.

[94]　梁思成.城市的体形及其计划［N］.人民日报，1949-06-11（4）.

[95]　梁思成.苏联专家帮助我们端正了建筑设计的思想［N］.人民日报，1952-12-22（3）.

[96]　梁思成.整风一个月的体会［N］.人民日报，1957-06-08（2）.

[97]　毛泽东.毛泽东选集（第四卷）［M］.北京：人民出版社，1991.

[98]　毛泽东.毛泽东选集（第五卷）［M］.北京：人民出版社，1977.

[99]　穆欣.城市建设问题［Z］.城市建设部档案，中央档案馆，档号：259-1-54-17.1954.

[100]　聂荣臻，张友渔.关于苏联市政专家最后半个月工作和生活情况的报告［Z］.中央档案馆，档号：J08-4-1068-12.1949.

[101]　彭真.关于留聘苏联城市规划专家穆欣同志的请示［Z］.中共北京市委档案，北京市档案馆，档号：001-005-00090.1953.

[102]　上海市政建设委员会.穆欣同志关于上海市城市规划的报告［Z］.上海市城市规划设计研究院档案室，档号：102-2-26.1953.

[103]　沈志华.俄罗斯解密档案选编：中苏关系（第二卷，1949.3—1950.7）［M］.上海：东方出版中心，2014.

[104]　沈志华.苏联专家在中国（1948—1960）［M］.3版.北京：社会科学文献出版社，2015.

[105]　师哲，师秋郎.毛泽东的翻译：师哲眼中的高层人物［M］.北京：人民出版社，2005.

[106]　施卫良，赵峰.北京城市总体规划的继承、发展与创新［J］.北京规划建设，2005（2）：73-80.

[107]　施卫良，等.新版北京城市总体规划的转型与探索［J］.城乡规划，2019（1）：86-93，105.

[108]　苏联地铁专家组.地下铁道专家向经济联络总局主任的报告［Z］.北京市档案馆，档号：151-001-00004.1956.

[109]　苏联市政专家团.苏联专家团改善北京市政的建议［Z］.中央档案馆，档号：J08-4-1069-1.1949.

[110]　陶宗震."饮水思源"：我的老师侯仁之［R］.陶宗震手稿，吕林提供.2008.

[111]　陶宗震.对贾震同志负责城建工作创始阶段的回忆［R］.陶宗震手稿.吕林提供.1995.

[112]　王军.城记［M］.北京：生活·读书·新知三联书店，2003：68.

[113]　王凯.从"梁陈方案"到"两轴两带多中心"［J］.北京规划建设，2005（1）：32-38.

[114]　王培仁.中财委城市建设会议笔记汇集［N］.天津市档案馆，档号：X0053-D-006611.1952.

[115]　魏士衡.建国以来城市建设部分文件资料摘编（1952—1972）［R］.魏士衡手抄档案，刘仁根提供.

[116]　文爱平.李准：淡极始知花更艳［J］.北京规划建设，2008（2）：184-188.

[117]　西郊工作组.北京市都委会西郊组工作总结及西郊关厢改建规划［Z］.北京市档案馆，档号：150-001-00090.1954：24.

[118]　许皓，李百浩.从欧美到苏联的范式转换：关于中国现代城市规划源头的考察与启示［J］.国际城市规划，2019（5）：1-8.

[119]　杨念.关于北京市第一次派出的赴苏城市建设访问团的情况简介［R］.杨念手稿，2012-06-12.

[120]　杨永生，李鸽，王莉慧.缅述［M］.北京：中国建筑工业出版社，2012：74-76.

[121]　杨永生.张镈：我的建筑创作道路［M］.天津：天津大学出版社，2011：92.

[122]　杨重野.苏联市政专家给了我们些什么帮助？［N］.人民日报，1950-06-09（3）.

[123]　张柏春，等.苏联技术向中国的转移［M］.济南：山东教育出版社，2005：11.

[124]　赵晨等."苏联规划"在中国：历史回溯与启示［J］.城市规划学刊，2013（2）：109-118.

[125] 郑天翔，佟铮.专家组的一些个别反应［Z］.北京市城市建设档案馆，档号：C3-398-1.1955.

[126] 郑天翔.1952年日记［Z］.郑天翔家属提供.1952.

[127] 郑天翔.1953年工作笔记［Z］.郑天翔家属提供.1953.

[128] 郑天翔.1953年日记［Z］.郑天翔家属提供.1953.

[129] 郑天翔.1954年工作笔记［Z］.郑天翔家属提供.1954.

[130] 郑天翔.1955年工作笔记［Z］.郑天翔家属提供.1955.

[131] 郑天翔.1956年工作笔记［Z］.郑天翔家属提供.1956.

[132] 郑天翔.1958年工作笔记［R］.郑天翔家属提供.1958.

[133] 郑天翔.痛悼我的老战友：陈干同志［R］.郑天翔文稿，郑天翔家属提供.1996.

[134] 中财委.北京市政府应提出都市建设计划及预算［Z］.中央档案馆，档号：G128-3-52-1.1952.

[135] 中共北京市委.北京城市建设总体规划初步方案的要点［Z］.建筑工程部档案，中国城市规划设计研究院档案室，档号：0323.1958.

[136] 中共北京市委.北京市1958—1962年城市建设纲要［Z］.建筑工程部档案，中国城市规划设计研究院档案室，档号：0323.1958.

[137] 中共北京市委.北京市委对于国家计划委员会对北京市规划草案的审查报告的几点意见［Z］.中央档案馆，档号：150-2-131-4.1954.

[138] 中共北京市委.北京市总体规划说明（草稿）［R］//北京建设史书编辑委员会编辑部.建国以来的北京城市建设资料（第一卷：城市规划），1987.

[139] 中共北京市委.关于改建与扩建北京市规划草案的说明［Z］.北京市档案馆，档号：001-005-00093.1953.

[140] 中共北京市委.关于改建与扩建北京市规划草案的要点［Z］.北京市档案馆，档号：001-005-00092.1953.

[141] 中共北京市委.关于改建与扩建北京市规划草案向中央的报告［Z］.北京市档案馆，档号：001-005-00091.1953.

[142] 中共北京市委.关于赠送苏联专家阿巴拉莫夫等人毛泽东选集的文件、工商联、北京市粮食公司庆祝中共诞生三十一周年给彭真同志的贺信［Z］.北京市档案馆，档号：001-006-00688.1951.

[143] 中共北京市委.彭真同志主持的各大城市市委负责同志座谈城市工作问题的简报及参考材料［Z］.北京市档案馆，档号：001-009-00258.1953.

[144] 中共北京市委.市委报送北京市第一期城市建设计划要点的报告［Z］.北京市档案馆，档号：001-005-00122.1954.

[145] 中共北京市委.市委关于聘请苏联专家、为专家抽调翻译人员和关于苏联大使馆新建馆地址问题的请示［Z］.北京市档案馆，档号：001-005-00125.1954.

[146] 中共北京市委.市委有关北京市城市规划向中央的请示和报送北京市人口情况的资料［Z］.北京市档案馆，档号：001-005-00167.1955.

[147] 中共北京市委.苏联专家对交通事业、自来水问题报告后讨论的记录［Z］.北京市档案馆，档号：001-009-00054.1949.

[148] 中共北京市委.中共北京市委关于北京城市规划初步方案的报告［Z］.建筑工程部档案，中国城市规划设计研究院档案室，档号：0323.1958.

[149] 中共北京市委.中共北京市委关于城市建设和城市规划的几个问题［Z］.北京市档案馆，档号：001-009-00372.1956.

[150] 中共北京市委宣传部，首都规划建设委员会办公室.建设好人民首都：首都规划建设文件汇编（第一辑）［M］.北京：北京出版社，1984：17.

[151] 中共北京市委政策研究室.中国共产党北京市委员会重要文件汇编（一九四九年·一九五〇年）［R］.1955.

[152] 中共北京市委政策研究室.中国共产党北京市委员会重要文件汇编（一九五三年）［R］.1954.

[153] 中共北京市委政策研究室.中国共产党北京市委员会重要文件汇编（一九五四年下半年）［R］.1955.

[154] 中共北京市委组织部，等.中国共产党北京市组织史资料［M］.北京：人民出版社，1992.

[155] 中共市委政策研究室.彭真同志在人大代表大会小组会上的发言提纲、农委办社会议上的报告记录及有关城市建设、建筑形式的讲话记录［Z］.北京市档案馆，档号：001-009-00345.1955.

[156]　中共中央党史研究室，中央档案馆.中共党史资料（第76辑）［M］.北京：中共党史出版社，2000.

[157]　中共中央党史研究室.中国共产党的九十年［M］.北京：中共党史出版社，党建读物出版社，2016：365.

[158]　中共中央党史研究室.中国共产党历史（第2卷，1949—1978）［M］.北京：中共党史出版社，2011.

[159]　中共中央文献研究室，中央档案馆.建国以来刘少奇文稿［M］.北京：中央文献出版社，2005：33.

[160]　中共中央文献研究室.邓小平年谱（第三卷）［M］.2版.北京：中央文献出版社，2020.

[161]　中共中央文献研究室.建国以来重要文献选编（第四卷）［M］.北京：中央文献出版社，1993.

[162]　中共中央文献研究室.刘少奇年谱（1898—1969）（下卷）［M］.北京：中央文献出版社，1996：217.

[163]　中共中央文献研究室.毛泽东年谱（一九四九——一九七六）第二卷［M］.北京：中央文献出版社，2013.

[164]　中共中央文献研究室.周恩来年谱（1949—1976）［M］.北京：中央文献出版社，1997：21，27.

[165]　中国城市规划学会.五十年回眸：新中国的城市规划［M］.北京：商务印书馆，1999.

[166]　中国共产党北京市委员会，北京市人民政府.北京城市总体规划：2016—2035年［M］.北京：中国建筑工业出版社，2019.

[167]　中国建筑学会，《建筑学报》杂志社.中国建筑学会六十年［M］.北京：中国建筑工业出版社，2013.

[168]　中国社会科学院，中央档案馆.1953—1957中华人民共和国经济档案资料选编（固定资产投资和建筑业卷）.北京：中国物价出版社，1998.

[169]　重工业部建筑局.建筑工作考察团访苏谈话记录［M］.北京：重工业出版社，1956.

后记

当写下这些文字的时候，我的内心是复杂的。按理说，这本书的酝酿与写作前后长达五六年之久，今天终于要完成了，应该是喜悦的，但这本书撰写的困难，写作过程中的一些曲折，又使我感到并不轻松。

在确定本书论题之初，我曾隐约感到，研究苏联规划专家，很可能是"出力而不讨好"之举。研究的过程中，当我遇到一个又一个的问题和困难，四处求救，很难前行时，不断有朋友问我：那些苏联专家值得你下这么大的功夫吗？如果换个别的题目，是否会更好写一点呢？

令人感到欣慰的是，伴随着书稿的逐步完成，一个个问题和困难终于解决了（尽管有的解决得并不十分满意），而朋友们的质疑之声也逐渐消失了，随之而来的则是阅读这本书稿后的感叹：真没想到，苏联专家对中国城市规划工作的影响居然这么大，原以为他们只是走马观花地来"指手画脚"一番而已。

笔者之所以执意开展本项研究，因为苏联专家曾经是中国城市规划工作的主导性因素之一，中国现代城市规划史研究绕不开苏联专家这一关键环节。笔者既然已经立下了研究中国现代城市规划史的志向，那就必须要迎接这一挑战。

本项研究的困难，突出地表现在两个方面：其一，不论就苏联专家或北京城市规划史研究而言，相关档案资料的搜集都十分困难；其二，既然研究对象是苏联规划专家，那就要对苏联规划专家的有关情况有相当程度的了解，特别是其来华前的教育背景和规划实践等基本简历，而该方面的信息又是极难搜集的，更何况我还不懂俄语。

在这个意义上，本书的完成，首先要特别感谢中央档案馆、住房城乡建设部办公厅档案处、国家发展改革委办公厅档案处、北京市档案馆、北京市城市建设档案馆和中国城市规划设计研究院档案室等的大力支持，感谢李大霞、王秀娟、杨利萍、李秀娟、梅佳、张斌、张勇、刘瑞玲、徐辉和李秀明等同志的具体帮助。其次，要特别感谢北京交通大学孙伟教授、哈尔滨工业大学赵志庆教授、同济大学李文墨博士和大庆石化工程有限公司刘伦希建筑师等的大力支持，搜集到了关于苏联规划专家的一些极为珍贵的背景资料，使本书增色良多，特别是李文墨博士，不厌其烦地为我提供了大量无私的帮助，笔者无限感激，在此特致谢忱！

读者可能注意到，书中有相当一部分资料是北京市老领导郑天翔同志保存的日记和照片，这完全得益于郑天翔家属的大力支持，特别是郑京生先生（郑天翔次子）给予了许多具体的帮助，在此致以特别感谢！鉴于郑天翔日记的珍贵价值，拟另外单独出版。

本书研究的内容距今已有六七十年之久，但令人感到惊喜的是，一大批亲历者迄今仍然健在。在本项研究过程中及书稿完成后，笔者曾有幸拜访到梁凡初、杨念、张敬淦、张其锟、胡志东、陈业、谭伯仁、王绪安、钱连和、武绪敏、黄秀琼、申予荣、张凤岐、董光器、赵知敬和柯焕章等先生，他们向笔者讲述了早年参加北京规划及与苏联专家一起工作的往事，赵冠谦先生则讲述了他在1954—1958年赴苏联莫斯科建筑学院留学的情况及当时其他一些赴苏留学生的情况，高亦兰、靳君达、高殿珠、陈尚容、章之娴、周桂荣和王东等先生也以不同方式提供了支持和帮助。各位前辈大多在八九十岁的高龄，依然身体健康，精神矍铄，这是北京规划史研究之幸事！不仅如此，各位前辈还对本书提出了诸多很好的意见和建议，纠正了笔者的一些误识或误判，为这份书稿质量的提升提供了重要帮助，在此谨向各位前辈致以崇高敬意和诚挚感谢！

在本项研究的过程中，还曾得到王瑞珠院士、马国馨院士、施仲衡院士、常青院士和王静霞参事，孙安军、张兵、左川、毛其智、邱跃、曹跃进、施卫良、石晓冬、马良伟、赵峰、梁青槐、董卫、王鲁民、张松、李百浩和武廷海等教授，以及李晓江、杨保军、陈锋、刘仁根、王凯、官大雨、靳东晓和王庆等专家的大力支持和帮助，特致衷心感谢。同时感谢张舰、荆锋、于泓、傅舒兰、刘亦师、李扬和文爱平等好友的交流和讨论。感谢北京建筑大学有关领导对本书出版的大力支持。感谢中国建筑工业出版社陆新之副总编辑的指教以及李鸽和陈小娟编辑的精心策划与编辑。

本书承蒙陈为帮、赵知敬、赖德霖和靳君达先生拨冗赐序，为书稿增色良多，更是对晚辈莫大的提携和厚爱，在此谨致以特别的感谢！

最后还要特别指出的是，笔者所开展的中国城市规划科学技术史研究工作，完全得益于导师邹德慈院士创造的良好工作条件及长期的学术引领，而本书成稿之时，先生竟已撒手而去！无法请先生审阅书稿是巨大的遗憾，更让我感到万分的悲痛！谨将本书特别献给我的恩师邹德慈先生！

2022年7月12日初稿于北京

2022年11月27日定稿